国家科学思想库

中国学科发展战略

空间科学

国家自然科学基金委员会
中国科学院

科学出版社
北 京

内 容 简 介

空间科学是人类空间活动的重要组成部分，研究内容极为丰富，涉及太阳系乃至宇宙的起源演化、物质结构及运动规律、生命起源、人类生存环境等当代重大基础科学问题。本书从空间科学研究内涵和空间任务结合的角度，全面梳理国际和我国空间科学及各分支领域的发展历史、现状和趋势，论述空间科学的意义、战略地位和发展规律，提出我国到 2035 年及 2050 年的发展目标、关键科学问题、发展战略和部署建议。

本书适合高层次的战略和管理专家、相关领域的高等院校师生、研究机构的研究人员阅读，是科技工作者洞悉学科发展规律、把握前沿领域和重点方向的重要指南，也是科技管理部门重要的决策参考，同时也是社会公众了解空间科学学科发展现状及趋势的权威读本。

图书在版编目(CIP)数据

空间科学／国家自然科学基金委员会，中国科学院编. —北京：科学出版社，2019.4

（中国学科发展战略）

ISBN 978-7-03-060553-5

Ⅰ.①空… Ⅱ.①国…②中… Ⅲ.①空间科学–学科发展–发展战略–中国 Ⅳ.① V1–12

中国版本图书馆 CIP 数据核字（2019）第029940号

丛书策划：侯俊琳　牛　玲
责任编辑：朱萍萍　牛　玲　吴春花／责任校对：王晓茜
责任印制：赵　博／封面设计：黄华斌　陈　敬

科学出版社 出版

北京东黄城根北街 16 号
邮政编码：100717
http://www.sciencep.com

北京中科印刷有限公司印刷
科学出版社发行　各地新华书店经销

*

2019年4月第 一 版　　开本：720×1000　1/16
2025年2月第三次印刷　　印张：27
字数：468 000

定价：198.00元

（如有印装质量问题，我社负责调换）

中国学科发展战略

联合领导小组

组　　长：丁仲礼　李静海

副 组 长：秦大河　韩　宇

成　　员：王恩哥　朱道本　陈宜瑜　傅伯杰　李树深

　　　　　杨　卫　汪克强　李　婷　苏荣辉　王长锐

　　　　　邹立尧　于　晟　董国轩　陈拥军　冯雪莲

　　　　　王岐东　黎　明　张兆田　高自友　徐岩英

联合工作组

组　　长：苏荣辉　于　晟

成　　员：龚　旭　孙　粒　高阵雨　李鹏飞　钱莹洁

　　　　　薛　淮　冯　霞　马新勇

中国学科发展战略·空间科学

战略研究组

组　长：顾逸东

成　员（以姓氏笔画为序）：

万卫星　叶培建　吕达仁　刘竹生　许厚泽　李依依

李惕碚　吴岳良　余梦伦　陈建生　欧阳自远　罗　俊

周秀骥　赵玉芬　赵国屏　胡文瑞　胡敦欣　饶子和

祝世宁　徐建中　涂传诒　焦念志　魏奉思　魏炳波

工作组

太阳物理和空间物理学

组　长：王　赤　颜毅华

成　员（以姓氏笔画为序）：

任丽文　李　晖　易　帆　宗秋刚　夏利东　黄　静

曹晋滨　窦贤康　谭宝林

空间天文学

组　长：张双南　吴伯冰

成　员（以姓氏笔画为序）：

王仲翔　王建民　方陶陶　冯　骅　刘晓为　刘润球

刘富坤　纪　丽　余文飞　沈志强　范一中　周济林

袁为民　袁业飞　夏俊卿　黄　晶　常　进　梁恩为

詹　虎　窦江培　薛永泉　戴子高　魏建彦

月球与行星科学

组　　长：李春来

成　　员（以姓氏笔画为序）：

　　　刘建军　刘建忠　邹永廖　郑永春

空间地球科学

组　　长：吕达仁

成　　员：（以姓氏笔画为序）：

　　　万卫星　许厚泽　孙　强　周秀骥　胡敦欣　段民征
　　　焦念志　魏奉思

空间生命科学

组　　长：商　澎

成　　员（以姓氏笔画为序）：

　　　王常勇　邓玉林　龙　勉　庄逢源　刘　红　刘永定
　　　孙野青　孙喜庆　李艳梅　张　涛　陈国强　杭海英
　　　呼延霆　郑慧琼　段恩奎　曾长青　赫荣乔　蔡伟明

微重力科学

组　　长：康　琦　张元仲　潘明祥

成　　员（以姓氏笔画为序）：

　　　王双峰　刘　亮　余建定　张　海　张　博　张首刚
　　　陈徐宗　罗兴宏　周泽兵　赵建福　段　俐　徐升华
　　　翁立军　曹则贤　靳常青　解文军　潘建伟

总　序

白春礼　杨　卫

　　17世纪的科学革命使科学从普适的自然哲学走向分科深入，如今已发展成为一幅由众多彼此独立又相互关联的学科汇就的壮丽画卷。在人类不断深化对自然认识的过程中，学科不仅仅是现代社会中科学知识的组成单元，同时也逐渐成为人类认知活动的组织分工，决定了知识生产的社会形态特征，推动和促进了科学技术和各种学术形态的蓬勃发展。从历史上看，学科的发展体现了知识生产及其传播、传承的过程，学科之间的相互交叉、融合与分化成为科学发展的重要特征。只有了解各学科演变的基本规律，完善学科布局，促进学科协调发展，才能推进科学的整体发展，形成促进前沿科学突破的科研布局和创新环境。

　　我国引入近代科学后几经曲折，及至上世纪初开始逐步同西方科学接轨，建立了以学科教育与学科科研互为支撑的学科体系。新中国建立后，逐步形成完整的学科体系，为国家科学技术进步和经济社会发展提供了大量优秀人才，部分学科已进入世界前列，有的学科取得了令世界瞩目的突出成就。当前，我国正处在从科学大国向科学强国转变的关键时期，经济发展新常态下要求科学技术为国家经济增长提供更强劲的动力，创新成为引领我国经济发展的新引擎。与此同时，改革开放30多年来，特别是21世纪以来，我国迅猛发展的科学事业蓄积了巨大的内能，不仅重大创新成果源源不断产生，而且一些学科正在孕育新的生长点，有可能引领世界学科发展的新方向。因此，开展学科发展战略研究是提高我国自主创新能力、实现我国科学由"跟跑者"向"并行者"和"领跑者"转变的一项基础工程，对于更好地把握世界科技创新的发展趋势，发挥科技创新在全面创新中的引领作用，具有重要的现实意义。

学科发展战略研究的核心是结合科学技术和经济社会的发展需求，在分析科学前沿发展趋势的基础上，寻找新的学科生长点和方向。在这个过程中，战略科学家的前瞻引领作用十分重要。科学史上这样的例子比比皆是。在 1900 年 8 月巴黎国际数学家代表大会上，德国数学家戴维·希尔伯特发表了题为"数学问题"的著名讲演，他根据过去特别是 19 世纪数学研究的成果和发展趋势，提出了 23 个最重要的数学问题，即"希尔伯特问题"。这些"问题"后来成为许多数学家力图攻克的难关，对现代数学的研究和发展产生了深刻的影响。1959 年 12 月，美国物理学家、诺贝尔奖得主理查德·费曼在加利福尼亚理工学院举行的美国物理学会年会上发表了题为"物质底层大有空间——一张进入物理新领域的请柬"的经典讲话，对后来出现的纳米技术做出了天才的预见。

学科生长点并不完全等同于科学前沿，其产生和形成不仅取决于科学前沿的成果，还决定于社会生产和科学发展的需要。1841 年，佩利戈特用钾还原四氯化铀，成功地获得了金属铀，可在很长一段时间并未能发展成为学科生长点。直到 1939 年，哈恩和斯特拉斯曼发现了铀的核裂变现象后，人们认识到它有可能成为巨大的能源，这才形成了以铀为主要对象的核燃料科学的学科生长点。而基本粒子物理学作为一门理论性很强的学科，它的新生长点之所以能不断形成，不仅在于它有揭示物质的深层结构秘密的作用，而且在于其成果有助于认识宇宙的起源和演化。上述事实说明，科学在从理论到应用又从应用到理论的转化过程中，会有新的学科生长点不断地产生和形成。

不同学科交叉集成，特别是理论研究与实验科学相结合，往往也是新的学科生长点的重要来源。新的实验方法和实验手段的发明，大科学装置的建立，如离子加速器、中子反应堆、核磁共振仪等技术方法，都促进了相对独立的新学科的形成。自 20 世纪 80 年代以来，具有费曼 1959 年所预见的性能、微观表征和操纵技术的仪器——扫描隧道显微镜和原子力显微镜终于相继问世，为纳米结构的测量和操纵提供了"眼睛"和"手指"，使得人类能更进一步认识纳米世界，极大地推动了纳米技术的发展。

作为国家科学思想库，中国科学院（简称中科院）学部的基本职责和优势是为国家科学选择和优化布局重大科学技术发展方向提供科学依据、发挥学术引领作用，国家自然科学基金委员会（简称基金委）则承担着协调学科发展、夯实学科基础、促进学科交叉、加强学科建设的重大责任。继基金委和中科院于2012年成功地联合发布了"未来10年中国学科发展战略研究"报告之后，双方签署了共同开展学科发展战略研究的长期合作协议，通过联合开展学科发展战略研究的长效机制，共建共享国家科学思想库的研究咨询能力，切实担当起服务国家科学领域决策咨询的核心作用。

基金委和中科院共同组织的学科发展战略研究既分析相关学科领域的发展趋势与应用前景，又提出与学科发展相关的人才队伍布局、环境条件建设、资助机制创新等方面的政策建议，还针对某一类学科发展所面临的共性政策问题，开展专题学科战略与政策研究。自2012年开始，平均每年部署10项左右学科发展战略研究项目，其中既有传统学科中的新生长点或交叉学科，如物理学中的软凝聚态物理、化学中的能源化学、生物学中的生命组学等，也有面向具有重大应用背景的新兴战略研究领域，如再生医学、冰冻圈科学、高功率、高光束质量半导体激光发展战略研究等，还有以具体学科为例开展的关于依托重大科学设施与平台发展的学科政策研究。

学科发展战略研究工作沿袭了由中科院院士牵头的方式，并凝聚相关领域专家学者共同开展研究。他们秉承"知行合一"的理念，将深刻的洞察力和严谨的工作作风结合起来，潜心研究，求真唯实，"知之真切笃实处即是行，行之明觉精察处即是知"。他们精益求精，"止于至善"，"皆当至于至善之地而不迁"，力求尽善尽美，以获取最大的集体智慧。他们在中国基础研究从与发达国家"总量并行"到"贡献并行"再到"源头并行"的升级发展过程中，脚踏实地，拾级而上，纵观全局，极目迥望。他们站在巨人肩上，立于科学前沿，为中国乃至世界的学科发展指出可能的生长点和新方向。

各学科发展战略研究组从学科的科学意义与战略价值、发展规律和研究特点、发展现状与发展态势、未来5～10年学科发展的关键科学问题、发展思路、发展目标和重要研究方向、学科发展的有效资助机制与政策建议等方面进行分析阐述。既强调学科生长点的科学意义，又考虑其重要的社会价值；既着眼于学科生长点的前沿性，又兼顾其可能利用的资源和条件；既立足于国内的现状，又注重基础研究的国际化趋势；既肯定已取得的成绩，又不回避发展中面临的困难和问题。主要研究成果以"国家自然科学基金委员会—中国科学院学科发展战略"丛书的形式，纳入"国家科学思想库—学术引领系列"陆续出版。

基金委和中科院在学科发展战略研究方面的合作是一项长期的任务。在报告付梓之际，我们衷心地感谢为学科发展战略研究付出心血的院士、专家，还要感谢在咨询、审读和支撑方面做出贡献的同志，也要感谢科学出版社在编辑出版工作中付出的辛苦劳动，更要感谢基金委和中科院学科发展战略研究联合工作组各位成员的辛勤工作。我们诚挚希望更多的院士、专家能够加入到学科发展战略研究的行列中来，搭建我国科技规划和科技政策咨询平台，为推动促进我国学科均衡、协调、可持续发展发挥更大的积极作用。

前　言

　　《中国学科发展战略·空间科学》是中国科学院技术科学部推荐，作为国家自然科学基金委员会—中国科学院发展战略联合学科研究的项目，于2016年初正式启动，成立了由技术科学部、数学物理学部、化学部、生命科学和医学学部、地学部的25名院士组成的战略研究组，组织了8个工作组，邀请了100多位空间科学各领域的科技骨干开展战略研究，并参加报告撰写。

　　空间科学的学科跨度大，分支领域多，因此本书分为八章。第一章是空间科学概论，第二~第七章分别涵盖了空间科学的6个分支学科领域，第八章是学科发展的政策建议。其中，第一章和第八章由战略研究组负责人顾逸东执笔，秘书组、国际调研工作组参加编写；第二章太阳物理和空间物理学由王赤、颜毅华编写；第三章空间天文学由张双南、吴伯冰编写；第四章月球与行星科学由李春来、刘建忠、郑永春编写；第五章空间地球科学由吕达仁、孙强编写；第六章空间生命科学由商澎、呼延霆编写；第七章微重力科学由康琦、张元仲、潘明祥、王双峰编写。国际调研工作组的杨帆等提供了大量国际调研资料，秘书组张伟等参加了有关章节的编写和统稿校阅工作，许多专家为本书的撰写提供了宝贵的材料、审阅修改意见和建议，在此一并表示感谢。

　　本书凝聚了许多专家学者的智慧和努力，对空间科学各领域的研究内容进行了全面阐述，对国内外空间科学的发展历史、现状和重要空间任务进行了系统梳理、总结，注重分析学科发展的特点和规律，把握学科发展趋势和方向，提出了我国空间科学各领域未来的发展目标、发展战略、项目部署和发展路线图，为我国空间科学的发展提供了有价值的思考和政策建议。

再次感谢为本书编写工作辛苦付出的各位同仁。书中的疏漏和不完善之处，敬请各位读者批评指正。

顾逸东

空间科学战略研究组组长

2018 年 3 月 4 日

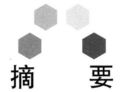

摘　　要

空间科学是以空间飞行器为主要工作平台，研究发生在地球、日地空间、太阳系乃至整个宇宙的物理、化学和生命等自然现象及其规律的科学。空间科学包括太阳物理学、空间物理学、空间天文学、月球与行星科学、空间地球科学、空间生命科学、微重力科学等分支领域。

1957年第一颗人造地球卫星发射成功以来，人类开展了大规模的空间活动，共发射了6000多颗卫星和深空探测器及300多艘（次）载人航天器，其中约900颗卫星和深空探测器用于科学研究。进入太空开展科学研究，突破性地拓展了人类视野和活动疆域，开创了地面无法实现或受限的全新实验方法，革命性的发现源源不断，取得了辉煌成就，极大地丰富了人类知识，深刻地改变了人类的自然观和宇宙观，为当代科学技术发展做出了重大贡献。

一、空间科学的意义和战略价值

1. 基础前沿和重大科学问题的突破口

空间科学以发现新现象、探索科学规律为目标。其研究领域广阔，涉及太阳系乃至宇宙的起源演化、物质结构、生命起源、人类生存环境等当代重大基础前沿科学问题，以及空间特殊条件下物质运动规律等基础和应用研究，是充满新发现机遇的突破口。

空间科学集中了当代最具挑战性的基础前沿和重大科学问题。例如，暗物质性质和暗能量本质问题被形容为笼罩在物理学上的"两朵乌云"，空间研究将为破解该难题做出独特贡献；生命起源及地外生命之谜最可能在空间研究中得到解答；宇宙中存在地面无法企及的极端物理条件，空间研究促进了宇观（宇宙学）和微观（基本粒子物理学）研究的融合，成为探究物质本源的前沿；太阳、空间物理、地球、月球和行星研究将更深入地理解太阳系和行星演化，并通过比较加深对地球变化趋势的认识；空间检验基本物理理论将达到前所未有的精度，并推动物理理论的发展。地球环境变化涉及经济社会发展和人类命运，而空间研究是理解这一复杂大系统问题的有效途径。

空间科学对重大基础前沿科学问题的研究将取得重大突破，可能催生新一轮的科学革命，是基础研究的战略必争领域。在过去的几个世纪中，我国已经屡次失去了在科技革命中有所作为的机遇，今后不可再错失机会。空间科学是我国实现基础科学研究重点突破的重要机遇，是我国建设科技强国的重大领域之一。

2. 推动航天科技发展的不竭动力

空间科学、空间技术和空间应用构成了航天领域的三大支柱。人类探究太空奥秘的渴望和空间科学不断获得的重大发现，成为激励空间活动持续发展的不竭动力。空间科学挑战极限的需求有力地牵引着空间技术向更高水平发展，促进尖端探测技术不断突破，是航天核心技术发展的强劲动力，也是空间应用的先导和基础。

大力发展空间科学，将有力地带动航天高新技术的跨越式发展，激发航天科技发展的内生动力和创新活力，推动我国航天事业健康、高质量的持续发展，促进我国实现从航天大国向航天强国的跨越，走中国特色的航天科技创新发展之路。

3. 创新驱动发展的重要阵地

空间科学的创新性和探索性催生出多种新技术，空间科学对高性能探测技术的需求有力地促进了光学、精密机械、特种材料、人工智能、激光、红外、极低温、高性能探测器和传感器等高技术的创新，为国家创新发展提供源源不断的动力。

空间科学各领域的知识积累和成果转化将带动高新技术、新兴产业发展。太阳物理和空间物理研究、空间天气预报对保障空间活动和地面大型设施安全具有基础性作用；空间地球科学研究为预测和应对全球气候变化，解决资源、环境、污染、灾害等急迫问题提供科学依据和技术手段；空间生命科学研究将获得创新的生物材料、药物和医疗技术，提高农、林产业水平，促进人民健康；微重力科学对流体和燃烧的研究对改进地面工业流程、提高能效、节能减排有重要贡献；微重力材料制备的研究，可为优化地面工业生产工艺、合成与开发新材料做出重要贡献；微重力基础物理研究推动了量子信息技术、高精度时间频率技术的发展和广泛应用，产生了重大效益。

4. 提升综合国力和国际影响力的重要途径

空间科学活动体现了国家目标和国家意志，也是人类求知欲和探索创新力的生动体现；其全球瞩目，广受关注，具有世界性影响，是体现国家科技进步和综合实力的重要标志；空间科学的广泛国际合作是开展对外交往的重要领域，对吸引青少年投身科学和提高公众科学素养具有不可估量的作用；空间科学活动具有显著的政治、科技、经济、外交和文化等意义，对提高我国综合国力具有重要作用。

二、空间科学的发展规律和特点

1. 科学驱动的空间任务

科学驱动是空间科学任务的本质特征，创新超越是空间科学项目的基本理念，空间科学项目以取得科学成果为出发点和最终评价依据。在项目酝酿时一般采用自下而上的方式，由科学家主导，经同行评议，确认项目的科学意义和创新性；纳入国家规划后在立项、指标确定、工程研制中仍需要发挥首席科学家和科学家团队的主动性与创新性，在工程实现和任务管理中始终贯穿科学目标导向；科学家在空间科学任务中具有关键作用，应在任务领导体制中体现；数据（样品）分析是空间科学任务获取科学成果的关键阶段，应加大投入力度，开放数据，发展模型和算法，活跃科学思想，阐释科学机理，最大化地促进科学成果产出。

2. 科学、技术与工程的高度结合

空间科学项目的遴选依据是创新的科学思想和先进可行的科学载荷方案，需要长期规划、征集提案、全面部署、先期预研、攻克关键、夯实科学和技术基础，推出具有国际竞争力的项目。体现科学特点的工程管理是空间科学任务成功的保证，要在航天工程严格管理的基础上充分体现科学任务的特点，以科学需求为主线，加强载荷与飞行器、天基和地面段的一体化设计及仿真，科学地确定系统方案和指标分配，反复权衡迭代，确保系统的科学能力；研制流程要安排飞行产品和地面科学分析方案（含软件）同步研发并相互验证，同时保证科学载荷测试的完备性和定量化水平；科学和工程技术的密切配合是实现科学目标的关键，需要各方专业人员大力协同，培育科学工程文化，培养科学、技术和工程融通的复合型人才队伍。

3. 国家科学规划的重要组成部分

空间科学几乎涉及全部自然科学领域，是各大基础学科中的前沿方向或重要分支。空间科学规划应成为国家整体科学规划的重要组成部分。

空间科学承载着探索发现使命，是融合高端技术的战略性科学领域，是国家科技发展战略的重要组成部分。空间科学与自由探索性的科学活动有很大不同，加之空间科学任务投入大、任务实施周期长、空间实验机会宝贵、风险高，因此在国家层面的统一规划、长期积累、周密组织是发展空间科学的内在需求，国家规划的科学性、长远性和支持的稳定性是空间科学可持续发展的重要保证。

4. 交流合作的活跃领域

基础性科学研究需要开放、交流、合作及知识体系的积累。空间科学的基础研究性质使其全球范围内的交流合作异常活跃，学术交流形式多样。各国航天机构大多将国际合作列为重要的发展政策，相当比例的科学卫星和国际空间站的科学任务都是通过国际合作开展的。空间科学宽广的研究领域、重大科学问题的广泛共识和聚焦、对学术研究深度和探测技术的高度依赖、任务投入大和经费分担等需求，是促使空间科学活动开展深度国际合作，形成国际联合计划的重要原因。空间科学已成为航天领域学术交流和实质性项目合作最活跃的领域。

三、空间科学的发展趋势

当今空间科学研究的重点目标更趋集中。从国际空间科学的具体计划看，科学卫星和深空探测将持续高水平推进，国际空间站的综合利用得到加强，载人空间探索正处于进一步酝酿和确定具体目标阶段。未来几十年的空间科学孕育着对物理学、生命科学、宇宙科学和地球系统科学认识的重大突破。

在太阳物理和空间物理学领域，美国、欧洲、俄罗斯、日本等计划在未来进一步探索太阳，研究太阳活动规律及对行星际空间和地球空间的影响；加深对地球磁层、电离层和大气层动力学及各圈层相互作用过程的理解，强调提高地球空间天气预报能力，以保障空间探索和为技术社会服务；将充分发挥地面台站的作用，开展全球联合的地基观测，并发射采用更先进探测技术的新一代卫星，不断从宏观和微观两个维度开展探测。

空间天文项目规划对暗物质、暗能量及黑洞附近极端条件下物理过程等重大前沿问题做出了积极的响应，空间天文学今后研究的主要热点是：黑洞及宇宙极端条件、暗能量、暗物质和宇宙演化、星系结构和演化、类地太阳系外行星系统的搜寻等。空间可见光及红外巡天，以及 X 射线、伽马射线、宇宙射线、红外和紫外是天文卫星观测的重点领域。引力波天文探测的新窗口已经打开，在空间进行的低频段引力波直接探测，发现了超大质量黑洞等星体的并合，寻找电磁对应体将成为新的热点。未来空间天文学的发展将酝酿革命性的新发现和重大突破。

月球与行星科学的发展态势表明，美国将主要精力放在火星和小行星探索上，2017 年已调整到月球探索方面，为未来可能的载人火星任务做准备；各国探索的重点是月球、火星、木星及木卫二、土卫六等巨行星的卫星，还有小行星和金星。寻找太阳系天体可能存在的水和生命成为热点，将在太阳系形成和太阳系天体演化方面取得新的科学认识。

空间地球科学和全球变化仍然是各空间大国高度重视的领域。将地球大气圈、水圈、岩石圈、生物圈及其相互作用作为整体系统的研究得到加强，重点是加强对各圈层变化规律及相互作用的物理学、化学和生物学过程的研究，了解主导全球变化的机理和变化规律，提高理解、预测及应对全球变化的能力。地球科学各领域专家的合作和国际联合研究的趋势也十分明显。

空间生命科学和人体科学研究以国际空间站为主要平台，将获取新的基础科学成果和转化应用成果。欧洲的空间生命科学研究注重基础和连续性；美国一度单纯强调长期载人活动中航天员的安全和健康问题，现又加强了对基础生物学的支持力度；俄罗斯在航天医学和健康药物防护、高等植物栽培、蛋白质晶体、生物制剂、药物提纯等方面开展了广泛、系统的研究；日本在密闭生态实验、蛋白质科学和航天员健康保障方面开展了重点研究，并将继续进行和发展。

微重力科学实验主要在国际空间站开展，基础物理对探索物理规律的重要性得到普遍认可。空间量子物理研究和应用开始兴起，量子气体极低温及其在临界点附近的新物态、等效原理验证、空间冷原子钟、高精度时间频率及相关基础物理研究受到高度关注。研究和理解微重力条件下复杂系统的动力学稳定性与转捩新规律，包括软物质（胶体、细颗粒物、生物流体等）的流变行为、自组织和结晶，以及燃烧反应动力学、熔体深过冷与非平衡相变、空间增材制造、相变和两相（多相）流体行为等未来重点研究的内容。

四、我国空间科学的发展目标

我国空间科学的发展目标是：到 2035 年左右整体进入世界先进行列，在若干重点领域取得有重大影响的科学发现和突出成就，成为国际上有重要影响的空间科学大国。到 21 世纪中叶，主要领域处于领先或引领地位，成为空间科学强国。

太阳物理学的发展目标是：进一步认识太阳活动规律、太阳结构与演化，了解太阳活动作为扰动源对日地空间和人类生存环境的影响。空间物理学的发展目标是：提升对太阳活动爆发机制和近地空间等离子体动力学的基本物理过程的科学认识，了解日地耦合系统和地球空间各个圈层相互作用的变化规律，大幅度提升空间天气应用服务的能力，更好地满足国家和社会的需求。

空间天文学的发展目标是：通过开展先进的多波段空间观测、引力波探测和系外行星探测，在理解宇宙极端物理过程和规律、宇宙暗物质性质和暗能量本质、星系形成演化等重点领域取得重大发现。

月球与行星科学的发展目标是：在月球关键科学问题方面取得突破；开展以火星为主线的深空探测和比较行星学研究，深入理解火星和地球的变化趋势，开展生命及相关物质的探测与研究，在太阳系生命的起源与演化探索中取得突破。

空间地球科学的发展目标是：创新和提升地球观测水平与能力，在全球变化和各圈层科学研究方面形成有我国特色的科学理论与方法体系，取得一批有国际影响的重大原创性成果。

空间生命科学的发展目标是：在人体科学和航天医学、空间基础生物学、生物技术和转化应用、宇宙生物学、生物再生生命保障系统等重点领域取得有重大影响的科学发现和突破，并为我国载人空间活动提供保障，为未来长期载人探索奠定基础。

微重力科学的发展目标是：在基础物理重点方向，以及微重力流体、燃烧和空间材料科学的新兴重点、优势方向实现科学突破，并积极推进相关知识、技术研究成果的转移转化，为我国高技术发展、产业升级和资源环境领域做出显著贡献。

五、关键科学问题和优先发展方向

1. 太阳物理和空间物理学

关键科学问题：①太阳风暴形成机制传播过程；②日地系统空

间天气的耦合过程;③空间天气区域和集成建模方法;④空间天气对人类活动的影响。

我国优先研究方向聚焦于日地系统连锁变化过程的研究,目的是显著提升我国应对空间天气灾害的能力。具体包括:形成空间天气连锁过程的整体性理论框架;构建空间天气因果链综合模式;建立起基于物理规律的空间天气集成模式;太阳爆发事件在日地复杂系统的传播、演化、耗散过程的定量化描述;利用国内外天基、地基观测数据进行数值模拟和理论研究,开展空间天气数值预报试验,支撑我国空间活动的安全;开拓空间天气对人类活动影响机理的研究。此外,发展太阳和空间物理探测的新概念与新方法,提出新的空间天气系列卫星方案,开展子午工程II期建设并推进国际空间天气子午圈计划。

2. 空间天文学

关键科学问题:①天体高能过程,黑洞视界和中子星表面及内部极端物理过程与机制;②暗物质性质,宇宙加速膨胀机制和宇宙基本物理规律;③恒星生命周期,星系和类星体等各种宇宙天体的演化规律;④类地行星及生命迹象。

优先发展方向:剧烈爆发现象(如伽马暴等)的多信使、多电磁波段联合观测及物理机制研究,极强引力、极强磁场和极高密度等极端条件下的物理规律;观测宇宙学和宇宙学模型检验;星系科学研究,天体形成与演化;空间引力波及其电磁对应体的探测、综合研究;类地太阳系外行星系统的搜寻。此外,发展创新的探测技术,发射先进天文卫星,重点是天体高能波段观测、空间光学巡天观测、宇宙线和暗物质探测、空间引力波直接探测、空间甚长基线干涉测量(VLBI)射电观测和系外行星观测;加强天体物理和宇宙学数值模拟和理论研究。

3. 月球与行星科学

关键科学问题:①月球形成、岩浆洋结晶与壳幔分异,月球撞击历史;②月表物理环境、太空风化和月壤物性;③火星地质演化、多圈层相互作用与古环境演化；④火星磁场、大气逃逸和大气演化；⑤火星上水与生命活动迹象。

我国将月球、火星、木星和小行星系统探测作为优先发展方向。月球与行星科学的主要研究方向与之配合，包括月球（火星）返回样品分析研究，月球（火星）成因、演变与构造研究，资源与能源利用研究；火星形貌、地质、大气与磁层研究；火星和木卫的水与生命探索研究；比较行星学研究。此外，将进一步凝练科学目标，研发创新的轻量化、小型化、集成化、功能多样的有效载荷和探测方法支撑探测计划。

4. 空间地球科学

关键科学问题：①气候变化研究和地球复杂系统数值模拟；②水循环和能量循环过程研究；③地球生物化学循环和地球生物物理过程；④全球重力场分布、海平面变化、板块运动研究。

优先发展方向：大气动力学、物理学、化学和辐射机理及其耦合机制；陆地、海洋、生态、大气圈层相互作用与区域气候调控过程；陆、海、气、生态系统的水和碳的循环、收支变化及定量研究；地球辐射收支平衡过程和能量循环；人类活动、生态系统、农牧业、水资源和人类健康对气候变化的敏感性与适应性。此外，需要充分利用业务卫星和地面台站信息，发展地球科学研究卫星，推进地球大数据科学工程；完善气候系统模式中的过程定量描述和地球系统数值模拟。

5. 空间生命科学

关键科学问题：①微重力下人体生理变化机制，宇宙辐射对机体的危害；②生物不同层次对（微）重力、辐射、亚磁、节律变化的感知及信号转导过程，损伤与修复或适应机理；③生命起源的环境和分子机制。

优先发展方向：空间人体心血管功能失调、骨质流失、肌肉萎缩、免疫功能减弱、神经功能障碍、空间运动病、消化代谢紊乱等机制及对抗措施；植物不同层次对微重力刺激转导和代谢响应的细胞及分子机理；空间生物再生生命保障基础科学问题；干细胞和细胞（组织）的空间三维培养；空间亚磁、生物力学、生命分子进化等前沿交叉问题；生物技术和转化应用。此外，发展先进的空间实验平台和诊断技术、基因组测序等分析技术，组织科学计划，开展一系列空间实验并取得重点突破。

6. 微重力科学

关键科学问题：①微重力流体物理方面包括界面动力学，相变及多相流传热传质规律，胶体晶体自组织及相转变机理，分散体系聚集行为；②微重力燃烧科学方面包括近可燃极限燃烧、湍流燃烧，燃烧反应动力学；③空间材料方面包括生长界面形态稳定性与演化热力学和动力学过程，扩散、聚集与分离、分凝与组分配比控制，缺陷形成机制及组织结构完善性控制，空间环境下材料服役性能退化机制及控制；④基础物理方面包括光秒量级的量子力学非定域性，量子气体在皮开（pK，10^{-12}K）量级温度下的新奇量子特性和新物理态，强弱等效原理、广义相对论的完备性。

优先发展方向：微重力流体物理优先发展方向除流体基本问题研究外，重点关注软物质、多相流动、相变传热及其应用；燃烧方面优先发展与动力技术和地面应用相关的液滴、湍流扩散等燃烧规律，煤冷焰燃烧研究，以及航天器防火涉及的燃烧问题；空间材料重点研究材料科学的本质问题，包括界面稳定性，相分离与聚集行为，金属合金等重要材料加工过程机理，地面难以制备的特殊功能材料，高温熔体物理性质测量，材料在交变温度与辐照等环境长期服役条件下的损伤机制，增材制造和地外资源原位利用等；基础物理的优先发展方向是量子力学完备性的空间验证，极低温下的量子统计性、量子相变、量子涡旋、物质波干涉、玻色与费米量子气体的相互作用，冷原子微波钟和冷原子光钟及精细结构常数变化精密测量，超过现有精度的强/弱等效原理、引力红移、磁型引力效应等实验的检验。

六、学科发展的政策建议

1. 政策和体制机制建议

1）明确发展目标。将空间科学作为建设科技强国布局的重点领域，到 2050 年成为空间科学强国。

2）建立统一的国家空间科学管理机构。制定国家空间科学发展战略和中长期规划；明确发展方向、科学目标、重点领域，通过征集项目建议，形成实施计划和持续稳定、及时滚动的发展模式。

3）建立科学稳定的投入机制。空间科学单列预算并保持稳定增长，保障长期规划的稳定实施；统筹国家各部门投入机制，分工有序地支持预先研究、科学仪器、研究设施、研究条件、地面系统、数据分析研究、成果转化全链条工作。

4）建立空间科学国家实验室。加强空间科学核心研究机构和实验室建设，实行目标导向的任务管理机制，调动各方面力量积极参与空间科学活动，建立数据共享开放机制。

2. 发展路线、途径和保障措施建议

本书提出了我国空间科学任务的发展路线图，并提出以下建议。

1）建立我国科学卫星系列，增加发射科学卫星数量并提高科学技术水平，今后平均每年发射两颗科学卫星（含深空探测器），包括重大"旗舰"级项目，后期条件成熟可以适当增加。

2）在国家航天专项中加大空间科学任务比重，加强在空间站实施多领域空间科学任务的部署，随运行阶段不断优选创新项目，建成国家级太空实验室，加强探月工程和深空探测中的科学任务规划。

3）加强各类研究设施和地面台站建设，建设高空科学气球、探空火箭基地并开展业务运行，建设新的大型长时间微重力（低重力）模拟设施和其他模拟空间环境的设施。

4）部署并先期开展重大空间科学项目的科学载荷技术攻关。

5）加强空间科学数据分析及理论研究。

6）开展高层次的国际合作，推动由我国发起、多国参与的"旗舰"级大型空间科学项目，并积极参加国际重要空间科学计划。

7）加强学科建设和人才培养，大力开展空间科学普及和教育活动。

3. 对空间科学资助的建议

1）统筹协调国家各部门投入机制，在空间科学规划下分工支持空间科学不同阶段全过程的投入。

2）建议科学技术部、国家发展和改革委员会、工业和信息化部、国家自然科学基金委员会针对国家重大航天专项中有重要价值的空间科学方向和项目，通过设立重点研发计划，联合基金、重点或重大基金，重点资助其学科前沿研究、重要地面研究设施及运行、地面科学应用系统、研发条件保障建设和数据处理分析。

3）建议国家自然科学基金委员会重视新创意的空间科学和技术概念，通过面上项目或重点项目予以资助。

Abstract

Taking space vehicles as its main working platform, space science is a science that studies the natural phenomena and their laws of physics, chemistry and lives that take place on earth or in solar-terrestrial space, solar system, even the entire universe. Space science consists of diversified branch areas, such as solar physics, space physics, space astronomy, lunar and planetary science, space geosciences, space life sciences, microgravity science and etc.

Since the launch of the first man-made earth satellite in 1957, mankind has carried out large-scale space activities with more than 6000 satellites and deep space probes and over 300 manned spacecraft launched, of which about 900 were used for scientific research. Carrying out scientific research in space has led to a breakthrough in the expanding of human vision as well as activity territory, with the help of which groundbreaking experimental methods that previously were not able to implement due to limited space on earth can finally be developed. A steady stream of revolutionary discoveries and brilliant achievements has been continuously achieved since then, which has profoundly changed mankind's view of nature and universe and meanwhile made significant contributions to the development of contemporary scientific technologies.

I. The Significance and Strategic Value of Space Science

1. The Breakthrough of Major Fundamental Frontier Scientific Issues

With the goal of discovering new phenomena and exploring the laws of science, space science, which involves a wide range of researches confusing on numerous contemporary cutting-edge scientific issues such as the origin and evolution of the solar system and universe, the material structure, the origin of life, and the living environment of mankind as well as other basic and applied researches, for instance, the law of material movement under special conditions in space, is a breakthrough abounded with new discovery opportunities.

Space science has focused on the most challenging fundamental frontiers and major scientific issues of the contemporary era. Dark matter and dark energy as an example, which is described as "two dark clouds" shrouded in physics. Space research will make a distinctive contribution to solving those problems. The origin of live and the mysteries of extraterrestrial life are most likely to be unveiled in space research. The extreme physical conditions in the space will allow space research converge as the frontier of exploring the origin of matter. The studies on the sun, space physics, earth, moon and planets will deepen the understanding of the evolution of the solar system and planets, so does the changing trends of the Earth through comparison. The tests of fundamental physics theories in space are going to achieve unprecedented precision that will promote the development of physics theory. The earth's environmental change is crucial to economic and social development and even to the fate of mankind, space research is an effective way to figure out this large complex system problem.

The study of the major fundamental frontier scientific issues carried out in space may give birth to a new round of scientific revolution. Space science is a strategic area of fundamental research. In the past few centuries, our country has repeatedly waste the opportunities to make a difference in the science and technology revolutions, and can no longer afford another loss of the opportunity in the future. Space science is one of the momentous areas for our country to make breakthroughs in basic scientific research and build itself as a most powerful nation in science and technology.

2. The Inexhaustible Power to Promote the Development of Space Science and Technology

Space science, space technology and space applications constitute the three pillars of space. The human aspiration for space exploration equally as all the great achievements in space science study have been transferred into an inexhaustible motive force that drives a sustained development of space activities. The intrinsic desire of continuous transcendence and limits challenging in space science does effectively escalate the development of space technology to a higher level and promote the development of cutting-edge detection technologies simultaneously. It has become a strong incentive for the development of core technologies in space science and a precursor and basis for space applications.

Vigorously developing space science will significantly promote the leap-forward development of space high-tech and arouse the inherent initiative and innovative vitality for space's technology development. In such way, the development of China's space industry can be boosted at a healthier and more sustainable level, so as to realize the transformation from a big space power to a strong space power and explore a road to innovation and development with Chinese characteristics for space science and technology.

3. The Important Entrenchment of the Developments Driven by Innovation

The innovative and exploratory nature of space science has spawned a host of new technologies. The need for various high-performance detecting payloads from space science strongly urges the high-tech innovations of optics, machinery, artificial intelligence, specialty materials, lasers, infrared, ultra-low temperature, high-performance detectors and sensors that provide a constant stream of motivation for the nation's innovation and development.

Knowledge accumulation and technology transfer in various fields of space science will drive the development of high-techs. Research on solar physics, space physics and space weather forecast supports the safety of space activities and large-scale ground facilities. Space geosciences provide scientific evidences and technical means for forecasting and responding to global climate change and solving urgent problems such as resources, environment, pollution and disasters. With the development of innovative biomaterials, pharmaceuticals and medical technologies will become acquirable through Space Life Sciences, which can subsequently make contributions to raising the output of agriculture, forestry and securing human health. The research on fluid and combustion in microgravity have a significant meaning to improving the ground industrial process, improving energy efficiency, energy saving and emission reduction. The study on the material preparation in microgravity can make an important contribution to the optimization of the ground industrial production process, the synthesis and development of new materials. Microgravity fundamental physics research has promoted quantum information technology, high-precision time-frequency technology development and other extensive applications, which have brought significant benefits.

4. The Imperative Approach to Enhance the Overall National Strength and International Influence

Space science activities embody national goals and national wills as well as vivid representations of human curiosity and exploratory innovation. Space science activities also have world-wide impact that has become an important index to measure the scientific and technological progress and overall strength of one country. The extensive international cooperation in space science is a vital area for conducting external exchanges and has an immeasurable effect on attracting juveniles to join the science research and improving public scientific literacy. In a word, the space science activities have prominent importance in politics, science and technology, economy, diplomacy and culture and will play a significant role in comprehensive national strength development of China.

II. The Development Laws and Characteristics of Space Science

1. Space Missions Driven by Science

The essential feature of space science mission is science-driven and the basic concept of space science project is innovation. The preliminary plan should be generally conducted through a bottom-up approach, which is led by scientists and involves peer review to confirm the scientific value and innovation of the project. In the process of engineering realization and task management when project is included in the national planning, it always runs through the guidance of scientific objective. The principle investigator and their team should play the key role in space science mission such as in project establishment, requirement definition, index determination and project development, and should be reflected in the task leadership system. Because the analysis of scientific data (samples) is crucial stage in the scientific achievement of the space science mission, the initiative and creativity of principle scientist, scientist teams and other researchers should be brought into play to develop data, models and algorithms; activate science ideas, elaborate scientific mechanisms, and maximize scientific outputs.

2. The Highly Integrated Combination of Science, Technology and Engineering

Space science projects require innovative scientific ideas and advanced scientific payloads with strict selection. It requires long-term planning, solicitation of proposals, comprehensive deployment, advanced research, tackling the key issues, consolidating the foundation of science and technology in order to propose projects with international competitiveness. Project management, which reflects the characteristics of science, is the guarantee of space science mission success. It is necessary to fully reflect the characteristics of scientific mission based on the strict management of pace engineering, with the scientific demand as the principal line, the integrated design and simulation of payload, spacecraft, space-based and ground segments should be strengthened. It is also need to determine the system program and the distribution of indicators scientifically, repeated iteration and equilibrium, to ensure that the system's scientific capabilities. Development process need the flight product and ground science analysis (including software) synchronous be developed and validated, and to ensure the test completeness and quantitative level of scientific payload. The close cooperation of science, engineering and technology is the key to achieving the scientific goal. IIt requires professionals in every field to make concerted efforts to cultivate a scientific engineering culture and a compound talent team proficient in science, technology and engineering.

3. The Important Compositions of National Science Plan

Space science, which involves almost all areas of natural sciences, is the frontier or important branch of each major basic discipline. Space science plan is becoming an indispensable part of the national overall science plan.

Space science is a strategic scientific project which carries the mission of exploration and discovery and integrates high-end technology, and therefore embodies the aspiration of the nation. Being quite different from the free exploratory scientific activities, including its huge investment in space science mission and the considerably long implementation period, the experiment opportunities in space are extremely precious and bear certain risks, which make unified planning at the national level, long-term accumulation and careful organization become the inherent needs of space science development.

4. The Active Areas of Exchange and Collaboration

The nature of basic science research requires its openness, exchange, cooperation and accumulation of knowledge systems. The basic research's nature of space science has comparatively activated its international and domestic exchanges and collaboration. The forms of academic exchanges in space science are diversified. aerospace agencies in most countries regard international cooperation as one of their important development policies. Nowadays, a remarkable proportion of scientific missions in scientific satellites and International Space Station (ISS) are carried out based on international collaboration. The broad research areas of space science, the focus of major scientific issues, the high degree of dependence on the depth of academic research and detection technologies and the demand of funds sharing in large amount of tasks are the significant causes to promote deep international cooperation and develop international joint plans in many areas of space science activities, which thereby have become most active field of academic exchange and substantive project cooperation in the space activities.

III. The Development Trends of Space Science

The objectives of present space science researches become more focused while the challenges of cutting-edge scientific issues are much clearer. According to the specific developing plan of international space science, scientific satellites and deep space exploration will be continuously pushed forward in a positive way; the comprehensive utilization of the ISS will be strengthened; and as for manned space exploration program, it is still on the preparation and targets setting stage. In next few decades, the major breakthroughs in physics, life sciences, cosmology and understanding of the Earth system will rely on the help from space science.

In the fields of solar physics and space physics, countries areas such as United States, Europe, Russia, Japan and etc., are planning to develop a further exploration of the sun in the next decade to study the law of the solar activity and its impact on the interplanetary space and the geospace; deepen the understanding of dynamics in magnetosphere, ionosphere and atmosphere of the Earth and the interaction process between various spheres; emphasize the ability to improve the environmental prediction of the geospace; ensure the support to space exploration and services to society from developed technology; strengthen and exploit the role of the ground station fully to conduct the joint global ground-based observations; configure a series of new generation satellites with more advanced detection technologies and continuously probe from both macro and micro dimensions.

The mission planning of space astronomy has positively responded to major frontier issues such as dark matter, dark energy and physical processes under extreme conditions near black holes. The main hot spots for future research on space astronomy are including: black holes and extreme conditions in the universe, dark energy, dark matter and the universe evolution, galactic structure and evolution, the search for extrasolar terrestrial planetary systems and etc. The key areas of astronomical satellite observation are including: visible and infrared sky survey, and observations of X-ray, gamma ray, cosmic ray, infrared and ultraviolet. The new window of gravitational wave detection has already been opened, and new hot spots are including: the direct detection of low-frequency gravitational waves in space, the discovery of the merges of supermassive black holes and other objects, and the search for electromagnetic radiation counterpart. The future developments in space astronomy will definitely promise new revolutionary discoveries and major breakthroughs.

According to the development trend of the lunar and planetary science, the United States will mainly focus on exploring Mars and asteroids, and turning to the lunar exploration in 2017, and preparation for possible future manned Mars missions. As for other countries, the main exploration concerns will focus on the Moon, Mars, Jupiter and the satellite of giant planet such as Europa, Titan and etc., as well as asteroids and Venus. Searching for water and possible life in the solar system will become a popular theme, and some new scientific understandings will be contributed on the formation of the solar system and the evolution of celestial bodies in the solar system.

The issue of space geosciences and global change will still draw high attentions from all the space powers. The research that studies the earth's atmosphere, hydrosphere, lithosphere, biosphere and their interactions as a whole system has been enhanced. The key point is to strengthen the study of the change rules of various layers and the physical, chemical and biological processes in interactions; understand the mechanism and the change laws that dominate global changes; improve the ability to understand, predict and respond to global change. The trends of cooperation among experts in various fields of geosciences and international joint research also become very clear.

Space life science and human research will continuously utilize the ISS as its primary platform to acquire new achievements in basic sciences and transformational applications. The space life science research in Europe which emphasizes the basis has a strong continuity; while in United States that once only focused on health problems of astronauts who will carry out long-term manned activities, has additionally strengthened its support for fundamental biology now. For Russia, the studies in aero space medicine, health protection by drugs, plant cultivation, protein crystallization, biologics, drug purification and etc. have been conducted in a broad and systematic way. Moreover, Japan has made a lot of effort in the researches on confined ecological experiments, protein science and astronaut health, which will commit further progress in the future.

Since the influential role of fundamental physics in exploring the physics laws is widely recognized, the research on microgravity science is mainly promoted in the ISS. With the rising of quantum physics research and application in spacecraft, the realization of the new states of quantum gas under extremely low temperature and near the critical point in space, the verification of equivalence principle and the studies in the cold atomic clock in space, high-precision time-frequency and related fundamental physics have been highly concerned. The research and understanding on the dynamic stability and new rules of transfer of complex systems, including the rheological behavior, self-organization and crystallization of soft materials (i.e. colloids, foams, fine particulates, biological fluids and plasmas), as well as the research on phase transition and two-phase (or multiphase) fluid behavior have gained more and more attention and been believed to be the research priorities of microgravity fluid science in future.

IV. The Development Goals of Space Science in China

The development goals of space science in China are to integrally enter the advanced ranks of the world by 2035, and in the meantime, become a worldwide influential scientific power in space science through making several significant scientific discoveries and outstanding achievements that have significant impacts in a number of key areas; more than that, by the middle of this century, seize the ahead position or leadership in all main areas and become a super scientific power in space science.

The development goals of the solar physics are to better understand the law of the solar activity, the structure and evolution of the sun, and comprehend the impact of the solar activity as a disturbance source on the solar-terrestrial space and then the living environment of mankind. The development goals of space physics are to advance the scientific understanding of the mechanism of solar eruptions and the basic physical process of plasma dynamics in near-Earth space. improve the understanding of the interactions among different space regions in complex coupled sun-earth system; and significantly improve the ability of space weather application services. Finally, the national and social demands can be better satisfied.

The development goals of space astronomy are to carry out advanced multi-band space observations, gravitational wave and exoplanet exploration, major discoveries will be made in understanding the extreme physical processes and laws of the universe, the nature of dark matter in the universe, the nature of dark energy, the formation and evolution of galaxies, and so on.

The development goals of lunar and planetary science are to achieve breakthroughs in key lunar scientific issues; conduct deep space exploration with Mars as its main line and comparative planetology studies; further understand future trends of Mars and the Earth; carry out exploration and research on life and related materials and gain some dramatic achievements on the origin and evolution of life in solar system.

The development goals of space geosciences are the innovation capabilities and enhancement in the field of earth observation levels; and to form scientific theories and method systems with Chinese characteristics in areas including global change and scientific research on all layers; to achieve a number of major original achievements with international influence.

The development goals of space life science are to made significant scientific discoveries and breakthroughs in key areas such as human science and space medicine, space basic biology, biotechnology and transformation applications, Astrobiology, Bioregenerative life support system, etc. And provide a guarantee for China's manned space activities, and lay the foundation for long-term manned exploration in the future.

The development goals of microgravity science are to achieve scientific breakthroughs in the key directions of basic physics, microgravity fluid, combustion and space materials science, and actively promoting the transfer of relevant knowledge and technological research results for significant contributions to China's high-tech, industrial upgrading, environmental protection and resource reservation.

V. The Key Scientific Issues and Prioritized Development Direction

1. Space Physics and Solar Physics

The key scientific issues in solar physics and space physics include: ① The formation mechanism and propagation process of solar storms; ② The coupling process of space weather in the solar-terrestrial system; ③ Space weather modeling on different space regions and space weather integrated modeling; ④ The impact of space weather on human activities.

In space physics and solar physics, China will put its priority on the studies of the space weather chain process in the sun-earth system. It is expected to significantly enhance China's ability to cope with space weather disasters, specifically including as following: revealing the overall physical processes of space weather events in the complex Sun-Earth system; forming the theoretical framework for the space weather chain process in sun-earth system; building the comprehensive model of space weather chain; building the physics-based space weather numerical integrated model; describing the space environment and space weather events from the Sun to the Earth quantitatively; based on the domestic and international space-based and ground-based observation data, carrying out numerical simulation and theoretical research, conduct numerical space weather forecast experiments to assure the space activities safety of our country; advancing the research on the space weather influence on human activities. Developing new ideas and methods of solar and space physics exploration and proposing new missions for weather satellite Series; carrying out the construction of Meridian Project Phase II, and promoting the International Space Weather Meridian Circle Program.

2. Space Astronomy

The key scientific issues focused by space astronomy include: ① The high-energy process, extreme physical processes and mechanisms of the black hole horizon and the surface and interior of the neutron star; ② The nature of dark matter, the accelerating expansion mechanism of universe and the basic physical laws in universe; ③ The life circle of star and the evolution laws of galaxy, quasar and other objects; ④ The terrestrial planets and life signs.

The prioritized development directions include:

The physical mechanism of violent outburst phenomena (e.g. gamma ray bursts) by multi-massage and wide-band detecting, and the physical laws in some extreme conditions such as extreme strong gravitational, extreme strong magnetic field, extreme high density and etc.; the observational cosmology and validation of cosmological model; galaxy science, formation and evolution of celestial bodies; the detection and comprehensive research of gravitational waves and their electromagnetic counterparts; the search of extrasolar terrestrial planet system; the innovation of detection technology and the launch of advanced astronomy satellites.

Such as the detection of high energy band, the space optical sky survey, the detection of cosmic ray and dark matter, the direct detection of gravitational wave in space, the Very Long Baseline Interferometry (VLBI) radio observation in space, the observation of extrasolar planets; and Strengthening numerical simulation and theoretical research of astrophysics and cosmology.

3. Moon and Planetary Science

The key scientific issues include: ① The formation of moon, the crystallization of Magma Ocean and crust-mantle differentiation, and the history of lunar collision; ② The physical environment in lunar surface, space weathering and lunar soil properties; ③ The geological evolution of Mars, the interactions among multiple layers and paleo environmental evolution; ④ The Martian magnetic field, the atmospheric escape and the atmospheric evolution; ⑤ The water and life signs on Mars.

China has already deployed follow-up exploration programs of moon, Mars, Jupiter and asteroids, coordinated with the principal research directions of lunar and planetary science that include followings:

The analysis and studies of the samples returned from moon (Mars), the studies on the origin, evolution and structure of moon (Mars) and utilization of its resources and energy; the morphology, geology, atmosphere and magnetosphere of Mars; the exploration of water and life signs on Mars and Jovian satellites; and the study on comparative planetology. The scientific goals will be further refined and lightweight, miniaturized, integrated, multifunctional payloads and detection methods will be developed to support exploration plans.

4. Space Geoscience

The key scientific issues include: ① The research on climate change and the numerical simulation of earth complex system; ② The research on water cyclic process and energy cyclic process; ③ The research on geo-biochemical circulation and the biophysical processes on earth; ④ The global gravitational field distribution, sea level fluctuation and plate movement.

The prioritized development directions will include:

The mechanisms and coupling effect between atmospheric dynamics, physics, chemistry and radiation; the interaction between land, sea, ecology and atmospheric layers and regional climate control process; the atmospheric circulation on land and sea, water and carbon cycle in ecosystem and related quantitative study of corresponding changes in revenue and expenditure; earth's radiation balance process and energy cycle; and the sensitivity and adaptability of human activities, ecosystems, agriculture and animal husbandry, water resources and human health for climate change.It is necessary to make full use of operational satellites and ground station information to develop earth science satellites and promote the scientific project of earth big data; as well as to perfect the quantitative description of process in climate system model and the numerical simulation of earth system.

5. Space Life Science

The key scientific issues include: ① Mechanism of the human physiological change under microgravity and the cosmic radiation hazards to human body; ② The perceptions and signal transduction processes of (micro) gravity, radiation, sub-magnetism and rhythm changes at different biological levels and corresponding damage and repair/adaptation mechanisms; ③ The environment and molecular mechanisms of life's origin.

The prioritized future directions will include:

The mechanisms and countermeasures of space human cardiovascular dysfunction, bone loss, muscle atrophy, immunity decline, neurological dysfunction, spatial motion sickness, digestive disorder and etc.; the cell and molecular mechanisms of stimulation conduction and metabolic response to microgravity at different botanical levels; the fundamental scientific problems on space bioregenerative Life Support system; the space three-dimensional culture of stem cells and cells (tissue); the frontier interdisciplinary researches on space hypo magnetic field, biomechanics, biomolecular evolution and etc.; and the biotechnology with conversion applications.In order to achieve major breakthroughs, advanced space experimental platform, diagnostic techniques and other analytical techniques (e.g. genome sequencing) will be developed to organize scientific programs and conduct series of space experiments.

6. Microgravity Science

The key scientific issues include: ①Microgravity fluid physics: interface dynamics, the laws of phase transformation and multiphase fluid heat and mass transfer, the mechanisms of self-organization and phase transition of colloidal crystals and aggregation behavior of dispersed systems; ②Microgravity combustion science: near flammable limit combustion, turbulent combustion and combustion reaction dynamics; ③Materials science in space: thermodynamic and kinetic processes of stability of interface morphology, the diffusion, aggregation, separation, dephlegmation, distribution ratio control, microstructure formation mechanism control and defect formation mechanism; ④Fundamental physics: the nonlocality of quantum mechanics at the order of magnitude of light second, the novel quantum characteristics and new physical states of quantum gases under the temperature in pK $(10^{-12}$ Kelvin) scale, completeness of the strong and weak equivalence principle and general relativity.

The prioritized development areas include:

Microgravity fluid physics: mainly focus on the researches on complex fluid behaviors, multiphase fluid system, phase-transformation and applications in addition to the basic problems study; Combustion: mainly focus on the researches on combustion rules, such as droplet and turbulent diffusion, and coal-fired cool flame combustion that are related to power technology and ground applications, as well as fire prevention in space; Space materials: mainly focus on the nature of material science, researches on interface stability, phase separation and aggregation behavior, processing mechanism of metal alloy and other important materials, development of special functional materials that are difficult to prepare on earth, physical property measurement of high-temperature melt, the long-term damage mechanism of materials under alternating temperature and irradiation; Fundamental physics: mainly focus on experimental verification of quantum mechanics completeness in space, quantum statistical verifi cation at very low temperature, quantum phase transition, quantum vortex, material wave interference, interaction between Bose and Fermi quantum gas, cold atomic microwave clock, cold atomic light clock, precision measurement of the variations in fine structure constant and experimental verifications of the strong and weak equivalence principle over existing accuracy, gravitational redshift, magnetic gravitational effects and etc.

VI. Policy and Support Suggestions

1. Suggestions on Policy, Structure and Mechanism

1) To define the development objectives of space science. To take space science as a key area for building a strong nation for science and technology, so that China becomes a strong nation in the space science by 2050.

2) Establish a unified state space science management organization. To formulate national space science development strategy, mid-term and long-term plans; set clear the development direction, scientific

targets and key areas; propose the development plan and specific implementation schemes for each step through the project proposals; and form a stable, continuous, timely rolling development mode.

3) Establish a scientific and stable funding mechanism. The space science management organization will appropriate stable growth budget to ensure the implementation of development strategy and plans and centrally coordinate the funding mechanisms of different departments to support the full chain works (i.e. advanced research, scientific instruments, research facilities, research conditions, ground systems, data analysis and achievement transformation) in an orderly manner.

4) Establish of national laboratory of space science. To strengthen the construction of space science core research institutions and laboratories; enforce the goal-oriented task management mechanism; mobilize all forces to actively participate in space science activities; and establish an open data sharing mechanism.

2. Road Map, Development Ways and Suggestion of Measures

Proposed a road map for the development of space science mission in China and, to that end, recommended that:

1) Establish Chinese science satellites series with increased number and upgraded scientific level. In future, counted in some major "flagship" projects, two scientific satellites (or deep space probes) should be launched per year as an average level. The number can be properly increased if the condition is permitted later.

2) Increase the proportion of space science tasks in national space special project; strengthen the deployment of space scientific tasks in various fields on the space station; keep continuous optimization of innovation projects along the operation stage; build national space laboratory; and strengthen scientific task planning in lunar and deep space exploration projects.

3) Strengthen the construction for all kinds of research facilities and ground station; build high-altitude scientific balloon and sounding rocket base and carry out business operations afterwards; Construction of new large-scale free-fall microgravity facilities and ultra-long-term, low-gravity (lunar, Mars gravity) environmental simulation facilities and other infrastructure to simulate space environment.

4) Deploy and carry out the technical research of scientific payload in advance in major space science project.

5) Strengthening data analysis and theoretical research in space science.

6) Carry out high-level international cooperation and exchanges and give priority to supporting the "flagship" large-scale space science project sponsored and led by China that has made substantive contributions to many developed countries in space science and actively participate in major international space science programs.

7) Strengthen discipline construction and talent cultivation. Intensively promote space science popularization and education activities.

3. Proposals to Space Science Founding

1) Coordinating the funding mechanism of various ministry of the country, and supporting the input of the whole process of space science under the plans.

2) It is suggested that the Ministry of Science and Technology, the National Development and Reform Commission, the Ministry of Industry and Information Technology, and the National Nature Science Foundation should establish key research and development plans, joint funds; key or major funds for valuable direction and projects of space science in major national space projects. It focuses on supporting its frontier research, important ground research facilities and operations,

ground science application systems, research and development conditions, data processing and analysis.

3) It is also suggested that the National Nature Science Foundation should pay attention to new ideas of space science and technology and support it through the surface or key fund.

目　录

第一章
空间科学概论

第一节　空间科学及其分支领域概述

一、人类的空间活动与空间科学

（一）空间时代的大科学

1957 年 10 月 4 日，苏联成功发射了第一颗人造卫星，标志着人类进入空间时代。60 多年来，人类开展了大规模的空间活动，共发射了 6000 多颗卫星和深空探测器、300 多艘（次）载人航天器。人类登上了月球，建造了空间站。各种功能的卫星遍布地球低、中、高（地球同步）轨道，深空探测足迹遍及太阳系所有行星，观测视野直达可见宇宙的边缘。人类的空间活动深刻地改变了社会面貌和人类认知，成为当代科技进步和社会发展的显著标记。

在人类空间活动中，科学探索和研究不断拓展领域，不断取得重大成就，与天文学、地球科学、物理学、生命科学等当代基础科学的关联越发紧密，得到各空间科学大国的高度重视，并在空间计划中给予长期稳定的支持，形成了较完整的基于空间任务的基础科学研究领域——空间科学。

空间科学不是一般意义上的一门独立学科，而是在人类进入空间时代后发展起来、主要利用空间飞行器开展研究的多个科学领域的总称。

据不完全统计，已经发射的专门或主要用于科学研究的卫星和深空探测器有 900 多颗，约占总数的 15%，投入约占各国政府航天预算的 20%。许多科学卫星和深空探测活动规模巨大、技术复杂，建造的多个空间实验室和空间站成为综合性的空间研究设施，实施了上百个大型空间科学研究计划，开展了 6000 多项空间科学实验研究。从科学研究的角度看，与地面上建造的宏大的基础科学研究设施相比，空间科学活动无论是规模、造价还是科学成就都毫不逊色，堪称空间时代的大科学，对当代科学技术的整体发展做出了不可替代的重大贡献。

（二）空间科学、空间技术和空间应用

空间科技领域（我国通常称为航天领域）主要包括空间科学、空间技术和空间应用三个作用不同而又密切关联的部分。

1. 空间科学

空间科学是以空间飞行器为主要工作平台，研究发生在地球、日地空间、太阳系乃至整个宇宙的物理、化学和生命等自然现象及其规律的科学。空间科学发展到今天，已经是包括空间物理学、太阳物理学、空间天文学、月球与行星科学、空间地球科学、空间生命科学、微重力科学等分支领域的综合性科学。空间科学涉及太阳系乃至宇宙的起源演化、物质结构、生命起源、人类生存环境等基本和重大基础前沿科学问题，也包括在空间特殊或极端条件下关于物质运动和生命活动规律的基础科学与应用研究，是人类认识自然并获取新知识的重要源泉之一。

2. 空间技术

空间技术即航天技术，是探索、开发和利用空间的综合性工程技术体系，包括航天运载器（运载火箭、航天飞机等）、空间飞行器（人造卫星、深空探测器、载人飞船、空间站等），以及航天发射场、测控通信系统等设施。几十年来，空间技术的发展日新月异，创造了人类历史上一个又一个激动人心的工程技术奇迹，是空间科学与应用的基础和保障。

3. 空间应用

空间应用指服务于经济社会发展和军事用途的空间与地面设施及相关活动，包括各种应用卫星（及开展应用的有效载荷）和相应地面应用系统。应用卫星有通信卫星、广播卫星、中继卫星、导航卫星，以及多种对地观测卫

星，如气象卫星、海洋卫星、资源卫星、环境卫星、测绘卫星、军事侦察卫星、预警卫星等。当今空间应用越来越深入地渗透到经济、社会、公众生活和军事活动各个方面，成为社会发展和军事斗争不可或缺的基础设施。空间应用也包括未来可能实现的直接开发利用空间能源和物质资源等活动。

空间科学、空间技术和空间应用具有密切的内在联系，并相互促进、相互渗透。一方面，空间技术催生出具有重大影响的空间科学，创建了具有巨大效益的空间应用产业，空间技术的进步有力地保障了空间科学和空间应用，并不断拓展其深度和广度；另一方面，从根本上讲，空间科学和空间应用是空间活动的主要目的，人类探究太空奥秘的渴望及人类进入太空后出乎意料的巨大科学应用和军事收益，成为推动空间技术持续发展的不竭动力。此外，空间科学对推动空间技术的发展有特殊作用，其不断超越前人和挑战极限的内在需求有力地牵引着空间技术向更高水平发展，促进尖端探测技术进步，不断创造最新方法，是航天核心技术发展的强劲动力，也是空间应用的先导和基础。同时，空间应用中提出的科学问题和采用的先进技术也促进了空间科学的发展。

（三）空间科学的作用

空间科学的主要作用是利用其独特优势发现新现象、探索科学规律。进入太空开展科学研究，冲破了地球大气屏障，直接面对或深入广袤无垠的宇宙，突破性地拓展了人类的视野和活动疆域，另辟蹊径地开创了地面无法进行或受限的全新实验方法，成为全新的当代科学研究的主要途径之一。空间科学以前所未有的崭新手段和强大能力开展研究，取得了重大成就，在许多领域中的科学发现犹如井喷，革命性的发现源源不断，极大地丰富了人类的知识，深刻地改变了人类的自然观和宇宙观，为当代科学技术的整体发展做出了巨大贡献。

空间科学涉及当代基础科学的许多前沿领域，不断涌现出新的重大科学挑战，是充满新发现机遇的突破口，成为当代自然科学许多领域的探路者和探索发现的先锋。

当今，空间科学、空间技术和空间应用组成了航天领域的三大支柱。由于空间科学独特的作用，空间科学的探索和研究高潮迭起，其成果产出源源不断，成为推动空间技术发展的活跃力量，在航天领域中占有重要和特殊的地位。

（四）空间科学的分支领域划分

本书从空间任务与各相关学科结合的角度研究空间科学及其发展战略，将空间科学划分为太阳物理和空间物理学、空间天文学、月球与行星科学、空间地球科学、空间生命科学、微重力科学等分支领域或学科。

不同国家在不同时期，或在不同的文献中，对空间科学的领域划分有不同的提法，如早期将太阳、月球、行星等作为天文学的观测对象和研究内容。比较常见的是将太阳物理学单独列为空间科学的分支领域，还有将空间地质学、空间化学、空间大地测量学列为空间科学的分支领域，领域名称在不同场合也不尽相同。

本书将对月球、行星等太阳系天体的研究及空间地质学、空间化学统一归入月球与行星科学；太阳作为距离地球最近的恒星（star），是空间天文学的重要研究对象，考虑到太阳是驱动日地空间和行星际空间物理过程的源头，与空间物理学关联密切，本书将其从空间天文学中分出，与空间物理学放在同一部分论述；空间生物技术研究主要利用微重力条件，应作为微重力科学的内容，本书从母学科归类考虑将其与空间生命科学放在一起论述；本书的微重力科学包括微重力流体和燃烧、空间材料及空间基础物理，其中空间基础物理包括相对论验证、量子科学、冷原子物理等研究内容，而将有些文献归入空间基础物理的中子星、黑洞（black hole）、引力波和大爆炸（the big bang）宇宙论等相关内容归入空间天文学；空间地球科学是空间科学的重要组成部分，涉及内容范围广泛，本书在下一部分对其进行了概述，并作为独立的领域在第五章对其进行了论述。

二、空间科学各分支领域概述

（一）太阳物理和空间物理学

空间物理学研究地球空间、日地空间、行星际空间的物理现象和规律，包括太阳大气、行星际空间、地球和行星的磁层、电离层和高层大气，以及它们之间的相互作用和关联。空间物理学是广义的地球科学的有机组成部分，与狭义的地球科学存在紧密的联系和交叉。

太阳物理学研究太阳内部结构、能量来源、各波段辐射特征、太阳活动物理机制及其周期变化，以及太阳活动对太阳系空间的影响等问题。太阳作为距离地球最近的恒星，是唯一可以细致研究的宇宙恒星样本，因此太阳物理学是天体物理学的重要分支；太阳是控制和影响日地与太阳系空间物理过程的源头，太阳耀斑和日冕物质抛射（coronal mass ejection，CME）是太阳大气中最剧烈的能量释放过程，因此研究空间物理学必然要与太阳物理学紧密结合。

在空间执行各种使命的空间活动受到空间环境的直接影响。太阳物理和空间物理学最新的研究表明，空间天气研究成为太阳物理和空间物理学的重要方向，其重点是对空间环境要素的变化进行预测，特别是突发的灾害性空间环境事件（如太阳质子事件、磁暴和磁亚暴、轨道大气变化）及其效应对空间活动的影响，空间天气研究还延伸到对地球环境、人类生产活动和地面设施的影响。

人造卫星成功发射之后，太阳观测和空间物理探测受到高度重视，国际上组织了多个空间计划，如20世纪80年代的国际日地物理（International Solar Terrestrial Physics，ISTP）计划、21世纪的国际与日共存（International Living with a Star，ILWS）计划等。至今世界上共发射了200多颗卫星，对太阳进行了全波段多方位观测，对日地空间和行星际空间进行了广泛的探测研究，地面观测台站也发挥了重要作用，使得太阳物理和空间物理研究取得了重大成就。例如，揭示了太阳耀斑的非热特征，研究了太阳活动区物理，发现了日冕稳定向外膨胀现象、地球辐射带和地球磁层，揭示了行星际磁场结构，证实了由高速等离子体流组成并携带磁场的太阳风的存在及其与地球和行星磁场的相互作用过程，太阳风与地球磁层相互作用导致的磁场重联和磁暴、磁层亚暴过程等。经过多年的努力，已初步建立了全新的地球空间、日地空间和行星际空间较为完整清晰的物理图像。

（二）空间天文学

空间天文学利用人造卫星、探空火箭（sounding rocket）和高空科学气球等，在大气层顶和外太空开展天文观测。地面传统天文观测主要集中在可见光和射电两个地球大气窗口，而空间天文学将天文观测扩展到包括红外、紫外、X射线和伽马射线波段的全电磁波段，以及宇宙线粒子和空间引力波等多信使天文观测的新时代。空间天文学的兴起是人类研究天体和宇宙手段的重大飞跃。

天文观测获取的不同波段信息反映了不同的天体物理过程。例如，宇宙低能电磁辐射主要来自宇宙大爆炸遗留的微波背景；在亚毫米（THz）波段内可以发现星际空间无机分子和有机分子的特征谱线；高温辐射和轫致辐射是紫外辐射的重要产生机制；X 射线与伽马射线源于数千万至数亿摄氏度的高温辐射和相对论性带电粒子发射的非热辐射；高能伽马射线产生于核物理和高能物理过程；原恒星、活动星系和类星体既有很强的射电、红外和可见光辐射，也有很强的 X 射线和紫外辐射。空间天文学能够以不受大气吸收、干扰且逼近物理极限的精度对不同过程产生和传播的电磁波、粒子、引力波进行探测，揭示天体乃至宇宙的物质状态与物理过程，成为现代天文学与物理学发展和突破的先锋。

迄今各国发射了 100 多颗天文卫星，形成了不同波段的天文卫星系列。对太阳系乃至银河系内的各类天体、河外星系、星际介质与星系际介质、星系团、宇宙背景辐射和空间高能粒子进行了大量观测，发现了数以千万计的红外、X 射线和伽马射线源，发现并证实了存在黑洞和中子星等致密天体；发现并确认了一批系外行星（exoplanet），观测到多种星际尘埃、气体物质和早期星系形态；确认了类星体是大质量黑洞的吸积过程，并且深入认识了类星体对于星系（galaxy）和宇宙结构的起源及演化的作用；发现了各种类型的释放巨大能量的宇宙伽马暴，并对其物理机制有了明确认识；精细测定了宇宙微波背景辐射和宇宙年龄，有力地支持了大爆炸宇宙学理论；高能天体物理促成了微观/宇观研究的密切结合，拓展了基本粒子物理与天体物理研究领域。空间天文学的成就推动建立了宇宙演化和宇宙重子物质循环的基本物理图像，对于恒星演化和宇宙大爆炸模型两大理论框架的建立和完善起到了不可替代的作用。

里卡尔多·贾科尼（R. Giacconi，美国）因在 X 射线天文学上的开创性贡献获得了 2002 年的诺贝尔物理学奖；负责 COBE 卫星的约翰·马瑟（John C. Mather，美国）和乔治·斯穆特（George F. Smoot，美国）因对宇宙微波背景性质研究的贡献获得了 2006 年的诺贝尔物理学奖。哈勃太空望远镜（Hubble space telescope, HST）的超新星爆发观测对索尔·帕尔马特等获得 2011 年的诺贝尔物理学奖的宇宙加速膨胀研究起到了关键作用。

面对宇宙暗物质（dark matter）和暗能量（dark energy）问题对当代物理学的巨大挑战，以及能够通过研究地球上无法企及的天体极端条件高能过程，结合宇观和微观研究物质世界的基本规律，使空间天文学在天文学和物理学重大前沿研究中具有相当突出的重要性，将可能取得科学上的重大突破。

（三）月球与行星科学

月球与行星科学（或称太阳系科学）主要研究月球、太阳系行星及其卫星、矮行星、小行星和彗星等各类太阳系天体。太阳系是人类处于其中的典型宇宙恒星系统，月球与行星科学对研究太阳系的形成和演化，深入理解包括地球在内的行星和其他天体的发展变化规律，探索地外生命和生命起源，扩展人类生存疆域，开发利用潜在的空间资源等具有不可替代的作用。月球与行星科学还可以细分为月球科学、行星天文学、行星物理学、行星化学、行星大气科学、行星地质学、行星生物学、比较行星学等分支学科。月球与行星科学和空间物理学、太阳物理学、地球科学存在密切关联和交叉。

月球和行星的直接探测需要脱离地球引力场，进入深远的行星际空间，抵近、环绕或降落到地外天体，因此其探测活动也称为深空探测。60多年来，国际上深空探测高潮不断，累计实施的深空探测任务达200多次（含月球）。

20世纪60年代到70年代末，苏联和美国在"冷战"背景下形成了第一次探测高潮，开展了上百次月球和深空探测。美国阿波罗计划（Apollo Program）于1969~1972年成功实现6次载人登月，12名宇航员登上月球，3次进行月球车巡视探测，共返回月球样品381.7 kg；苏联于1973年和1976年两次实现无人月球车巡视探测，3次实现取样返回。通过环月探测、着陆探测和载人登月探测，获得了许多第一手探测资料，对月球地形地貌、地质构造、物质成分、内部结构、起源与演化历史进行了详细研究，人类对月球的认识达到了新的高度。该阶段美国和苏联对太阳系所有行星及其主要卫星、矮行星、小行星、彗星进行了抵近遥感观测或着陆探测，对太阳系各大行星的物质组成、地质构造、地形地貌、大气和挥发物、磁场特征等进行了普查，人类对太阳系及行星有了全新的认识。

20世纪90年代至今，国际上掀起了新一轮月球与行星探测热潮，美国国家航空航天局（National Aeronautics and Space Administration，NASA）发射了火星全球勘探者（MGS）、火星探路者（MPF）、机遇号（MER-B）和勇气号（MER-A）等火星探测器和着陆巡视器，以及新视野号（New Horizons）探测器（冥王星及以远）、黎明号（Dacon）小行星探测器、系列彗星探测器；欧洲航天（European Space Agency，ESA）发射了卡西尼-惠更斯号（Cassini-Huygens）探测器［土星及土卫六（Titan）］、火星快车（ME）火星探测器、智慧1号（SMART-1）月球探测器；日本实施了隼鸟号（Hayabusa）小行星探测和采样返回，开展了月亮女神（SELENE）任务，2010年发射了金星探测器拂晓号（Akatsuki），并试验了太阳帆技术；印度发射了月船1号（Chandrayaan-1）绕月探测器和曼加里安号火星探测器；中国的探月工程成为新一轮月球探测的重要组成部分。这些探测任务更新了对月球极区、月球上的水、月球的重力场分布和内部结构的认识；火星探测任务不断取得重要科学成就，并发现火星表面曾经有水体活动和存在地下水的证据，展示出一个可能曾经十分湿润的火星。好奇号火星车对火星的岩石和提森特（Tissint）火星陨石中微粒碳的同位素进行了精细分析，提供了火星可能曾经存在过生命的科学信息。

（四）空间地球科学

空间地球科学通过空间遥感观测研究地球的整体状态及变化，是研究地球系统科学的重要手段。地球系统指由大气层、水圈（含冰冻圈）、生物圈（包括人类）、岩土圈等组成的有机整体。地球系统科学重点研究构成地球系统各圈层的科学问题及各圈层能量、动量、物质交换、相互作用和变化规律。

通过空间观测研究地球系统具有快捷、动态、多参数、整体性等独特的优势。空间手段与传统地面观测、勘探等手段互补，有力地推动了对地球系统及其动态变化的科学认识，对研究全球变化等重大问题发挥了重要作用。20世纪80年代起，美国和有关国际组织发起了多个空间对地观测研究计划，发射了上百颗研究地球的科学卫星，开展了大规模的空间地球观测，获取了精细的地球高阶重力场和地球水分布变化资料，实现了精确的大地测绘，发现了中高层大气放电现象（红色精灵/蓝色喷流）、海洋环流变化规律及其对区域气候变化的影响，在太阳-地球辐射收支平衡、极区臭氧洞的发现及动态变化、陆/海/气能量交换及与区域气候变化的关联、地球生物量与气候变化的关联，热带降雨、三极（南北极和青藏高原）冰雪量变化对气候的影响，以及人类活动与全球温度变化的关联等方面取得了系统的观测资料和新的研究成果。P. J. 克鲁岑（P. J. Crutzen，荷兰）、P. S. 罗兰德（P. S. Rowland，美国）和M. 莫利纳（M. Molina，美国）利用紫外探测器在地球极区大气层发现了臭氧洞，并阐明了氯氟烃对臭氧层形成的作用及机理，获得了1995年的诺贝尔化学奖。

空间地球科学所面对的地球环境及全球气候变化，是当今国际关注的热点，各国结合空间探测资料开展了大规模的地球系统数值模拟，对现象的描述向定量化发展，对地球变化的研究从深入理解其科学问题向提高预测能力发展。

（五）空间生命科学

生命是最复杂的物质存在形式。空间生命科学研究以下两大类科学问题：一是地球生物，包括人类在进入空间条件后的响应、生存、适应和变化规律的科学问题；二是探索地外天体生命是否存在，以及宇宙生命起源与演化的基本科学问题，称为宇宙生物学或天体生物学（astrobiology）。

地球生物（包括人类）的生存、繁衍和进化是在地球特有环境下实现的。在空间微重力、辐射、节律和磁场等不同条件下研究地球生命受到的影响和产生的变化，是深入探究生命现象本质的重要途径，是人类长期空间探索活动的基础。宇宙生物学是"在宇宙进化框架下了解导致生命起源、演化及分布的过程"，并涉及地外天体生命可居住性、形成生命的元素和分子、生物的早期进化等问题。宇宙生物学与空间天文学、行星科学存在密切的关联和交叉。

空间生物技术及转化旨在利用空间微重力等特殊环境，开展生物分子设计、细胞组织培养及合成生物学等研究，发展创新的生物材料、药物和医疗技术，促进医药和环境生物技术的发展与应用，提高人类健康水平，也通过空间辐射诱变新的种质资源为农林业发展服务。

1961 年 4 月，尤里·A. 加加林（Yuri A. Gagarin，苏联）首次进入太空，载人航天随之发展，空间生命科学受到极大重视，在返回式卫星、各种载人航天器和国际空间站（International Space Station，ISS）上开展了上千项生命科学研究，并取得了显著成就，对人在空间长期生存的心血管系统、肌肉/骨骼系统、免疫功能等一系列生理问题有了基本认识，实现了人在近地空间长时间的生活工作，500 多位航天员进入近地空间，航天员单次在近地空间居住最长时间达 438 天，在航天医学保障方面取得了显著进展；完成了多次种子到种子的全生命周期的植物实验，研究了多种植物、动物、微生物、水生生物，以及动植物细胞和组织在空间的生物行为和效应，发现了动植物对重力感知和响应的可能机理，揭示了空间辐射对生物组织的旁效应等；空间生物技术和转化研究成就显著，空间获得的新型靶向药物已经用于乳腺癌临床试验，新型抗骨质疏松药物已投入市场，发现了细菌病原体高致病性途径及应对措施，空间制备的高质量蛋白质晶体促进了蛋白质结构分析，惠及生物医药行业。宇宙生物学研究在空间天文学、行星科学等的支持下不断推进，发现了大批系外行星和可能的宜居行星；发现了火星上的甲烷和水冰，暗示地外低等生命宜居的条件是可能存在的；发现了火星陨石上的生命痕迹、地球深海底热液口存在大量稀有微生物，拓展了对生命存在条件的认识。

（六）微重力科学

微重力科学利用微重力条件研究物质的物理、化学现象和基本物理规律。微重力科学包括微重力流体物理、微重力燃烧科学、空间材料科学、空间基础物理、空间生物技术（在本书中并入空间生命科学）等分支学科。

国际上利用空间飞行器的长时间微重力条件开展了约4000项实验，ISS建成以来完成了千余项实验，使微重力科学成为空间科学的重要领域之一，为深入研究流体科学规律、燃烧本征特性，以及开展精密基础物理实验开辟了一条无法替代的全新途径。

微重力流体物理研究被地面重力掩盖的表面（界面）张力梯度驱动的热毛细对流和溶质梯度导致的溶质毛细对流，对微重力下气泡液滴的迁移与聚集、界面现象、表面波、转捩与振荡、两相流、沸腾和冷凝过程进行了深入研究，丰富和发展了流体理论。软物质是国际上微重力科学研究的重要方向，对二元复合等离子体系相分离、胶体聚集和相变、颗粒物质速度分布与热平衡态等的研究取得了新的成果。微重力燃烧发现了火焰形态、传播、熄灭、热质输运等新规律；发现了冷焰燃烧现象，对燃烧动力学过程有了更深的认识，这些研究成果将通过修正数理模型和数值模拟的方法，应用到实际环境。空间材料科学研究各种形成材料过程中熔体流态和相变机理，在晶体生长动力学、相分离与聚集、过冷、形核与非平衡相变、熔体热物性测量、新型纳米材料合成方面取得了丰硕的成果。

对于上述微重力流体、燃烧、空间材料科学等，国外在空间领域也将其称为应用物理，与下述基础物理相区分。

微重力基础物理是近期发展起来的重要方向。相对论和量子力学是近代物理学的主要支柱，微重力基础物理研究的目的是检验现有物理理论，发现新的物理现象和物理规律。引力探测器B（简称GP-B）卫星以高实验精度证明了广义相对论关于测地线效应和参考系拖拽效应的理论值；利用微重力条件将量子气体温度降低到极低温范围，研究玻色-爱因斯坦凝聚体的物理特性和超冷条件下新奇量子现象已获初步结果；NASA研究了超流氦、约束态低温氦和动能态超流氦性质；在航天飞机上完成的检验临界现象重整化群理论的实验结果比地面实验结果有了明显的改进。我国首次在星-地数千千米级距离上实现了量子纠缠分发，并实现了地-星数千千米级的量子隐形传态，取得了显著成果。

（七）空间科学的性质

上述空间科学各领域，从性质上可粗略分为两类。一是自然科学基础前沿研究，如空间天文学、太阳物理和空间物理学、月球与行星科学、空间地球科学的基本规律研究，空间生命科学的机理研究和宇宙生物学，微重力科学中的基础物理等，面对的是宇宙、太阳系和生命的起源演化，以及物理和生命的基本规律等自然科学中重大的根本性问题；二是应用基础研究，包括太阳活动和空间天气预报，微重力流体、燃烧和空间材料科学，航天医学及生物技术中的基础科学问题等。前者强调取得对自然科学基本规律的深入认识，后者更重视掌握规律，并在实际应用方面发挥作用。

三、空间科学的特点和规律

空间科学涉及当代诸多学科领域。空间科学来源、生长于各个自然科学和应用基础学科，在物理（粒子物理、高能物理、凝聚态物理）、力学、化学、天文学、地球科学、生命科学和医学等各大学科中属于前沿方向或重要分支，与母学科关系密切，又在航天领域形成了较完整的体系和自身特点。

空间科学各分支领域之间存在许多关联且相互渗透，并生长出一批交叉学科，如宇宙学、天体物理与基本粒子物理学、基础物理学的交叉，太阳物理、空间物理与地球科学、行星科学的交叉，行星科学与地球科学的交叉，生命科学与天文学、行星科学、物理学和化学的交叉，微重力科学中物理、力学、生物、化学的交叉，等等。空间科学需要继续与各母学科保持密切联系，由于其特殊性，也需要作为一个综合性学科长期培育、积累和发展。空间科学的实验和探测还与空间飞行器、光学、精密机械、材料科学与技术、工程热物理、电子学、信息科学与技术等关系密切。下面从空间科学共同面临的空间任务角度分析空间科学的特点和规律。

（一）科学驱动的空间任务

1. 科学驱动是空间科学任务的重要特征

与其他空间活动不同的是，空间科学以探索和发现为主要目标。空间科学项目体现出强烈的科学驱动特点，即以取得科学成果为出发点和最终评价依据。空间科学任务中包括重要的阐释规律的理解型任务和科学数据积累型任务，但总体而言是以发现为目标的科学导向。

科学发现只有第一，因此空间科学任务要求具有突出的创新性，具有国际视野和开创性，不断超过前人而取得新的突破。分析成功的空间科学项目，或提出新的科学思想，或开辟新的观测窗口，或进入过去未曾到达的区域，或创建发展新的探测技术或实验方法，或提高探测系统的关键指标，这些都是为了使空间项目具有鲜明特点和科学竞争力。每一项空间科学任务设计都有明确的科学目标和预期成果，而最终的结果有些是预期的，也有许多是超出预期的，但都包含在相关任务的科学方向和系统能力中。

空间科学取得重大成果的两大要素是科学思想的创新性和探测技术的先进性。科学思想的创新性来源于深入扎实的基础研究和科学家的水平、眼光；探测技术的先进性同样需要强有力的科学驱动，突破基础技术发展水平的限制，创新发展需要的尖端技术。

空间科学任务的工程实现和管理始终贯穿科学目标导向。在空间科学任务中，航天工程系统无疑非常重要，甚至是决定性的，但在空间科学任务中往往不是技术主导或以发展技术为主要考量，而是遵守"科学牵引，技术保障"的原则，以科学需求作为技术决策的依据。早期深空探测和载人航天因当时的政治因素和技术成熟度较低等，科学驱动的特点并不十分显著，但后来人们越发重视科学发现和科学产出；即使如 ISS 这样规模巨大、高度复杂的空间设施，也仍将满足科学需求放在十分突出的位置。在空间科学任务的实施过程中，要以科学需求为核心对系统设计和各技术环节反复验证，不断优化；评审评估、计划进度、流程安排、实验验证等要充分体现科学目标导向。

2. 科学家在空间科学任务中具有重要地位

科学驱动和创新超越是空间科学任务取得成果的基本要求和基本理念，因此国外空间科学任务一般采取首席科学家（principal investigator，PI）负责制。我国对空间科学任务已开始实行首席科学家和载荷首席设计师（principal designer，PD）分工合作负责制，或首席科学家和总指挥、总设计师联合负责制。首席科学家和科学家团队的水平在相当程度上决定了空间科学任务的最终结果。空间科学任务在酝酿建议和论证阶段一般采用自底向上的方式，由科学家主导，强调同行评议，以集思广益，取得科学同行（特别是小范围同行）相当程度的共识；在立项、需求定义、指标确定乃至整个工程研制阶段，首席科学家、科学家团队或科学家委员会一直发挥关键作用，对于涉及科学目标的重大事项，首席科学家具有最终决定权；任务仿真、科学数据分析由首席科学家领导。

科学家在空间科学任务中的重要地位对首席科学家的学术水平和综合能力提出了很高要求，遴选能够胜任任务要求的首席科学家十分关键；科学家团队和评估专家团队的水平也十分重要。

3. 数据分析和研究是获取科学成果的关键环节

科学产出是空间科学任务的最终目的，空间科学任务的数据（样品）分析和研究是空间科学任务链条中最重要的组成部分，是取得科学发现的关键环节，需要在工程进展中与飞行产品研发同步开展。在这个环节中，体现科学研究本质的科学思想、模型、算法、科学解释和理论研究十分重要。重大的科学成果往往是对数据及现象背后本质的理性认识和理论提升，要有更宏观的视野，需要实验和科学理论深入结合，才能在基础科学发展进程中产生重要影响（典型的如宇宙微波背景观测对宇宙论的贡献）。

地面科学研究系统的建设至关重要。在空间设施建造的同时，需要投入大量人力物力建设地面系统，通过全系统建模进行仿真，与系统设计进行交互验证，发展算法，早期研发数据处理和各研究方向的科学分析软件，甚至生成仿真数据开展预研究。在开始运行后，需尽快实施批量数据处理，生成各类数据产品，建成科学数据库，制定研究计划，开放数据，组织和吸引各方面的科学家大规模参与，并征集科学观测提案，发展模型和算法，活跃科学思想，最大化地促进科学成果产出。大型空间项目的地面研究系统都设有相当规模的专门机构，如为哈勃太空望远镜设立了太空望远镜科学研究所（Space Telescope Science Institute，STScI）负责协调管理哈勃太空望远镜运行计划、数据处理，并组织天文学家开展研究。至今利用哈勃太空望远镜观测数据发表的文章已经超过 1 万篇。

随着计算机和信息技术的发展，科学数据的处理向网络化、云计算、深度学习、智能处理和大数据挖掘等方向发展。领域内和天/地基不同数据源，或跨领域数据的汇集、融合处理，海量科学数据系统的建立，科学分析软件的发展，将推动空间科学数据分析和研究迈上新台阶。例如，近年来机器学习和人工智能对大数据的挖掘处理能力，已经在系外行星探测卫星开普勒等卫星数据处理上得到体现，需要引起充分重视。

空间科学还需要重视成果的转移转化，特别是空间生命科学和生物技术、微重力流体物理和燃烧科学、空间材料科学等领域有大量成果可用于医疗、健康、农林、生态、航天、能源、动力、化工和材料等大行业，在促进战略性新兴产业发展方面将起到重要作用，需要有计划、有目标地加以推动。

（二）科学、技术和工程的高度结合

空间科学是前沿科学与空间技术的高度融合，是规模宏大的科学工程。

1. 科学创新性和技术先进性/可行性是任务遴选的依据

空间任务规模大、系统复杂、代价高昂，因此空间科学项目遴选十分严格。在整个任务链条中，首先需要有独特的科学思想和任务概念，并通过预先研究（仿真分析、关键技术攻关、地面实验、亚轨道实验验证或已有空间数据的分析等）提升项目的科学内涵，突破关键探测技术（发展新型探测器、望远镜或实验装置），通过论证形成具有鲜明特点、优势和国际竞争力的任务方案，使项目的科学目标明确、载荷指标合理、预期科学产出可信、工程技术可行性依据充分。

可以看到，当今和未来空间科学发展的一个重要趋势是拼技术、拼实力。谁掌握了最先进的尖端探测技术，谁就可能在重要领域争得先机。因此，需要在重大科学方向上尽早部署技术研发，扎实攻关。

为提高空间科学水平和国际竞争力，需要长期规划，全面部署，广泛征集项目建议，先期预研，发展实验探测技术和相关空间技术，凝练科学目标，确定研究内容及方案，夯实研究基础，提高技术成熟度，在坚实的科研和技术基础上不断提出高水平的空间科学项目。

2. 充分体现科学特点的严格工程管理是任务成功的保证

空间科学项目一旦实施，就进入航天工程轨道，科学载荷与空间飞行器、运载火箭、测控通信、发射场、地面支撑系统等组成工程大系统；根据科学任务的需要增加科学数据中心、科学研究中心、地面科学实验室等特有的数据分析和任务支持系统；要按航天任务的严格规范要求，研制适应空间环境和发射条件的科学载荷及火箭、飞行器产品，确保其技术性能、质量和可靠性；需要配备专门实验设备和定标系统，保证科学载荷测试的完备性和定量化水平。

空间飞行器与科学载荷关联密切，高精度探测项目往往需要根据科学需求进行一体化设计，统一分配误差和技术指标，反复权衡迭代，尽可能地满足科学任务的苛刻要求（如ESA Euclid任务的依据文件是一本460页的文档，将科学需求与终端仪器架构的选择、望远镜的性能、飞行器指向控制联系起来）；为了确保实现科学目标，规避风险，整个任务分成不同阶段实施目标管理，并评估阶段工作目标实现情况、科学需求满足情况和工作质量，且严格控制技术状态；开展系统间、天地间的系统性试验，完成产品的性能测试验证、定标、匹配性、环境模拟和可靠性试验（载人航天中的科学任务还特别关注安全性和人机工效学验证），一些科学项目还需要先进行特殊测试和模拟条件实验验证（高空科学气球、抛物线飞机等），确保任务成功；之后经过发射前测试、发射和在轨测试（在轨定标）阶段，正式开始科学任务运行。许多空间科学任务的运行需要测控通信系统的特殊配合，如天文观测的机遇任务需要在很短时间内发出上行指令；空间实验的遥科学方法需要准实时的上下行天地链路配合；等等。

特别需要强调的是，产生大量数据的空间科学任务或多任务系统（如空间站应用），其地面段（ground segment）的数据处理软件（科学分析软件）和仿真系统研发必须与有效载荷及飞行器硬件研制及定标同步进行、协同展开、多次迭代，成为系统设计、误差分配、指标确定、运行规划、科学能力评估的重要依据。仿真系统和数据处理软件研发往往需要动用大量人力，凝聚高水平的科学家和工程技术人员协同工作，如 ESA Euclid 任务的软件研发投入 750 人，历时 10 年，其经费与望远镜硬件的费用相当。在科学任务运行和数据处理期间，这一经过考验、准确描述载荷及平台特性的成熟软件系统对数据快速处理和科学成果产出具有极为重要的意义。

3. 科学、技术和工程的密切配合是实现目标的关键

空间科学是以观测和实验为基础的科学。在空间开展观测或实验，获取第一手科学数据，使空间科学任务成为既有科学实验特点，又能满足空间工程严格要求的空间大科学工程。空间科学任务概念新、环节多、过程复杂，特别需要科学研究、实验观测技术和空间工程的高度融合，培育科学文化和工程文化融合的科学工程文化。航天工程技术专家要能充分理解科学目标和需求，科学家要熟悉科学载荷并了解航天工程的特点，科学载荷（仪器）专家要充分理解科学需求并遵循空间工程的规范和管理要求。这三方面专业人员目标一致、大力协同、密切配合是取得高水平科学成果的关键。在发展空间科学事业中，特别需要培养一支具备探测技术素养和航天工程知识的科学家队伍，深入理解科学的工程技术队伍，培育科学、技术和工程融通的复合型人才，把科学、技术和工程的融合提升到新水平。

（三）国家科学规划的重要组成部分

空间科学作为承载着探索发现使命、融合高端技术的战略性科学领域，在各学科中属于重大基础前沿方向或重要分支，并有交叉学科的特点，是当代科学前沿的重要组成部分。因此，空间科学应当成为国家总体科学规划和

空间规划的重要组成部分。

空间科学与自由探索性的科学活动有很大不同。空间科学任务投入巨大，任务实施周期较长；空间实验机会宝贵，具有一定的风险，相比地面科学研究活动，空间实验研究调整起来很难，并且实验重复机会少；空间科学项目是与地面重大科技基础设施相似，但风险等级差别很大的空间大科学工程。由于空间科学的这些特点及其在科学领域中的重要地位，因此需要从国家层面进行统一规划、长期积累、周密组织，这也是发展空间科学的内在需求。

发达国家和地区大多建立了管理包括空间科学在内的国家级航天机构，如美国国家航空航天局（NASA）、俄罗斯联邦航天局（Russian Federal Space Agency，ROSCOSMOS）、欧洲多国联合的欧洲航天局（ESA）、法国空间研究中心（Centre National d'Etudes Spatiales，CNES）、德国宇航中心（Deutsches Zentrum für Luft-und Raumfahrt，DLR）、意大利航天局（Agenzia Spaziale Italiana，ASI）、日本宇宙航空研究开发机构（Japan Aerospace Exploration Agency，JAXA）、加拿大航天局（Canadian Space Agency，CSA）等，代表国家负责研究包括空间科学的航天发展战略，制定国家空间科学规划并不断滚动更新规划，统筹空间科学和空间技术发展，开展国际合作，管理空间科学任务。这些机构与科学界保持密切联系，通过征集建议、发布指南，由科学家自下而上提出建议，再自上而下进行引导和统筹，组织科学界达成基本共识，形成体现国家意志的空间科学规划和计划，长期有序地组织和推动空间科学的发展。

国家规划的科学性、长远性和对国家规划支持的稳定性是空间科学发展的重要保证。取得巨大成功的项目大多都有相当规模和深度的前期研究（理论、实验、仿真等），并开展攻关突破关键技术，研制过程长达十几年甚至20年（如哈勃太空望远镜的研制过程持续15年，赫歇尔望远镜的预研和研制过程持续24年，等等）。各类项目都经过长期酝酿、培育和积累，开展了较充分的地面实验验证和必要的空间模拟实验或亚轨道实验验证。即使是实验规模不大的空间科学项目（如空间生命科学和微重力科学项目），在预选项目中也安排了同一方向的多个"A前阶段"（pre-phase A）研究进行培育，通过评估选优最终确定开展空间实验的项目。所有这些活动都在科学规划和计划安排中予以支持。

（四）交流合作的活跃领域

基础研究的开放性是由其研究性质和知识体系积累的需要所决定的。空间科学的基础研究性质使其交流和合作十分活跃，在航天领域中十分突出。

1. 空间科学的学术交流形式多样

国际综合性学术会议影响力较大，国际科学理事会（International Council for Science，ICSU）下属的空间研究委员会（Committee for Space Research，COSPAR）是在空间科学方面最有影响力的国际非政府组织，其宗旨是在世界范围内通过学术交流和组织实施国际合作，促进利用卫星、火箭、飞船、高空科学气球的科学研究；其下设地球和气候、地月系统和行星、高层大气和磁层、太阳系等离子体、空间天体物理、空间生命、空间材料、空间基础物理八个委员会（下设若干分委员会）和专门的科学或技术工作组，涵盖了空间科学所有领域；其两年举办一次例会，参加会议的有2000～3000人，出版物有 *Advance in Space Research* 等。国际宇航联合会（International Astronautical Federation，IAF）与国际宇航科学院（International Academy of Astronautics，IAA）联合，每年召开一次国际宇航大会（International Astronautical Congress，IAC），主要致力于空间技术的学术交流，也组织对地观测、全球变化、空间探索、微重力科学、生命科学、宇宙科学等空间科学的学术交流。国际天文学联合会（International Astronomical Union，IAU）的例会组织架构设立太阳、月球、行星和卫星、彗星和小行星、大气外天文观测、空间和高能天文物理等与空间科学相关的专业组。欧洲、美洲、亚洲有许多持续性的专门学术会议（多扩大为国际性会议），成为科学家国内外交往交流的科学共同体。随着信息技术的进步，新媒介使重要信息传播更迅速快捷，热点科学问题讨论更频繁活跃。

2. 国际合作成为许多空间科学任务的特色

各国航天机构大多将国际合作列为重要的发展政策，相当比例的科学卫星和 ISS 科学任务都是通过国际合作完成的。ESA 的空间科学任务一直致力于最大限度地挖掘欧洲最优秀的科学家和技术资源；美国与欧洲、美国与日本、日本与欧洲之间的科学合作广泛深入，目的也是通过优势互补，追求最好的科学回报。国际联合计划和相关组织，如日地物理科学委员会（Scientific Committee on Solar Terrestrial Physics，SCOSTEP）、太阳活动影响地球（Variability of the Sun and Its Terrestrial Impact，VarSITI）计划、国际与日共存（International Living with a Star，ILWS）计划、国际月球探索工作组（International Lunar Exploration Working Group，ILEWG）等在空间物理、空间地球科学、载人空间探索等领域有多个国际科学计划，对推动国际合作、协调各国共同探索并解决重大科学问题发挥了重要作用。

3. 科学数据的开放是空间科学国际合作的有效方式

国际上通行的空间科学数据政策一般是研究团队和首席科学家限时优先使用（各领域有所不同），之后完全免费开放或可以通过申请获取，制定数据标准以保证其互操作性，对推动空间科学研究的深入有重要作用。重要的科学卫星（如哈勃太空望远镜等天文卫星），往往会公布性能指标和运行计划，在国内外同行中征集观测申请，提供观测机会，成为开放性的观测设施；或组成科学观测机构（如伽马暴行星际定位网络——IPN，在伽马暴探测和定位方面综合不同国家的卫星数据开展联合研究），通报最新结果进行联合观测，开展机遇观测等。空间科学宽广的研究领域、对重大科学问题的广泛共识和聚焦、对学术研究深度和探测技术的高度依赖、任务投入大和经费分担等需求，是促使空间科学活动开展深度国际合作及在某些领域形成国际联合计划的重要原因，使其成为在航天领域中交流和实际项目合作最活跃的领域，这也是重大空间科学探索项目组织形式的新常态。

第二节　空间科学发展历史、现状和趋势

一、空间科学发展的历史和现状

（一）历史回顾

人类自古就对茫茫苍穹充满好奇、敬畏和向往，关于创世和人类起源的神话与传说不绝于古文明史。在漫长的岁月里，古代科学家倾注了很大的精力观察天象，创建历法；许多早期哲学家和天文学家对宇宙的思辨闪耀着智慧的光芒。

14～16世纪的文艺复兴运动带来了艺术和科学的革命，在数学、力学、物理学、天文学和生理学方面取得了重大成就。波兰科学家哥白尼提出的"日心说"、意大利科学家布鲁诺对"日心说"的捍卫，都是对神学观念的根本颠覆。之后，伽利略发明了天文望远镜，开普勒发现了行星运动定律，牛顿发现了万有引力并创立了三大运动定律，奠定了经典物理学和现代工程学的基础。

19 世纪，在工业革命背景下，科学发展突飞猛进。麦克斯韦提出了统一电磁场理论，门捷列夫发现了元素周期律，达尔文提出了自然选择进化论学说，卡诺、克劳修斯、焦耳和后来的玻尔兹曼等发展了热力学，赫尔姆霍兹提出了完整的能量守恒原理，赖尔阐述了地质进化论，近代天文学也取得了很大进展。

19 世纪末至 20 世纪初，在探索微观世界和电磁波传播、黑体辐射等研究中，牛顿力学和经典电磁理论遇到了巨大困难。爱因斯坦于 1905 年提出了相对性原理和光速不变原理，创立了狭义相对论，1915 年又建立了以弯曲时空描述引力的广义相对论，突破了牛顿的绝对时空和运动框架；1900 年普朗克提出了能量子假说和黑体辐射公式，在爱因斯坦、玻尔兹曼等许多科学家的努力下，形成了量子力学体系，改变了单一连续性的经典力学观念，揭示了自然界客观统计性，形成了宇观/微观统一、量子/连续性统一的自然观，这是人类科学认识史上的一次深刻革命，百年来深刻影响、激荡着现代科技进步，推动了当代科技繁荣和产业变革。其间，康斯坦丁·齐奥尔科夫斯基、罗伯特·戈达德和赫尔曼·奥伯特等人研究了多级火箭理论，为人类进入太空做了工程理论准备。前辈科学家的研究已经触及现代空间科学相关的主要内涵，如星际航行、太阳系形成演化、引力波和黑洞、宇宙论、基本物理规律及生命起源等。

20 世纪后，人类对近地空间、太阳系乃至宇宙的研究活跃起来。1912 年赫斯乘气球通过静电计测量空气电离发现了宇宙射线；通过地面望远镜对天体、太阳黑子和耀斑，以及彗星、行星和超新星爆发进行了观测，天文学迅速取得了进步；通过短波通信发现了电离层，对地磁、极光进行了研究；通过光谱研究了太阳和行星大气的化学组成，通过陨石研究了宇宙物质的化学组成；等等。20 世纪的两次世界大战并没有阻止科技发展的脚步。第二次世界大战期间，原子弹、火箭、喷气式飞机等尖端技术的发展促进了战后科学技术的快速进步。1946 年及以后，用探空火箭获得了太阳的紫外光谱、X 射线强度、Lyman-α 谱，探测了电离层和高层大气结构，促进了理论研究。

（二）空间时代的空间科学

1. 空间科学的兴起和发展

苏联、美国成功发射人造卫星以来，人类的空间活动包括空间科学探索持续不断，高潮迭起。空间科学在不同历史阶段，特别在"冷战"时期和

"后冷战"时期呈现出不同的特点。

1957～1958 年的国际地球物理年聚集了 67 个国家的科学家开展联合观测，首次在科学计划中用卫星进行探索，获得了开创性的科学发现。当时更为壮观并成为主旋律的是美国与苏联的太空竞赛。美国和苏联在"冷战"背景下，以政治、军事、科技和制度优越性较量为驱动力，在空间这个新的战略领域不惜代价高强度投入，以高显示度的载人航天、月球探测、载人登月和深空探测为主要竞技场，开展了全方位、大规模的激烈竞赛，形成了 20 世纪 50 年代末到 70 年代末空间活动的一个高潮期。犹如 15～16 世纪的地理大发现，空间活动规模和探索疆界迅速扩张，登月竞赛和阿波罗载人登月计划的成功使这场竞赛达到高潮，强有力地推动了空间技术的发展，也给科学探索带来了机遇，吸引了大批科学家和工程师为之努力，发现性的科学成果大量涌现，空间科学开始逐步成型。

"冷战"后期及"后冷战"时期，国际形势缓和，美国在太空竞赛中基本确立了优势，以及美国和苏联两大航天强国经费支撑能力的下降，致使空间活动情况发生了变化。20 世纪 70 年代后期，月球和深空探测有一个间歇期，载人航天活动仍然继续，重视科学成果和应用效益成为空间活动的趋势，美国转而显著加强了空间科学规划和投入，ESA 和法国、德国、日本等扩大了空间活动规模并部署了持续的空间科学任务，其他许多国家也加入了空间科学和应用行列。该时期空间科学活动以科学问题为导向，更加突出科学驱动的特点，各种科学卫星发展迅速，月球与深空探测迎来新高潮，空间科学呈现出勃勃生机的景象，不断取得辉煌成就。

2. 空间科学发展情况和成就概述

本部分以空间任务为线索，概述重要的空间科学活动及主要成就。

（1）月球探测及其成就

1958～1976 年，苏联先后发射 24 个月球号探测器，美国先后发射 9 个徘徊者号（Ranger）和 7 个勘测者号（Surveyor）月球探测器。取得重要成就的有月球 9 号（Lunar-9）在月球软着陆，月球 16 号在月面采样并返回地球，月球 17 号装载核能源月球车 1 号进行了 8 km² 月面考察，月球 24 号钻采并带回 170 g 月岩样品。1966 年，美国勘测者 1 号在月面软着陆。这些活动丰富了人们对月球概貌的认识。

美国载人登月的阿波罗计划取得了巨大成功。1961 年 4 月苏联航天员加加林完成首次载人飞行，1 个多月后美国就宣布了载人登月计划并倾全力推进，研制了世界上最大的土星 5 号运载火箭和阿波罗飞船，阿波罗 11 号于 1969 年 7 月成功实现了人类首次登月，加上后续的阿波罗 12 号、14 号、15 号、16 号和 17 号，共实现了 6 次载人登月，12 名宇航员登上月球，3 次使用了月球车。载人登月是当时美国争夺太空技术优势和提升国际威望的核心计划，并在月球科学研究方面取得了很大成就：用全景相机、伽马射线光分计、质谱计、绘图相机等仪器实地考察了数十千米范围的地形地质；埋设了多台月震仪，长期记录月震和小天体撞击月球的月震波，提供了月球内部的月核、月幔和月壳的精细结构；安装了月面激光反射器测量月球轨道长期变化，并开展基础物理研究；进行了浅层钻探，带回地球 381.7 kg 月岩和月壤样品及大量数据，并提供给世界各相关实验室开展月球样品的系统研究，在月球的起源和演化过程方面取得了系统性、综合性的重大成就，整体性地提高了月球科学的研究水平，推动了一系列分析测试技术和新型科学仪器的创新性研制和应用。

20 世纪 90 年代后，国际上出现了月球探测的新高潮。美国在其中仍扮演重要角色，1994 年发射了克莱门汀号（Clementine），1998 年发射了月球勘探者（Lunar Prospector）进行遥感探测；2009 年 6 月发射了月球勘测轨道器（LRO）、月球坑观测和传感卫星（LCROSS），后者在任务结束时通过撞击月球发现了水的存在；2011 年发射了圣杯号（GRAIL），用双星探测获取了月球重力场数据；2013 年发射了月球大气与尘埃环境探测器（LADEE），探测了月球大气散逸层和尘埃。

2003 年，ESA 发射了第一个月球探测器智慧 1 号；2007 年，日本发射了月亮女神号，包括一个主轨道器和两颗小卫星；2008 年，印度月船 1 号对月球进行了全球成像和矿物测绘。

2007 年中国发射了第一个绕月探测卫星嫦娥一号，获得了高分辨率全月球影像图，以及全月面主要元素、矿物和岩石类型的分布图；2010 年发射了嫦娥二号月球轨道器，获取了空间分辨率 7 m 的全月球数字影像图，之后飞往日地 L2 点监测太阳活动与爆发，并对图塔蒂斯（Toutatis）小行星进行了成功的交会探测；2013 年发射了嫦娥三号探测器，着陆器与月球车在月球虹湾地区开展联合探测，获取了月球车行经路线下的表层结构、近紫外天文观测和地球等离子体层大量的科学资料。2018 年底发射的嫦娥四号探测器，实现了人类探测器首次在月球背面软着陆，开展了月球背面低频射电天文观测、地质和资源勘查等研究。

自 20 世纪 90 年代后开始的第二次月球探测高潮，至今各国一共发射了

16 个月球探测器，其中中国已经发射了 4 个月球探测器并首次实现了月面软着陆探测，取得了丰富的创新性科学探测成果。

（2）行星和太阳系探测的科学成就

美国发射的水手 4 号（Mariner-4）于 1965 年抵达火星，拍摄了火星照片，探测到火星大气压不到地球的 1%；1975 年美国海盗 1 号（Viking-1）和海盗 2 号相继着陆火星勘察了火星表面，没有发现显著的生命迹象。在金星探测中，美国发射过 10 次探测器，苏联发射过 32 次探测器。1975 年苏联金星 9 号（Venus-9）首次绕金星观测并登陆金星；1982 年金星 13 号首次进行了金星土壤分析。1976 年，美国、德国合作的太阳神 2 号（Helios-2）近距离飞掠太阳；1978 年，NASA 的国际日地探测卫星 3 号（ISEE-3）在日地 L1 点探测太阳风并完成飞越月球使命后，更名为国际彗星探测器（ICE），分别于 1985 年和 1986 年飞越贾可比尼-津纳（Giacobini-Zinner）彗星和哈雷彗星，发回了粒子、场和波的测量数据；1977 年美国发射装有钚电池并携带人类信息的旅行者 1 号（Voyager-1）和旅行者 2 号从不同方向飞出太阳系，其中旅行者 1 号探测了木星和土星，旅行者 2 号探测了木星、土星、天王星和海王星，经历 40 年后旅行者 1 号已经飞出了太阳系边缘。

1989 年美国用航天飞机发射了伽利略号（Galileo）木星探测器，两年后飞掠小行星 951，后两次绕木星进入木星大气层；1996 年发射了火星全球勘探者和火星探路者并在火星表面成功着陆，对火星地表景观、气候、岩石和土壤进行了研究；1998 年发射了深空 1 号彗星探测器探测了小行星 1992 KD、威尔逊-哈林顿（Wilson-Harrington）彗星、博雷利（Borrelly）彗星；1999 年发射了星尘号（Stardust）彗星探测器，从怀尔德 2 号（Wild-2）彗星尾部获取了样品并返回地球；2001 年发射了起源号（Genesis）太阳风探测器，采集了太阳风粒子样本并返回地球；2002 年发射了等高线（Contour）彗星探测器；2004 年发射了信使号（Messenger）水星探测器，探测了距离太阳最近的水星地质和大气组成；2005 年发射了深度撞击（Deep Impact）探测器，成功与坦普尔 1 号（Tempel-1）彗星相撞，对彗星物质成分进行了研究，并继续飞往坡辛彗星；2006 年发射了新视野号探测器，研究冥王星及更远的太阳系边缘；2007 年发射了黎明号小行星探测器，对小行星带和谷神星（Ceres）、灶神星（Vesta）两颗最大的小行星进行了探测；2011 年发射了朱诺号（Juno）木星探测器，2017 年 7 月飞跃木星风暴系统（大红斑）。美国对火星探测的重视源于载人火星探索愿景，连续实施了多次火星着陆巡视任务，包括 2004 年火星探测漫游者（MER）携带的勇气号和机遇号火星车，2008 年到达火星的凤凰号（Mars Phoenix）和 2012 年着陆火星的好奇号火星车，探测结果有力地支持了火星过去存在大量地表水的结论，发现目前土壤中存在水的迹象，推论火星可能存在生命。

ESA 于 1990 年发射了尤利西斯号（Ulysses）太阳探测器，对太阳两极进行近距离观测；1997 年 ESA 和 NASA 联合发射了卡西尼-惠更斯号土星及土卫六探测器，研究土星和土星环的变化，发现了土卫二（Enceladus）冰层喷射出二氧化碳和氢气，释放的惠更斯子探测器成功登陆土卫六，发现了甲烷海洋，卡西尼号探测器于 2017 年 9 月进入土星大气层结束使命。ESA 于 2003 年发射了火星探测器火星快车，2004 年发射了彗星探测器罗塞塔（Rosetta），2005 年发射了金星快车（Venus Express）。2016 年 ESA 和 ROSCOSMOS 联合研制的 ExoMars 2016 火星探测器发射，开展了空间生物学研究，已发回一批图片。

日本于 1985 年先后发射了先驱者（Pioneer）和行星-A（Planet-A）研究哈雷彗星和太阳风的关系，1990 年发射了飞天（Hiten，Muses-A）月球探测器，1998 年发射了行星-B（希望号，Nozomi）火星探测器，2003 年发射了隼鸟号小行星探测器，实现了小行星取样并返回地球，2010 年发射了金星探测器拂晓号，试验了太阳帆技术，2014 年发射了隼鸟 2 号，目标是探测小行星 1999 JU3 的有机物质和水，将于 2020 年返回地球。

60 多年来，各国的行星和太阳系探测活动对太阳系天体及太阳系起源研究做出了重要贡献，取得了重大的科学成果。

（3）载人航天及其科学活动的成就

通过飞船突破载人航天基本技术后，苏联一直沿着载人空间站的自主技术路线发展，重视载人任务的应用，提升其产业效益，包括利用微重力环境发展材料和医药产业等。1971 年苏联发射了 20 t 级单舱段空间站礼炮 1 号（Salyut-1），到 1982 年陆续发射了礼炮 2～7 号，最长在轨时间近 5 年；同步发展了联盟号（Soyuz）载人飞船和进步号（Progress）货运飞船，形成了载人航天的完整体系，接待了数十批航天员。苏联于 1986 年开始建设多舱段组合的和平号空间站（MIR，质量 123 t），在轨运行 15 年，共有 12 个国家的 135 名航天员进站工作。礼炮系列与和平号开展了数千项人体科学、生命科学、材料科学、天体物理和地球科学研究，在植物栽培学、蛋白质结晶、细胞分离、特种药品制备，以及半导体、玻璃、合金等特殊材料和电子器件研制方面积累了宝贵经验，以太空处方药物辅助创造了航天员连续执行任务 438 天的最高纪录；开展了天体物理、基本粒子和宇宙射线的探测，获得了大量观测数据，发展了可见光、主动微波探测等技术，获取了地球资源、地球热辐射、自然灾害等重要资料，取得了丰富的研究成果。

美国在 1973 年 5 月发射了天空实验室（重约 80 t），工作到 1974 年 2 月，共有 4 批航天员进驻，载有 59 种共 11.8 t 科学与应用载荷，进行了 270 多项航天医学、生命科学和技术、空间环境，以及微重力流体和材料加工等科学实验研究，开展集中的太阳观测，发展了合成孔径雷达（SAR）技术，为美国载人航天科学研究打下了基础。

1981 年美国第一架航天飞机哥伦比亚号首飞成功，苏联也在之后研制了性能指标不亚于甚至超过美国的暴风雪号航天飞机（后终止）。美国的 5 架航天飞机自 1981~2011 年共进行了 135 次飞行，执行了 2000 多项空间科学研究与试验任务，用航天飞机发射了多个重要科学卫星和深空探测器（哈勃太空望远镜、康普顿伽马射线天文台（Compton Gamma Ray Observatory，CGRO）、钱德拉 X 射线天文台（CXO）等天文卫星，麦哲伦号、卡西尼号、尤利西斯号、伽利略号等深空探测器），其中哈勃太空望远镜通过航天员的 5 次维修升级，造就了其近 30 年的辉煌科学业绩；其携带置于航天飞机货舱的科学实验室，进行了多次为期两周的综合科学任务，包括两次德国太空实验室（D-1 和 D-2）的 163 项任务，研究内容涉及微重力科学、医学、生命科学、材料科学、地球观测、天文、大气物理和天体物理、干涉 SAR 地球立体测绘、云激光雷达试验等，取得了大量成果，培养了若干科学团队和首席科学家。

载人航天活动及科学任务发展了空间人体科学、生命科学、微重力科学、材料科学等新领域。由于发现的现象比初期想象的复杂，对微重力效应的产业化应用普遍转变为机理研究和发展应用技术并重的方针。

ISS 是"冷战"结束后由美国主导，俄罗斯提供关键技术，十六国参与的国际合作计划。2011 年 ISS 基本建成，有 6 个加压舱（俄罗斯曙光号、星辰号，美国命运号、多功能增压后勤舱，欧洲哥伦布号，日本希望号）、7 对太阳帆板（可提供 110 kW 电力）、2 条机械臂，ISS 总重 419t，还有 6 名航天员长期驻留，是人类历史上规模最大的空间研究设施和近地轨道实验室。

ISS 的生命和物理科学研究大多采用科学实验机柜的形式，各国压力舱内共配置了 25 个用于人体科学、生命、流体、材料、燃烧的实验柜，还有约 10 个通用型实验柜。在舱外主桁架上有 6 个大型舱外载荷挂架，还有希望舱的暴露平台和哥伦布舱的外挂架，为天文、地球科学和暴露科学实验提供支持。

美国利用 ISS 开展应用物理学、生命科学和生物技术、人体科学、天文-地球-空间环境、技术开发和科普教育 6 个方面的科学活动，各参与国的重点领域大体类似。ISS 至今已经开展了近 3000 项科学研究。

NASA 在 2003 年后重点发展人体科学，为重返月球和载人火星计划做准备，之后又适当均衡了各领域投入；舱外大型项目有阿尔法磁谱仪（AMS-02）、宇宙线和暗物质探测器（CREAM）等。NASA 还着力推动 ISS 美国资产的商业应用。ESA 制定了欧洲空间生命和物理科学计划（ELIPS-1～ELIPS-4），将部署空间冷原子钟组（Atomic Clock Ensemble in Space，ACES）项目和空间光钟（SOC）项目并开展基础物理研究。JAXA 对希望号实验舱的利用做了精心安排，流体科学和静电悬浮材料实验具有特色；暴露平台安装有量能器电子望远镜（CALET）、全天 X 射线观测仪（MAXI）、亚毫米波超导天文与大气观测仪（SMILES）等。

2013 年 9 月，NASA 通过评审发布了"ISS 十大科学成就"，如表 1-1 所示。

表 1-1　NASA 组织评选的"ISS 十大科学成就"

序号	科学成就	ISS 上的研究或技术	学科
1	化疗药物新型靶向递送方法目前正在用于乳腺癌临床试验	微囊化静电处理系统（MEPS）	生物技术
2	机器人协助脑部手术	加拿大机械臂	技术科学
3	阿尔法磁谱仪暗物质观测取得进展	阿尔法磁谱仪（AMS-02）	天文科学
4	已有 4300 万名学生参与 ISS 应用与研究活动，并在不断增加	多项教育和推广实验项目	教育和推广
5	细菌病原体变得高致病性的途径	多项微生物实验研究项目	生物技术
6	发现冷焰燃烧新现象	火焰熄灭（FLEX）系列实验	物理科学
7	利用电场下胶体自组装制造纳米材料	胶体乳液顺磁聚合结构研究（InSPACE）系列实验	物理科学
8	沿海海洋超光谱成像仪监测沿海海湾地区水质	沿海海洋超光谱成像仪（HICO）	地球科学
9	理解骨质疏松症的机理及开发新的治疗药物	骨保护素对微重力下骨质维持作用（CBTM）及后续实验	生物技术
10	通过饮食和锻炼预防空间中骨质流失	多项人体研究实验	人体研究

（4）科学卫星的发展及其成就

科学卫星用于特定科学研究使命，是空间科学探索的主要平台，经过多年发展，形成了空间物理和太阳物理、空间天文、空间地球科学等科学卫星系列，取得了巨大的科学成就。

1）空间物理和太阳物理卫星

国际地球物理年期间（1957～1958 年）发射了十几颗卫星，1958 年美国探险者 1 号发现并确认了范·艾伦辐射带的存在；1959 年 1 月苏联月球 1 号首次探测到太阳风；1959 年 8 月美国探险者 6 号从太空拍摄了第一张地球照片，成果丰硕。

20 世纪 70 年代和 80 年代在多个国际计划的协调下，开展了规模空前的空间物理探测，主要卫星有欧洲与美国合作的太阳极轨卫星（Ulysses）、太阳和日球层观测台（SOHO），俄罗斯地球磁层能量传输卫星（Interball，4 颗卫星），日本阳光卫星（Solar-A），日本与美国合作的磁尾卫星（Geotail）、美国高能粒子和太阳风卫星（Wind）、极区卫星（Polar），以及 ESA 星簇计划（Cluster，4 颗卫星）等，在理解太阳结构和动力学、日冕和太阳风加速机制、空间等离子体湍动、日地系统连锁变化的物理过程方面有很大帮助。国际空间局协调组（The Inter-Agency Consultative Group, IACG）2002 年提出了 ILWS 计划，24 个国家和地区参加，包括在轨和新发射的几十颗卫星，新的卫星有日本日出卫星（Solar-B）、太阳动力卫星（SDO）、太阳界面区成像光谱仪（IRIS）等。

重要的开展太阳物理探测的卫星有美国 1963～1975 年发射的轨道太阳天文台系列（OSO-1～OSO-8），其中 OSO-7 卫星探测到太阳伽马射线谱，对高能太阳耀斑物理机制研究有重要意义；20 世纪 80 年代美国发射了太阳极大年任务卫星（XMM），研究从射电辐射到 X 射线和伽马射线的辐射特性；之后有美国的过渡区和日冕探测卫星（TRACE）、研究太阳高能活动的 RHESSI 卫星、日地关系天文台（STEREO），法国专门研究太阳辐照度和直径变化的 Picard 卫星等；2015 年美国磁层多尺度任务（MMS）的 4 颗编队卫星发射成功。

2）空间天文卫星

空间天文卫星开启了全波段天文观测时代。美国的空间天文活动最活跃和前瞻。1966～1972 年，美国规划了系列轨道天文台（OAO）。1970 年，美国发射了首颗 X 射线卫星（Uhuru），之后发射了爱因斯坦 X 射线天文台；1973 年，监测核爆的维拉卫星（Vela）发现了宇宙伽马暴；1978 年，美国和欧洲合作发射了国际紫外线探测卫星（IUE）；1983 年，美国、荷兰、英国合作发射了首颗红外空间天文卫星（IRAS）；1989 年，美国发射的宇宙背景探测器（COBE）证实宇宙微波背景辐射在 0.25 % 的精度上符合黑体辐射谱。除上述开拓性的天文卫星外，NASA 实施的大型轨道天文台（Great

Observatories）计划，包括哈勃太空望远镜（HST，1990 年）、康普顿伽马射线天文台（CGRO，1991 年）、钱德拉 X 射线天文台（CXO，1999 年）、斯皮策太空望远镜（SST，原名空间红外望远镜设备，SIRTF，2003 年），使空间天文活动达到当时的高峰。继 COBE 卫星之后美国又发射了威尔金森微波各向异性探测器（WMAP），之后还有广域红外巡天探测卫星（Wide-field Infrared Survey Explorer，WISE）、伽马暴快速反应探测器（Swift）、核光谱望远镜整列卫星（NuSTAR）、费米伽马射线太空望远镜（Fermi）等取得了大量新发现。NASA 于 2009 年发射的 1.4 m 口径系外行星探测卫星（Kepler）开拓了寻找宇宙中生命的活动，已经发现了数千太阳系外行星和一批类地行星，并且发现有的行星存在大气。

欧洲和日本在空间科学布局中均将空间天文学列为重点。ESA 的主要空间天文卫星有伽马射线卫星（COS-B，1975 年）、X 射线空间天文卫星（ROSAT，1983 年）、天体测量卫星依巴谷（1989 年）、XMM-牛顿卫星（X-ray Multimirror Newton，XMM-Newton，1999 年）、红外天文台（ISO，1995 年）、国际伽马射线天体物理实验室（INTEGRAL）。ESA 近年来的空间天文任务显示出极高水准，2009 年发射的赫歇尔（Herschel）红外/亚毫米波望远镜发现了 30 多种宇宙有机分子，普朗克（Planck）巡天者微波背景探测卫星获取了最高分辨率的宇宙背景辐射数据，加上 2013 年新一代天体测量卫星盖亚（Gaia），成为空间天文的新里程碑。早在 20 世纪 90 年代 ESA 就规划了开展空间引力波探测的激光干涉空间天线（LISA）计划，早于首次直接探测到引力波的地面激光干涉测距装置 LIGO，2015 年 ESA 发射了验证太空引力波观测技术的 LISA 探路者（LISA Pathfinder）。欧洲各国空间局还发射了一批重要的天文卫星。

日本在国际 X 射线天文学和空间天文学发展中做出了重要贡献，其天文卫星系列有首次采用准直器调制成像的 X 射线卫星 Hinotori（ASTRO-A，1981 年），以及 Tenma（ASTRO-B，1983 年）、X 射线谱和伽马暴卫星 Ginga（ASTRO-C，1988 年）、射电干涉卫星 HALCA（1996 年）、X 射线宽波段成像卫星 ASAC（ASTRO-D，1993 年）、宽谱段 X 射线（0.2～600 keV）卫星 SUZAKU（ASTRO-E II，2005 年）、全制冷红外天文卫星 AKARI（ASTRO-F，2006 年）等，2016 年日本发射了观测黑洞和星系团的宽波段 X 射线空间天文卫星 Hitomi（ASTRO-H）。

俄罗斯发射了低能伽马射线卫星（Granat），印度于 2015 年发射了首颗空间天文卫星（Astrosat），阿根廷、澳大利亚、印度尼西亚等也发射了空间天文卫星。

空间天文学为天文学的发展带来了前所未有的繁荣，成为现代天文学和物理学的前沿和先锋。

在验证基础物理理论方面也发射了专用卫星。美国发射的激光测距卫星（LAGEOS-1/2），其数据初步验证存在广义相对论预言的地球自转引起的磁型引力效应；NASA 引力探测器（GP-B，2004 年）以更高精度开展了电型引力效应和磁型引力效应的空间实验检验。

3）空间地球科学卫星

NASA 一直将地球科学作为重点，其标志性计划是 1991 年开始的行星地球使命（Mission To Planet Earth, MTPE）计划和对应的地球观测科学卫星系统（Earth Observation System，EOS）计划，发展了一批先进的对地观测载荷，发射了 TERRA 卫星、AQUA 卫星、CHEM 卫星（分别重点研究陆地、水、大气），并开展了持续 30 年的地球辐射收支试验（ERBE，在各种地球观测卫星上搭载）。21 世纪 NASA 制定了地球系统科学探路者计划（ESSP），2006 年发射了云卫星（CloudSat）和云气溶胶激光雷达卫星（Calipso，与法国空间研究中心合作），以及水卫星（Aqua）、太阳伞卫星（Parasol）、臭氧和大气污染"气"卫星（Aura）组成了 A 列车（A-Train）星座，2014 年发射了轨道碳观测者 2 号（OCO-2），2016 年发射了 8 颗热带气旋跟踪微小卫星（CYGNSS）。美国和德国合作的地球重力恢复和气候试验卫星（GRACE，2002 年）用两颗编队卫星的微波干涉测距反演地球重力场，在反演出高精度高阶全球重力场的同时，还反演出了冰川、海陆地水量变化等信息，取得了巨大成功，对全球变化研究有重要意义。GRACE 的后继星 GRACE-FO 于 2008 年 5 月发射。GRACE-FO 采用了精度更高的激光干涉测距技术，将成数量级地提高测量和反演精度。

ESA 的地球科学研究项目占其总预算的 30% 以上，显示了欧洲国家对地球环境的高度关注。20 世纪 90 年代后，ESA（与 NASA 合作）发射了海表拓扑和动力环境卫星（Topex/Poseidon）、欧洲遥感卫星（ERS-1/2、ERS-1 卫星为微波散射计，ERS-2 卫星为 SAR 和雷达高度计）、地球重力场和海洋环流探测卫星（GOCE，2009 年）等，均具有开拓性。ESA 的大型环境卫星（ENVISAT，2002 年）集成了 SAR、光谱仪、辐射计、高度计等 10 种先进地球探测仪器，在欧盟"能源、环境与可持续发展"的木槿计划（HIBISCUS）框架下，动用了大量地面台站、飞机和高空科学气球配合，对陆地、海洋、大气成分和流场、海气界面等进行了综合观测研究。此外，重要的卫星还有法国和美国等合作的海洋测高卫星（Jason-1，2003 年）、海洋形态卫星（Jason-2，2008 年），以及德国的重力场和电磁场卫星（CHAMP）等。

JAXA 相继发射了地球观测卫星（JERS-1，载荷为 SAR）和海事观测卫星（MOS-1A，MOS-1B），之后实施了高级地球观测卫星计划（ADIOS-1，ADIOS-2）。日本和美国合作的全球降水测量（Global Precipitation Measurement，GPM）计划发射了热带降水卫星（TRMM，1997 年）和全球降水卫星（7 颗小卫星配合，2014 年），2009 年发射了温室气体观测卫星（GOSAT）。俄罗斯也发射了十几颗地球观测卫星。

空间地球科学研究的国际合作相当紧密。2005 年成立的政府间国际地球观测组织（GEO）制定了《全球综合地球观测系统（GEOSS）十年执行计划》，国际科学理事会于 2012 年发布了"未来地球"十年计划和宣言。在国际组织对卫星计划的研究协调工作和卫星数据进一步开放共享的基础上，空间地球科学研究将得到进一步推动。

（5）空间科学的标志性成就

从重要奖项看，空间科学的成果可以列出如表 1-2 所示的项目。

表 1-2　与空间科学密切相关的诺贝尔奖和其他重要奖项

年份	获奖者	奖项	贡献（括号中为相关空间探测任务）
1970	汉尼斯·阿尔文	诺贝尔物理学奖	创建了太阳磁流体力学和宇宙磁流体力学（美国 Navy Satellite）
1987	赫伯特·弗里德曼、布鲁诺·罗西、里卡尔多·贾科尼	沃尔夫物理学奖	对 X 射线天文学的开创性贡献；对太阳系外 X 射线源的研究并阐明了其物理过程（探空火箭、Uhuru、爱因斯坦卫星等）
1995	保罗·克鲁岑、马里奥·莫利纳、弗兰克·克罗	诺贝尔化学奖	利用紫外探测器在地球极区大气层发现了臭氧洞，阐明了氯氟烃对臭氧层形成、分解的作用及化学机理（Nimbus 7、Meteor 3）
2002	小雷蒙德·戴维斯、小柴昌俊、里卡尔多·贾科尼	诺贝尔物理学奖	开创了 X 射线天文学，发现了宇宙中微子和宇宙 X 射线源（Aerobee 火箭、Uhuru、HEAO-2、CXO 卫星）
2003	尤金·派克	京都基础科学奖	确认了太阳风是太阳大气吹出的超高速等离子体流（月球 1 号，其他卫星观测）
2004	阿兰·古斯、安德烈·林德	格鲁伯宇宙学奖	提出了宇宙暴胀理论，认为宇宙在极早期经历了一个短期的加速膨胀阶段
2005	杰弗里·马西、米歇尔·麦耶	邵逸夫天文学奖	发现并表征了主序星系外行星，并由此引发科学界对行星形成理论的革命性认识

续表

年份	获奖者	奖项	贡献（括号中为相关空间探测任务）
2006	保罗·德·贝纳蒂斯、安德烈·兰格	巴尔赛奖	获取了高信噪比的宇宙微波背景偏极化和温度各向异性测量结果（BOOMERanG 高空科学气球实验）
2006	约翰·马瑟、乔治·F. 斯穆特	诺贝尔物理学奖	发现了宇宙微波背景辐射的黑体形式和各向异性（COBE 卫星）
2006	约翰·马瑟	格鲁伯宇宙学奖	通过观测宇宙微波背景辐射证实了宇宙大爆炸理论（COBE 卫星）
2009	温迪·弗里德曼、罗伯特·科尼卡特、杰瑞·莫尔德	格鲁伯宇宙学奖	精确测量了哈勃常数（HST、WMAP、Spitzer）
2010	查尔斯·班尼特、莱曼·佩治、大卫·斯佩格	邵逸夫天文学奖	宇宙微波背景辐射的黑体形式、各向异性及精确测量。WMAP 的测量结果推动了精确宇宙学时代（WMAP 卫星）
2011	恩里科·科斯塔、杰拉尔德·菲什曼	邵逸夫天文学奖	发现了伽马暴与超新星有关的证据（康普顿伽马射线天文台，BeppoSAX 等卫星）
2011	索尔·帕尔马特、布莱恩·P. 施密特、亚当·里斯	诺贝尔物理学奖	通过观测遥距超新星，发现了宇宙加速膨胀（地面观测和空间哈勃太空望远镜）
2015	威廉·伯鲁奇	邵逸夫天文学奖	构思及领导了开普勒（Kepler）计划，用凌星测光方法去寻找系外行星
2015	米歇尔·麦耶	京都基础科学奖	通过开发光谱设备及系列先进观测技术，在 20 年前发现了与太阳系类似的恒星系统
2017	米歇尔·麦耶、戴狄尔·魁若兹	沃尔夫物理学奖	发现并表征了主序星系外行星

注：邵逸夫奖指香港著名的电影人邵逸夫爵士创立国际大奖，设数学、医学及天文学三项。京都奖指日本京瓷公司创始人稻盛和夫捐资设立的国际大奖，设先进技术、基础科学、艺术与哲学三项。格鲁伯奖指美国慈善家格鲁伯兄弟创立的国际大奖，设宇宙学、遗传学、神经科学三项。沃尔夫奖指犹太发明家 R. 沃尔夫创立的国际大奖，设数学、物理、化学、医学、农业、艺术六项。巴尔赛奖指用意大利报业人巴尔赛遗产设立的世界性奖项，设数学、地球科学（含天文学）、生物学和医学三项

　　美国空间研究委员会（Space Studies Board，SSB）成立 50 周年庆典的演讲文集，从讲演者的视角归纳了过去 50 年空间科学的重要成就，综合为以下几方面。

　　1）发现地球辐射带。1958 年探险者 1 号发现地球外层存在辐射带，命

名为范·艾伦辐射带，并促进了磁层物理学的诞生。

2）空间天文学成果丰硕。COBE 卫星精确测出了宇宙背景符合温度为 2.726 K±0.010 K 的黑体辐射谱；WMAP 和普朗克卫星更精确的测量支持宇宙符合平坦几何模型和冷暗物质、暗能量的存在，计算出宇宙年龄、重子物质、暗物质、暗能量的比例，以及更新了哈勃常数值；开普勒望远镜对大批地球大小或者位于宜居带内系外行星的发现等。

3）月球和行星科学成果累累。加深了对地球和太阳系演化的认识，为开发利用月球做了准备；火星探测展示出火星古代曾经拥有表面水系，极冠内有大量的水冰和干冰，并可能适合生命生存；木卫二（Europa）可能存在地下海洋；土卫六拥有浓密大气。太阳系内有可能存在生命的星球包括火星、木卫二、土卫二和土卫六。

ISS 成为规模空前的研究平台，ISS 上的流体、燃烧、基础物理、软物质、生物技术、人体科学、空间天文学、空间物理和太阳物理等研究领域取得了新成就，催生出创新的技术和应用，并将持续取得成就。

60 多年前，空间科学应运而生，在第二次世界大战后科学技术蓬勃发展的历史时代中应势而兴，与科学革命基础上发展的当代最活跃的科学领域，如天体物理和宇宙学、粒子物理、凝聚态物理、基础物理，以及地球科学、生命科学、信息科技等关系密切，发挥了非常重要的作用，取得了重大成就，并将在未来取得更大的成就。

二、空间科学的发展趋势

（一）各主要国家（地区）空间科学发展战略概要

国际空间大国（地区）在空间战略中均明确提出了空间科学战略方向和目标，并在此基础上制定和更新了具体的空间科学规划和计划。

1. 美国

2011 年美国发布了《NASA 战略规划 2011》（*NASA Strategic Plan 2011*），提出了到 2021 年及以远的战略目标；2014 年 4 月 NASA 发布了新版战略规划《NASA 战略规划 2014》（*NASA Strategic Plan 2014*），描述了 NASA 的愿景，将推动科学、技术、航空和空间探索，以增强知识、教育、创新和经济活力并加强对地球的管理；2014 年 5 月，NASA 发布了《NASA 2014 科学规划》（*NASA 2014 Science Plan*），提出了 4 个方面科学的战略目标和优先方向（表 1-3）。

表 1-3 《NASA 2014 科学规划》提出的战略目标和优先方向

领域	战略目标	优先方向
日球层物理学	了解太阳及其与地球和太阳系之间的相互作用，包括空间天气	①探索太阳到地球和整个太阳系的空间环境物理过程。 ②加深对太阳、地球、行星际空间环境及太阳系外层空间之间联系的理解。 ③增强对空间极端环境认知及探测和预测能力，以保护地球生命，并保障地球以运载人和机器人探索任务
行星科学	确定太阳系的组成、起源与演化，以及在太阳系某处存在生命的可能性	①探索和观测太阳系中的天体，了解其形成和演化。 ②加深对太阳系运行、相互作用及演化过程中的化学和物理过程的理解。 ③探索并寻找太阳系中曾经存在或目前存在生命的星球。 ④深化对地球生命起源和演化的理解，以此引导对地外生命的搜寻行动。 ⑤确定和表征太阳系中对地球构成威胁或可以为人类探索活动提供资源的天体
天体物理学	揭示和探索宇宙的运行机制及起源、演化机制，并在其他恒星周围寻找行星生命	①研究宇宙的起源和最终命运，包括黑洞、暗能量、暗物质及引力的本质。 ②探索构成宇宙的星系、恒星及行星的起源和演化过程。 ③发现并研究系外行星，确定它们是否可以孕育生命
地球科学	加强对地球系统的了解，以应对环境变化所带来的挑战，提高人类在地球上的生活质量	①深化对地球辐射平衡变化、空气质量变化及由大气组分改变带来的臭氧层变化的理解。 ②提高天气预报和极端天气事件的预警能力。 ③监测并预测地球生态和化学循环的变化，包括土地覆被、生物多样性和全球碳循环。 ④更好地对水质和水量进行评估和管理，以精确预测环境变化，研究全球水循环是如何演化的。 ⑤通过更好地理解海洋、大气、陆地和冰川在气候系统中的角色和相互作用，提高气候变化的预测能力。 ⑥对地球表面及其内部的动力学进行表征，提高对自然灾害和极端事件的评估和响应能力。 ⑦进一步推进地球系统科学研究成果利用，造福社会

2015 年 5 月，NASA 发布了 2015 年版《NASA 技术路线图》（*2015 NASA Technology Roadmaps*），提出了支持 NASA 2015～2035 年航空、科学和载人探索任务的技术需求及其开发路径。2016 年美国国家科学院的《NASA 空间技术路线图和优先事项重审》（*NASA Space Technology Roadmaps and Priorities Revisited*）报告，遴选出 17 项独立及组合的高优先级技术，支撑空间科学在内的空间技术部署。

NASA 认为其科学研究活动对美国的直接贡献包括引领基础研究，强化环境管理，激励下一代，并培养世界级的科学家和工程师队伍，驱动技术创新，扩大国内和国际伙伴关系。

2. 欧洲

2005 年 ESA 提出了 21 世纪欧洲空间科学发展规划《宇宙憧憬欧洲空间科学 2015～2025》(*Cosmic Vision: Space Science for Europe 2015～2025*)，阐述了空间科学领域亟待研究的四个主要问题：行星形成和产生生命的条件、太阳系的运行规律、宇宙基本物理定律、宇宙起源和组成。规划中还包括百余项空间科学候选任务。2011 年发布的《宇宙憧憬2015～2025技术发展计划》(*Cosmic Vision: 2015～2025 Technology Development Plan*)，对支持其中型和大型科学任务有效载荷的基础和核心技术行动进行了规划。ESA 在 2015 年发布了《空间探索战略》(*Space Exploration Strategy*)，提出了 ESA 重点开展的空间探索计划，包括 ISS 欧洲空间生命和物理科学（ELIPS）计划、多功能载人飞船-欧洲服务舱（MPCV-ESM）、月球探索活动、火星生命探测计划（ExoMars）和火星机器人探索准备计划（MREP）等。

3. 俄罗斯

2013 年俄罗斯总统普京批准《2030 年前及以远俄罗斯联邦航天活动国家政策原则的基本纲要》。与空间研究有关的内容包括：发展基础科学，获取宇宙、地球和其他天体的基础数据，在月球、火星、太阳系其他天体等最有意义的研究方向上达到和保持领先地位；寻找地外生命、利用地外资源、了解形成机制、关注地球和气候演变，发现并揭示来自宇宙的对地球文明社会的危险与威胁；确保充分参与研究、开发和利用宇宙空间，包括月球、火星和其他太阳系天体的国际合作项目。

4. 日本

日本政府不定期发表《宇宙基本计划》(*Basic Plan for Space Policy*)，2015 年新版规划了未来日本在空间领域的政策走向和主要活动，包括空间科学、探索和载人空间活动。《JAXA 愿景（JAXA 2025）》(*JAXA Vision，JAXA 2025*)，描绘了日本对未来 20 年航天活动的构想，向着使日本的空间科学在世界占据领先地位的方向努力，为开展日本自己的载人航天活动和月球利用做准备。

（二）载人空间探索发展态势

载人航天在美国航天领域占据重要地位，美国一直将其作为世界航天领导地位的标志。美国载人航天和空间探索的走向一直被国际空间科技界所关注。

2004年美国总统布什提出了2020年重返月球和载人登陆火星的"星座计划"，旨在巩固美国载人探索太空的领导地位，在国际产生了很大影响。虽然继任的奥巴马政府取消了星座计划，但仍然要求NASA建立起"影响深远的载人空间探索里程碑"。NASA在2005~2014年各年度授权法案不断更新了近期目标，但均把载人空间探索的长期目标定为火星，着手开发空间发射系统（SLS，近地轨道能力达130 t）和猎户座多功能载人飞行器（Orion）。

2011年，国际空间探索协调工作组（ISECG）发布了第一版《全球探索路线图》，规划了国际合作开展月球、小行星和火星探索的途径，2013年ISECG发布了新版《全球探索路线图》，重申了行星际和载人探索的8个目标：寻找地外生命、拓展人类存在、发展探索技术、发展载人科学探索、刺激经济增长、进行空间/地球和应用科学研究、促进公众参与、加强地球安全。2014年6月，美国国家研究理事会（National Research Council，NRC）发表了《探索路径：美国载人探索任务的理由与方法》报告，认为按目前的预算水平，建立实现火星目标的最高优先级能力（进入、下降和着陆、人体辐射安全、空间推进和能源）是不可能的。报告提出，或许促使低地球轨道（LEO）以远领域取得进展的唯一最重要因素是在所采取路径方面达成国家级（国际级）高度一致的共识。2010年后ISS合作伙伴成立了多个工作组，研究ISS之后的发展路径和具体方案，并提出在月球轨道上建立可居住的前哨站。

2017年的重要动向是NASA宣布建造深空之门（Deep Space Gateway，DSG）近月空间站，2018年又称其为月球轨道平台-门户计划（Lunar Orbit Platform-Gateway, LOP-G）。月轨平台将运行于月球附近的近直线晕轨道（NRHO，近月点2000 km，远月点75 000 km），用美国的SLS超重型火箭和Orion飞船运送深空之门的大型设施和航天员，用于支持载人登月，并开展中长期载人飞行任务和科学实验。深空之门近月空间站计划于2024~2026年建成，航天员可依托LOP-G对月球进行为期数十天的月球考察，LOP-G还可以升降到不同月球轨道上运行，之后将于2029年建成深空运输系统（DST），2030~2033年进军并抵达火星轨道。

2017年9月NASA与俄罗斯联邦航天机构签署了共同建造深空之门和合作制定技术标准的联合声明，欧洲、日本、加拿大将参加；ESA还提出了建立月球村计划。深空之门（LOP-G）是美国主导、多国参与的下一代重大国际载人航天探索任务，是 ISS 的延续，可能形成类似 ISS 的国际合作格局。

2017 年 12 月，美国总统特朗普签署了"一号太空政策指令"，宣布美国宇航员将重返月球，建立月球基地，并最终前往火星。从发展趋势看，载人月球探测和建立月球基地将成为未来一段时间的集中目标。

（三）国际空间科学发展态势分析

国际上各空间大国（地区）在国家空间战略中均明确提出了空间科学规划，并在广泛动员科技界深入研究的基础上不断制定了明确、具体的空间科学规划和计划，目标更趋集中，技术更先进，计划更具体落实，活动规模将保持平稳持续。

1. 主要发展路径

分析国际今后一段时期的发展动向，可以归纳为以下三条主要路径。

（1）实施新一代科学卫星和深空探测器任务

在空间天文学、月球与行星科学、太阳物理和空间物理学及空间地球科学领域开展更高水平的观测和探索。

（2）利用 ISS 争取成果产出最大化

开展项目的滚动征集，制定利用 ISS 开展新的物理科学、生命科学计划，安排一批天文和地球科学项目。

（3）载人空间探索将向地球以远发展

明确以月球作为中间阶段，通过深空之门和深空运输系统，以载人火星探索为目标的发展路线，开展新一轮载人空间探测。

2. 未来国际空间科学计划和重点

近年来，美国和其他各国推出了一系列空间科学各领域具体计划，展现了各空间大国和国际科学界仍在以相当大的雄心和努力推动着空间科学的持续发展。

（1）太阳物理和空间物理学

2012 年 NRC 发布了题为"太阳与空间科学：面向科技界的科学"的美国太阳物理和空间物理学未来十年发展规划，其科学目标包括探索太阳活动的起因，确定地球磁层、电离层和大气层的动力学及其耦合作用，以及对太阳和地球能量输入的响应等。2015 年美国白宫科技政策办公室（OSTP）发布了美国国家科学技术委员会（NSTC）制定的《国家空间天气战略》及相应的《国家空间天气行动计划》，提出建立空间天气事件的基准；加强空间天气事件的应对和恢复能力；加强对空间天气的防护和灾害缓解工作；加强针对空间天气对重要基础设施影响的评估、模拟和预测；通过提升对空间天气的理解和预测，改进空间天气服务。

美国、欧洲、俄罗斯、日本等计划在未来发射十几颗卫星进一步探索太阳、行星际空间和地球空间，研究确定太阳活动的起源并预测空间环境变化，理解地球磁层、电离层和大气层动力学及其耦合过程，以及太阳与太阳系和星际介质之间的相互作用等重大科学问题。国际与日共存（ILWS）计划和国际空间天气起步（ISWI）计划将在协调各国力量方面发挥作用，并将充分发挥地面台站的作用，开展全球联合的地基观测，并发射一系列卫星，包括采用多星和小卫星编队飞行技术进行多空间尺度联合探测。未来在太阳物理和空间物理学领域将获得新的科学进展。

（2）空间天文学

2003 年 NASA 与天文界一起制定了《超越爱因斯坦：从大爆炸到黑洞》研究路线图，规划了暗能量、黑洞、引力辐射、早期宇宙膨胀及爱因斯坦引力理论验证五个领域的空间任务。2010 年 NRC 天文与天体物理十年调查委员会发布了《天文学与天体物理学的新世界和新视野》的研究发展计划；2008 年欧洲发布了《欧洲天文网络基础设施路线图：欧洲天文学战略计划》，规划了一系列天基天文任务。在空间天文学领域，美国一直发挥着引领作用，欧洲保持了传统强国地位，日本进入强国行列，法国、德国、意大利和俄罗斯具有相当实力，巴西和印度也进入空间天文俱乐部。

从趋势看，空间天文学呈现出新的蓬勃发展势头。空间天文学各种规划任务对黑洞、暗物质、暗能量、引力波及宇宙极端条件等挑战物理科学根基的重大前沿问题做出了十分积极的响应，对地外生命搜寻非常关注；空间天文学今后探测和研究的主要热点是：黑洞及宇宙极端条件、宇宙的起源、星系结构和演化、类地太阳系外行星系统的搜寻等。在空间开展可见光和红外巡天，X 射线、伽马射线、紫外和红外观测成为空间天文观测的重点。引力波天文探测的新窗口已经打开，在空间进行引力波直接探测和寻找电磁对应体，以及开展多信使观测将成为新的热点。未来空间天文学的发展将酝酿革命性的新发现和重大突破。

（3）月球与行星科学

NASA 在 2006 年发表了《太阳系探索》路线图，科学目标为太阳系行星和小天体的起源、太阳系的演化、太阳系导致生命起源的特征、地球生命起源和演化、影响人类进入的威胁和资源；目的地包括木卫二、土卫六、金星和海王星/海卫一。2007 年 NRC 受 NASA 的委托发布了《月球探测的科学背景：最终报告》，提出了月球科学的四大重要主题：早期地月系统、类地行星的分化和演变、太阳系撞击历史记录、月球环境。2011 年，NRC 发布了《2013～2022 年行星科学愿景和旅程》十年调查报告，提出 2013～2022 年框架下旗舰级（大型）、新前沿级（中型）、发现级（小型）任务建议，三项大型任务分别探测火星、木星和木卫二、天王星。

2004 年，ESA 发布了"曙光计划"报告，提出了欧洲的月球、火星及以远空间无人及载人探索部署，"曙光计划"的第一个旗舰任务是机器人登陆火星，研究火星上的生物环境特征并采样返回。ESA"宇宙憧憬"框架下的大型任务已经确定了木星冰月探测器（Jupiter Icy Moon Explorer，JUICE）任务。俄罗斯在太阳系探索方面将月球和火星列为首要目标，构建月球基地是选项之一，并计划对金星、火星卫星等太阳系行星进行探测。日本将继续其在月球和小行星探测方面的探索活动。

从发展态势看，美国及其他国家探索的重点是月球、火星、木星及木卫二、木卫六等木星的卫星，还有小行星和金星。寻找太阳系天体可能存在的水和生命将成为热点，将对太阳系形成和太阳系天体演化取得新的科学认识。

（4）空间地球科学

2014 年的《NASA 2014 科学规划》在地球科学领域提出了以下科学目标：深化对辐射/大气变化影响臭氧层和生态变化的理解；提高极端天气预警能力；地球生态和化学循环的变化预测；评估水质和水量，研究全球水循环是如何演化的；海洋、大气、陆地和冰川在气候系统中的相互作用；表征地表及其内部动力学，提高对自然灾害和极端事件的评估响应能力；地球系统科学研究成果的利用。2018 年 1 月，美国国家科学院的《未来十年空间对地观测规划》更细化地规划了空间地球科学及应用的最重要、非常重要和重要任务。

欧盟委员会领导了对地观测方面的哥白尼计划（Copernicus Programme），欧洲各国和 ESA 共同参与建造了一体化综合对地观测系统，其中 ESA 的专用哨兵卫星任务主要开展雷达和对地多光谱成像、海洋及大气监测。哨兵任务运行期间，其他国家的特约任务将提供补充数据，以满足大范围观测需求，将致力于观测数据的协调管理和集成。

日本《JAXA 愿景（JAXA 2025）》计划建成观测和预测一体化的地球环

境监视系统，把空间获取的二氧化碳浓度和降水等地球环境变化重要参数与在地面和海面现场观测数据融为一体，组成分析地球环境所必需的数据集。俄罗斯提出，至 2025 年，在轨地球遥感卫星数量增至 23 颗，降低对国外空间数据的依赖，并关注地球科学问题。

从空间地球科学的发展态势来看，各空间大国将更加重视地球变化，把大气圈、水圈、岩石圈、生物圈作为地球整体系统的研究将得到加强，重点是加强对各圈层变化规律及相互作用的物理、化学和生物学过程研究，了解影响主导全球变化的机理和变化规律，提高理解、预测和应对全球变化的能力。地球科学国际联合研究将得到发展。

（5）空间生命科学

NASA 于 2005 年发布了《航天医学路线图：载人空间探索风险降低策略》，评估了执行 ISS、月球和火星任务需要解决的心理功能、辐射防护、自我治疗、骨质流失最小化等迫切任务，启动了人体研究计划（HRP）和基础空间生物学计划。该计划包括：细胞和分子生物学及微生物学，研究重力和空间环境对细胞、微生物、分子过程的影响；有机体与比较生物学，研究生物体及其系统对微重力环境的响应；发育生物学，研究空间环境如何影响多细胞生物的生殖、发育、成熟和衰老。2011 年 NRC 提出了包括植物与微生物学、人的行为与心理健康、人体系统整合与转化研究、动物和人类生物学等在内的方向和优先领域。美国曾经单纯地强调长期载人活动的航天员安全和健康问题，现在又加强了对基础生物学的支持力度。

欧洲的空间生命科学研究注重基础，连续性强。ESA 根据 2001 年《欧洲空间生命和物理科学计划执行摘要》，系统地推进了植物生理学、细胞与发育生物学、整合生理学、肌肉与骨骼生理学、神经科学和生物技术的研究；2012 年 ESA 发布了 ELIPS-4 计划，提出了人体生理学和行为学、生物学、宇宙生物学研究方向与最高优先级研究领域，采用科学驱动、自下而上的方式，开放研究机会。

俄罗斯在航天医学和健康药物防护、高等植物栽培、蛋白质晶体、生物制剂、药物提纯等方面开展了广泛、系统的研究；日本在密闭生态实验、蛋白质科学和航天员健康保障方面开展了重点研究，将继续有所发展。

人体科学和基础生物学研究将在今后以 ISS 为主要平台，将取得新的基础科学成果和转化应用成果。

在宇宙生物学方面，NRC 生命起源和进化委员会 2005 年的《生命的天体物理学背景》报告强调了天文学的作用。《NASA 空间生命科学路线图

2008》中提出了星球宜居性、太阳系中的生命、生命的起源、地球早期生物圈和环境、生命的进化机理和环境限制因素、生命的未来、生命的印记等基本目标和优先任务。ESA 在 ELIPS-4 计划的宇宙生物学中提出了有机化合物和矿物的相互作用、对聚合 / 稳定性和复制的研究、生命分子对地外环境的响应、嗜极生物的生存和适应机理等高优先级研究领域，并资助了一系列生命分子研究。从发展趋势看，跨学科、多手段及与空间天文学和太阳系科学的交叉研究将推动宇宙生物学取得突破。

（6）微重力科学

美国经过一段时间的削减微重力科学项目后，2011 年 NRC 的《重掌空间探索的未来：新时代生命和物理科学研究》强调并重新规划了微重力基础物理和应用物理研究蓝图。在基础物理方面，主要集中探索主导物质、空间和时间的物理规律，发现和理解复杂系统如何组织；提出的四个优先领域分别是软物质研究、基本作用力和对称原理的精确测量、量子气体物理学与应用、近临界点物质研究。2014 年追加了冷原子实验室（CAL）项目，开展了量子气体极低温下的性质研究。在应用物理方面，提出了流体、燃烧和材料科学的十个优先主题，分别是微重力多相流、低温学和热传导数据库建模、界面流动、动态颗粒材料形态、软物质、空间应用材料易燃性和灭火方法、燃烧过程和建模、材料合成加工及微观结构和性质控制、先进材料开发、现场资源利用研究。此外，该报告还强调了 ISS 独特的地位、能力和利用的重要性。ESA 于 2012 年发布的 ELIPS-4 计划确定物理科学内容包括空间材料科学、流体与燃烧物理、基础物理等七大研究主题。

从微重力科学发展态势看，基本作用力和对称原理精确测量的实验验证得到重视；空间条件下量子气体实现极低温度、量子气体在低温临界点附近的新物态研究等新领域受到高度关注；研究和理解复杂系统的组织过程与规律，包括软物质（胶体、泡沫、细颗粒物、生物流体、等离子体）的流变行为、自组织和结晶化，以及多相流体输运过程和相变等也受到高度重视。空间材料科学将加强对材料科学本质的研究，从主要的基准点研究转移到更系统地研究材料科学本质，如空间材料在交变温度、微重力、辐照、原子氧条件下的扩散、聚合、微结构演变与相变、长期时效引起的损伤和破坏机制，探索在地面难以实现的发展自我修复和原位制备的材料，以保障航天安全。上述这些将成为未来一个时期微重力科学的重点。

3. 空间科学集中研究的重大科学问题

上述空间科学各领域的规划和计划与时俱进，不断提出明确目标、实施途径和具体措施。经过开拓阶段和广泛研究，当今空间科学研究的目标重点更趋集中，前沿科学问题的挑战更加明确（当然还会涌现出新的科学问题和挑战）。目前，空间科学集中研究的主要科学问题如下。

1）宇宙如何起源和演化？是什么引发了宇宙大爆炸？什么是暗物质和暗能量？在黑洞附近发生了什么？引力波事件对应的物理过程是怎样的？

2）生命如何起源和演化？太阳系乃至宇宙中有生命吗？地球生命（包括人类）在地外空间能长期生存吗？

3）太阳和太阳系如何影响地球和人类社会？地球长期变化的趋势是什么？

4）是否存在超越现有基本物理理论的新物理规律？

5）空间环境下的物质运动规律和材料长期变化机制是怎样的？

从国际空间科学的具体计划看，科学卫星计划将持续高水平推进，未来计划发射的新一代太阳物理和空间物理、空间天文、空间地球科学卫星和月球及深空探测器有 60 颗以上（参见后续章节的表 2-5、表 3-2、表 4-7、表 4-8、表 5-4）。ISS 的综合利用得到加强，微重力和生命科学研究形成了科学计划，新方向得到重视，天文学和地球科学的一些重要项目也安排在 ISS 上进行，ISS 进入科学研究高峰期。载人空间探索将实施月球空间站计划和载人月球任务，并向火星等更远目标延伸。

未来几十年的空间科学酝酿着对物理学、生命科学、宇宙科学和地球系统认识的重大突破。

第三节 我国空间科学发展状况

一、我国空间科学的发展历史和现状

（一）早期历史

我国空间科学研究起步于 1957 年国际地球物理年。为筹备我国人造卫星工程，1958 年中国科学院成立了钱学森任组长、赵九章任副组长的中国科学院地球物理研究所二部（581 组），提出了发展人造卫星的规划设想和实施技术途径。1965 年成立了应用地球物理研究所（国家空间科学中心的前身），开创了我国空间物理学科。1966 年 1 月，中央批准在中国科学院成立卫星设计院（651 设计院），赵九章任院长。我国先后研制成功 T-7、和平二号及和平六号火箭开展空间物理研究，20 世纪 60 年代在贝时璋的领导下用探空火箭开展了空间生物学研究。1970 年我国成功发射了人造卫星后，在实践系列卫星上开展了一系列空间环境参数探测，利用陨石开展了空间地球化学方面的研究。1968 年建立了航天医学工程研究所，在"曙光号"任务中开展了人体科学基础研究。

"文化大革命"后的 20 世纪 70 年代后期，中国科学院部署了"两星一站"任务（天文卫星、遥感卫星和遥感卫星地面站），天文卫星研制进入工程初样阶段后中断，遥感卫星地面站按计划建成。1980～1990 年利用高空科学气球开展了硬 X 射线、伽马射线、红外射线天文观测和宇宙射线、中高层大气、宇宙尘、微重力科学等实验。1987 年起，我国微重力科学在 863 计划（国家高技术研究发展计划）支持下利用返回式卫星开展了砷化镓单晶、α-碘酸锂单晶、蛋白质晶体生长、空间细胞培养等空间实验，通过落塔和落管开展了材料、流体、燃烧等科学研究。在此期间，我国科学家开展了相关理论研究，利用国外科学卫星的数据开展了分析研究，取得了不俗的成绩。这些工作推动了我国空间科学各领域的起步，初步奠定了研究基础和人才队伍基础。

（二）载人航天和探月工程的空间科学研究

1. 载人航天的空间科学任务

1992 年我国载人航天工程立项，规划了载人飞船—空间实验室—空间站三步走发展蓝图，成立了载人航天工程空间应用系统（921-2 系统），负责组织载人航天的空间科学和应用工作，成为推动我国空间科学发展的契机。中国科学院空间应用工程与技术中心[①]为载人航天工程空间应用系统总体单位。在 1993～2005 年的载人航天一期工程（载人飞船工程）中，继承 863 计划航天领域专家组的论证成果，安排了当时国内规模最大的空间科学和应用计划，在神舟二号（SZ-2）飞船到神舟六号飞船上开展了 28 项科学实验：空间生命科学和生物技术开展了多种生物的空间效应研究，以及蛋白质结晶、细胞培养、细胞电融合、空间自由流电泳等实验；空间材料科学开展了半导

---

① 其前身为中国科学院空间科学与应用总体部。

体光电子、氧化物晶体、金属合金等材料的空间生长实验和晶体生长实时观察；微重力流体物理开展了大马兰戈尼（Marangoni）数液滴热毛细迁移实验等实验和系列地面研究；太阳物理和空间物理进行了宇宙伽马暴和太阳高能辐射探测，开展了多空间环境要素探测及空间环境预报研究，建立了空间环境预报中心；空间地球科学与国际同步发展了中分辨率成像光谱仪、多模态微波遥感器、卷云探测、地球辐射收支、太阳常数、地气紫外光谱等地球科学研究的新型仪器，并在轨获取了大量数据。这些项目都得以圆满完成并取得了一批科学成果，使我国掌握了重要的空间科学实验方法和技术，促进空间科学上了一个新台阶，并推动了我国空间对地观测技术的跨越式发展。

载人航天第二阶段（交会对接和空间实验室，2007~2017 年），在神舟七号（SZ-7）、神舟八号（SZ-8）、神舟九号（SZ-9）飞船和天宫一号（TG-1）、天宫二号（TG-2）空间实验室，以及天舟一号（TZ-1）货运飞船上，开展了 30 多项空间科学研究，成功完成了固体润滑材料空间暴露实验（SZ-7）、复合胶体晶体生长实验（TG-1）、综合材料制备实验（TG-2）、液桥热毛细对流实验（TG-2）、蒸发冷凝和两相流体实验（TZ-1）、中德合作空间生命科学实验（SZ-8）、高等植物培养实验（TG-2）、多种细胞增殖和分化实验（TZ-1）、空间冷原子钟和量子密钥分配实验（TG-2）、伽马暴偏振探测（TG-2）等，取得了一批体现科学前沿和战略高技术发展的重要成果。空间对地观测方面发展了新型三合一对地观测体制（结合可见光精细几何纹理、长波红外热辐射特征和高光谱信息），首次实现了微波高度计三维海陆成像和多角度偏振及宽波段光谱成像，以及紫外临边大气探测，推动了创新发展。

2. 探月工程的科学任务

2004 年我国启动了探月工程，2007 年和 2010 年发射的嫦娥一号和嫦娥二号圆满完成了绕月探测任务，获取了全月面精细影像、月面地质分布、近月空间环境等大量科学数据，并取得了丰富成果；2013 年发射的嫦娥三号的月面着陆巡视探测取得了突破，月球车相机、红外光谱仪、粒子激发 X 射线谱仪、测月雷达、月基光学望远镜、观测地球等离子体的极紫外相机等科学载荷获得了大量月球地质成分和剖面结构、天文和地球空间环境的重要科学成果。

（三）科学卫星任务

1. 地球空间双星探测计划和卫星搭载任务

2002 年前后发射的地球空间双星探测计划（简称双星计划）是我国第一个以明确科学目标设计研制的卫星，探测一号和探测二号两颗卫星运行在不同的地球空间轨道上，实施了独立的地球空间磁层探测，并与 ESA 的星簇计划相互补，取得了丰硕的科学成果。

我国利用卫星实验机会开展了多项空间环境监测和微重力科学实验。1999 年发射的实践五号（SJ-5）卫星开展了微重力流体实验和多要素空间环境探测；2005 年利用 FSW-3 返回式卫星搭载完成了气泡热毛细迁移及相互作用、池沸腾、高温熔体接触角，以及新型生物反应器原理性研究等实验；2006 年搭载实践八号（SJ-8）返回式卫星进行了 9 项微重力实验，其中 4 项微重力流体实验、2 项微重力燃烧实验、1 项基础物理技术实验、2 项生物科学实验。空间环境探测器在地球同步轨道和太阳同步轨道的不少卫星上搭载，获得了时空分布很广的空间环境数据。

2. 中国科学院先导专项科学卫星和相关研究

国务院于 2011 年批准了"十二五"中国科学院空间科学先导专项，中国科学院国家科学中心是先导专项的总体单位。"十二五"中国科学院空间科学先导专项首批部署的 4 颗科学卫星目前已成功发射，并取得了丰富的科学成果。

（1）暗物质粒子探测卫星"悟空号"（DAMPE）

2015 年 12 月发射，由径迹探测器和量能器组成的探测系统通过观测宇宙射线和伽马射线，探索宇宙暗物质等重大科学问题，获取了数十亿个粒子事件数据，首次直接测量到了电子宇宙射线能谱在约 1 TeV 处的拐折，并发现了宇宙线电子在约 1.4 TeV 处存在能谱精细结构，一旦该精细结构得以确证，将是粒子物理或天体物理领域的重大发现。相关成果发表在《自然》上。

（2）量子科学实验卫星"墨子号"

2016 年 8 月发射，是世界上第一颗开展空间尺度量子科学实验的卫星，在国际上率先实现了星-地千千米级双向量子纠缠分发，进行了广域量子密钥网络实验，在空间量子通信实用化方面取得了重大突破；在空间尺度完成了量子纠缠分发和量子隐形传态实验，实现了空间尺度量子非定域性检验，加深了对量子力学基本原理的理解，相关成果发表在《科学》和《自然》上，引起了国际广泛关注。

（3）返回式科学实验卫星实践十号（SJ-10）

2016年4月发射，实验样品12天后返回地面，完成了28项实验，涉及微重力流体物理、微重力燃烧、空间材料科学、空间辐射生物效应、重力生物学和空间生物技术。物理科学方面包括微重力条件下流体界面动力学及相变过程研究、颗粒及胶体聚集行为研究、空间防火及煤的燃烧机制研究、多种新型半导体、合金材料制备研究等；生命科学方面包括拟南芥为对象的植物生物学效应及其微重力信号转导研究，造血干细胞和神经干细胞三维培养研究，线虫、果蝇、蚕及哺乳动物早期胚胎发育研究等。这次实验在国际上首次实现了哺乳动物胚胎的太空发育，为长期空间活动的生殖发育健康和繁衍等提供了科学依据。

（4）硬X射线调制望远镜卫星"慧眼号"（HXMT）

2017年6月发射，该卫星具有0.2～250 keV的宽能区、高灵敏度、高能量分辨率、高时间分辨率和独特的X射线成像观测能力。在轨测试期间参与了首个引力波事件电磁对应体观测，严格限制了其高能辐射性质，并发布了结果；已经观测到数十个伽马暴，发现了大质量X射线双星，获取了大量X射线源的科学数据并发现了新现象。

（四）其他

我国在科学技术部的推动下，于2016年12月发射了全球二氧化碳监测科学实验卫星（简称碳卫星，TANSAT），装载有光谱二氧化碳探测仪和云与气溶胶探测仪，测试结果表明二氧化碳反演精度为1～4 ppm[①]，将为监测碳排放和开展科学研究提供数据。

2008年开始实施"东半球空间环境地基综合监测子午链"工程（简称子午工程I期），2012年建成了包括15个观测台站，以链为主、链网结合的地基空间环境综合观测链，运用无线电、地磁、光学和探空火箭等多种探测手段对中高层大气、电离层和磁层进行监测。

二、我国空间科学的主要计划和发展前景

2006年国务院新闻办公室发布的《2006年中国的航天》白皮书首次指

---

① 1 ppm=1mg/kg。

出，航天领域分为空间技术、空间应用和空间科学三个方面，历次航天白皮书都规划了包括空间科学在内的我国航天发展的主要领域。

2004年国家批准了嫦娥探月工程；2010年中国科学院发布了《中国至2050年空间科技发展路线图》；2010年国家正式批准了载人空间站计划；中国科学院空间科学先导专项在"十三五"期间继续实施。我国已经制定了深空探测计划，开展了载人登月的方案论证和关键技术攻关，我国空间科学已经进入了活跃发展的新阶段，将迎来蓬勃发展的局面。

（一）科学卫星计划及发展

1. 中国科学院"十三五"空间科学先导专项的科学卫星

中国科学院在"十三五"期间继续实施空间科学先导专项，经过遴选的三颗科学卫星计划已经立项，将于2022年前后发射。

爱因斯坦探针（Einstein Probe，EP）卫星主要开展X波段时域天文研究，配备了宽视场望远镜（WXT）和后随观测望远镜（FXT），将探测X射线变源，探索各种尺度的沉寂黑洞，捕捉引力波源电磁对应体。

先进天基太阳天文台（Advanced Solar Observatory-Space，ASO-S）卫星开展太阳耀斑、日冕物质抛射和太阳磁场观测，研究太阳爆发的相关性及其触发机制，为预报空间天气提供源头信息。

引力波暴高能电磁对应体全天监测（GECAM）将探测引力波源产生的高能（X/伽马射线）辐射，实现全天区全时段的监测，并探测宇宙中的各类极端天体和物理现象。

空间科学先导专项还安排了预先研究和背景型号研究，为未来发展做准备。

2. 国际合作科学卫星

"空间变源监视器"（SVOM）天文卫星由中国和法国合作，经过多年酝酿于2015年立项，中国航天局和法国空间研究中心为合作的组织者，计划于2021年发射。SVOM卫星主要研究伽马暴、伽马暂现源、活动星系核（AGN）和新星等性质，配置双方提供的伽马监视器（GRM，中国）、X成像仪（ECLAIRs，法国）、软X望远镜（MXT，法国）和光学望远镜（VT，中国），通过触发粗定位—转向—精定位—凝视观测研究伽马暴宽谱段性质、红移和余晖，并即时发布消息引导地面后随观测。

太阳风-磁层相互作用全景成像卫星（SMILE），由中国和欧洲科学家共同提出、合作开展。将在大倾角、大椭圆轨道上，对向阳侧磁层顶、极尖区和地球极光进行全景成像，并原位测量地磁场和等离子体，以提升对于太阳活动与地球磁场变化相互关系的认知。

3. 未来科学卫星的发展

我国将逐步建立科学卫星系列，加强顶层规划，增加科学数量，并涵盖一批旗舰级、具有引领性的大型科学卫星项目，将积极开展国际合作，特别是由我国牵引、多国参加的重大科学卫星计划。

（二）载人空间站及其科学任务

1. 载人空间站的空间科学规划

中国空间站将于2022年前后建成，可能成为21世纪20年代中期后国际上唯一的载人空间站。其主体为三舱T形布局，组合体质量为66～90 t，将有三名航天员长期驻留，在轨寿命10年并可能延寿，效果图如图1-1所示。

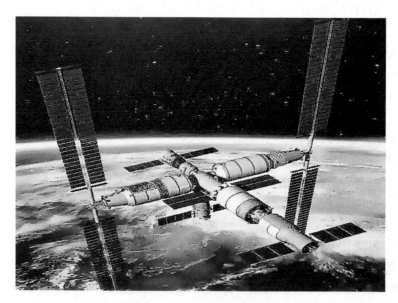

图 1-1　中国空间站效果图

图片来源：http://tech.qq.com/a/20160513/015282.htm[2016-10-10]

由于航天员可以参与科学实验，采用中继卫星测控和下行数据，机械臂操作及飞船具备上下运输能力等有利条件，空间站成为我国较大规模开展空间科学的重要机遇。空间站将建成国家级太空实验室，且规划了下述空间科学的研究方向和主题。

1）空间生命科学和生物技术：微重力生物学、辐射生物学、生命科学前沿交叉、生物再生生命保障基础研究、生物技术及应用。

2）微重力流体物理与燃烧科学：流体（含软物质）动力学、两相流和相变、燃烧机理及应用（燃烧基础、防火）。

3）空间材料科学：高性能材料制备新理念、极限新材料探索、材料在空间复杂因素作用下长期使役行为研究。

4）基础物理：冷原子物理、空间量子科学、高精度时间频率及相关基础物理、相对论和引力物理实验。

5）空间天文：多色测光与光谱巡天、暗物质和宇宙线探测、太赫兹天文、中子星物理。

6）空间物理：空间环境预报监测、中低纬电离层物理、热层物理。

7）空间地球科学及应用：与全球变化相关的地球科学研究，与环境资源、灾害监测相关的研究与应用，激光主动遥感、太赫兹遥感等新型对地观测技术。

8）空间科学与应用新技术试验：包括新一代空间信息技术（量子、激光、太赫兹），全固态激光技术，空间智能机器人技术，微小（微纳）卫星技术和应用，空间增量制造、材料原位利用和在轨组装技术，高性能空间信息处理技术，新一代能源、推进、热控、低温技术，新型元器件、传感器和焦平面器件等试验。

2. 科学实验柜部署

空间站压力舱内部署了人体科学、医学样本分析、生态、生物技术、通用和软物质、两相流、高温炉、无容器材料实验、超冷原子物理、高精度时间频率系统，以及科学手套箱和低温存储、高微重力、变重力、维修装调、通用标准等各种科学实验柜，配备了精密的测试诊断设备支持高水平的科学实验。已经征集推荐了数百个研究项目，将在研究项目的基础上制定重点研究计划，利用科学实验柜开展系列化、大规模的人体科学、空间生命和物理科学实验研究，争取获得系统性的重大研究成果。

3. 研究设施规划

空间站作为我国标志性的空间计划，已经安排和正在推进安排一批具有显著国际竞争力的重大研究设施，以获得重大科学成果。

（1）多功能光学设施（CSS-OS）

采用 2 m 口径主镜的离轴三反光学系统和巡天相机，以接近哈勃太空望远镜的分辨率和比哈勃太空望远镜大 300 倍的视场开展多色测光和无缝光谱巡天，研究宇宙加速膨胀、暗能量本质、暗物质属性、银河系三维结构等天体物理前沿问题，还安装了多通道相机（MCI）、积分场光谱仪（IFU）、星冕仪（EPIC）和亚毫米波空间和大气观测仪器。多功能光学设施是与空间站主体共轨道面的独立飞行器，必要时可与空间站对接进行维修升级，实现持续十年以上的科学观测。

（2）空间高能宇宙辐射探测设施（HERD）

采用创新的探测方案，使有效接受度和有效探测能区得到极大的扩展，实现最高灵敏度的宇宙线宽能区探测，成为我国和国际下一代研究粒子天体物理和宇宙暗物质的强大探测设施。

（3）量子调控与光传输研究设施

实现高亮度、高保真的空-地、空-空间纠缠光子分发和激光信息传输，开展量子态存储、操纵等科学实验研究，成为天基/天地一体化量子/激光信息网络系统的主要节点和实验平台。

（三）月球和深空探测及科学任务

1. 月球探测计划

我国月球探测计划——嫦娥工程已进入月面着陆和采样返回阶段，嫦娥五号由轨道器、着陆器、上升器和返回器组成，突破了月球轨道的交会对接、月面采样、月面起飞和高速返回等关键技术，计划于 2019 年发射，嫦娥五号将携带月球岩石样本回到地球。

"十三五"期间，我国将进入探月工程第四阶段，以开展月球科学探索和资源应用为重点，持续开展机器人月球探测，实施探月工程第四阶段 4 次任务，具备全月面到达能力，开展月球资源开发和实验应用，促进取得重大原创性科学发现。

2019 年 1 月 3 日 10 时 26 分，我国发射的嫦娥四号探测器在月球背面南极-艾特肯盆地内的冯·卡门撞击坑内自主着陆，实现人类探测器首次在月球背面软着陆，在月球背面开展甚低频射电天文观测，以及月球背面巡视区形貌和矿物组分、浅层结构的探测与研究。2021 年前后将发射首颗月球极区着陆巡视探测器，探测水冰及挥发分的性质和赋存状态，研究月球环境生物学效应，提供月尘效应分析与防护基础数据，研究月壳深部结构及岩浆洋模型。2023 年前后将发射月球极区采样返回探测器，研究月壳组成及空间分布的多样性，探测极区火山等地质演化。2025 年前后将发射月球极区资源勘察探测器，研究月球永久阴影区中水冰的总量及分布，进行机器人资源开采试验和原位研究，探察月球极区地形，初步勘测月球科考站站址。

2. 深空探测计划

未来 15 年内我国将实施深空探测一期工程计划。计划于 2020 年发射首颗火星探测器，在 2021 年前后一次性完成绕、落、巡三项任务，研究火星空间物理场、大气层和地质结构演化规律，探索火星生命信息。2030 年前后，计划发射第二颗火星探测器，实施火星取样返回，研究火星起源、生命生存环境、行星系统演化，并开展比较行星学研究。

我国未来深空探测计划选择了小行星和木星系。通过发射近地小行星探测器，对小行星实施飞越、附着和采样探测，研究小行星的形成和演化，获取太阳系起源、演化与生命信息，评估小行星撞击地球的灾害性影响。发射木星系探测器，探测木星磁层结构，研究木星卫星空间环境、磁场、表面环境及冰层特征，之后飞行器还可能飞抵天王星，开展天王星环境研究。

（四）我国近地以远载人探索的发展前景

1. 载人登月和月球基地论证

根据目前的论证，我国下一步载人探索目的地首选月球，将充分利用载人航天工程、探月工程的基础和航天领域相关技术成果，突破重型运载、载人地月往返飞行器、月面机动、人机联合探测等关键技术，发展具有特色的月球探测系统，争取在 21 世纪 30 年代实现载人登月，建立起短期有人、长期自主运行的月球科学考察站，之后建设月球基地，为后续月球资源开发和载人深空探测奠定技术基础。我国载人登月计划将开展深入论证和关键技术攻关。

（1）DRO 地月轨道站建议

我国科学家提出了建造地月轨道站的建议。地月轨道站运行在远距离逆行轨道（Distant Retrograde Orbit，DRO）是受地球与月球引力共同作用的一类地心轨道，运行在白道面逆行绕月，近地点约 31 万 km，远地点约 45 万 km，近月点约 7 万 km，远月点约 10 万 km（图 1-2）。建议中还考虑在远距离顺行轨道（distant prograde orbit，DPO）部署飞行器，形成对载人月球探索更直接的支持。DRO 轨道站/DPO 飞行器可作为载人月球探索工程和科学体系的重要组成部分，并为未来更遥远的深空探索提供有利条件，综合效益较高。

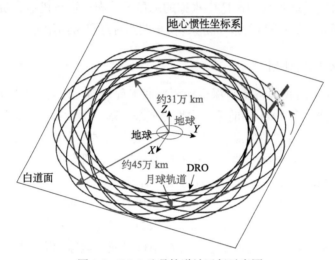

图 1-2　DRO 地月轨道站运行示意图

在 DRO 建立的地月轨道站入轨所需能量低（或同样运载火箭入轨质量大），轨道长期稳定无须轨道维持。DRO 轨道站本身就具有重要的科学和应用意义，DRO 与地月空间和日地空间的其他目的地（如日地 L1/L2 点、地月 L1/L2 点、NRHO、DPO、近地小行星等）具有可以接受的低能耗转移抵达能力，对支援月球探测，开展更加广泛的地月空间任务和深空探测任务具有显著价值。

DRO 轨道站（包括可通过电磁发射的微小卫星）可开展领域广泛的空间科学任务和技术试验，包括：高精度组合钟及红移效应和精细结构常数测量；光秒级尺度纠缠光子分发的无漏洞贝尔不等式（Bell's inequality）检验实验和不同引力场下的量子退相干效应实验；利用微纳着陆器实现多点分布式的月球水冰、热流、形貌考察与内部构造研究；日地月空间天气系统研究（空间天气三维结构成像，地球空间粒子逃逸与远磁尾原位探测，行星际太阳风与空间天气的关联）；可以与月基设施联合或独立开展甚低频射电天文干涉测量、生物和矿物样品分析、亚磁环境下的人体和生命科学实验等。技术试验包括：规划的 DRO 轨道站增材制造、智能组装建造、月球和深空探测时空基准（PNT）系统构建与应用技术、X 射线脉冲星导航技术、全光网络系统技术及应用、空间无拖曳技术试验。此外，可从 DRO 出发通过月球借力实施太阳系小行星探测等深空探测。

（2）月球科学研究

1）月球形貌探测与地质研究：月球形貌探测、地质调查、月壤特性及典型剖面研究，月面物质和矿产资源取样、原位分析和月球样品的实验室精细研究。

2）月球物理场研究：月球重力场、电场与磁场探测，月震与热流观测；通过地月激光测距，获得月球轨道、自转、固体潮的精确参数，研究月球的惯性矩、重力场和内部结构信息。

3）近月与月面环境监测研究：月面银河宇宙射线、太阳高能粒子和太阳风、月表等离子体环境研究，月尘理化性质和月尘暴、微流星体和陨石监测研究。

通过以上研究，更新对月球形成、月壳表层和月球地质演化及成因，月球及地月系统和太阳系形成、关联、演化过程的认识，并获取原创性科学成果。

（3）月基科学利用

利用月球空间位置、低重力、弱磁场、高真空等特殊条件，构建月基实验平台，开展具有特色的科学研究，发展月球资源开发及原位利用技术。

1）月基天文和空间物理探测：甚低频射电天文观测、高性能红外天文观测、地月超长基线干涉测量、月基系外行星探测、太阳活动监测、空间环境探测。

2）月基地球科学观测：地球各圈层（磁层、电离层、热层、大气、海洋、冰冻层、火山、固体地球等）的动态变化和相互关联。

3）基础物理科学实验：通过地月激光测距开展广义相对论高精度验证。

4）月面材料科学实验：低重力下新材料的研制，月球环境对材料的长期影响。

5）月球资源原位利用技术研究：月球水冰、氦-3、固体矿产资源的调查和利用，以及月球能源利用；月壤原位利用、金属和月壤 3D 打印与设施建造技术。

（4）月基生命科学及生存研究

探索人和生物在月球环境下的生存能力和生命科学问题，探索构建月球表面密闭生活环境和月基生物再生生命保障系统（bioregenerative life support system，BLSS），实现人类在月球表面的长期、安全居留，为人类向深空发展研发创新技术。

1）月球人体科学：低重力、弱磁环境对人生理和认知功能的影响与生物学效应。

2）月球生命科学及生命支持：月球环境对生命微进化、生物诱变、细胞增殖与分化、病原微生物生长的影响，月球独特环境下系统生物学与合成生物学研究；月尘的毒理学及防护策略研究；低重力、亚磁和辐射环境下以陆生生物系统为主的生命支持技术基础科学问题，生物再生生命保障系统的构建，智能建造技术研究。

2. 未来的智能机器人和载人空间探索愿景

在载人月球探测及相关技术发展的基础上，我国未来可望应用智能机器人或人与智能机器人探索火星、小行星和其他太阳系天体，研究火星垦殖和改造火星环境的科学问题；扩大空间探索的范围，取得对太阳系科学研究的突破。

随着人工智能技术的快速发展，发展高度智能的空间机器人和智能空间探测器开展深空探索具有强大的生命力，将对未来空间探索技术路线产生深远的影响。

（五）空间环境地基综合监测计划

在子午工程I期的基础上，经国家发展和改革委员会（简称国家发改委）组织遴选和批准，子午工程II期作为"十三五"国家重大科学基础设施项目已经立项。子午工程II期将新建沿 $100°E$ 和 $40°N$ 的两条观测链，空间环境各圈层间耦合过程的研究可望提升到小尺度新水平；探寻日地系统能量传输、转换与耗散的大尺度路线图，并构建以自主观测数据为基础的空间天气模式，提高空间天气应用服务与保障能力。同时，正在积极推动国际子午圈计划（International Meridian Circle Program，IMCP）。

三、我国空间科学在国际上的地位和存在的问题

1. 与国际水平尚有明显差距

通过我国与主要国家在空间科学任务规模、数量、科学产出的影响力比较，论文统计和引用等客观指标分析，以及参考国外一些机构的评估结果进

行总体评价，我国空间科学的整体水平不仅远远落后于美国，也明显落后于欧洲和日本，与国际先进水平有相当大的差距。

我国实施的空间科学活动数量少。据统计，世界上共发射了900颗科学卫星和深空探测器，其中美国400多颗，俄罗斯200多颗，ESA和日本各约50颗。我国仅有9颗（双星2颗、嫦娥3颗、先导4颗），占比为1%，比印度（13颗）还少。各国在载人航天器和返回式卫星上共开展了6000多项生命科学和物理科学实验，美国、俄罗斯均在2000项以上，欧洲、日本等有近1000项，我国只有不到150项。空间科学在日本的空间计划中占了相当比重并得到了稳定支持，形成了X射线、太阳观测、行星探测三个系列，被认为是空间天文和太阳物理研究强国，还有较高水平的地球科学卫星。

相关论文统计结果显示，2000～2014年中国的空间科学论文总数排在美国、德国、英国、法国、意大利和日本之后，位列世界第七。论文数量的年均增长率最高，占比由2000年的2.0%上升到2011年的14.0%，近年按年度统计已排名第二位，但围绕中国空间任务产出的论文数量仅占中国论文总量的5.2%，靠分析国外二次数据的论文很难产生重要影响力。我国论文的影响力低于世界平均水平，篇均被引频次排在第12位，与美国、欧洲、日本等形成很大的反差。2000～2014年，美国、英国、德国、法国、意大利、荷兰、西班牙、加拿大、日本、澳大利亚是空间科学领域高被引论文前十的国家，高被引论文占其本国空间科学总论文的比例为14.3%～24.9%，反映了这些国家在重要空间科学成果方面的贡献和影响力。

日本科学技术振兴机构（Japan Science and Technology Agency，JST）2015年发布的《世界空间科技力量比较》报告对各国空间科技分类做了调查对比，我国空间科学得分为2分（满分为20分，美国为20分，欧洲为9.5分，日本为7.5分，俄罗斯为4分），亦可供参考。

当然，由于我国自主的空间科学任务起步较晚，上述评估主要说明过去的情况。但必须清醒地认识到，由于长期以来我国对空间科学不够重视，虽然近年来我国空间科学正在崛起，也取得了一些重要成果，但基础和整体水平不高，空间科学还少有国际同行公认的重大成就，成为我国航天领域的突出短板，也是我国基础研究的弱项，这与我国空间大国的形象不符，与我国国际地位完全不相称。

我国在空间科学领域与国际先进水平的差距，不仅包括空间科学活动规模、经费投入、科学产出的差距，还包括研究队伍的水平不高，队伍规模不能适应当前的任务需求，更远远不能满足未来发展的要求；研究的基础不够深厚，研究水平和深度亟待提高，先进探测技术的积累还相当薄弱。这些差距不是在短时间内，也不是一些局部措施能够迅速弥补的。振兴我国空间科学，需要在理念、导向、体制、机制、文化、教育等方面进行一系列深化改革，需要全面提升能力和水平，需要长期努力，任重而道远。

2. 缺乏国家层面空间科学规划

空间科学应是国家航天发展战略和国家科学规划的重要组成部分，而我国空间科学长期投入偏低。鉴于空间科学任务的前沿性和长期性，需要从科学目标出发制定具有前瞻性和不断更新的国家空间科学规划，用于指导项目征集确定。中国科学院提出的《中国至 2050 年空间科技发展路线图》和《2016～2030 年空间科学规划研究报告》等很有价值，但并不是国家规划。

我国在不少情况下将空间工程项目或国家重大专项规划等同于空间科学规划，混淆了两者的性质，况且专项规划中对空间科学的重视不够，科学任务整个链条的经费和条件安排也缺乏统筹。

由于缺乏国家统一规划，长期以来我国科学卫星的建议和立项处于一事一议状态。中国科学院的空间科学先导专项是重大进步，但还不是确定的长期可持续计划，不利于长远谋划，滚动发展。

缺乏国家统一规划，造成空间科学研究内容和支撑条件布局不系统、不集中，缺乏预见性和长期准备；处于准备阶段的空间科学项目的预先研究和地面实验支持不足，空间实验和亚轨道实验（飞机、高空科学气球、火箭）机会少；已确定空间科学项目必须开展的科学研究、载荷研制、模拟实验、数据分析、条件保障等经费来源多头且不配套。

由于缺乏国家统一规划，空间科学的研究队伍随具体任务变化，不能长期稳定，任务落实后又缺少人才储备，队伍建设缺乏长期性和稳定性。

国家规划缺失造成的这些问题严重影响了我国空间科学的发展。

3. 投入和稳定支持问题

各空间科技发达的国家和地区在空间科学领域均有大量投入并保持长期稳定。2000～2016 财年的空间科学预算，NASA 年均投入 60.2 亿美元，最高年度投入超过 80 亿美元，受金融危机影响，其 2007 年以后年度投入保持在 50 亿美元以上；ESA 年均投入 23.2 亿美元，2009 年后年均投入约 25 亿美元；ROSCOSMOS 近 9 年年均投入 9.0 亿美元（图 1-3）；日本 JAXA 年均投入 4

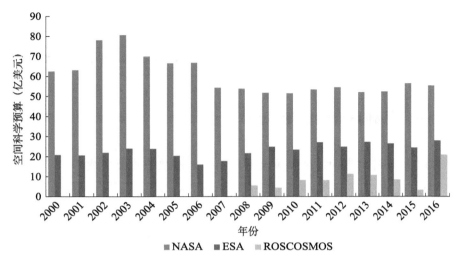

图 1-3　NASA、ESA、ROSCOSMOS 的空间科学预算（2000～2016 年）

亿美元。

　　主要国家空间机构的空间科学预算占比：NASA 空间科学预算占其总预算的 24%（2000～2015 年平均）；ESA 空间科学预算占其总预算的 17.6%，若加上地球科学合计占其总预算的 40%；CSA 空间科学预算占其总预算的 20.8%；JAXA 空间科学预算（含地球科学）占其总预算的 1/3 以上。长期稳定的经费投入是美国、欧洲、日本等空间科学得以持续发展的基础。

　　我国空间科学投入经费总量没有权威统计。粗略估计，我国在"十二五"期间年均投入约 1.5 亿美元，"十三五"期间可能增加到 2 亿～2.5 亿美元。与其他空间科学大国相比，我国仍存在相当大的差距，在已经实施的载人航天和探月工程中空间科学投入比例也是较低的。

　　我国空间领域的投入和活动规模呈快速增长态势，但发展十分不平衡。科学家联盟（UCS）网站统计，截至 2018 年 4 月 30 日，美国在轨卫星数量 859 颗，俄罗斯在轨卫星数量 146 颗，我国在轨卫星数量 250 颗（稳居世界第二）。我国发射的卫星从 2014 年 1 月底到 2018 年 4 月底增加了 134 颗，年均发射约 31 颗，各种应用卫星发展势头强劲，今后还将有所增长，而空间科学仍未获得应有地位。

　　投入的另一个问题是缺乏持续性且投入分散。世界各国航天局都有稳定预算，各类任务按计划有条不紊地开展，使长周期和需要深度前期研究的项目按科学规律办事，为取得高水平科学成果提供了条件。

第四节　空间科学的意义和战略地位

一、基础研究的前沿领域

1. 集中研究基础前沿和重大科学问题，酝酿着重大突破

空间科学的研究领域充满了未知和挑战。21 世纪以来，空间科学越来越集中于最具挑战性的基础和重大科学问题，包括暗物质性质和暗能量本质、恒星和星系演化与黑洞性质、太阳和太阳系行星演化、外太空生命探究、基本物理规律及地球变化趋势等，是当代基础科学研究的前沿。

迄今，天体物理学和宇宙学研究表明，宇宙中约 5% 的天体和星际物质，即重子物质，是粒子物理标准模型可以解释的，其余 95% 是我们不了解的暗物质和暗能量，使现代物理学面临巨大困难，被形容为笼罩在物理学上的"两朵乌云"，空间研究将为拨开"乌云"做出独特贡献；生命作为最复杂的物质存在是如何产生的，地外有无生命，是什么形态，生命之谜最可能在空间研究中得到解答；宇宙中有地球上无法企及的超强引力（及引力波）、超强磁场、超高能量和超高密度等极端条件，空间研究将宇观和微观研究相融合，成为探究物质本源（宇宙及天体起源和演化，物质结构）的前沿；太阳、地球、空间物理、月球和行星研究将更深入地理解太阳系和行星的演化过程，并通过比较加深对地球变化趋势的认识；在空间检验基本物理理论将达到前所未有的精度，并推动规范场理论、大统一理论、后粒子标准模型、临界点附近物质形态和量子物理理论的发展。地球环境变化涉及经济社会发展和人类命运，空间研究是弄清这一复杂大系统问题的重要途径。

由于科学问题明确，各国空间规划突出了针对重大问题的任务安排，不断发展新的科学思想和技术方法；计划的针对性和延续性强，加上理论和实验观测的进一步结合，21 世纪的空间科学将引领和推动基础科学前沿重要领域的跨越，破解重大的科学之谜，推动产生新的科学革命。科学是推动社会进步的革命性力量，科学革命对人类发展进程有极其重大的影响。

2. 基础研究前沿的战略必争领域，实现突破的重要方向

空间科学越发显示出其在当前和未来自然科学基础前沿领域的重要性，

孕育着原创性的基础科学问题的重大突破，这些问题触及当代科学的理论基石，在科学领域中具有本质性的重大意义。空间科学是各空间大国在空间活动中支持的重点，是科技发达国家基础研究的重点和战略必争领域。

我国建设科技强国必须大力加强基础研究。基础研究是科学之本，技术之源，是"无用之用，众用之基"（明代徐光启语）。基础研究旨在推动科学知识的独创性研究，提供解决重要实用问题的理论和方法。提高基础研究水平是提高整体科技发展水平的基石，是原始创新的底蕴。基础研究是衡量科技发展水平最重要的指标，科技发达国家无不将基础研究实力作为国力竞争中最重要的部分。我国基础研究与世界科技强国相比仍有明显差距，是制约我国科技发展水平的瓶颈，加强基础研究对我国建设科技强国目标的实现至关重要。基础研究所体现的追根求源、探索真理、创新思维、科学精神，以及科学方法和科学素养的传播普及，是一个国家、一个民族文明程度和兴旺发达的基础与重要标志。一个多世纪前，以相对论、量子论创立为标志的科学革命奠定了当代科学技术的几乎全部基础，推动了新的产业革命，深刻地改变了人类社会的面貌。在过去的几个世纪中，我国由于种种原因已经屡次失去了在科技革命中有所作为的机遇，我国在现代基础科学领域还没有国际公认的重大科学贡献，我们必须有紧迫感，不可再错失机会。

加强空间科学研究是我国基础科学重点突破的需要。建设科技强国必须有基础科学的雄厚实力和重大科学成果。空间科学集中了重大基础科学问题，赋予了新发现的机会。我国在空间科学领域实现突破具备了基本条件和重要机遇。发展空间科学将推动我国基础研究的重点跨越，应当将空间科学重点领域作为基础前沿研究的突破口。

二、推动航天科技发展的不竭动力

空间科学、空间应用和空间技术构成了航天领域的三大支柱。人类探究太空奥秘的渴望和空间科学不断获得的重大发现，成为航天活动持续发展的不竭动力。空间科学不断超越和挑战极限的需求有力地牵引着空间技术向更高水平发展。空间科学对各种特殊轨道利用的需求，对"超稳、超精、超静"卫星平台、无拖曳、编队卫星等技术的需求，对深空探索和登陆探索地外天体的需求等，极大地推动了动力学与控制、新型能源与推进、高性能卫星平台、自动化、机器人和智能，以及材料、热控、电子信息等技术的发展，是航天核心技术发展的强劲动力，也是空间应用的先导和基础。

大力发展空间科学将促进我国航天领域的结构性调整，激发航天科技进步的内生动力和创新活力，有力地带动航天高技术的跨越式发展，形成空间科学、空间技术和空间应用协调发展的良性互动，促进我国航天事业从规模扩张型向内涵发展型的转变，在更高水平上实现我国航天事业健康、高质量的持续发展，从航天大国走向航天强国，走中国特色的创新发展之路。

三、创新驱动发展的重要阵地

实施创新驱动发展战略，建设创新型国家是我国发展模式根本性的战略转变，建设科技强国是实现中华民族伟大复兴的必然选择。创新是引领发展的第一动力，是建设现代化经济体系的战略支撑。空间科学的创新特点使其成为带动高科技进步的龙头，为推动科技创新提供源源不断的动力。

空间科学的创新性、探索性特点催生出多种高新技术，对高新技术发展的牵引驱动作用是长久、持续和多方位的。空间科学对尖端探测技术的需求，有力地促进了光学、机械、特种材料、激光、红外、极低温、高性能探测器和传感器等技术创新，为创新发展提供源源不断的动力，促进了尖端探测技术的发展。

空间科学中的应用基础研究及其知识和技术转移，将促进我国创新驱动战略的实现和经济增长方式转变的进程。空间科学研究的许多领域与经济社会的发展，与人类日常的生活和生产活动，传统产业升级，以及高技术和新兴产业发展密切相关。空间科学各分支领域的知识积累和技术转移，将日益渗透到经济与社会发展、节能减排、环境保护、人类健康和日常生活等各个方面，并产生重大效益，推动传统产业升级和新兴产业的发展。

太阳物理和空间物理的研究将太阳爆发对地球空间环境的影响凝练为新的学科分支——空间天气学，表明了空间科学的研究从基础向应用拓展。人类在空间和地面的技术设施在相当程度上受到太阳活动的影响，因此空间天气学和经济社会的关系正在变得越来越密切，空间天气重大事件的研究预报对保障空间活动和地面大型设施的安全十分重要。

空间地球科学研究着眼于地球整体系统和全球气候变化，同时能够为寻求解决全球和我国经济社会发展面临的资源、生态环境、大气污染、灾害预测等急迫问题提供科学指导和技术手段，并直接为资源勘察、土地利用、城市规划、农林水利、海洋调查等应用提供支持。

空间人体科学研究和航天医学研究的成果将直接转移到医学领域进行应用。空间生命科学和生物技术开展的生物分子设计及合成生物、蛋白质结晶、辐射生物学和空间辐射诱变、微生物和细胞（干细胞）培养、定向诱导分化和组织培养等研究，将获得创新的生物材料、药物和医疗技术，以及开发农林新品种的资源和技术，从而促进我国再生医学、生物细胞疗法、生物医药产业和环境生物技术的发展和应用，为提高农林产业水平和保障人民健康做出贡献。

微重力科学对流体和燃烧过程的研究，以及对材料制备过程的研究，为揭示被重力掩盖的现象和规律开辟了一条有效的途径。这些过程机理几乎与所有地面重要生产加工过程和能源、化工、矿冶、生物、材料等重大支柱产业相关，也与动力推进技术、空间流体管理和生命保障技术等直接相关。微重力研究还可能推出若干新型高性能应用材料，解决关键材料制备和材料热物性精确测量等关键问题。例如，能有效地将机理、方法和技术应用到地面产业和高技术领域，将为提高地面生产效率、提高能源效率和节能减排、创建新材料体系等做出重大贡献。微重力基础物理研究将极大地推动量子信息技术的发展和应用，极高精度空间时间频率技术将得到广泛应用，并带动高新技术发展。

四、提升综合国力的重要途径

发展空间科学对进一步提高我国综合国力具有深远影响。空间科学活动是国家意志的体现，也是人类求知欲、探索创新能力的生动体现。空间科学活动涉及的尖端技术、复杂曲折的探索经历、源源不断的新发现具有极高的公众关注度和世界性的广泛影响，是体现国家科技进步和综合实力的重要标志。空间科学广泛的国际合作对科技界影响深远，使其成为对外交往的重要领域。空间科学的探索性和新颖性对吸引青少年投身科学与工程，以及提高公众科学素养也有不可估量的作用。

发展空间科学将提升我国的硬实力、软实力和国际影响力，具有显著的政治、科技、经济、外交和文化等意义，对提高我国综合国力有多方面的促进作用。

参 考 文 献

高铭，赵光恒，顾逸东. 2015. 我国空间站的空间科学与应用任务. 中国科学院院刊，30(6)：707-717.

顾逸东. 2014. 我国空间科学发展的挑战和机遇，中国科学院院刊，29(5)：575-582.

顾逸东. 2015. 空间科学：基础前沿科学探索的先锋 // 中国科学院. 2015 科学发展报告. 北京：科学出版社: 3-17.

国家空间科学及其应用标准化委员会. 2013. 空间科学及其应用术语-第一部分：通用基础（GB/T 30114.1—2013）. 北京：中国标准出版社.

国家自然科学基金委员会, 中国科学院. 2011. 未来 10 年中国学科发展战略·空间科学. 北京：科学出版社.

胡文瑞. 2010. 微重力科学概论. 北京：科学出版社.

康琦, 胡文瑞. 2016. 微重力科学实验卫星——"实践十号". 中国科学院院刊, 31(5)：574-580.

欧阳自远, 李春来, 邹永廖, 等. 2010. 绕月探测工程的初步科学成果. 中国科学：地球科学, 40(3)：294-306.

彭承志, 潘建伟. 2016. 量子科学实验卫星——"墨子号". 中国科学院院刊, 31(9)：1096-1104.

魏雯. 2006. 俄联邦 2006～2015 年航天规划概述（上）. 中国航天, 11：33-36.

吴季. 2016. 2016～2030 年空间科学规划研究报告. 北京：科学出版社.

杨帆, 王海霞, 王海名, 等. 2014. 面向空间科学发展战略与组织管理的情报研究. 北京：中国科学院文献情报中心.

中国大百科全书总编辑委员会. 2004. 中国大百科全书：航空 航天. 北京：中国大百科全书出版社.

中国科学院空间领域战略研究组. 2009. 中国至 2050 年空间科技发展路线图. 北京：科学出版社.

ESA. 2015. ESA Space Exploration Strategy. http：//esamultimedia.esa.int/multimedia/publications/ESA_Space_Exploration_Strategy/ [2017-11-31].

European Commission. 2011. Space research in Horizon 2020. http：//ec.europa.eu/programmes/horizon2020/en/h2020-section/space [2017-08-03].

JAXA. 2005. JAXA Vision (JAXA 2025). http：//www.jaxa.jp/press/2005/04/20050406_sac_vision_j.pdf [2005-03-31].

Liu Y D, Luhmann J G, Kajdič P, et al. 2014. Observations of an extreme storm in interplanetary space caused by successive coronal mass ejections. Nature Communications, 5(3)：3481.

NASA. 2006. The New Science of the Sun-Solar System Connection Recommended Roadmap for Science and Technology 2005–2035.

NASA. 2014a. NASA Strategic Plan 2014. https：//www.nasa.gov/sites/default/files/files/FY2014_NASA_SP_508c.pdf [2017-03-18].

NASA. 2014b. Science Plan 2014. https：//smd-prod.s3.amazonaws.com/science-red/s3fs-public/atoms/files/2014_Science_Plan_PDF_Update_508_TAGGED_1.pdf [2017-05-20].

NASA. 2015. 2015 NASA Technology Roadmaps. http：//www.nasa.gov/offices/oct/home/ roadmaps /index.html. [2017-10-20].

National Academies of Sciences, Engineering, and Medicine. 2016. NASA Space Technology Roadmaps and Priorities Revisited. Washington D C：The National Academies Press.

National Research Council. 2005. The Astrophysical Context of Life. Washington D C：The National Academies Press.

National Research Council. 2012. Solar and Space Physics：A Science for a Technological Society. NASA.

Ren J G, Xu P, Yong H L, et al. 2017. Ground-to-satellite quantum teleportation. Nature, 549(7670)：70-73.

Stenzel C H. 2012. Materials Science Experiments Under Microgravity—A Review of History, Facilities, and Future Opportunities. Bvemen, Germany.

Wang H, Weiss B P, Bai X N, et al. 2017. Lifetime of the solar nebula constrained by meteorite paleomagnetism. Science, 355(6325)：623-627.

Xiao L. 2014. China's touch on the moon. Nature Geoscience, 7(6)：391-392.

Xiao L, Zhu P, Fang G, et al. 2015. A young multilayered terrane of the northern Mare Imbrium revealed by Chang' E-3 mission. Science, 347(6227)：1226-1229.

第二章
太阳物理和空间物理学

第一节　科学意义和战略价值

一、太阳物理和空间物理学概述

太阳是太阳系中唯一的恒星，是太阳系的中心天体，是由等离子体和磁场组成的几乎理想的球体，其结构从内向外依次可分为日核区、辐射层、对流层、光球、色球、日冕。其中，太阳的日核区通过氢核聚变提供维持太阳及太阳系结构的能量，辐射层和对流层将聚变能量传导到太阳表面，太阳表面之上的太阳大气中又发生着变化多端、丰富多彩的活动现象。

太阳不断地向外吹出快速流动的等离子体——太阳风，将地球包裹在其中。太阳风在星系中形成了一个约 140 AU[①] 大小的腔洞。在腔洞边缘，星系介质向腔洞内的压力同太阳风等离子体的外向压力平衡，形成了所谓的日球层顶——太阳系的边界。这个包围着地球和其他太阳系行星的气体层称为"日球层"（图 2-1），是太阳物理和空间物理学所研究的区域。

---

① AU, astronomical unit，天文单位。

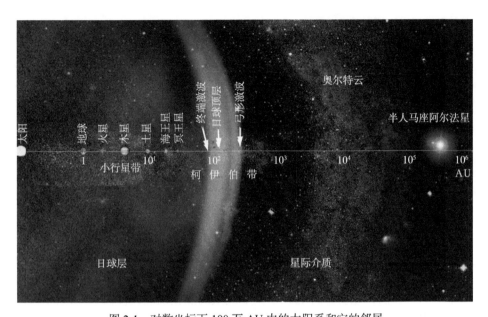

图 2-1　对数坐标下 100 万 AU 内的太阳系和它的邻居

图片来源：http:// interstellar.jpl.nasa.gov/interstellar/probe/introduction/scale.html [2017-06-03]; http://su-nearthday.nasa.gov/2007/locations/ttt_heliosphere_57.php [2017-06-03]

图 2-1 中显示，太阳和它的行星被太阳风所形成的磁泡——日球层所保护，太阳风和恒星际介质之间的边界称为日球层顶；磁泡之外是星际空间。

太阳物理学是天体物理学中最早发展起来，并对天文学的发展具有重大影响的分支学科。太阳物理学用物理学、数学、化学等基础学科的理论与方法，研究太阳的物质组成、结构演化、太阳大气各种活动现象的发生发展规律及其对行星际空间环境的作用和影响。

空间物理学着重研究地球空间、日地空间和行星际空间的物理现象。研究对象包括太阳、行星际空间、地球和行星的大气层、电离层、磁层，以及它们之间的相互作用和因果关系，特别关注地球表面 20 km 以上直到太阳大气这一广阔的日地空间环境中的基本物理过程。

现今，太阳物理和空间物理的研究范围不断扩展，地球空间环境、太阳风及其与行星的相互作用，以及太阳是如何产生和控制日球层中的带电等离子体的研究等都被逐渐包括在内。与此同时，其研究方法和研究手段也在不断改进和补充。

二、太阳物理和空间物理学的科学意义及战略价值

1. 太阳物理和空间物理学是当代自然科学的前沿领域

太阳物理和空间物理研究的主要任务是了解太阳系范围的空间状态、基本物理过程和变化规律。宇宙空间是一个地面无法模拟的特殊实验室，不断涌现出自然科学领域数百年来的经典理论无法解释的新问题，是有待探索的重大基础科学前沿。

太阳是一颗恒星，不仅可以开展普遍的天文学研究，如研究恒星的结构、组成、演化和消亡等具有代表性的科学课题，而且对太阳的精密观测使得太阳物理研究的内容广泛而具有独特性。作为距离地球最近的一颗恒星，高质量的观测数据使得人们对太阳的理解不再局限于恒星相关的研究内容，太阳的不同层次结构涵盖了不同的研究内容，相互联系，密不可分。位于太阳中心的日核区，主要进行氢原子聚变成氦的热核反应，涉及核物理的基本物理过程；辐射层和对流层呈现能量和物质的剧烈对流和交换，对于太阳表面的磁场、温度等结构具有举足轻重的作用，日震学、太阳发电机理论等是研究该层次结构的热门课题。太阳大气中包含多种结构和爆发现象，涉及的研究课题包含日冕加热机制、太阳活动能量来源、能量转换机制、粒子加速机制、太阳活动的触发机制等，特别是剧烈太阳活动和灾害性空间天气的研究，是当代空间科学中最前沿、最具挑战性及与人类生产和生活关系最密切的课题。

日地之间的空间涉及诸多物理性质不同的空间区域，如中性成分主导的地球中高层大气、电离成分为主的电离层、接近完全离化和无碰撞的等离子体（磁层、行星际空间和太阳高层大气），以及宏观与微观多种非线性过程和激变过程，如日冕物质抛射的传播、激波传播、高能粒子传播、磁场重联、电离与复合、电离成分与中性成分的耦合、重力波、潮汐波、行星波、上下层大气间的动力耦合等，这些都是极具挑战性的基本科学问题。

研究日地系统所特有的高真空、高电导率、高温、强辐射、不同的重力势环境；研究日地系统中的各种宏观与微观交织的非线性耗散，以及具有不同物理性质的空间层次间的耦合过程；了解日地灾害性空间天气的变化规律，获取原创性科学发现，已成为当代自然科学国际前沿课题。无论是已实施的国际日地物理（ISTP）计划、日地能量传输计划（STEP）、日地系统空间气候与天气（CWSES）计划，还是正在实施的与日共存（LWS）计划及国

际与日共存（ILWS）计划等，日地空间天气研究都是它们组织多学科交叉、协同攻关、取得重大原创性新成就的重大科学前沿领域。中国科学院发布的《2016～2030年空间科学规划研究报告》中明确将太阳物理和空间物理学作为重点发展领域之一。

2. 保障空间地面设施和航天活动安全的迫切需求

进入21世纪后，我国的航天活动发展迅猛。"十二五"期间，共完成近90次发射，将140余颗国内外的航天器送入太空。《2016中国的航天》白皮书报道了未来十年我国预计发射100多颗卫星。我国正在建造载人空间站，继续实施探月工程、深空探测工程、建设北斗导航卫星系统、高分辨率对地观测系统，加快建设空间基础设施，构建形成遥感、通信广播、导航定位三大系统，促进卫星及应用产业的发展。

随着卫星发射的数量和频次增加，空间与地面基础设施的日益完善，航天安全形势日益严峻，空间环境对基础设施的影响不容忽视。例如，我国已有风云一号气象卫星、亚太二号通信卫星遭遇失败，以及地球空间双星探测计划中卫星姿控系统失效（2005年）的事例；还有嫦娥一号卫星发生单粒子锁定（2007年），以及发生在北斗一号试验卫星、尼日利亚通信卫星一号上的内部充放电等事例。此外，我国广大的中低纬地区处于全球电离层闪烁多发区域，经常发生影响卫星至地面无线电传输的电离层空间天气现象。这些地区的卫星通信、导航定位经常受到影响，严重时发生信号中断。日地空间的空间天气事件对航天器在轨安全和可靠运行的影响十分明显。

要改善这一现状，必须加强太阳物理和空间物理研究，深入了解太阳活动规律及对日地空间环境的作用机制和影响；发展航天器等基础设施受空间环境影响的仿真分析技术并应用于防护设计；对空间天气事件进行准确预报，在恶劣空间天气事件中采取紧急应对措施，避免空间技术系统遭受损失。

综上所述，日地空间乃至整个太阳系是人类开展科学探索、揭示自然规律的重要区域，也是人类空间活动的主要区域。太阳物理和空间物理是世界各国争相研究的热点领域，是各国科技展示实力的重要舞台，是引领科技发展的驱动力。加之人类社会发展和国家安全的需求，太阳物理和空间物理学进入21世纪之后正迅速发展成为国际科技活动的热点之一。

第二节 发展历史、现状和趋势

一、国际太阳物理和空间物理学发展状况

（一）发展历程

1. 太阳物理学发展历程

人类对太阳的认识开始于很早之前，早期完全依赖于直觉的肉眼观测。1611 年，意大利科学家伽利略首次将他发明的望远镜指向太阳，详细观测了太阳黑子及太阳的自转运动，开启了人类利用现代望远镜技术实测太阳的时代。

1611 年至第二次世界大战，随着光学望远镜、光谱仪和照相技术的迅速发展，人类对太阳的认识有了质的飞跃：首次发现了太阳连续光谱中的吸收谱线，研究认为这种暗线由太阳外围冷物质吸收形成，对太阳大气结构有了新的认识；发现了太阳黑子 10～11 年的周期变化规律，开启了太阳黑子活动规律的研究；观测到太阳表面上最强烈的活动现象——太阳耀斑，揭示了发生在太阳表面的太阳活动现象；利用塞曼效应测量了太阳黑子的磁场，开始了对太阳磁场的定量观测与研究；发明了日冕仪，发现日冕是太阳的一部分，对太阳大气结构的认知有了突飞猛进的发展；发现太阳外层大气温度远远超过太阳光球层上层的温度，提出了日冕加热机制问题；探测到太阳黑子、日冕的射电辐射，对于认识磁场与粒子之间的相互作用至关重要。

第二次世界大战后至今，人类开始进入全面深入认识太阳物理的阶段。科学和技术的发展推动太阳研究进入空间与高性能计算时代。这期间，卫星探测占主导地位，如 Yokoh、SOHO、RHESSI、TRACE、Hinode、STEREO 和 SDO 等太阳探测卫星的探测技术和探测范围都有空前提高，开启了多波段、全时域、高分辨率和高精度探测时代。太阳物理的探测也由单纯的可见光观测进入全波段观测，应用于射电、紫外线、X 射线、伽马射线，以及各种高能粒子、电子、中子甚至中微子等的探测手段均被发展采用。探测接收系统也由简单照相发展为 CCD 面阵，并配有强大的数据图像处理和计算机分析功能，开发了计算机数值模拟等新方法。空间和地面的太阳专用探测设备的发明和利用，使得太阳物理研究得到快速发展。

2. 空间物理学发展历程

1957 年第一颗人造卫星发射之后，人类又发射了数百颗航天器用于空间物理探测，空间物理学迅速发展。空间物理天基探测的发展大致分为以下三个阶段。

第一阶段：20 世纪 60 年代初到 80 年代末，空间物理学处在发现和专门探测阶段。整个 60 年代充满了激动人心的新发现：发现了辐射带的存在，发现和证实了太阳风的存在，相继发现了太阳风中存在激波、高速流、阿尔芬波和各种磁流体间断面。此外，通过行星际监测卫星（IMP）和国际日地探险者（ISEE）系列卫星，基本了解了地球轨道附近的行星际空间环境，发现了地球弓形激波、粒子的激波加速和磁场重联等基本物理现象。在随后的二三十年，针对日地系统不同的空间层次发射了一系列专用研究卫星，既有监测和研究太阳活动的卫星，也有探测太阳风的卫星，还有研究地球空间的卫星，空间物理学向广度和深度发展。目前，还有 70 年代末发射的飞船正在向宇宙深空进发。2007 年 8 月，旅行者 2 号（Voyager-2）飞船在离地球 85 AU 处对终止激波进行了直接观测，这是人类历史上第一次传回太阳边缘的信息。

第二阶段：20 世纪 90 年代，将日地系统作为一个整体进行研究，空间物理和空间天气正迅速发展成国际科技活动的热点之一。人们逐渐认识到将日地系统整体作为一个有机因果链进行研究的重要性。90 年代中期美国开始制定国家空间天气计划，准备在 10 年内完成空间天气监测体系，在物理和数值模拟方面建立从太阳到地面的空间天气预报模式，实现常规及可靠的空间天气预报。日本与欧洲也相继制定了各自的空间天气计划。国家空间机构协调组织——国际空间局协调组开始整合各国发射计划，形成新的 ISTP 全球联测，在美国提出的 LWS 计划基础上，发展为 ILWS 计划，集中各国空间探测卫星，重点监测日地联系，以确保航天环境安全。

第三阶段：21 世纪开始，将太阳-太阳系作为一个有机整体进行研究，并强调太阳物理和空间物理探测，以及研究是为空间探索保障和技术社会服务。美国出台了一系列规划，都以探索日地系统为目标，以了解太阳及其对地球、太阳系和载人探索之旅所必经的空间环境条件的影响，试验演示可以完善未来运行系统的技术。日本、欧洲等主要空间探索国家和地区也纷纷制定了未来空间物理和空间天气的探测发展规划。

国际上在着力发展空间探测的同时，也十分注重地基观测。由于具有

"5C"（连续、方便、可控、可信和便宜）的优越性，地基观测成为空间环境监测的基础，是天地一体化空间环境综合监测体系不可或缺的部分。大型国际合作计划中，地基观测是非常重要的组成部分。出于对空间环境进行全天时和整体性监测的需求，空间环境地面监测正沿着多台站、网络式综合监测的方向发展。美国在众多的卫星探测计划之外，拥有较完备的地基监测网，由在极区的多台全天空气辉仪、宇宙线监测仪，以及在赤道和极区的几十台电离层监测设备、太阳光电监测等组成，能够与多颗卫星相互配合开展联合监测。加拿大和日本也拥有自己的地基监测系统，如加拿大的地球空间监测（CGSM）计划和日本的磁数据获取系统（MAGDAS）计划。

（二）大型国际计划

1. 第一国际极年

为了长时间、连续地在极区多个位置上联合对气象、北极光、地磁等进行探测，奥地利探险家、奥匈联合探险队副队长 Weyprecht 于 1881~1884 年牵头创建了研究项目"第一国际极年"（International Polar Year-1，IPY），由 11 个国家参与，这次计划对以后国际联合探测的开展具有划时代的意义。

2. 第二国际极年

国际科学界组织了 1932~1933 年的第二次国际极地年计划。除了气象学和地磁学探测外，受益于无线电技术和光学技术的发展，如新使用了无线电探空等仪器设备，又开展了高空电离层和日地物理学等研究，正式参加的国家有 33 个。

3. 国际地球物理年/第三国际极年

第三国际极年又称国际地球物理年（International Geophysical Year，IGY，1957~1959 年），由日地物理科学委员会协调和组织，包括中国在内共有 67 个国家参加，共同对南北两极、高纬度地区、赤道地区和中纬度地区进行全球性的联合观测，涉及的科学研究内容包括气象学、地磁和地电、极光、气辉和夜光云、电离层、太阳活动、宇宙线与核子辐射、经纬度测定、冰川学、海洋学、重力测定、地震、火箭与人造卫星探测 13 个项目。由于采用了新的火箭和卫星技术进行观测，取得的科学成果颇为丰硕。

4. 国际宁静太阳年

国际宁静太阳年（International Quiet Sun Year，IQSY）又称太阳极小期国际观测年（1964～1965 年），是太阳活动最弱年份开展的国际多科性协作科学活动，由日地物理科学委员会协调和组织，旨在研究这些年份的日地关系。1964 年初至 1965 年底实现了第一次国际太阳宁静年探测，观测项目有气象学、地磁学、极光、气辉、电离层、太阳活动、宇宙线、宇宙空间研究和高层大气物理研究等。

5. 国际磁层研究

为了广泛与定量地了解地球等离子体和电磁场环境中的动力学过程，日地物理科学委员会和空间研究委员会于 1970 年联合提出了国际磁层研究（International Magnetospheric Study，IMS），有 50 多个国家先后参加了这项利用人造卫星、探空火箭、高空科学气球和地面台站网进行联合观测的、规模庞大的国际合作计划（表 2-1）。IMS 取得了如下成就：对磁层边界层的厚度、边界层附近的密度分布和等离子体运动有了更深入的了解，并提出了向阳面磁力线重联的新证据；从地面至磁层边界均测量到 Pc4 波和 Pc5 波；观测到极光千米波辐射，并对超低频（ULF）和甚低频（VLF）的空间传播特性有了进一步的了解；核实了磁层中天然静电波和天然电磁波的产生理论；在了解磁层中各种离子成分的行为方面迈出了一大步；对磁层、电离层中的电流体系有了进一步的了解，并证明了极区电激流磁情指数 AU、AL 和 AE 是迄今测量磁亚暴活动性的最佳指数。

表 2-1　IMS 发射的卫星

航天器	发射日期	轨道特性
GEOS（地球同步轨道科学卫星）	1977 年 2 月	地球同步轨道
ISEE-A（国际日地探索者-A）	1977 年 10 月	远地点为 23 个地球半径
ISEE-B（国际日地探索者-B）	1977 年 10 月	远地点为 23 个地球半径
ISEE-C（国际日地探索者-C）	1978 年 7 月	太阳轨道，1 AU
EXOS-A（地球外大气层卫星-A）	1978 年 2 月	350～4500 km
EXOS-B（地球外大气层卫星-B）	1978 年 8 月	远地点为 5.7 个地球半径
ISS 电离层探测卫星	1976 年 2 月	1000 km 圆轨道

6. 国际日地探索者

国际日地探索者（International Sun-Earth Explorer，ISEE）是 NASA 与 ESA 合作制定的日地关系卫星系列，主要执行 1976～1979 年的 IMS，在地球磁层的最边沿调查日地关系，研究太阳风与磁层交界面的激波和详细结构，探测接近 1 AU 处行星际区域的宇宙线和太阳耀斑。ISEE-A 号和 ISEE C 号由美国制造，ISEE B 号由 ESA 制造。ISEE C 号于 1983 年改名为"国际彗星探索者"卫星，已于 1985 年 9 月与贾可比尼-津纳彗星会合，探测彗尾中的等离子体密度、流动速度、温度和重离子特性。

7. 中层大气计划

中层大气计划（Middle Atmosphere Program，MAP）于 1982～1985 年实施，由日地物理科学委员会赞助并协调组织，集中开展 10～100 km 高度范围的中层大气探测研究，获得对中层大气的结构、化学、动力学和能量学的系统理解。

8. 国际日地能量传输计划

国际日地能量传输计划（STEP）是 20 世纪 90 年代国际上规模最大的国际合作计划，包括美国、苏联、日本等数十个国家/地区的 20 多颗探测卫星、高空科学气球和火箭的观测与实验，以及相关理论和模型研究、数据的利用和交换。其主要研究领域是太阳这一能量和扰动之源，行星际介质和磁层-电离层系统中的能量和质量传输，电离层-磁层-热层耦合及对能量、动量输入的响应，中层大气对来自上、下层区域扰动的响应，地球表面附近空间区域中的太阳易变性效应。STEP 发射的卫星如表 2-2 所示。

表 2-2　STEP 发射的卫星

飞行任务	负责组织方	发射时间
地球外大气层卫星（EXOS-D）	日本 ISAS[①]	1989 年
太阳极轨卫星（Ulysses）	ESA/NASA	1990 年
地球磁层能量传输卫星（Interball）	俄罗斯 IKI[②]	1995 年
化学释放和辐射效应联合考察卫星（CRRES）	NASA	1990 年
毫米波辐射和磁尾卫星（Relict）	俄罗斯 IKI	1991 年
太阳高能现象研究卫星（Solar-A）	日本 ISAS	1991 年

续表

飞行任务	负责组织方	发射时间
高层大气研究卫星（UARS）	NASA	1991 年
地球磁尾研究卫星（Geotail）	ISAS/NASA	1993 年
太阳风飞船（Wind）	NASA	1993 年
地球极区卫星（Polar）	NASA	1994 年
太阳和日球观测站（SOHO）	ESA/NASA	1995 年
星簇计划（Cluster），4 颗卫星	ESA/NASA	1995 年

注：① ISAS，Institude of Space and Aeronautical Science，宇宙科学研究所；② IKI，太空研究院

9. 国际日地物理计划

20 世纪 80 年代起，由 NASA、ESA、ISAS 和苏联科学院宇宙理事会[①]组成的 IACG，组织和协调了规模空前的 ISTP 计划。该计划将日地空间作为一个整体系统，在日地空间发射了多颗卫星，对日地系统连锁变化的物理过程进行探测和研究。

参与 ISTP 计划的卫星有：①地磁尾卫星（GEOTAIL，1992 年），由日本研制，研究磁尾的能量机制及其他重要区域的物理过程；②极卫星（POLAR，1996 年），由美国研制，研究电离层在亚暴现象和磁层能量平衡中所起的作用；③ SOHO（1995 年），由欧洲研制，观测太阳表面、日冕和太阳风；④太阳风卫星（Wind，1994 年），由美国研制，研究高能粒子和太阳风的来源、加速机制和传播过程；⑤星簇计划Ⅱ期（Cluster Ⅱ，2001 年），由欧洲研制，由 4 颗相同的卫星构成星座，探测和研究地球空间等离子体边界层结构和动力学过程。

参与 ISTP 计划的地基监测有超级双重极光雷达网络（Super-Dual Auroral Radar Network，DARN）、加拿大地球邻近区域等离子体起源联合研究极光网络（Canadian Auroral Network for the Origin of Plasmas in Earth's Neighborhood Program Unified Study，CANOPUS）、南极测量同步卫星实验（Satellite Experiments Simultaneous with Antarctic Measurements，SESAME）和 Sondrestromfjord 非相干散射雷达。此外，还有负责将理论和建模研究与卫星、地基数据相整合的 ISTP 科学项目。

---

① 后为俄罗斯航空航天局。

10. 国际与日共存计划

IACG 于 2002 年正式提出了 ILWS 计划，其国际合作规模、探测卫星的数量和探测的技术水平远远超过了 ISTP 计划，标志着国际日地物理探测和研究的新里程碑。ILWS 计划几乎涉及所有有科学卫星计划的国家和地区，已有美国、欧洲、俄罗斯、日本、中国等 24 个国家 / 地区加入，该计划旨在系统探测从太阳到地球之间的各种空间活动。当前和未来 ILWS 计划所包含的隶属于太阳物理和空间物理学领域的任务如表 2-3 所示。

表 2-3　ILWS 计划所包含的太阳物理和空间物理学领域主要任务

任务类型	任务图
太阳物理探测任务	
磁层探测任务	

任务类型	任务图
电离层探测任务	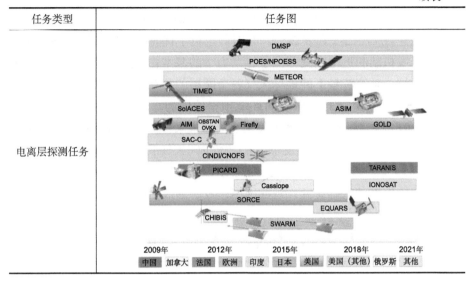

资料来源: http://ilwsonline.org/ [2017-06-15]

11. 日地系统空间气候与天气计划

日地系统空间气候与天气（Climate and Weather of the Sun-Earth System，CAWSES）计划由日地物理科学委员会组织，旨在从整体的角度研究日地空间系统中太阳对地球气候和空间天气的影响，该计划已实施两期（第一期为2004～2008年，第二期为2009～2013年）。该计划的后续计划: 2014～2018年的太阳变化及其对地效应（VarSITI），旨在加强对空间天气及其效应的认知。

（三）发展动态和趋势分析

1. 国际发展动向和发展战略

（1）美国发展战略

NASA于2005年发布了《探索新纪元：美国宇航局2005年及之后的发展方向》（*The New Age of Exploration: NASA's Direction for 2005 and Beyond*），其中有关太阳物理和空间物理探测的战略目标是：探索日地系统以了解太阳及其对地球、太阳系、载人探险之旅所必经的空间环境条件的影响。2006年NASA与14个主要的航天机构讨论"全球探索战略"，协商在月球、火星探测中的互相配合与合作。2012 年 8 月美国发布了《太阳与空间物理：服务于技术社会的科学》，提出了美国未来十年（2013~2022 年）研究与应用项目的发展建议（表 2-4 和表 2-5），并对其进行了优先级排序，旨在提升对太阳活动爆发机制和近地空间等离子体动力学的基本物理过程的科学认识，确定在日地耦合系统背景下的地球大气各个圈层的相互作用，以及大幅度提高开展符合实际和定制的地球空间环境预报的能力。2014 年，NASA 发布了《NASA 2014 科学规划》，梳理了美国当前和未来日球层物理计划的观测卫星（图 2-2）。2016 年 10 月美国发布了《国家空间天气战略》与《国家空间天气行动计划》，旨在从国家战略层面提高对空间天气危害的认识，进一步采取强有力的措施推动基础研究，观测网络建设，形成全国联动防护体系，切实提升国家应对极端空间天气灾害与关键基础设施恢复的能力。

表 2-4　未来十年发展规划顶层研究建议总结

优先级	建议	NASA	NSF	其他
0.0	完成当前项目	√	√	
1.0	实施多手段实现整合创业教育（Diversity Realize Integrate Venture Educate，DRIVE）倡议计划 小卫星；中型美国国家科学基金会（NSF）项目；充满生机的先进技术太阳望远镜（ATST）和面上项目支持；科学中心和基金项目；仪器研制	√	√	√
2.0	加快和扩展日球物理探索者（Explorer）计划 重启中型 Explorer 系列和提供机会任务	√		
3.0	调整日地探针（STP）计划为中等规模，首席科学家负责系列计划	√		
3.1	开展类似星际成像和加速探针（Intertellar Mapping and Acceleration Probe，IMAP）的空间计划	√		
3.2	开展类似中性大气与电离层动力学耦合（Dynamical Neutral Atmosphere-Ionosphere Coupling，DYNAMIC）的空间计划	√		
3.3	开展类似磁层能量学、动力学和电离层耦合研究（Magnetosphere Energetics, Dynamics and Ionospheric Coupling Investigation, MEDICI）的空间计划	√		
4.0	开展大型类似 LWS 的空间计划	√		

表 2-5　未来十年发展规划顶层应用建议总结

优先级	建议	NASA	NSF	其他
1.0	重新制定国家空间天气计划	√	√	√
2.0	太阳和太阳风观测的多部门合作工作	√	√	√

续表

优先级	建议	NASA	NSF	其他
2.1	连续的日地 L1 点太阳风观测［深空气候观测台（Deep Space Climate Observatory, DSCOVR）, IMAP］	√		√
2.2	连续的天基日冕仪和太阳磁场测量	√		√
2.3	评估新的观测手段、平台和位置	√	√	√
2.4	在 NOAA 设立 SW$_x$ 计划以有效推进从研究到业务的转化	√		√
2.5	发展完善独特的空间物理 / 空间天气规范和预报的特定计划	√	√	√

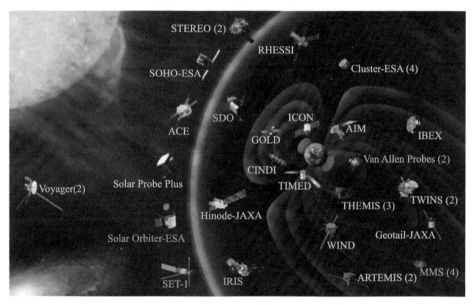

图 2-2　NASA 日球层物理计划的观测卫星

图片来源：*NASA 2014 Science Plan*

括号内数字为卫星颗数

美国政府高度重视空间天气事件的潜在危害，开始将国家应对空间天气事件的战略目标与行动计划进行有机结合，空间物理学被赋予了新的历史使命。

（2）ESA 发展战略

2011 年 12 月，ESA 公布的《ESA 宇宙憧憬 2015～2025 技术发展计划》发布了主要的近期项目、空间活动计划主题、活动计划路线及有效载荷发展的技术路线等。2011 年 ESA 科学计划委员会选定的新一代太阳观测任务"太阳轨道器"（Solar Orbiter，M1）将于 2019～2020 年发射，主要研究对象为太阳日光层。

2. 国际太阳物理和空间物理探测

近年国际太阳物理和空间物理探测卫星任务如表 2-6 所示。

表 2-6　近年国际太阳物理和空间物理探测卫星任务一览

项目	计划名称	发射国家（组织）	发射时间
太阳-行星际探测	日出卫星（Hinode）计划	日本、美国	2006 年
	日地关系观测台（STEREO）	美国	2006 年
	太阳动力学观测台（SDO）	美国	2010 年
	界面区成像光谱仪（IRIS）	美国	2013 年
	太阳轨道卫星（SO）	ESA 和美国	2019 年
	Parker 太阳探针（Parker Solar Probe）	美国	2018 年
	Solar-C	日本	2025~2026 年
	Proba-3	ESA	2020 年
	日球探针（Interhelioprobe）	俄罗斯	2026 年
地球空间探测	亚暴期间事件时序过程及相互作用（THEMIS）	美国	2007 年
	广角中性原子成像双星（TWINS）	美国	2006 年、2008 年
	中性成分与带电粒子耦合探测卫星（CINDI）	美国	2008 年
	辐射带风暴探测器（RBSP）	美国	2012 年
	相对论电子损耗的高空科学气球阵列（BARREL）	美国	2013 年、2014 年
	磁层多尺度任务（MMS）	美国	2015 年
	地球空间激发和辐射探测卫星（ARASE/ERG）	日本	2016 年
	极区通信和天气任务（PCW）	加拿大	2019 年
	太阳风-磁层相互作用全景成像卫星（SMILE）	中国、ESA	2021~2022 年
	共振计划（Resonance）	俄罗斯	2021 年之后

（1）太阳-行星际探测

日出卫星（Hinode，2006 年）：由 JAXA 研制，原名 Solar-B，以研究太阳耀斑等剧烈的爆发活动、日冕物质抛射的三维特征与性质等为主要科学目标，主要搭载仪器有太阳光学望远镜（SOT）、X 射线望远镜（XRT）和极紫外成像摄谱仪（EIS）。

日地关系观测台（Solar Terrestrial Relations Observatory，STEREO，2006年）由 NASA 研制，包括两颗子卫星，研究日冕物质抛射事件从太阳到地球的传播与演化，研究能量粒子的加速区域和物理机制，观测太阳风的结构与性质等。其主要科学载荷包括日地联系日冕与日球探测包、波动探测仪（SWAVES）、原位粒子与磁场探测仪（IMPACT）及等离子体和超热离子构件（PLASTIC）。

太阳动力学观测台（Solar Dynamics Observatory，SDO，2010年）：是 NASA ILWS 计划的第一个步骤，利用多个谱段同时观测太阳大气的小时空尺度，了解太阳对地球和近地空间的影响。SDO 将能更详细地观测太阳，打破了阻碍太阳物理学发展的时间、尺度和清晰度方面的障碍。其有效载荷包括日球层和磁场观测仪、极紫外成像仪、4 台动力运行的太阳大气成像仪。

界面区成像光谱仪（Interface Region Imaging Spectrograph，IRIS，2013年）：由 NASA 研制，通过获取色球层和太阳过渡区高时空分辨率的 UV 图像，实现开创性的色球动力学观测，以研究色球层和太阳过渡区在流向日冕、太阳风的热能和物质的起源和机制。其主要科学载荷包括粒子和热等离子体探测仪、电磁场探测仪、电场和波动探测仪、辐射带探测器离子成分探测仪、相对论质子能谱仪。

太阳轨道卫星（Solar Orbiter，SO）：ESA 和 NASA 合作计划于 2019 年发射，将飞到距离太阳 62 个太阳半径的地方对太阳大气进行高空间分辨率观测；第一次在距太阳最近的区域进行粒子和场的原位探测；了解太阳表面活动与日冕演化及内日球空间的联系；从高纬度探测太阳极区和赤道区日冕。其主要科学载荷包括 4 台原位探测仪器（太阳风分析仪、能量粒子探测仪、磁强计、无线电和等离子体波动探测仪器）和 6 台遥感探测仪器（极化和日震成像仪、极紫外成像仪、日冕光谱成像、X 射线光谱望远镜、日冕仪、日球层成像仪）。

Parker 太阳探针（Parker Solar Probe）：美国已于 2018 年 8 月发射，将第一次飞往日冕，直接对太阳日冕进行观测，科学目标为确定太阳日冕的加热机制和太阳风的加速机制，以及理解太阳风在内日球的演化过程。其主要科学载荷包括遥感仪、原位测量仪和侧视成像仪。

Solar-C：是继 Hinode 之后日本的下一个太阳探测计划，计划于 2025～2026 年发射。Solar-C 有两个方案：Plan-A 在黄道面外对极区进行日震/磁场观测，研究太阳的固有旋转速率、经向流和极区的磁场特性；Plan-B 为太阳同步极轨或者地球同步轨道，对光球层到日冕进行高空间分辨率、高通量、高性能光谱观测，研究太阳的磁场特性，以及太阳磁场对太阳色球层和日冕的加热及动力学作用。

Proba-3：是 ESA 精确编队飞行的卫星计划，计划于 2020 年发射①，由两颗卫星组成，将验证编队飞行技术，更近地研究太阳系边缘的稀薄日冕结构。

日球探针（Interhelioprobe）：俄罗斯计划于 2026 年发射，研究日冕加热和太阳风加速机制；研究太阳大气的精细结构和动力学特征；研究太阳耀斑及日冕物质抛射的特征和全球动力学特征及其对日球层和空间天气的影响；研究太阳是如何成为强有力、变化的粒子加速器的；从高日球纬度观测和研究极区、赤道区域的太阳大气和日冕。

（2）地球空间探测

亚暴期间事件时序过程及相互作用（THEMIS，2007 年）：是 NASA 与美国两所大学的合作项目，利用分布在不同空间区域的 5 颗卫星确定磁层亚暴的起始和宏观演化，研究亚暴的时空发展过程。其主要科学载荷包括电场探测仪、磁力仪、静电分析仪和固态望远镜（25 keV～6 MeV)。

广角中性原子成像双星（TWINS，2006 年、2008 年）：采用两颗能量中性原子成像卫星对地球磁层进行立体成像观测，建立磁层不同区域的全球对流图像及其相互关系。其主要科学载荷包括中性原子成像仪（1～100 keV，$4° \times 4°$，1 min 时间分辨率）。

中性成分与带电粒子耦合探测卫星（CINDI，2008 年）：由 NASA 研制，主要科学目标是了解中性成分和带电粒子相互作用对电离层-热层行为的控制作用。其主要科学载荷包括中性风探测仪和离子速度探测仪。

辐射带风暴探测器（RBSP，2012 年）：NASA 研究辐射带粒子加速物理机制的卫星；研究太阳对地球及近地空间的影响。

相对论电子损耗的高空科学气球阵列（BARREL，2013 年、2014 年）：由多个高空科学气球组成的探测地球辐射带的计划，主要科学目标是支持RBSP 进行辐射带波动和能量粒子探测。其主要科学载荷包括碘化钠闪烁器和直流磁强计。

磁层多尺度任务（MMS，2015 年）：由 NASA 发射，通过 4 颗相同的卫星，将地球磁场作为实验室了解微观物理机制（磁场重联、粒子加速和湍流）；在前所未有的重联触发的小尺度上了解磁场重联的物理过程。其主要

---

① 参考网址：https://en.wikipedia.org/wiki/PROBA-3。

科学载荷包括等离子体分析仪、能量粒子探测仪、磁强计和电场仪。

地球空间激发和辐射探测卫星（ARASE/ERG，2016年）：由JAXA研制发射，科学目标是研究辐射带中随着地球空间暴反复出现和消失的高能带电粒子的产生原因，以及地球空间暴的产生和发展过程。

极区通信和天气任务（PCW）：加拿大计划于2019年发射，主要科学目标是提供可信的高数据速率的通信服务；监测北极的天气和气候变化；监测高度椭圆轨道（highly elliptical orbit，HEO）环境下的空间天气。

共振计划（Resonance）：俄罗斯的内磁层探测任务，计划于2021年发射，由两对卫星构成，旨在研究地球磁层等离子体低频电磁波传播特性。其主要任务如下：一是对特定强度的磁通量管进行长期观察（磁层回旋微波激射动力学和模式，环电流的形成和衰减，地磁扰动后等离子体层的填充，全球等离子体动态变化过程中的小尺度现象）；二是研究人为因素对磁层微波激射模式的影响［人为刺激和（或）波的刺激，改变喷射的粒子流，改变微波激射的置信区间］。

（3）地基观测的发展现状

美国地基监测网：由在极区的多台全天空气辉仪、宇宙线监测仪，以及在赤道和极区的几十台电离层监测设备、太阳光电监测设备等组成，与多颗卫星相互配合，能对太阳活动、太阳风、行星际空间、电离层、磁层、地球大气进行多种手段的联合监测。美国还提出了阿拉斯加先进模块的非相干散射雷达（AMISR），AMISR由约4000个单个的偶极天线阵列组成。NSF资助的先进技术太阳望远镜（ATST）是目前国际上最大的4m口径光学太阳望远镜，可以实现太阳等离子体和磁场最高精度的观测，可分辨小至20km的结构，将太阳表面的磁场动力学测量延伸到基本密度标长和低日冕区。

加拿大地基监测网（CGSM）：包括协调观测、数据同化和模式研究等，该计划在加拿大全国范围内建设无线电观测设备、磁场观测设备和光学观测设备，并利用国际两极雷达探测网的3～4台高频电离层雷达设备等地基观测系统，对空间环境进行综合监测。

日本磁数据获取计划（MagDAS）：是世界上规模最大、跨度最长、包含站点最多的地磁监测链，有约50个地磁监测站点，由两条环绕地球的监测链组成（赤道监测链和子午线监测链），经过亚太、非洲、西太平洋、南美、赤道等地区。

此外，俄罗斯、澳大利亚、欧洲和巴西等国家和地区也拥有自己的地基观测系统。

综上所述，可将国际太阳物理和空间物理探测研究的发展趋势归纳如下。

1）进一步开展日地系统整体联系过程的研究，延拓为太阳-太阳系整体联系，天基与地基结合的观测体系将日趋完善。以卫星、飞船、空间站等航天器为观测平台的天基探测是空间物理探测的主要手段，利用有利位置获得空间环境原位和遥感数据。地基探测是空间环境探测的重要补充，只有天基和地基监测系统有机结合，才能形成从太阳到近地空间无缝隙的综合监测体系，为太阳物理和空间物理的研究和应用提供观测基础。

2）探测区域向空间天气的源头——太阳逼近，注重对小尺度的精细结构进行高时间和高空间分辨率与观测与研究，同时关注对大尺度活动和长周期结构及演化进行观测与研究。

3）多颗卫星的联合立体探测、时空区分、多空间尺度探测成为空间物理探测的趋势，有利于了解关键区域、关键点处扰动能量的形成、释放、转换和分配的基本物理过程，深入揭示其物理过程的本质。

4）注重不同尺度的耦合研究，太阳风-磁层-地球空间内部的耦合机制和耦合关系研究越来越重要。

二、我国太阳物理和空间物理学发展情况

过去的十年是我国太阳物理和空间物理学蓬勃发展时期，在国家有关部门的大力支持下，研究力量逐步发展壮大，学科体系得到进一步加强和完善，基础设施建设实现了跨越式发展，探测和研究水平不断提高，国际地位和影响不断提升。同时，基于物理模型的数值模拟研究迅速发展，为各种现象的理解提供了一种重要途径，促进了对该领域物理过程的深入理解，并获得了初步的预测能力。

（一）研究概况

1. 太阳物理学

近年来，我国太阳物理研究取得了很大进展，在国际上的显示度不断提高，成为国际太阳物理研究的一支重要力量，在磁场结构演化、太阳耀斑光谱观测和动力学研究、太阳耀斑高能辐射研究、太阳耀斑的射电频谱特征和精细结构研究、日冕物质抛射和日冕波动现象研究、日冕加热现象研究、微太阳耀斑和过渡区爆发事件、暗条和日珥、太阳活动周和太阳活动预报等方面取得了有国际影响的科研成果。尤其是在当今太阳物理学的主流——太阳活动研究方面，利用天基-地基太阳探测观测资料开展研究取得了瞩目成果。

这些成果大体集中在"一磁二暴"，即太阳磁场、太阳耀斑、日冕物质抛射，这是我国太阳物理发展长期形成的格局，研究力量也大多集中在这三个研究范畴。近两年的论文数和引用数统计表明，中国太阳物理学界发表的论文数和引用数在国际同类研究机构排名中双双进入前五，是中国天文学七大研究方向中排名最靠前的学科。

我国目前拥有具有世界先进水平的光学、红外、射电等地基望远镜，为我国太阳物理研究提供了丰富的、高质量的观测数据，新的观测特征和信息提取促进了新的成果产出，得到了国际同行的高度认可和引用，同时也吸引了国际同行来访并进行合作研究。我国学者很早就开始使用国外太阳卫星的数据开展研究，多项成果被收入国际出版的教科书。我国太阳物理研究人员多次受邀到国际会议中进行科学成果报告、综述报告等，多人在国际太阳物理和天文组织中担任重要职务，显示了我国太阳物理的科研水平及国际影响力。

2. 空间物理学

赵九章等老一辈科学家倡导空间物理学和实施国际地球物理年以来，已经历了约60年的发展，特别是通过"九五"至"十二五"、国家自然科学基金委员会、863计划、载人航天、中国科学院和国家各类重大项目的开展，相关的空间物理和空间天气探测、研究和应用有了较好的积累，锻炼了队伍，培养了人才。

我国空间物理研究者在太阳大气磁天气过程、太阳风的起源及其加热加速、行星际扰动传播、磁暴和亚暴的产生机制、磁重联过程、太阳风与磁层的相互作用、电离层的变化性与区域异常、中高层大气动力学过程的探测与研究、地磁及电离层的建模与预报方法、极区光学观测研究、空间等离子体基本过程（如磁重联、等离子体波的激发、粒子加速等）等领域都产生了一批有重要国际影响力的科研成果。我国首次揭示太阳风形成高度在太阳表面之上的20万km处，是"具有里程碑意义的成果"；太阳风暴的日冕-行星际数值模式被认为是当今国际上最好的三个模式之一；磁重联研究成果国际瞩目，如磁零点研究于2009年和2010年连续两年被评为ESA Cluster卫星的五大成果之一；在太阳风暴与地球磁层相互作用的模拟研究方面，中国是具有这种能力的少数几个国家之一；电离层的地域特色与中高层大气的激光雷达观测研究为国际学术界瞩目；太阳活动研究与预报水平名列国际前茅，已为我国的航天安全保障做出了重要贡献。我国重点实验室在国际一流刊物发表高质量科学论文的数量已赶上美国一流实验室。统计表明，我国科学家在空间物理学领域最具影响力的专业杂志 *Journal of Geophysical Research: Space Physics* 上发表的论文数逐年上升，现已达到总论文数的 10%。

我国空间天气建模与预报也有了长足的进步，为我国载人航天、探月工程任务的空间天气保障做出了突出贡献。

（二）卫星和地基观测计划

1. 天基探测

（1）实践系列

中国在刚开始研制卫星时，就发展了"实践"科学探测与技术试验系列卫星。实践一号于 1971 年 3 月发射，科学载荷有 G-M 计数器和铍窗积分电离室。实践二号卫星群包括实践二号、实践二号甲和实践二号乙 3 颗卫星。实践二号主要探测空间物理环境参数并开展卫星新技术试验。实践二号甲是一颗电离层探测信标卫星。实践二号乙为无源雷达定标试验卫星。实践四号于 1994 年 2 月发射，是一颗用于探测空间辐射环境及其效应的卫星。环境探测仪器包括质子（含重离子）探测器、电子探测器和等离子体探测器，环境效应试验项目包括一台卫星表面电位监视器和两台单粒子效应试验仪器。实践五号于 1999 年 5 月发射，旨在完成两层流微重力科学试验、新技术演示验证试验、单粒子探测与对策研究。实践六号于 2010 年 10 月发射，主要进行空间环境探测、空间辐射环境及其效应探测、空间物理环境参数探测，以及其他相关的空间科学试验。

（2）双星计划

双星计划的两颗卫星分别于 2003 年和 2004 年发射，是我国第一次自主提出以国际合作方式开展的空间科学探测项目，也是我国第一次将明确的空间科学问题列入卫星计划，填补了科学卫星几十年的空白，提高了我国在国际空间物理学界的地位。该计划由近地赤道区卫星（TC-1）和极区卫星（TC-2）组成，运行于目前国际上地球空间探测卫星尚未覆盖的近地磁层活动区（图 2-3）。这两颗卫星相互配合，形成了独立的、具有创新特色的地球空间探测计划。双星计划与 ESA 的星簇计划相配合，是人类历史上第一次使用相同或相似的探测器对地球空间进行"六点"探测，并研究地球磁层整体变化的规律和爆发事件的机理。

双星计划取得了一系列科学创新成果，获"2010 年度国家科学技术进步奖一等奖"；双星计划和星簇计划的团队获国际宇航科学院"2010年度杰出团队成就奖"。

（3）太阳风-磁层相互作用全景成像卫星计划（SMILE 计划）

SMILE 可独立观测太阳风-磁层耦合过程，采用莫妮亚类型椭圆轨道，远地点为 20 个地球半径，倾角为 63.4°，实现对磁层和极光的全景成像。科学目标包括研究向阳侧太阳风-磁层相互作用的基本模式，确定瞬态和稳态磁层顶

图 2-3　双星探测卫星轨道示意图

磁场重联于何时、何地占主导；解释亚暴活动周期，包括时序和通量传输幅度；确定日冕物质抛射驱动的磁暴发展，研究它们是否是由一系列亚暴组成的。主要仪器包括 X 射线成像仪、等离子体包、磁强计和极紫外极光成像仪。SMILE 计划是经过第 11 届中欧空间科学双边会议遴选出的中欧空间科学联合卫星任务，已启动实施，计划于 2022 年发射。

（4）先进天基太阳天文台（ASO-S）

ASO-S 将首次实现在一颗卫星上同时观测对地球空间环境影响重大的两类太阳剧烈爆发现象——耀斑和日冕物质抛射。研究太阳耀斑和日冕物质抛射的相互关系与形成规律；观测全日面太阳矢量磁场，研究太阳耀斑爆发和日冕物质抛射与太阳磁场之间的因果关系；观测太阳大气不同层次对太阳爆发的响应，研究太阳爆发能量的传输机制及动力学特征；探测太阳爆发和预报空间天气，为我国空间环境的安全提供保障。

ASO-S 运行于太阳同步轨道，初定轨道高度为 700～750 km，倾角为 97°。ASO-S 将包含全日面太阳矢量磁象仪、太阳硬 X 射线成像仪和莱曼阿尔法太阳望远镜三个主要载荷。

ASO-S 为中国科学院空间科学先导专项"十三五"项目，已启动实施，计划于 2022 年发射。

（5）磁层-电离层-热层耦合小卫星星座探测计划（MIT 计划）

MIT 计划针对磁层-电离层-热层耦合系统中能量耦合、电动力学、动力学耦合、质量耦合等若干重大科学问题，重点探测电离层上行粒子流的发生和演化对太阳风直接驱动的响应过程；研究来自电离层和热层近地尾向流

在磁层空间暴触发过程中的重要作用；了解磁层空间暴引起的电离层和热层全球尺度扰动特征；揭示磁层-电离层-热层系统相互作用的关键途径和变化规律。

MIT计划围绕地球空间暴的起源与演化及行星大气逃逸两个重大科学领域，聚焦于电离层氧离子上行，探测关键区域粒子的分布特征及背景等离子体和电磁场的状态，理解上行离子加速机制与传输规律；揭示磁层-电离层-热层耦合过程及在空间暴触发过程中的重要作用；提升对空间暴的认知水平和预报能力；同时开展地球粒子外流和逃逸过程研究，深化对行星演化的理解。

MIT星座由两颗电离层/热层卫星（ITA、ITB）和两颗磁层卫星（MA、MB）组成。电离层星运行在近地点高度500 km、远地点高度1500 km、倾角90°的轨道上。磁层星是自旋稳定卫星，运行在近地点高度约1个地球半径、远地点高度为7个地球半径、倾角90°的轨道上。星座构型可以最大限度地满足在南北极区不同高度进行联合探测的需求。有效载荷包括粒子探测系统、电磁场探测系统和成像遥感探测系统。

目前，MIT计划已经完成了背景型号研究，进入中国科学院空间科学先导专项二期卫星工程任务综合论证阶段。

2. 地面太阳观测设备

（1）太阳专用光学观测设备

中国科学院国家天文台怀柔太阳观测基地：主望远镜为多通道太阳望远镜，包括口径35 cm的太阳磁场速度场望远镜（图2-4）和口径60 cm的三通道望远镜，可以获得优质的太阳局部区域光球矢量磁图、色球纵向磁图及光球、色球视向速度场图，还能同时观测到三个不同层次的矢量磁图。全日面光学和磁场监测系统包括口径为10 cm的全日面矢量磁场望远镜和口径20 cm的色球望远镜，能够获得全日面矢量磁图和全日面 Hα 色球单色像。多通道太阳望远镜是我国独创、世界唯一能同时测量太阳不同层次、不同尺度的视向矢量磁场、速度场，以及通过光谱扫描获得光谱线轮廓和斯托克斯参数轮廓的，高时间、高空间分辨率、高灵敏度和适当光谱分辨率的综合太阳望远镜，在世界上长期保持领先，目前仍具有先进水平。

中国科学院云南天文台抚仙湖太阳观测基地一米新真空太阳望远镜：又名红外太阳塔，简称NVST，主要在 0.3～2.5 μm 波段对太阳进行高分辨率成像和多波段光谱观测，为太阳高层大气加热及太阳活动中的能量传输、积累

图 2-4　怀柔太阳磁场速度场望远镜

和触发过程等太阳物理前沿课题的研究提供高质量的实测资料。其装备有一台全自动观测的赤道式太阳望远镜——南京大学光学及红外太阳爆发监视望远镜。

中国科学院紫金山天文台赣榆太阳观测站太阳精细结构望远镜：主要研究太阳耀斑的触发和释能、暗条爆发及色球冲浪喷射等精细过程；另外，可用白光同时观测太阳活动区黑子，研究太阳黑子的演化及其与太阳活动的关系。

（2）太阳专用射电观测设备

明安图射电日像仪：中国科学院国家天文台明安图观测基地用于观测太阳的射电综合孔径阵列，由 100 面天线组成，是我国独立研制的新一代太阳射电成像设备，在国际上首次实现了在 0.40～15.00 GHz 的超宽频段内，近 600 个通道上获得全日面高分辨率射电快速成像观测资料，并且观测参数指标具有国际领先水平。其观测频率完全覆盖了太阳低色球-中日冕区域，包括太阳耀斑、日冕物质抛射等所有剧烈爆发活动的源区、初始能量释放区、太阳耀斑高能粒子的加速和传输区等，能够对这些区域进行类似"CT 层析扫描"的快速成像，填补了国际上对太阳爆发活动初始能量释放源区成像探测的空白。

怀柔太阳射电宽带动态频谱仪：中国科学院国家天文台怀柔太阳射电宽带动态频谱仪能够同时在宽带范围内接收太阳射电不同频率信号随时间的演化，研究其频谱即频谱结构，对于理解太阳爆发的物理机制、源区及传播区域的各种物理参数，以及爆发过程中的能量释放及转移、物质运动等具有重要意义。系统包括 1～2 GHz 频谱仪、2.6～3.8 GHz 频谱仪、5.2～7.6 GHz 频谱仪和单频 2840 MHz 射电辐射流量计。

中国科学院云南天文台太阳射电米波频谱仪：主要用于监测米波 II 型射电爆发。通过对 II 型射电爆发的观测，可以监测日冕物质抛射的触发并估算日冕物质抛射的速度，对空间天气的预警预报有重要作用。

3. 空间物理地基探测

东半球空间环境地基综合监测子午链（简称子午工程）：沿 120°E 子午线附近，利用北起漠河，经北京、武汉，南至海南并延伸到南极中山站，以及东起上海，经武汉、成都，西至拉萨的沿 30°N 附近共 15 个观测台站，组成一个以链为主、链网结合的，运用无线电、地磁、光学和探空火箭等多种探测手段，连续监测地球表面 20 km 以上到几百千米的中高层大气风场、密度、温度和成分，电离层和磁层，以及十几个地球半径以外的行星际空间环境中的地磁场、电场和有关参数，联合运作的大型空间环境地基监测系统。

我国将在子午工程 I 期的基础上建设空间环境地基综合监测网，即子午工程 II 期，并推动国际子午圈计划，详见本章第三节第二部分。

（三）人才队伍

目前，我国太阳物理学领域的人才队伍日益多元化，其中包括很多人才计划和领军人物，充分显示了我国太阳物理研究人员的研究水平和科研能力。已有太阳观测设备的投入使用和未来太阳望远镜计划的提出使得望远镜探测技术研究队伍得到蓬勃发展。

在空间物理学领域，有关太阳大气、行星际太阳风、磁层、电离层、中高层大气、地磁、空间等离子体等学科配套齐全，人才队伍完备。已建设空间天气学国家重点实验室和相关的部委级重点实验室十余个，形成了由中国科学院、高校、工业部门和应用部门有关院所组成的较完整的学科研究体系，主要研究单位包括中国科学院、教育部、中国航天科工集团有限公司、工业和信息化部、中国地震局、中国气象局、国家海洋局等所属的近二十家科研单位和高等院校。我国的空间物理探测、研究、预报与效应分析等方面的队伍日益壮大，涌现了一批优秀的中青年学术带头人，他们活跃在有关空间天气的国际、国内学术舞台和航天安全保障服务工作的第一线。

（四）发展条件和基础

1. 太阳物理学领域

太阳物理学是我国发展比较迅速且研究水平较高的一门学科，近年来在理论研究、观测分析、仪器开发等方面得到了快速的发展。

（1）优势领域和研究方向

我国太阳物理学界在太阳磁场测量与研究、太阳磁螺度研究、太阳爆发活动多波段观测研究、太阳射频谱和观测研究、太阳表面磁场和活动区向量磁场演化研究、太阳弱磁场研究、太阳活动大气的光谱诊断、基于非局部热动平衡理论计算的半经验大气模型、太阳耀斑动力学过程、太阳活动中的高能辐射、太阳大气中的微观等离子体机制、太阳风理论和模型、太阳磁场的理论外推、太阳活动磁流体理论与数值模拟、太阳活动中长期变化等方向开展了一系列原创性研究，逐渐形成了中国太阳物理研究的优势研究方向。同时也与国际太阳物理研究接轨，发展了日震学、太阳等离子体模拟、太阳爆发活动模型计算等研究方向。

（2）运行多台具有世界领先水平的地基太阳望远镜

我国太阳物理研究领域已经运行多台具有世界领先水平的地基太阳望远镜，设备的观测指标达到世界先进水平，受到国际同行的高度关注，有多位国际科研人员利用我国太阳设备的观测数据进行了科学研究。这些设备的观测数据与世界其他同类设备数据进行联网共享，成为国际太阳物理研究的重要组成部分。

（3）多元化发展途径

我国太阳物理研究的发展依托多个平台和研究单元，多元化的发展途径促进了我国太阳物理学的快速全面发展。

1）分布在多个高校和科研院所中，进行太阳物理学科多个方向的研究与探索，并且研究内容各有侧重，各有特色。

2）目前已经形成三个太阳观测基地，多个太阳专用探测设备及仪器在运行和研发，并同时运行和研发多个太阳专用探测设备和仪器。高质量的观测数据支撑了我国太阳物理的高水平研究，促进了国际合作交流与发展。

3）已建立中国科学院太阳活动重点实验室（国家天文台），凝聚了国家天文台太阳物理研究的力量，促进了全国太阳物理研究人员的合作和交流，为中国太阳物理学的发展提供了良好的平台。

（4）独立研发探测设备的能力

我国太阳物理学拥有多个方向的技术研究力量，覆盖了光学、射电、红外等不同波段，在光谱技术、光电技术、无线电技术、机械自动化等方面具备了雄厚的研发实力，开发了多项新技术，如用于太阳磁场精确测量的中红外观测系统、光纤阵列太阳光学望远镜等，并具备进行下一代太阳望远镜研发和运行的实力。

（5）顺畅的国际合作与交流渠道

通过国际学术会议、交流访问、国际研究项目、合作研制设备、交换研究生培养等形式，开展了丰富的国际合作交流，并取得了丰硕的科研成果。作为学术委员会联合主席，我国太阳物理研究学者近年来成功主办了多个大型国际学术会议，并吸引了众多国外研究生、博士后、研究人员到我国进行学习和合作研究，取得了优异的研究成果，具备了顺畅的国际学术交流与合作的渠道，提升了影响力和号召力。

2. 空间物理学领域

（1）天基观测与实验开始走上轨道

通过双星计划的成功实施，以及在应用卫星（如资源卫星、风云系列卫星等）上搭载空间环境探测仪器，我国获取了大量空间探测数据。已经开始研制的 SMILE 卫星和 MIT 计划将独立观测太阳风-磁层耦合等物理现象，并将磁层-电离层-热层作为一个整体开展研究。

（2）地面观测台站建设迈上新台阶

通过子午工程I期的建设和运行，我国已经拥有相当规模的地面监测台站系统，基本覆盖我国全境和南北两极，取得了大量科学数据和研究成果。已经批准并即将实施的子午工程II期将于 2022 年建成，与子午工程I期形成两纵两横，覆盖不同典型区域的、较完整的地基观测网络，观测密度增加，空间环境监测能力和水平进一步提升，使我国地基监测迈上新台阶。

（3）机理研究、建模与预报能力有了长足进步

在空间物理基础研究方面，我国科学家取得了一批受到国际同行关注的成果，如太阳大气磁天气过程、太阳风的起源及其加热和加速、行星际扰动传播、磁暴和亚暴的产生机制、磁重联过程、太阳风与磁层的相互作用、电离层的变化性及区域异常、中高层大气动力学过程、地磁及电离层建模与预报方法、极区光学观测等，研究成果开始进入国际前沿。

互联网和高性能计算的广泛应用为开展大规模的空间天气数值预报建模

和预报研究提供了有利条件。2012 年"地球空间天气数值预报建模研究"列入国家重点基础研究发展计划（973 计划），为建立有自主知识产权的空间天气数值预报模式奠定了坚实的基础。空间天气预报已经在我国载人航天、探月工程等空间天气保障方面做出了突出贡献。

（4）业务预报体系已初步形成

空间天气业务和其他气象业务的配合可以实现从太阳到地球表面气象环境的无缝隙业务体系。2002 年中央机构编制委员会办公室（State Commission Office for Public Sector Reform, SCOPSR）批准中国气象局成立国家空间天气监测预警中心，其业务已粗具规模，在基于风云系列卫星的天基监测能力建设，基于气象台站的网络化地基监测台站建设，参考气象业务规范的预报预警系统建设，以及面向用户的应用服务探索与实践等方面取得了良好成绩。目前，国家空间天气监测预警中心是世界气象组织（WMO）空间天气计划协调组联合主席单位。

（5）国际合作格局

由于双星-Cluster 计划、中俄火星联合探测计划、夸父计划、SMILE 计划、国际子午圈计划的实施和推动，国际合作开始进入发展新阶段。双星-Cluster 计划为空间物理领域的国际合作模式开辟了先河。由中国科学院国家空间科学中心和英国伦敦大学学院共同提出的 SMILE 计划遴选成为中欧联合空间科学卫星任务，是中欧双方又一次的大型空间探测国际合作项目。在地基探测方面，国际子午圈计划得到科学技术部重大国际合作计划的支持。这些由中国科学家牵头的地基、天基计划已在组织和推动中，必将对空间科学的发展产生重要引领作用。

第三节　发展方向与发展战略

一、发展目标和关键科学问题

（一）发展目标

1. 太阳物理学

太阳物理学领域到 2035 年发展的总体目标是：利用多波段、高分辨率、全方位、全时域的空间太阳物理探测，研究太阳的基本物理规律，探索太阳结构与演化，了解太阳活动作为扰动源对日地空间和人类生存环境产生的影响，为相关学科的发展提供理论和实验支撑，为我国经济建设、国家安全和社会可持续发展做出重要贡献。结合我国太阳物理学的发展情况，可将其归纳为三个主要研究方向：对太阳活动微观现象和规律的探索；对太阳活动宏观现象和规律的探索；对太阳活动对日地和人类环境影响的探索。基于这些研究方向，其具体目标如下。

1）实现大视场、高分辨率、快速、长期连续的太阳磁场与速度场、多波段太阳辐射的综合观测，进一步奠定我国在国际太阳物理地基探测方面的先进地位；实现空间太阳望远镜观测零的突破。

2）系统理解太阳磁场的起源和演化，建立太阳耀斑和日冕物质抛射等剧烈爆发活动的触发与传播过程的理论模型，认识太阳大气等离子体中高能粒子的加速机制和传播特征、相关的辐射过程，为物理上预报太阳剧烈活动奠定理论基础，并为其他恒星上的类太阳爆发过程研究提供借鉴和参考。

3）建立太阳活动的长、中、短期预报模式，建立基于太阳活动物理机理和人工智能分析技术的太阳活动中短期预报系统，促使我国太阳活动预报研究进入国际先进行列，有效保障我国空间环境安全，避免或降低灾害性空间天气对人类生存环境的影响；认识太阳活动与日地系统和人类生存环境的联系，理解地球环境演化的诱因，为改善人类生存环境提供必要的参考依据。

2. 空间物理学

空间物理学领域至 2035 年发展的总体目标是：提升对太阳活动爆发机制和近地空间等离子体动力学的基本物理过程的科学认识，了解日地耦合系统和地球空间各个圈层相互作用的变化规律，大幅度提升空间天气应用服务能力，更好地满足国家和社会的需求。其具体目标如下。

（1）在探测方面

发展空间物理监测卫星系列，针对太阳活动、太阳风、磁层、电离层、中高层大气、空间环境效应等重要内容，发射空间天气监测小卫星，争取2020 年前完成 1～2 颗空间物理 / 空间天气卫星的工程立项和实施，并充分利用现有各种应用卫星搭载，实现对从太阳到近地空间主要区域的空间环境天基监测；在我国自主火星探测任务中提出有鲜明创新特色的空间物理探测计划。地基监测以子午工程为骨干网向南北、东西扩展，2030 年前完成我国境内空间环境地基网络化监测系统的建设。

（2）在研究方面

首先，在地球空间不同层次之间的耦合和空间天气事件的传播过程的研究方面取得突破性进展；其次，2030 年前在行星际太阳风的三维传播和加速加热机制方面取得突破性进展，建立起日地系统空间天气整体变化过程的理论体系，为拓展非连续介质运动规律认知做出贡献。

（3）在建模方面

首先，建立基于物理的从太阳到地球的空间天气数值预报模式，使空间天气事件的精确预报能力达到国际先进水平；其次，2030 年前建立比较完善的自主的辐射带、电离层、中高层大气等动态空间环境模型，满足我国航天、通信、导航和空间安全活动的需求。

（4）在应用方面

首先，掌握空间天气对国家重大基础设施的影响机制，获得对空间天气致灾机理的系统认识；其次，2030 年前突破空间天气灾害的减缓与规避关键技术难题，为我国经济社会和国家安全的空间天气保障提供科学支撑。

（二）核心科学问题

1. 太阳物理和空间物理研究的主要核心问题

太阳物理和空间物理研究的主要核心问题如下。

（1）空间天气基本物理过程

空间天气整体变化过程中需要回答的有关能量传输和转化的等离子体基本物理问题，如磁场重联是如何发生的？不同形式的能量是如何转换和耗散的？高能带电粒子如何加速和传输？无碰撞激波产生的机制是什么？电离成分和中性成分是如何相互作用的？

（2）日地系统空间天气耦合过程

日地系统空间天气事件中能量的剧烈释放、传播和耦合过程，太阳内部的结构和动力学、太阳活动的产生机理和爆发特征，太阳爆发扰动在行星际的传播、演化及对地球空间的作用；能量在磁层中的储存与释放过程，磁层空间中场与粒子的响应特征；磁层、电离层与中高层大气的相互作用及其引起的近地空间环境剧烈扰动。

（3）空间天气区域建模和集成建模方法

日地系统典型空间天气事件的整体变化过程的集成建模与预报，是指从太阳爆发开始，经由行星际传播与演化，以及地球空间非线性响应的连锁变化过程、不同区域耦合、微观与宏观融合过程的定量研究。

（4）空间天气对人类活动的影响

现代无线电通信、卫星定位导航、电力传输、空间材料、航天等高技术系统及工程实施中的空间天气效应及精确表示；地球参考系、重力场、大型/特种精密工程的卫星测定过程中的空间天气影响；对航天、航空活动中生命和人体健康影响的机理。

2. 涉及的重大科学问题

2030年前太阳物理和空间物理学将聚焦于日地系统连锁变化过程的研究，建立自主创新的空间天气整体变化的科学认知体系，显著提升我国应对空间天气灾害的能力。涉及的重大科学问题主要包括如下。

1）驱动空间灾害性天气事件的太阳风暴是如何形成的？它又是如何通过日地行星际空间传输到地球的？

2）太阳风暴引起地球空间磁层、电离层和中高层大气各圈层发生什么样的变化？控制这些变化的基本物理过程是什么？

3）中国区域上空的空间环境特征及其变化规律是什么？空间天气、空间气候与全球变化的关系如何？

4）如何把太阳和地球作为一个相互联系的有机系统建立描述和预报空间天气变化的模式？

二、发展战略和部署建议

（一）优先发展方向和部署建议

对由太阳物理和空间物理基础研究与应用需求相结合产生的新兴学科——空间天气学，国际上的研究方兴未艾，呈现蓬勃发展之势。未来10～15年，日地空间环境与空间天气仍然是本学科领域的优先领域。该领域的科学目标是：以日地系统不同空间层次的空间天气过程研究为基础，形成空间天气连锁过程的整体性理论框架，取得有重大影响的原创性进展；构建空间天气因果链综合模式框架，建立基于物理规律的空间天气集成模式，初步实现太阳爆发事件在日地复杂系统的传播、演化及耗散的整体变化过程的定量化描述，并进行系统化的空间天气数值预报试验，为了解行星际扰动对地球空间环境的影响和空间天气预报提供科学基础与技术支撑；为航天安全等领域做出贡献；实现与数理、天文、地学、信息、材料和生命科学等的多学科交叉，开拓空间天气对人类活动影响的机理研究，为应用和管理部门的决策提供科学依据；发展空间天气探测新概念和新方法，提出空间天气系列卫星的新概念方案，开拓空间天气研究新局面。此外，鼓励与国家重大科学计划相关的空间天气基础研究，以及利用国内外最新天基、地基观测数据进行相关数据分析、理论与数值模拟研究。

该领域的关键科学问题如下。

（1）太阳剧烈活动的产生机理及太阳扰动在行星际空间中的传播与演化

关键课题有：日冕物质抛射、太阳耀斑，以及其对太阳高能粒子加速的过程；太阳风的起源与形成机理和过程；太阳源表面结构及太阳风的三维结构，以及各种间断面对行星际扰动传播的影响；太阳高能粒子事件、磁云及行星际磁场南向分量、行星际激波及高速流共转作用区的形成与演化等。

（2）地球空间暴的多时空尺度物理过程

关键课题有：不同行星际扰动与磁层的相互作用及地球空间不同的响应特征；太阳风-磁层-电离层耦合；岩石圈-大气层-电离层耦合；磁暴、磁层亚暴、磁层粒子暴、电离层暴、热层暴的机理与模型；中高层大气对太阳扰动响应的辐射、光化学和动力学过程；日地空间灾害环境和空间天气链锁变化的各层次及集合性预报模型等。

（3）日地链锁变化中的基本等离子体物理过程

关键课题有：无碰撞磁重联、带电粒子加速、无碰撞激波及空间等离子体不稳定性与反常输运、波粒子相互作用过程、等离子体湍流串级耗散、电离成分与中性成分的相互作用等。

（4）空间天气对人类活动的影响

关键课题有：空间灾变天气对信息、材料、微电子器件的损伤，以及对空间生命和人体健康影响的机理；空间环境对通信、导航、定位的影响；太阳活动对气候与生态环境的影响及人为活动对空间环境的影响；国防安全与航天活动的保障研究。

（5）空间天气建模

关键课题有：①在区域耦合和关键区域建模方面，其课题包括太阳耀斑/日冕物质抛射/行星际扰动传播、太阳风/磁层相互作用、磁层/电离层/中高层大气及中高层大气/地球对流层四个耦合区域的建模，辐射带、极区、电离层闪烁高发区、太阳风源区等关键区域的建模，以及日地系统各空间区域的预报指标等。②在集成建模方面，其课题包括空间天气物理集成模式，构建空间天气因果链综合模式的理论框架，发展有物理联系的成组（成套）模型，发展基于物理规律的第一代空间天气集成模式；还包括空间天气应用集成模式，以天基和地基观测资料为驱动，建立关键空间天气要素的预报和警报模式，建立为航天活动、地面技术系统和人类活动安全提供实际预报的空间天气预报应用集成模式，并开展预报试验。

（6）空间天气探测新方法、新原理、新手段

关键课题有：太阳多波段测量方法和技术，行星际扰动、磁层、电离层和中高层大气的成像和遥感技术，小卫星星座技术，以及空间探测的新技术、新方法。

（二）科学卫星计划及任务建议

太阳物理和空间物理探测包括天基和地基探测。以卫星、飞船、空间站等航天器为观测平台的天基监测系统是太阳物理和空间环境探测的最主要手段，建议充分利用应用卫星的轨道覆盖进行太阳和空间环境探测的数据积累；优先搭载对空间探测技术有推动作用的、对太阳物理和空间物理研究及空间天气预报业务有重要意义的仪器。可以考虑的平台有实践卫星系列、风云卫星系列、资源卫星系列、海洋卫星系列、减灾卫星系列、神舟飞船系列、其他应用卫星（系列）。目前，我国除了双星计划对地球磁层进行过探测以外，在太阳、行星际和地球电离层、中高层大气的专门卫星探测方面还是空白。

根据总体发展目标，建议实施两个系列卫星计划，即针对日地整体联系中关键耦合环境的大型星座探测计划——链锁计划，以及针对空间天气关键要素和区域的以小卫星为主的微星计划。链锁计划预计的新任务周期是 10 年，微星计划的新任务周期是 5 年。同时，规划针对我国空间环境精细结构和变化过程地基探测为主的观天计划。

1. 链锁计划（1 次 /10 年）中的卫星任务建议

（1）夸父计划

夸父计划是由 "L1+极轨" 的 3 颗卫星组成的空间观测系统（图 2-5）：位于日地 L1 点上的夸父 A 星和在地球极轨上共轭飞行的夸父 B1 星和夸父 B2 星。3 颗卫星的联测将完成从太阳大气到近地空间完整的扰动因果链探测，包括太阳耀斑、日冕物质抛射、行星际磁云、行星际激波及它们的地球效应，如磁层亚暴、磁暴和极光活动。夸父计划将实现对日地关系连锁变化过程的连续观测，揭示日地系统物质和能量的传输与耦合过程。夸父计划将作为开放的国际合作项目推动和实施。

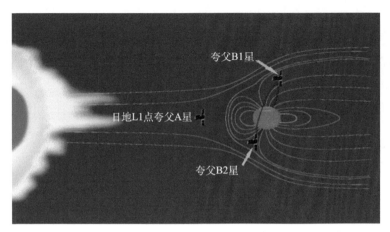

图 2-5　夸父计划卫星布局示意图

（2）磁层-电离层-热层耦合小卫星星座探测计划（MIT 计划）

相关内容请参见本章第二节第二部分。

（3）高分辨率太阳磁场和高能多波段观测

采用大口径或干涉技术的高分辨率空间太阳磁场望远镜和高能电磁辐射观测仪器，获取太阳矢量磁场的精细结构和速度场及其变化的精细数据，深入研究太阳磁场活动与太阳耀斑等太阳剧烈活动和高能爆发活动之间的关联及机理；研究太阳活动的宏观与微观基本物理规律，探索太阳结构与演化。

（4）太阳极轨射电成像望远镜计划（SPORT 计划）

SPORT 利用运行在太阳极轨轨道上的行星际日冕物质抛射射电成像仪，居高临下地连续跟踪监测日冕物质抛射事件从太阳表面到地球轨道处的传播和演化；揭示太阳风暴在日地行星际空间的传播规律，建立行星际空间天气物理模型和预报模型，研究太阳风的加热、加速和在高纬区的超径向膨胀，确定太阳角动量的分布和总输出，获得米波段宇宙射电背景图。SPORT 将首次在太阳极轨上，以遥感成像及原位探测相结合的方式，对太阳高纬地区的太阳活动及行星际空间的环境变化进行连续观测，对太阳物理和空间物理研究及空间天气预报具有重要意义。目前，SPORT 已通过"空间科学背景型号项目"预先研究，完成了有效载荷关键技术攻关和原理样机/样件的研制。

（5）星际快车——神梭探测计划（Interstellar Express）

该计划旨在设计一种能在 15 年内穿过日球层边界到达 200 AU 以外星际空间的飞船方案，并通过对等离子体、中性成分、尘埃、磁场、高能粒子、宇宙线和太阳系外红外辐射的首次综合性原位与遥感探测，了解日球层内外的物质分布特性、邻近太阳系星际介质的性质、动力学特征及演化规律，揭示日球层与星际介质的相互作用过程及相互影响机制，从而促进对外日球层、邻近星际空间及二者之间耦合过程的深入认识。此外，已在中国科学院空间科学先导专项第三批预先研究中启动了初步方案的研究。

2. 微星计划

微星计划考虑每五年发射 1 次，建议卫星计划如下。

（1）先进天基太阳天文台（ASO-S）

相关内容请参见本章第二节第二部分。

（2）日地环境监测台（STEM）

日地环境监测台，即日地 L5/L4 点空间天气监测小卫星计划，致力于空间天气亟待解决的重大科学问题和创新性探测研究，包括日冕磁场活动如何驱动太阳爆发、日冕物质抛射在日地空间传播、高能粒子加速。它位于空间天气探测得天独厚的日地引力平衡 L5/L4 点，拟搭载日冕磁象仪（MAGIC）、日球偏振成像仪（PHELIX）、高能粒子探测器（HEPS）、磁强计（MAG）和太阳风等离子体分析仪（PAS），将在国际上首次实现太空中日冕磁场测量和行星际日冕物质抛射偏振成像。目前处于预先研究阶段。

（3）太阳风–磁层相互作用全景成像卫星（SMILE）

相关内容请参见本章第二节第二部分。

对于微星计划，建议充分利用应用卫星（实践、风云、资源海洋、环境和减灾卫星等）、神舟飞船的轨道覆盖进行太阳和空间环境探测的数据积累；优先搭载对空间探测技术有推动作用，并对太阳物理和空间物理研究及空间天气预报业务有重要意义的仪器。

3. DRO 地月空间环境探测计划

利用 DRO 脱离地球磁层、远磁尾周期性扫过该轨道区域的特点，以及低能量轨道转移的优势，开展有特色的空间物理现象探测并研究相关物理过程，具体如下。

1）三维空间天气和结构成像研究（粒子上行的背景环境）：理解顶部电离层及与等离子体层的耦合机制，揭示弓激波和磁层顶的三维形态随太阳风的变化，等离子体层通量管纬度分布特征；地球 O^+ 外流和回流速率的长期与短期变化，揭示等离子体片的全球结构，揭示亚暴触发和能量输运机制。

2）地球空间粒子逃逸与远磁尾原位探测（粒子逃逸的机制、途径、强度）：研究太阳风等离子体加速过程、磁尾激波和磁层顶动力学、远磁尾等离子体片拍动和结构演化，以及地球粒子逃逸过程及效率。

3）行星际太阳风与空间天气（粒子逃逸的外部条件及对月球的影响）：为空间天气提供准确的输入条件；研究太阳风湍流和太阳风大尺度结构的精细径向演化；对比在原始太阳风、弓激波、磁层、磁尾等不同区域的电磁能量在动力学尺度上的耗散过程。

探测仪器包括等离子体测量设备（中低能离子探测器、中低能电子探测器）、电磁场探测设备（电场探测器、磁通门磁强计、搜索线圈磁强计）、全球成像设备（极紫外成像仪、中性原子成像仪）等。

4. 观天计划

在子午工程I期建成的骨干网基础上向经、纬向延拓，形成棋盘式（或"井"字形）的地面空间环境监测网（子午工程II期），显著改善我国对太阳、太阳风、磁层、电离层和中高层大气空间环境的监测能力，形成覆盖我国主要航天和装备试验基地、重要城市和观测站点的地基监测网，具备中、小尺度分辨的监测能力。同时以子午工程为基础，将中国的子午链向北延伸到俄罗斯，向南经过澳大利亚，并和西半球60°附近的子午链构成第一个环绕地球一周的空间环境地基监测子午圈（即国际子午圈）。

（1）空间环境地基综合监测网即子午工程II期，将建设完善包括子午工程的120°E和30°N链路，同时新增100°E、40°N链路和低纬沿海电离层监测台站，覆盖我国大区域的地基综合监测，通过布局地磁（电）、光学、无线电等监测手段，共同组成空间环境地基综合监测网。子午工程II期已进入立项程序，预计2022年建成。

（2）国际子午圈计划拟通过国际合作，将中国的子午链向北延伸到俄罗斯，向南经过澳大利亚，并和西半球60°附近的子午链构成第一个环绕地球一周的空间环境地基监测子午圈。利用这唯一的陆地可闭合的120°E+60°W子午圈，联合圈上的国家和地区，建立地球空间系统的科学研究、信息共享、人才培养的国际合作平台，提高共同应对地球空间传统与非传统灾害的能力。国际子午圈计划还能与正在实施的ILWS计划、CAWSES计划、IHY计划等一系列国际计划有机衔接，并使我国成为其中的核心贡献国家，对于实现子午工程的科学、工程和应用目标具有倍增效应。国际子午圈计划引起了国际关注，2012年8月美国发布的《太阳与空间物理十年发展规划》将国际子午圈计划列为两个重要的国际合作项目之一。

参 考 文 献

方成. 2003. 太阳活动研究的现状和未来. 天文研究与技术，(1): 61-66.

方成. 2006. 走进我们生活的新学科——空间天气学. 自然杂志, 28(4): 194-198.

郭建广，张效信. 2011. 国际上的空间天气计划与活动. 气象科技进展, 1(4): 20-27.

国家自然科学基金委员会. 2004. 中国空间天气战略计划建议. 北京：中国科学技术出版社.

国家自然科学基金委员会，中国科学院. 2011. 2011~2020 年我国空间科学学科发展战略报告. 北京：科学出版社.

国务院新闻办公室. 2016. 2016 中国航天白皮书. 北京：人民出版社.

刘振兴. 1998. 中国空间物理学发展的回顾和展望. 寸丹集——庆贺刘光鼎院士工作 50 周年学术论文集: 8-10.

刘振兴. 2001. 地球空间双星探测计划. 地球物理学报, 44(4): 573-580.

刘振兴. 2005. 中国空间风暴探测计划和国际与日共存计划. 地球物理学报, 48(3): 724-730.

史建魁，叶永烜，刘振光. 2015. 空间物理学进展（第五卷）. 北京：科学出版社.

涂传诒. 2000. 太阳风起源和形成的研究进展. 中国科学：A 辑, 30(Z1):5-8.

万卫星. 2007. 中国电离层 TEC 现报系统. 地球物理学进展, 22(4):1040-1045.

王赤，都亨. 2016. 进入太空——日地空间探测. 西安：陕西人民教育出版社.

王赤. 2008. 空间物理和空间天气探测与研究. 中国工程科学, 10(6): 41-45.

王水. 1996. 日地系统研究的现状和趋势. 地球物理学报, 39(4): 568-575.

王水. 2001. 空间物理学的回顾和展望. 地球科学进展, 16(5): 664-668.

魏奉思. 1989. 国际日地能量计划是本世纪 90 年代人类科学发展史上的一件大事. 中国科学基金, 4: 13-16.

魏奉思. 1999. 空间天气学. 地球物理学进展, 14(S1): 1-7.

魏奉思. 2011. 关于我国空间天气保障能力发展战略的一些思考. 气象科技进展, 1(4): 53-56.

吴季. 2008. 中国的空间探测及其科学内涵. 中国工程科学, 10(6):23-27.

颜毅华，谭宝林. 2012. 太阳物理研究与发展. 中国科学院院刊, 27(1): 59-66.

Lester M, Coates A J, Harrison R A, et al. 1993. International solar terrestrial energy programme and the UK participation. Surveys in Geophysics, 14(6): 555-583.

National Research Council. 2012. Solar and Space Physics: A Science for a Technological Society. Washington D C: The National Academies Press.

Russell C T, Southwood D J. 1982. The IMS Source Book: Guide to the International Magnetospheric Study Data Analysis. Washington D C: American Geophysical Union.

Solar-Terresrial Influences Laboratory-BAS. 2014. List of ISWI Projects. http://newserver.stil. bas.bg/ISWI/Projects/Instrument_Area.html [2017-09-15].

第三章
空间天文学

第一节　科学意义和战略价值

一、空间天文学概述

空间天文学是利用空间平台在空间进行天体观测，研究天体的形态、结构、组成、运动、物理状态、演化规律的学科。空间天文学利用各种空间观测技术所获得的观测数据开展有关天文学研究，并研究为实现这些观测所采用的空间探测技术。

空间天文学的主要研究内容涵盖当代天体物理学的主要方面，包括恒星形成与演化、星系和宇宙学、粒子天体物理、系外行星、高能天体物理，以及与天文紧密相关的基本物理重大问题，如暗物质、暗能量、宇宙微波背景和引力波等。其相应的空间探测技术包括空间 X 射线探测技术、空间伽马射线探测技术、空间紫外辐射探测技术、空间红外辐射探测技术、空间粒子探测技术、空间光学与射电探测技术、宇宙线探测技术、空间引力波探测技术等。

空间天文学根据观测波段、探测技术或研究对象等可以分成许多分支，如空间射电天文、空间红外和亚毫米波天文、空间光学天文、空间紫外天文、空间 X 射线天文和空间伽马射线天文、空间粒子天文、空间引力波天文、系外行星探测等。

1. 空间射电天文（含宇宙微波背景探测）

空间射电天文利用空间平台观测源自天体的波长在 1 mm 以上的无线电波来研究天体现象和天体物理。

射电天文以无线电接收技术为观测手段，观测的对象遍及所有天体：从近处的太阳系天体到银河系中的各种对象，直到极其遥远的银河系以外的目标。

应用射电天文手段观测到的天体，往往与天文世界中能量的迸发有关，对于研究星系的演化具有重大意义。高能量的河外射电天体即使处在非常遥远的地方，也可以用现代的射电望远镜观测到，这使得射电天文探索到的宇宙空间达到了过去难以企及的深处。射电天文对空间中性氢 21 cm 谱线的观测，可以研究银河系结构（特别是旋臂结构）和一些河外星系结构；对星际分子射电谱线的观测，可以探索宇宙空间条件下的化学反应。

射电波长比光学波长长百万倍，单面射电望远镜的分辨率是极低的，因此射电天文很早就转向采用干涉仪。1967 年射电甚长基线干涉测量（very long baseline interferometry，VLBI）技术首次获得成功。为了进一步提高 VLBI 的分辨率，除了要用较短的波长，还要突破地球上的干涉仪基线长度。此外，由于地球电离层的吸收和反射作用，频率低于 10 MHz 的空间电磁波无法到达地面。

空间 VLBI 卫星是地基 VLBI 阵的延伸。空间 VLBI 的观测方式通常是采用空间 VLBI 卫星和地面 VLBI 站联合观测。因此，在地面上除了有 VLBI 天线同时观测外，还要有专门的 VLBI 卫星跟踪和数据接收站。其作用是把一个由氢原子钟控制的定时参考信号发送到卫星，而卫星把天文信号和时间信息一起发送回来进行干涉处理。对于低频 VLBI，则需要将两个或更多天线送入太空，并避开地球电离层的影响。

宇宙微波背景辐射是来自宇宙空间背景，几乎各向同性，以黑体谱形式发出的射电辐射，也称为微波背景辐射。

微波背景辐射的最重要特征是具有黑体谱。0.3～75 cm 波段的宇宙背景辐射可以在地面上直接测到；大于 100 cm 的射电波段，银河系本身的超高频辐射掩盖了来自河外空间的辐射，因而不能直接测到；小于 0.3 cm 的波段，由于地球大气吸收和辐射干扰，要用高空科学气球、火箭或卫星等空间探测手段才能测到。测量表明，宇宙背景辐射是温度约 2.7 K 的黑体辐射，因为现今宇宙空间的物质密度极低，辐射与物质的相互作用极小，所以当今观测到的黑体谱必定起源于很久以前，微波背景辐射应具有比遥远星系和射电源所能提供的更古老的信息。微波背景辐射的另一特征是具有极高度的各向同性，观测数据显示在几十弧分的小尺度范围内，辐射强度的起伏在0.2%~0.3%；沿天球各个不同方向较大尺度上辐射强度的涨落小于0.3%，经过处理后发现宇宙微波背景的各向非均匀性仅约十万分之一。宇宙微波背景的各向同性表明，在不同方向和相距极其遥远的天区之间，在宇宙形成极早期的某时段，必定存在过极其紧密的相互联系，因而有力地支撑了宇宙大爆炸理论和宇宙暴涨模型。

宇宙微波背景辐射的发现和精确测量对近代天文学与宇宙学具有非常重要的意义，与类星体、脉冲星、星际有机分子并称为20世纪天文学的四大发现。

2. 空间红外和亚毫米波天文

空间红外和亚毫米波天文是在空间通过探测宇宙天体红外波段（0.7 μm~1 mm，其中0.35~1 mm也称为亚毫米波段）的电磁波辐射来研究天体。整个红外波段一般分为两个区，即0.7~25 μm的近红外区和25~1000 μm的远红外区；也可分为三个区，即近红外区（0.7~3 μm）、中红外区（3~35 μm）、远红外区或亚毫米波段（35~1000 μm）。

温度低于4000 K的天体辐射主要在红外区，是空间红外天文观测的主要对象。其意义体现在：①揭示冷状态的物质；②探索隐藏的宇宙；③获得丰富的谱特征；④发现系外行星及物理特征，追溯宇宙生命。

在地面上进行红外和亚毫米波天文观测受到地球大气的严重限制。大气中的水汽、二氧化碳、臭氧等分子，吸收了红外波段大部分的天体辐射，只有几个透明的大气窗口可供地面观测。如果要在这些窗口以外的波段进行天体红外观测，就必须到高空和大气外进行。地球大气不但吸收天体的红外辐射，而且由于它具有一定温度（约300 K），其自身的热辐射对于观测，特别是对波长大于5 μm的观测，会造成极强的背景噪声。为了摆脱这种影响，同样必须到高空和大气以外去进行中、远红外探测。

一般天体的红外辐射较弱，必须精选探测能力很强的红外天文探测器，强的背景噪声淹没了微弱的源信号，所以抑制背景噪声是红外天文探测器的一个根本问题。红外天文探测器采取制冷措施就是为了减少元件自身的噪声。制冷技术在红外天文探测工作中是必不可少的，对波长大于5 μm的红外探测，望远镜系统的一些部件甚至整个望远镜必须进行制冷，即采用冷光学系统。

与近红外波段相比，亚毫米波段具有穿透星际空间弥漫尘埃的能力，可以探测更遥远的目标；与微波毫米波段相比，亚毫米波段具有更高的空间分辨率。另外，亚毫米波段存在丰富的分子转动谱线和原子精细结构谱线，主要通过观测星际分子谱线来研究恒星形成、恒星演化晚期、银河系结构，甚至地外生命。

亚毫米波频段空间望远镜的发展滞后于红外空间望远镜的发展，主要是受该频段高灵敏度、高频谱分辨率超外差接收技术的限制。直到20世纪90年代后期，一系列亚毫米波频段的空间望远镜成功发射，获得了空间谱线观测的重大科学成果。该系列卫星包括美国的 SWAS 卫星、瑞典的 Odin 卫星及 ESA 的 MIRO 卫星等。这些望远镜的共同特点是探测器均采用高频谱分辨率超外差接收机，以谱线观测为目标，观测频率大多集中在 $480\sim580\,GHz$ 频段，该频段内包含丰富的、对于天文学有重大意义的谱线，如 H_2O、Cl、O_2、CO 和 NH_3 等，主要用于研究恒星形成、星际云与恒星之间的相互作用，以及了解行星大气成分等。

3. 空间光学天文

空间光学天文的观测波段为 $0.3\sim1\,\mu m$，其中 $0.3\sim0.7\,\mu m$ 为可见光，因此也可称为空间可见光天文。

地基光学观测是天文学发展最早的部分，是现代天文学的奠基者。宇宙中最重要的有形物质恒星的主要辐射集中在光学波段，而且离人类最近的恒星——太阳使得人眼对光学波段最敏感。光学望远镜拓展了人类的视野并揭示了许多新天象；先进的光学检测元件和方法使人类对宇宙的探测几乎达到了它的边缘。现代光学天文主要利用大口径光学望远镜及其焦面附属仪器来研究天体的形态、结构、运动特性、物理状态、演化阶段和化学成分等。天文学的核心成就仍然主要来自光学天文，而且几乎所有的新发现和新现象均要求寻找到光学对应体才能进行更深入的研究。

与地面光学望远镜相比，空间光学观测具有突出优势。地面光学观测不可避免地受到地球大气抖动及湍流对光学成像质量和亮度变化等的影响，以及大气对某些谱段测量的干扰及气象条件对观测的约束。地球光学望远镜观测台址的视宁度约 1″，最好的约 0.5″。空间观测由于没有大气影响，分辨率可以得到很大的提高，仪器也不会因自重而变形。目前，口径为 2.4 m 的哈勃太空望远镜的角分辨率为 0.1″，宽波段测光深度可达 30 等星，这是地面观测无法比拟的。随着技术的进步，空间光学观测分辨率和观测能力将进一步提高。

4. 空间紫外天文

空间紫外天文通过探测波长 10 nm～0.38 μm 的紫外辐射来研究天体物理。紫外波段介于可见光和 X 射线之间，波长范围为 100～4000 Å[①]，又可分为紫外（ultra violet，UV，910～3200 Å）和极紫外（extreme ultra violet，EUV，100～910 Å），紫外波段与 X 射线相接。远紫外（far ultra violet，FUV）指波长为 910～1195 Å 的波段。

地球大气对紫外线有强烈的吸收作用，如果要观测波长为 2000～3000 Å 的紫外线，就需要在 50 km 以上的大气顶层进行观测；如果要观测整个紫外波段，就必须要利用探空火箭和卫星进行观测。在地球大气外虽可对太阳及其行星进行整个紫外波段的观测，但太阳系外天体紫外辐射还受到星际气体吸收的限制，氢原子的赖曼系限外的连续吸收，即使对非常靠近的星体也是很严重的，所以空间紫外天文学的研究范围实际上只限于 912～3000 Å。

紫外是恒星形成区的主要辐射波段，紫外观测是研究太阳系及太阳系外天体的重要方式。紫外谱线测量主要是为研究太阳色球与日冕间过渡层和太阳耀斑活动，以及确定太阳系内的行星、彗星等天体的大气组成提供重要信息。此外，紫外光谱可用来识别星际介质的化学成分、密度和温度，分析年轻恒星的温度和化学成分，以及探讨宇宙重子"缺失"问题和星系演化等。

5. 空间 X 射线天文和空间伽马射线天文

空间 X 射线天文和空间伽马射线天文是空间高能天文的主要组成部分，X 射线天文探测宇宙天体波长为 0.01～10 nm（能量在 0.1～100 keV）的 X 射线，伽马射线天文的观测波长短于 0.01 nm（能量大于 100 keV），已经探测到的单个宇宙伽马光子能量高达 10^{15} eV 量级。

空间伽马射线天文是利用空间飞行器，通过探测宇宙天体波长短于 0.01 nm（能量大于 100 keV）的伽马射线辐射来研究天体现象的空间天文学分支学科。

空间高能天文是最先开展的空间天文研究领域，而空间高能天文的重要性又使得该领域持续保持在天文学研究的前沿。

空间高能天文主要观测宇宙各种天体的 X 射线和伽马射线辐射，也包含空间探测天体的高能粒子辐射，并研究天体的高能过程。宇宙中很多极端天

---

① 1 Å = 10^{-10} m。

体物理过程都会发射强烈的 X 射线和伽马射线，高温等离子体的热辐射可产生数千电子伏至数百万电子伏的 X 射线，高能电子的非热轫致辐射、在磁场中加速产生的同步辐射、与低能光子的逆康普顿散射都可产生宽谱段的 X 射线和伽马射线；正负电子对湮灭、高能质子与反质子湮灭，以及高能粒子与原子核的核反应或激发退激等物理过程也产生大量 X 光子/伽马光子。这些机制广泛存在于白矮星、中子星和黑洞的吸积过程，以及超新星爆发激波和喷流、星系团中暗物质和普通物质的强大作用、中子星表面和量子黑洞的蒸发等天体过程中，产生丰富的 X 射线和伽马射线辐射。因此，X 射线和伽马射线天文成为研究这些高能天体过程的主要手段。

伽马暴是宇宙中最猛烈的能量释放过程，近 50 年来成为研究热点。伽马暴的辐射主要集中在 0.1～100 MeV 能段，持续时间为 0.1～1000 s，有些伴有 X 射线和光学余晖，一般认为其起源于致密天体（黑洞或中子星）合并过程或大质量恒星塌缩爆炸。伽马暴对宇宙形成早期和致密天体研究有重大意义，并可能与引力波事件结合形成新的研究方向。近年来，在空间通过探测暗物质粒子湮灭产生的高能带电粒子和伽马射线，寻找暗物质和研究暗物质的性质，已经成为空间高能天文发展的又一个重要方向。

甚高能（0.1～10 TeV）和超高能（大于 10 TeV）伽马射线在宇宙线物理和天体物理中都扮演着重要角色，是理解宇宙线加速机制和解决宇宙线起源问题的重要手段；甚高能和超高能伽马射线的观测还可以用来理解某些高能天体（如活动星系核）的物理机制。此外，甚高能和超高能伽马射线观测还可以开展其他物理课题的研究，如河外红外背景光的测量、暗物质的探测等。

空间高能天文研究的科学问题涉及宇宙中最极端的一类天体——致密天体（包括白矮星、中子星和黑洞）的形成及其结构；星系中心大质量黑洞的增长及其与星系的共同增长，高度相对论喷流，高能宇宙线粒子加速，宇宙中最高密度、最强压力、最强磁场、最强引力、最高真空等最极端状态下的物理规律；宇宙中重子物质的循环，以及宇宙中暗物质的性质和分布等一系列当今天文学和物理学的重大前沿科学问题。高能天体物理和高能物理、粒子物理和宇宙学两两有着十分密切的联系，是宇观和微观物理交叉研究的重要结合点。

6. 空间粒子天文

空间粒子天文利用空间飞行器探测初级银河宇宙线，主要是高能质子、电子、各种核子，以及它们的反粒子来研究天体物理过程，这些带电粒子的波长（德布罗意波长）比X射线/伽马射线波长更短，是空间天文与宇宙线研究的交叉点。

到达地球附近的宇宙线称为初级宇宙线。由于地球大气的存在，宇宙线粒子在大气中产生复杂的核作用和电磁级联过程，形成广延大气簇射（EAS），并产生大量衰减，地面和高海拔探测阵列只能探测到初级宇宙线的次级效应，空间观测成为探测初级宇宙线的必要条件。一般认为宇宙线核子起源于恒星演化晚期的超新星爆发，宇宙线各种荷电粒子在其产生及传播过程中受到星系际和星际磁场的偏转及加速作用。空间粒子探测集中在几百兆电子伏到几十万亿电子伏甚至更高能区，主要测量宇宙线的成分（质量和电荷）、能谱及方向等。宇宙线各成分的能谱、丰度及空间分布的研究，对于其起源、传播和加速机制这百年之谜的解答至关重要；同时，有望在暗物质和反物质的搜寻，以及新物理现象的发现上取得革命性突破。

空间高能粒子能量高、事例率较低，因此对空间高能粒子的探测通常需要大而重的载荷和长时间观测。

7. 空间引力波天文

空间引力波天文是利用空间飞行器观测天体系统发出的引力辐射，来研究天体和基础物理规律的天文和基础物理的交叉学科。

空间与地面激光干涉引力波探测的主要区别在于测量频段和目标波源的不同。地面引力波探测由于受到地表振动、重力梯度噪声、激光散粒噪声（shot noise），以及地面试验尺度的限制，探测频段被限制在$10 \sim 10\,000\,Hz$。引力波源主要包括几十至几百太阳质量黑洞的并合系统、双中子星并合系统。由于波源的特征质量相对较小，可探测的范围被局限在红移小于2的范围内。从天文学考虑，引力波探测需要更高红移的探测范围、更大特征质量和尺度的波源。对于质量在百万太阳质量的超大黑洞波源引发的引力波事件，探测频段在中低频$0.01\,mHz \sim 1\,Hz$，这类中低频段引力波探测需要避开地表振动、重力梯度等噪声，以及地面试验尺度的限制，在空间实现精密激光干涉测量。地面引力波探测与空间引力波探测两者互补才能实现更加宽广波段的引力波探测覆盖，全面研究引力波天文学。

与地面引力波探测相比，空间引力波探测任务所面对的波源一般特征质量和尺度都要大很多，探测器具有更深广的视野，能够探测到大量甚至多至发生信号混淆的引力波事件，主要包括星系并合引起的从中等质量黑洞至大质量黑洞的双黑洞并合系统，星系（星团）中心附近恒星质量黑洞等致密小天体和超大质量（中质量）黑洞形成的超大质量比（中等质量比）双黑洞绕转系统，大量河内河外致密双星系统，早期宇宙和量子引力来源，等等。

空间和地面配合探测引力波事件，监测伴随产生的电磁辐射（即引力波暴电磁对应体）对于研究引力波事件十分重要。①帮助证认引力波事件，并增强发现引力波的能力；②通过电磁对应体精确定位引力波事件的天体起源；③电磁信号携带了引力波事件的关键信息；④借助电磁信号可解决仅靠引力波信号求解物理参数时存在的参数简并问题，如距离与指向角之间的简并；⑤为测量暗能量提供独立于超新星的测量手段。

配合空间和地面引力波探测，从空间和地面同时对引力波进行研究是十分重要的。相关理论预言，双中子星并合或中子星与黑洞并合引力波暴事件具有电磁对应体，其电磁对应体在伽马射线波段的存在形式可能就是短伽马暴及其余晖和千新星（kilonova）的辐射。

在宇宙极早期的暴涨阶段产生的原初引力波会使宇宙微波背景辐射产生B模偏振，而该偏振信号遗留至今，所以探测到微波背景辐射的B模偏振是原初引力波存在的间接证据。

8. 系外行星探测

行星是宇宙中的基本天体之一，也是地球之外可能存在生命和文明的天体，过去太阳系行星是唯一被人类认知的行星系统。1995年，Mayor和Queloz在主序恒星"51 Peg"附近利用视像速度法发现了一颗木星质量量级的行星，揭开了人类搜索太阳系外主序星周围行星系统（简称系外行星）的序幕。通过多普勒视向速度、凌星、微引力透镜、直接成像等多种方法，在不到20年的时间，截至2019年2月1日，太阳系外行星百科全书共收录3976颗已确认的系外行星。

随着系外行星发现的数量不断增加，诸多前沿科学问题被逐渐提出。目前，我们已经站在回答挑战人类现有认识的两大基本问题的边缘。①太阳系外是否存在支持生命的类地行星？②该类行星上是否已经有生命存在？这些问题将再次挑战人类在宇宙中的地位，有人称之为"哥白尼革命的延续"。

时至今日，人们尚未确认"第二地球"的存在，这是由于支持生命存在对恒星和行星自身物理特性提出了非常苛刻的条件，同时也对现有探测技术提出了前所未有的挑战。间接探测方式能够大致推断行星的宜居性，但只有直接成像和光谱分析才能得到令人信服的系外行星生命信号存在的证据。

类似地球生命存在的条件主要包括如下。

1）行星主恒星：F、G、K 类太阳光谱型恒星；年龄不宜过于年轻（大于10 亿年）；生命已经演化到一定阶段。

2）行星位置和表面温度：位于宜居带内，使得行星表面能够维持大量的"液态"水。太阳光谱型恒星宜居带一般在 0.8～1.8 AU。

3）行星质量：在 1～10 个地球质量，以维持行星较稳定的大气环境。质量过小，其引力不强，加之内部热量耗散过快，大气将逐步逃逸（如火星质量仅为地球质量的 1/10）；质量过大（超过 10 个地球质量），将聚集星云气体而最终形成气态或者冰态巨行星。

4）行星密度：岩质行星，生命可以在其表面生存并繁衍。

系外行星探测是当前空间天文学研究的热点之一，也是天文学与空间生命科学的重要交叉点。

二、空间天文学的科学意义和战略价值

迄今，世界各国已经发射了约 200 颗天文卫星，开展了大量空间天文任务，观测到了宇宙最早的星系，不断发现各种黑洞/中子星等致密天体，确定了类星体性质及其对宇宙演化的作用；发现了宇宙伽马暴的多样性；发现了大批系外行星；精细测定了宇宙微波背景辐射和宇宙年龄，对发现宇宙加速膨胀起到了关键作用。丰富的发现犹如井喷，有力地推动了天体物理和宇宙学的研究，以前所未有的深度和广度迅速地拓展着人类对宇宙和自然规律的认识，使空间天文学再一次成为新发现和新知识的源泉，成为现代自然科学发展的主要原动力之一。

1. 传统天文学的革命性拓展

在天文学发展史上，空间天文学的兴起是继可见光和射电天文观测的第三个里程碑，是人类认识宇宙的重大飞跃。自从人类进入太空时代以来，空间天文观测就开始成为天文观测的重要组成部分。空间天文开拓了全电磁波段天文、粒子天文和引力波天文观测的多信使新时代，是对传统天文学的革命性拓展。

在地球大气以外的空间进行天文观测的主要优点如下。

1）克服了地球大气对大部分电磁波的吸收。在地面或高山上开展天文观测只能"看到"整个电磁波段中几个较窄的来自天体和宇宙的辐射，主要集中在可见光、部分红外和射电波段中频部分。因此，地基天文只能观测到

宇宙天体的较少信息。而空间观测实现了全波段电磁辐射观测，可以获得反映天体和宇宙不同物理过程（包括高能过程）及不同发展阶段的丰富信息，极大地促进了天体物理的研究。

2）克服了地球大气对观测质量的影响。即使对于透过大气到达地面和高山的可见光、射电等天体辐射，由于地球大气（包括其等离子体层）的不稳定性，对天体光观测的像质产生了影响，天体的辐射信号受到了一定干扰，最终影响了观测精度和清晰度，空间天文观测大多能够以仪器观测极限能力获取清晰和高质量的观测数据，对空间天文学的研究十分重要。

3）克服了昼夜和区域限制。地球的自转使地球有昼夜之分，加之天文观测台经常受到天气条件影响，很难做到对任何天体的不间断观测，损失了很多天体的重要信息；地面某一天文观测台只能观测特定天区。只有脱离地球的影响才能够做到不间断、全天区的天文观测。

4）克服了地球尺度局限。综合孔径射电望远镜的应用及其取得的巨大成就使人们认识到，望远镜角分辨率的大幅度提高只能依赖于扩展望远镜阵列的尺度，即不同望远镜之间的距离，而地基望远镜阵列的最大尺度只能是地球大小，因此未来更高分辨率的望远镜阵列必须放置于太空中。利用极为稳定的空间平台和平台之间的巨大尺度能够直接探测低频引力波辐射。

5）克服了地球大气对初级宇宙线探测的限制。只有在空间才能开展初级宇宙线粒子（质子、电子、各种原子和其同位素）电荷、方向、质量和能量的直接测量，在高轨空间飞行器上进行测量可以避免地球磁场对初级宇宙线粒子方向的影响。

不同波段的辐射反映了不同的天文现象，如电子在磁场中的运动产生丰富的射电辐射；年轻的、被尘埃掩盖的恒星产生丰富的远红外辐射；成熟的恒星和星系产生大量的可见光和近红外辐射；恒星形成过程中产生强烈的紫外辐射；中子星、吸积黑洞及星系团百万摄氏度的热气体产生 X 射线辐射；剧烈爆发现象、极端相对论喷流和核反应过程产生伽马射线等。大部分天体物理过程在几乎所有电磁波段都有辐射（如活动星系核就是典型的全波段辐射天体，而伽马暴在不同阶段的辐射分别在不同波段）。因此，有效地理解各种天体物理过程需要全波段观测的数据，空间天文开拓了全谱段天文观测，具有重要的里程碑意义。

由于空间天文的上述突出特点，目前地基天文观测在射电天文领域仍是主力军；宇宙背景辐射主要依靠空间观测；可见光和近红外的空间和地面观测并驾齐驱；紫外、红外和亚毫米波、X 射线和伽马射线天文及粒子天体物理观测只能在空间进行（极高能伽马射线天文主要依靠地面观测其次级过程）。空间天文学在整个天文学中的作用日益突出，在空间科学整体布局中占有显著地位，在基础前沿科学研究领域具有突出作用。

2. 重大基础科学前沿突破的先锋

大力发展空间天文领域的探测和研究对实现我国基础科学前沿突破具有重大意义。空间天文学涉及当代自然科学中宇观和微观两大科学前沿及其交叉科学，对于认识包括宇宙的起源演化、星系和各类天体的形成与演化、中子星和黑洞等致密天体的物理过程，理解从量子到引力现象，以及各种极端条件下的物理规律，甚至回答人类在宇宙中是否孤独等一系列重大科学问题具有不可取代的作用，富于新的发现机遇，孕育着科学上的重大突破和发现，涵盖了《国家中长期科学和技术发展规划纲要（2006—2020 年）》的优先主题"深层次物质结构和大尺度物理规律"的核心内容。纲要的主要研究方向为：微观和宇观尺度及高能、高密、超高压、超强磁场等极端状态下的物质结构与物理规律，探索统一所有物理规律的理论，粒子物理学前沿基本问题，暗物质和暗能量的本质，宇宙的起源和演化，黑洞及各种天体和结构的形成及演化等。空间天文学将在今后相当长时期成为研究基本物理规律和推动科学理论产生突破甚至革命性变革的先锋，在将我国建设成为科技强国的进程中承担着十分重要的任务。

大力发展空间天文将对促进空间高技术发展、推动航天强国建设、形成新的国际合作格局、吸引青少年的科学和工程兴趣等发挥重要作用。

第二节　发展历史、现状和趋势

一、国际空间天文学发展状况

（一）国际空间天文学的发展历程和主要成就

空间天文学的发展大致经历了三个阶段。

1. 探索试验阶段

空间天文发端于第二次世界大战后利用 V2 火箭和高空科学气球开展的大气外天文观测。第二次世界大战后到 20 世纪 60 年代初是空间天文的探索试验阶段，运载工具是高空科学气球和探空火箭，观测对象主要是离地球最近的太阳和地球大气中的辐射本底，探测仪器是简单的核物理探测器，如光子计数器、电离室、盖革－弥勒计数器和碘化钠闪烁计数器等。早期的观测条件虽然简陋，但取得了一些成果，如应用光栅频谱仪进行了太阳软 X 射线和紫外线的低分辨率能谱测量，发现波长基本集中在 2～8 Å、8～20 Å 和 44～60 Å 三个波段。其表明了太阳软 X 射线稳定成分的流量基本不变，辐射强度随波长的增加而增加；得到了活动区软 X 射线辐射的变化；用高空科学气球探测到了太阳耀斑硬 X 射线辐射；发现了太阳在某些紫外谱线上出现短时间的突然增亮，暗示太阳上存在紫外爆发，这一重要发现被后来的卫星观测所证实。此外，1948 年，用高空科学气球载电离室探测到了伽马射线在宇宙线中的比例，开创了伽马射线空间探测的先河。

2. 早期发展阶段

人造地球卫星上天后，卫星逐步成为空间天文学的主力，探空火箭和高空科学气球仍在开展探索和试验任务。在 20 世纪 60 年代初，空间天文观测还没有或很少有专用的天文卫星，大多数天文观测是搭载别的卫星进行的，之后规划并发射了初期的天文卫星系列，如轨道天文台（OAO）系列、太阳辐射监测卫星（Solarad）系列和轨道太阳天文台（OSO）系列。

20 世纪 60 年代空间天文学的主要成就如下：①第一次发现了宇宙 X 射线源和 X 射线弥漫背景；② 1969 年发现了蟹状星云射电脉冲星 NP0532 的 X 射线脉冲，这是首次在空间探测到空间脉冲星的短波辐射，脉冲星的空间研究就是从这里开始的；③第一次发现了河外 X 射线源；④第一次发现了来自地球以外的伽马射线辐射；⑤第一次进行了空间红外天文测量；⑥在空间天文观测中使用新的观测方法和技术。盖革－弥勒计数器、电离室、正比计数器、闪烁计数器、布拉格晶体频谱仪和光栅频谱仪、掠射式成像望远镜等都得到了运用，新方法和技术的应用不仅获得了很多有价值的资料，而且为 70 年代以后空间天文学的全面发展奠定了坚实基础。

3. 全面发展阶段

第三阶段是从 20 世纪 70 年代至今，世界各国相继发展空间观测技术，发射了各类专用天文观测卫星，包括 X 射线卫星、伽马射线卫星、紫外观测卫星、红外和亚毫米波卫星、光学观测卫星等，空间观测开辟了全电磁波段天文研究的新时代，使空间天文学获得了全面发展，并取得了辉煌成就。

美国的空间天文活动最为活跃和前瞻，除早期开拓性的天文卫星外，引人瞩目并取得巨大成功的是 NASA 的大型轨道天文台计划，包括哈勃太空望远镜（HST，可见光，2.4 m 口径，0.1″分辨率，1990 年至今，ESA 参与合作）、康普顿伽马射线天文台（CGRO，1991～2000 年）、钱德拉 X 射线天文台（CXO，1999 年至今）、斯皮策太空望远镜（Spitzer Space Telescope，2003 年至今）四个重达十几吨的大卫星，使空间天文观测和科学产出达到了一个高峰；之后 NASA 还发射了伽马暴卫星（Swift，2004 年，英国、意大利合作）、费米伽马射线太空望远镜（Fermi，2008 年）、广域红外巡天探测卫星（WISE，2009 年）、系外行星探测卫星（Kepler，2009 年）、核光谱望远镜阵列卫星（NuSTAR，2012 年），以及在 ISS 上运行的大型粒子谱仪（Alpha Magnetic Spectrometer-2，AMS-02，2011 年）等。

欧洲在空间科学布局中均将空间天文列为重点。ESA 的主要天文卫星有伽马射线卫星（COS-B，1975 年）、欧洲 X 射线天文卫星（EXOSAT，1983 年）、测量恒星位置和运动的卫星依巴谷（Hipparcos，1989 年）、红外天文台（ISO，1995 年，与美国、日本合作）、XMM-牛顿卫星（XMM-Newton，1999 年）、欧美合作的国际伽马射线天体物理实验室（INTEGRAL，2002 年）等。ESA 于 2009 年发射的赫歇尔（Herschel）红外 / 亚毫米波望远镜和 2013 年绘制恒星星图的盖亚（Gaia）成像卫星成为空间天文学的新里程碑。欧洲各国还发射了一批天文卫星，如早期英国的羚羊（Ariel-5）和 SAS-3 等 X 射线卫星、德国为主的 X 射线卫星（Röntgensatellit，ROSAT，1990 年）、意大利和荷兰合作的伽马暴卫星（BeppoSAX，1996 年）、法国空间研究中心的行星探测望远镜（COROT，2006 年）等。ESA 在 ISS 的哥伦布舱上安装了太阳变化与辐射监测仪（SOVIM）、太阳光谱辐射测量仪（SOLSPEC）、自校准极紫外与紫外光谱仪（SOL-ACES）等。

日本在 X 射线天文学和空间天文学发展中做出了重要贡献。日本的天文卫星系列包括首次采用准直器调制成像的 X 射线天文卫星（ASTRO-A，1981 年）、Tenma（ASTRO-B，1983 年）、X 射线谱和伽马暴观测卫星 Ginga（ASTRO-C，1988 年）、X 射线宽波段成像卫星 ASAC（ASTRO-D，1993 年）、宽谱段 X 射线（0.2～600 keV）卫星 SUZAKU（ASTRO-EⅡ，2005 年）、全制冷红外天文卫星 AKAR（ASTRO-F，2006 年）等，还发展了射电干涉卫星（HALCA，1996 年）、ISS 上的全天 X 射线观测仪（MAXI）及探测宇宙线和暗物质的量能器电子望远镜（CALET）探测器等。俄罗斯发射了低能伽马射线卫星 Granat 等天文卫星，阿根廷、澳大利亚、印度、印度尼西亚等也发射了天文卫星。

在与宇宙学直接相关的宇宙微波背景研究方面，美国 1989 年发射的宇宙背景探测器（COBE）在 0.05～1 cm 波长测量的 43 个宇宙背景辐射强度数据在 0.25% 精度上符合 2.73 K 理论黑体辐射谱，强烈地支持了宇宙暴涨理论，获得了 2006 年诺贝尔物理学奖；1998 年美国在南极实施了高空科学气球"微波背景不均匀性探测"（BOOMERANG）任务，证明宇宙是"平直"的，即宇宙总物质的重力场使其不至塌缩也不至撕裂，之后美国发射的威尔金森微波各向异性探测器（WMAP，2001 年）以更高精度证实了这一结论；2009 年由 ESA 主导，NASA 参加的巡天者微波背景探测卫星（Planck）以更精确的测量证实了宇宙微波背景有约十万分之一的各向非均匀性。最新的计算结果是：宇宙年龄为 138.2 亿年，宇宙中普通物质占 4.9%、暗物质占 26.8%、暗能量占 68.3%。宇宙背景的测量研究对宇宙学的发展起到了不可替代的作用。

天文卫星还开创了寻找宇宙中生命的活动，在空间发现了 30 多种有机分子，还发现并定义了大量宜居带类地行星。

空间天文学为当代天文学的发展带来了前所未有的繁荣，空间观测发现了数以千计和万计的红外、X 射线 / 伽马射线源和系外行星，还发现了辐射 X 射线的黑洞和中子星等致密天体，证实了类星体是大质量黑洞的吸积过程，并且深入认识了类星体对于星系及宇宙结构起源和演化的作用；发现了宇宙伽马暴及其多样性，确认了其主要来源于超新星爆发和中子星并合，空间天文学及相关研究建立了宇宙演化和宇宙重子物质循环基本物理图像，对于恒星结构演化和宇宙大爆炸模型两大理论框架的建立和完善起到了不可替代的作用；精细测定了宇宙微波背景辐射和宇宙年龄，有力地支持了大爆炸宇宙学理论，并对宇宙加速膨胀的发现起到重要作用；凸显了宇宙暗物质、暗能量问题是当今对物理学基本理论的巨大挑战，成为整个科学界关注和集中研究的热点。

（二）国际空间天文学的发展现状

进入 21 世纪后，美国继续在空间天文学方面发挥主导作用。表 3-1 列出了以美国为主，包括日本、欧洲等国或地区发射的，目前还在运行的天文卫星。

表 3-1　在轨运行的主要天文卫星

序号	卫星名称	发射时间	说明
1	HST	1990 年 4 月	NASA，紫外 / 可见光 / 红外大型空间光学望远镜
2	Chandra	1999 年 7 月	NASA，软 X 射线聚焦大型望远镜
3	XMM-Newton	1999 年 12 月	ESA，X 射线聚焦大型望远镜

续表

序号	卫星名称	发射时间	说明
4	INTEGRAL	2002 年 10 月	美国、欧洲多国联合研制，国际伽马射线天体物理实验室
5	Spitzer	2003 年 8 月	NASA，红外天文望远镜
6	Swift	2004 年 12 月	NASA，多波段伽马暴观测
7	AGILE	2007 年 4 月	意大利高能伽马射线天文卫星
8	Fermi	2008 年 6 月	NASA，费米伽马射线太空望远镜
9	Kepler	2009 年 3 月	NASA，银河系、系外行星、可居住环境
10	Herschel	2009 年 5 月	ESA 为主，远红外和亚毫米波段、早期、最遥远恒星和星系
11	Planck	2009 年 5 月	ESA，宇宙背景辐射
12	AMS-02	2011 年 5 月	ISS，暗物质、反物质、宇宙线
13	NuSTAR	2012 年 6 月	NASA，高能 X 射线、核谱仪
14	MAXI	2009 年 8 月	日本，ISS X 射线巡天实验
15	WISE	2009 年 12 月	美国，广域红外巡天小型天文卫星，2011 年完成红外巡天任务，2013 年转为近地球目标巡天，更名为 NEOWISE
16	RadioAstron	2011 年 7 月	俄罗斯、欧洲多国、美国，空间射电 VLBI
17	Gaia	2013 年 12 月	ESA 天体测量卫星，恒星的位置和自行
18	CALET	2015 年 8 月	日本，ISS，宇宙初级电子和暗物质
19	DAMPE	2015 年 12 月	中国，暗物质、宇宙线
20	Astrosat	2015 年 9 月	印度，X 射线天文、中子星、黑洞
21	LISA Pathfinder	2015 年 12 月	ESA，验证 LISA 关键技术，目前处于扩展阶段
22	Hitomi（瞳）	2016 年 2 月	日本，ASTRO-H，X 射线天文，黑洞，上天一个月后解体，拟再发射
23	POLAR	2016 年 9 月	中国，GRB 偏振，天宫二号
24	Lomonosov	2016 年 4 月	俄罗斯，极高能宇宙线、GRB
25	NICER	2017 年 6 月	NASA，中子星、X 射线
26	HXMT	2017 年 6 月	中国，宽波段 X 射线卫星
27	CREAM	2017 年 8 月	NASA，ISS，宇宙线

在暗物质粒子空间探测方面，主要通过观测暗物质粒子衰变或相互作用后产生的稳定粒子，如伽马射线、正负电子、反质子、中微子等，寻找和研究暗物质粒子。最新实验结果主要来自 ISS 上的 AMS-02 实验、费米伽马射线太空望远镜、PAMELA 空间探测器、ATIC 南极高空科学气球实验和中国

暗物质粒子卫星 DAMPE。利用 ATIC 和 PAMELA 开展的两个实验中电子的能谱测量结果表明，在几十到数百吉电子伏的能段内，所测能谱较传统模型有显著超出。同时，利用 PAMELA 开展的正电子实验证明了该异常的存在，但相关的反质子测量实验中并没有发现异常。AMS-02 的结果表明，正电子比例异常的结果可能来自脉冲星等天体物理源，也可能来自暗物质。要解释这两个现象，必须对暗物质粒子模型提出特殊的要求。

在空间引力波方面，2016 年 2 月 11 日，美国地面大型激光干涉引力波探测器（LIGO）项目科学合作组织（LSC）宣布第一次探测到引力波信号，大大增强了开展空间引力波天文观测的信心。2017 年 8 月 17 日，美国的 LIGO 和欧洲的室女座引力波天文台（Virgo）联合探测到了双中子星并合产生的引力波信号 GW170817，随后大量的地面和空间望远镜观测到了 GW170817 从伽马射线（伽马暴 GRB170817A）、X 射线、紫外、光学、红外一直到射电波段的电磁对应体。空间与地面激光干涉引力波探测项目的主要区别在于测量频段和目标波源的不同，集中于中低频。ESA 已将空间引力波探测作为大型任务 L3，其技术验证星 LISA Pathfinder 已于 2015 年发射，成功验证了相关技术。目前在轨运行的天文卫星中，高能天文卫星（X 射线和伽马射线）约占一半，说明该领域将继续成为空间天文观测和天体物理研究的重要方向。

（三）国际上已经立项或规划的主要空间天文项目

未来卫星的发射计划决定着未来几年空间天文学研究的发展趋势。未来国际上还将陆续有几个重要的空间天文卫星发射运行，基本上保持每年发射运行 2～3 颗空间天文卫星。因为国外天文卫星的寿命一般都在 5～10 年，甚至很多能够达到 20 年，所以今后若干年，太空中将继续维持大约 20 颗空间天文卫星运行。目前，除美国继续在空间天文领域起领导作用之外，国际空间天文的发展逐渐呈现多元化格局，美国一家独大的局面可能会有所改变，日本和俄罗斯的重要性越来越突出。2015 年 9 月 Astrosat 的成功发射运行，使印度成为发展中国家中首个拥有国际水平空间天文卫星的国家。2015 年 11 月暗物质探测卫星"悟空号"（DAMPE）和硬 X 射线调制望远镜卫星"慧眼号"（HXMT）的成功发射运行，使中国跻身于国际上拥有空间天文卫星的国家行列。

2018 年 1 月以后国际上（包括中国）已经立项或规划的主要空间天文项目（含暗物质、宇宙线、引力波实验）如表 3-2 所示。从表 3-2 可以看到，未来空间天文学将继续强劲发展，耗资超过 80 亿美元的下一代天文卫星詹姆斯·韦伯望远镜（JWST），以及 ESA 与 NASA 合作的激光干涉空间天线（LISA）引力波天文台、高能天体物理先进望远镜（ATHENA）等旗舰级项目，还有众多采用新一代技术的卫星，集中在光学巡天、高能天文、粒子天体物理和系外行星探寻等领域，勾画出未来十几年空间天文学的新图景，并将取得新的革命性发现。NASA 近些年开展了先进技术大孔径空间望远镜（ATLAST）的概念研究，ATLAST 是 NASA 为下一代紫外光学红外（UVOIR）空间天文台进行的战略任务，主镜直径为 8～16 m，在搜寻系外行星、基础物理研究等方面都将发挥巨大作用。

表 3-2 2018 年 1 月以后拟实施的天文卫星 / 空间站天文任务

序号	卫星 / 飞行器	发射时间	建造者（组织、地区）	参加者（组织、地区）	波段 / 目的
1	Spectrum-Roentgen-Gamma	2018 年	俄罗斯	德国	X 射线巡天望远镜
2	TESS	2018 年 3 月	美国		系外行星
3	CHEOPS	2018 年	ESA		系外行星
4	JEM-EUSO	2018 年	日本	国际	宇宙线，ISS
5	JWST	2019 年	美国	ESA	6.5 m 口径大型空间红外天文台，星系学、系外行星
6	Euclid	2020 年	ESA	美国	光学巡天，近红外 / 暗宇宙
7	IXPE	2020 年	美国	意大利	X 射线偏振探测
8	SVOM	2021 年	中国	法国	多波段伽马暴观测天文卫星
9	XARM	2021 年	日本	美国	软 X 射线成像和能谱测量
10	EP	2022 年	中国		X 时域天文 / 引力波电磁对应体
11	CSS-OS	2023 年	中国		中国空间站，2 m 光学巡天
12	WSO-UV	2023 年	俄罗斯	欧洲、中国	紫外天文台
13	PLATO	2024 年	ESA		寻找类地行星
14	HERD	2025 年	中国		中国空间站，暗物质与宇宙线
15	WFIRST-AFTA	2025 年	美国		光学巡天，系外行星、暗能量
16	ATHENA	2028 年	ESA	美国	X 射线天文台

续表

序号	卫星 / 飞行器	发射时间	建造者（组织、地区）	参加者（组织、地区）	波段 / 目的
17	NGO	2034 年	ESA	美国	引力波（具体方案待征集）
18	LISA	2034 年	欧洲	美国	新型引力波天文台，ESA 宇宙愿景 L3 任务
19	ATLAST	待定	美国		光学，系外生命、暗物质等
20	SPICA	待定	欧洲	日本	中远红外空间望远镜

（四）国际空间天文的战略规划

在空间天文领域，美国在任务规模和水平方面一直处于领先地位，欧洲和日本是强国（地区），其他一些具有代表性的国家（如法国、德国、意大利和俄罗斯等）也具有相当的实力，巴西和印度可以认为是发展中国家的代表。

从战略规划内容上看，美国和欧洲的规划最宏大，几乎涉及天文学和天体物理中所有的前沿领域，代表着空间天文领域未来的发展方向，其他国家（如俄罗斯、日本、印度、巴西、韩国等）一般都只是在上述大框架下的局部强调和延伸。概括起来，未来空间天文探测和研究的主要热点是：宇宙的起源、结构和演化；类地太阳系外行星系统的搜寻。其中，宇宙起源、结构和演化包括的内容广泛，从黑洞、活动星系核到第一代恒星的形成、暗物质与暗能量的物理本质和在宇宙中的分布等；太阳系外类地行星的搜寻成为重点方向，反映了人们对发现地外生命有着强烈的欲望和好奇心。

从实现战略规划的途径上看，十年内的规划都非常具体。2030 年及之后的战略规划更多的是给出发展方向，而非具体项目。美国和欧洲在规划后十年时的提法有些类似，都强调了深入的 X 射线、伽马射线、红外观测和太阳系外行星系统的探测。

从探测手段上看，除了 X 射线、伽马射线、紫外和红外观测外，利用干涉仪观测是一个新的手段，引力波探测又开辟了一个新的窗口，引起了高度重视。编队飞行卫星探测将变得越来越普遍。针对科学上的新概念，如暗物质和暗能量，需要在空间探测上做出快速反应，小卫星计划体现出相当大的灵活性，有望在短时间内得到期望的结果，或为需要长时间研制的大卫星计划提供必要的先期探测研究。

从层次上看，美国和欧洲追求全面的领先地位，在突出重点的同时，强调各个方面均衡发展。日本则强调在谋求世界空间科学中心的同时，力促尖端技术发展。俄罗斯更多地强调保持空间大国应有的贡献和地位。法国、意大利等国家在参加 ESA 大科学计划的同时，还有一系列自己的计划。值得注意的是，在发展中国家中，巴西和印度都朝着独立开展空间计划的方向迈进，巴西选择有限目标，而印度占有与美国合作的优势，计划显得雄心勃勃。

1. 美国空间天文战略规划

NASA 列出的空间天文研究主题是：暗能量与暗物质、黑洞、大爆炸、星系、恒星、系外行星。

在 2010 年 8 月 13 日美国发布的《天文学和天体物理学的新世界和新视野》报告中，推荐了空间的大型、中型和小型项目，给出了发展的优先级。三个大型空间项目（耗资超过 10 亿美元）按优先级排列分别是宽视场红外巡天望远镜（WFIRST）、激光干涉空间天线（LISA）和国际 X 射线天文台（IXO）。目前，LISA 计划和 IXO 项目都已经被 ESA 规划的项目［下一代引力波天文台（NGO）和高能天体物理先进望远镜（ATHENA）］所替代。

报告发布后，新的 NASA 天体物理学研究活动预算进一步减少，主要缘于 JWST 发射时间的推迟以及任务成本的大幅度提高。为应对这种情况，NASA 建议考虑以 20% 的成本份额参加 ESA 的 Euclid 任务。2013 年1 月，NASA 正式加入 Euclid 任务，将为近红外探测仪提供 20 个探测器。WFIRST 于 2016 年启动 Phase A 研究，计划于 2024～2026 年发射。图 3-1 为 NASA 空间天文计划的观测卫星。

2015 年初，NASA 发布了"天体物理部 2020 十年巡查白皮书"。该报告主要提出在 JWST 和 WFIRST 后的大型任务概念，包括宇宙微波背景偏振巡视者（CMB Polarization Surveyor）、远红外巡视者（Far-IR Surveyor）、引力波巡视者（Gravitational Wave Surveyor）、系外行星成像任务（Habitable-Exoplanet Imaging Mission）、UV/ 光学/ 红外巡视者（UV/Optical/IR Surveyor）和 X 射线巡视者（X-ray Surveyor）。

2. 欧洲空间天文战略规划

ESA 所关注的关键科学问题与 NASA 类似，包括热和能量宇宙、引力宇宙、行星与生命、太阳系、基本规律、宇宙。

ESA 自 2005 年开始发布"宇宙憧憬"计划以来一直有序地部署和遴选

图 3-1　NASA 空间天文计划的观测卫星

图片来源：*NASA 2014 Science Plan*

空间科学项目。ESA 的卫星计划按规模分为大（L 级，大于 10 亿欧元）、中（M 级，4.5 亿欧元）、小（S 级，5000 万欧元）三类。表 3-3 列出了"宇宙憧憬"计划 2015 年以后在研、推荐或候选项目。

表 3-3　"宇宙憧憬"计划 2015 年以后在研、推荐或候选项目

领域	L 级	M 级	S 级	其他项目
空间物理太阳系探测	JUICE（L1，2022 年，木星系统）	Solar Orbiter（M1，2018 年）	SMILE（S2，2021 年，中国和欧洲合作）	BepiColombo（2018 年 10 月，水星，与日本合作）
	—	—	—	EXoMars-TGO& Schiaparelli（2016 年，火星）
天体及基础物理	ATHENA＋（L2，2028 年）高能天体	Euclid（M2，2020 年）光学巡天	CHEOPS（S1，2018 年）系外行星	LISA Pathfinder（2015 年）引力波探测验证
	NGO（L3）2034 年，规划中	PLATO（M3，2024 年）行星 / 星震	—	eXTP（原 LOFT 团队与中国 XTP 合作推动中）
	—	ARIE（M4，2028 年）系外行星红外光谱	—	

2014 年 8 月 ESA 开始征集 M4 项目，目标发射日期为 2025 年，主题是系外行星、等离子体物理和 X 射线宇宙。2015 年 6 月选择了三个项目作为 M4

候选项目进行概念研究，包括大气红外遥感系外行星大型调查（Ariel）、湍流致热观测台（Thor）和 X 射线成像偏振探测器（XIPE）。2016 年初 ESA 启动征集 M5 候选项目，计划于 2030 年前后发射，一个 ESA 小组以日本的"宇宙学与天体物理干涉望远镜"（SPICA）项目为基础提交 M5 征集的项目。

3. 日本空间天文战略规划

2015 年初，日本政府公布了修订后的"宇宙基本计划"时间表草案。该草案提出，2015 年后的十年里，日本将最多发射 45 颗人造卫星，计划发射 7 颗以上科学卫星。日本分别与美国、意大利、挪威、法国、澳大利亚、韩国、越南、缅甸等国在众多不同领域开展了多层次的合作。

2016 年初，JAXA 成功发射了新一代 X 射线天文卫星"瞳"ASTRO-H（发射后称为 Hitomi），但因软件错误导致卫星在一个月后解体。日本计划重新研制这颗卫星，ESA 和 NASA 将参与，于 21 世纪 20 年代早期发射。

日本重新评估了宇宙学与天体物理干涉望远镜（SPICA），计划在 21 世纪 20 年代末期发射。日本还提出了下一代 LiteBIRD 小卫星项目，该卫星将测量宇宙微波背景的极化。

（五）空间天文学的研究特点与发展规律

1. 空间天文学的研究特点

纵观空间天文学的发展历程，可以发现如下特点。

1）运载能力和飞行器技术是基础，载荷水平是科学产出的关键，光机设计和工艺水平、传感器或探测器器件水平是决定载荷能力的关键。HST、CXO、NuSTAR、XMM-Newton、AMS-02、JWST 和 Euclid 等未来要实施的一些中大型项目，都体现了当代高精尖技术与航天技术的结合。

2）不可重复性和继承性。科学无国界，科学发现只有第一没有第二，天文卫星的研制、发射及运行维护费用都十分昂贵，所以一般不太可能发射同一类观测能力相近的卫星。

3）天地一体化观测。在空间观测的同时，地面天文或其他仪器对同一天区或目标进行观测，充分利用地面观测的独特优势。例如，对伽马暴的地面光学望远镜后随观测。

4）广泛的国际合作是空间天文学发展的趋势。空间天文观测设备的规模越来越大，技术复杂且必须优势互补，以及巨大的投资规模使得任何一个国家在有限的时间内都难以单独完成，因此目前几乎所有的空间天文项目都有不同程度的国际合作。

2. 空间天文学的发展规律探讨

（1）长期规划十分重要

NASA 自 20 世纪开始，每十年开展一次"十年巡查"；ESA 在 2005 年提出了"宇宙憧憬"计划，有计划、有步骤地征集和遴选项目，对空间科学的现状、未来科学需求、技术需求、科学优先级、技术优先级等进行了系统的调研和咨询，对未来 10～30 年的空间项目进行了规划。NASA 与 ESA 的空间规划，标志着空间天文进入以重大科学目标为驱动的成熟期。

（2）加强预研，长期攻关，追求卓越是提高水平的重要条件

美国哈勃太空望远镜研制了十几年，欧洲赫歇尔红外/亚毫米波望远镜从 1985 年提出概念到 2009 年发射历经 20 多年。迄今，最大的空间望远镜 JWST 采用 18 面拼接镜，等效口径为 6.5 m，集光面积为 25 m²，遮阳板约一个足球场大，探测谱段覆盖 0.6～28 μm，工作温度低于 35 K，工作在日地 L2 点轨道，为攻克技术困难不遗余力，一再推迟发射，研制周期为 20 年，花费 88 亿美元。ESA 规划引力波空间探测已经 20 多年，2015 年发射了 LISA-Pathfinder 验证空间引力波关键技术，为正式项目进行技术储备。NASA 近几年已经开展了未来大型项目 X-ray Surveyor、Far-IR Surveyor、LUVOIR Surveyor（大型紫外－光学－红外巡天器）的概念研究及关键技术攻关。这些做法保证了空间天文重要项目的科学产出，真正成为空间天文学发展的里程碑。

（3）扩大研究范围，夯实项目基础

国外空间天文学发展的经验和教训都表明，仅仅通过实验室研发与环模实验并不能全部、彻底解决所有的关键技术及降低风险，而基于高空科学气球和探空火箭等的亚轨道实验和验证能力在相当大程度上扩大了研究范围，是培养人才、夯实空间项目基础的重要途径。亚轨道实验进行低成本科学和技术验证，同时有些实验还能取得重大的科学发现。

在美国，NASA 负责规划高空科学气球活动并与其空间计划密切结合，其下属的哥伦比亚高空科学气球设施（CSBF）负责高空科学气球活动的实施，制定了将高空科学气球利用程度和效益最大化的方针，美国本土有得克萨斯州巴勒斯登高空科学气球基地、新墨西哥州萨姆纳堡高空科学气球站、阿拉斯加 Fairbanks 站，并开展了广泛的国际合作。2005 年

以来，NASA 启动了两个南极高空科学气球天文计划——非粒子天体物理和粒子天体物理计划，研究方向包括大爆炸宇宙学、X 射线和伽马射线源、系外行星和宇宙生物学、宇宙线起源和加速、中微子天文及暗物质和反物质，支持了十几个科学概念新颖、科学仪器先进的大型高空科学气球项目，并取得了很大成功。例如，宇宙微波背景辐射观测实验提供了宇宙平坦性的最强烈证据，利用超新星发现了宇宙暗能量等；中国学者参加并做出贡献的南极高空科学气球 ATIC 宇宙线观测实验，发现了可能是暗物质湮灭信号的迹象，推动了暗物质探测实验，也促进了日本放置于 ISS 的 CALET 和中国的暗物质探测卫星（DAMPE）等重要项目的立项。南极空间天文项目有些已经选为空间站项目，对活跃和发展空间天文学发挥了显著作用。

（4）关注"计划外"的新现象，形成新的研究方向

纵观空间天文学的研究历史，重大科学现象的发现往往有偶然性（如伽马暴、宇宙背景辐射等），而后续观测则会形成聚焦，通过很长时间的全天文界和所有观测设备的协同攻关，最终获得深入的理解（如伽马暴）。重大研究成果往往不是造一个卫星或者建一个望远镜就可以做到的。

（5）重视新探测窗口、新探测方法和新技术应用

人类对宇宙的探索永无止境，对技术的追求也永无止境。空间天文技术开创了地球大气之外的电磁波段探测窗口，近年引力波探测新窗口的开辟将为探索宇宙未知带来新机遇。虽然目前空间天文项目以重大科学为驱动，但新的研究窗口、新的技术突破或方法仍然对未来空间天文起着重要作用。得益于计算机能力的日新月异，设计和模拟技术达到了接近实际情况的程度，大大降低了望远镜研制、发射及运行的风险。

二、我国空间天文学发展情况

（一）我国空间天文学研究概况

我国空间天文学目前处于发展初期阶段，空间天文探测基本上以空间高能天文为主（含暗物质和空间粒子探测）。目前已经规划和部署了可见光、射电和紫外等多波段空间天文计划和任务，并开展了一些重大计划的预先研究，将出现蓬勃发展的新局面。

我国与空间天文学相关的天体物理研究工作基本上包含了国际空间天文的主要研究方向，如黑洞等致密天体物理、超新星遗迹、伽马暴、星系、

星系团、宇宙学、太阳活动、暗物质的探索等重要天体物理前沿。空间天文学研究的一个重要特色是全球数据共享和长期利用。我国天文界具有使用国外各波段空间天文卫星观测数据的经验，我国学者从 20 世纪 90 年代开始就长期使用了几乎所有国际空间天文卫星的数据，取得了重要成果，在个别研究方向上已经进入国际前沿。在使用这些数据的同时，积累了数据获取、整理、管理、分析和应用方面的丰富经验，对于优化我国天文卫星的设计和运行具有重要作用。我国空间天文的一些学术带头人曾经是国外主要空间天文项目的骨干成员，回国后带动了国内空间天文学研究的快速发展。因此，我国已经具备了在空间天文各领域开展系统研究和实施空间任务的能力。

我国开展大型空间天文项目的经验还不足，需要经过努力且经历更多空间天文项目的实践，才能在一些重要领域形成优势，在国际上起主导作用；同时需要扩大研究队伍的规模，通过实践提高研究队伍的水平。

（二）我国空间天文探测发展历程和现状

1. 早期的天文卫星计划和高空科学气球空间天文探测

1976 年及之后，中国科学院曾推动"两星一站"计划，包括以观测太阳为主的天文卫星，主要载荷是掠射式软 X 射线望远镜，由中国科学院紫金山天文台的张和祺负责天文卫星科学探测的总体设计，并组建了空间天文研究室（1997 年改为实验室）。该项目完成了卫星系统设计和卫星结构 / 热控星研制，并开展了载荷关键技术攻关。20 世纪 80 年代中期由于各种原因终止了计划，但对推动我国空间天文学、培养科技队伍起到了开拓作用。

中国科学院高能物理研究所的李惕碚于 1972 年提出开展高能天体物理研究的建议；1977 年中国科学院高能物理研究所宇宙线规划会议决定将部分研究力量转向高能天体物理，并建议发展高空科学气球，开展实测研究。1978 年开始，中国科学院高能物理研究所联合中国科学院大气物理研究所、中国科学院国家空间科学中心、中国科学院上海天文台、中国科学院广州电子技术研究所共同发展高空科学气球技术，并在河北省香河县建立了高空科学气球站；1978 年到 20 世纪 90 年代共发放了 180 余个高空科学气球。中国科学院高能物理研究所利用高空科学气球开展了原初宇宙线核成分探测，探测到了初级宇宙射线中 $\geq 4\,\mathrm{GeV/n}$ 的氦、碳、氮、氧、硅、铁等重核核素和在一定地磁刚度区域的重离子丰度分布；测量了高空宇宙伽马射线本底和中子感生的伽马射线本底；采用 NaI 晶体探测器在我国首次获得了蟹状星云脉冲星（PSR0531＋21）的硬 X 射线辐射及其辐射脉冲周期，与射电脉冲周期相当符合；发展了 NaI/CsI 复合闪烁探测器和高压充 Xe 多丝正比室球载硬 X 射线望远镜，对天鹅座 X-1（CygX-1）、天鹅座 X-3（CygX-3）、武仙座 X-1（HerX-1）等高能天体进行了观测，获得了 CygX-1 在特定条件下低态完整的硬 X 射线能谱结构。

中国科学院紫金山天文台发展了 BGO（Bi_2O_3-GeO_2）晶体伽马射线探测器和气体正比计数器，进行了高空科学气球天文观测，并在中国和日本合作高空科学气球越洋飞行中采用高压 Xe 正比计数器，成功进行了 $20\sim100\,keV$ 硬 X 射线流强和时变观测；还发展了 30 cm 红外长波（$20\,\mu m$、$40\,\mu m$、$60\,\mu m$、$100\,\mu m$、$170\,\mu m$）液氦制冷红外望远镜系统，观测到了塞弗特星系 SCO-α1 的红外辐射。

上述工作为神舟二号进行的我国首次空间天文任务——宇宙伽马暴和太阳高能辐射探测做了技术准备。

中国科学院上海天文台发展了球载太阳望远镜，成功测量了太阳可见/近红外波段的亮度温度；发展了 10 cm 红外望远镜（有效峰值波长为 $0.9\,\mu m$），在中国和日本合作高空科学气球越洋飞行中对银河中心区域进行了扫描观测。

1993 年，根据李惕碚和吴枚提出的直接解调成像方法，采用中国科学院高能物理研究所发展的 HAPI-4 复合晶体球载硬 X 射线望远镜（灵敏面积为 $800\,cm^2$）进行了高空科学气球飞行探测，获得了 CygX-1 强背景下的高信噪比图像，验证了准直型非成像探测器直接解调方法的硬 X 射线成像能力，开辟了新的高能电磁辐射成像方法，其后获 973 计划支持，有助于硬 X 射线天文卫星 HXMT 立项。

1998 年起，中国科学院高能物理研究所作为中国牵头单位参加了丁肇中领导的航天飞机阿尔法磁谱仪（AMS-01）实验和 ISS 阿尔法磁谱仪（AMS-02）实验，承担了 AMS-02 电磁量能器和部分热管理设备的研制，是国际上参加 AMS-02 科学数据分析的主要小组之一。

2. 我国空间天文任务及取得的成绩

（1）神舟二号伽马暴和太阳高能活动探测

神舟二号伽马暴和太阳高能活动探测是在我国载人航天工程第一阶段中安排的我国首次空间天文观测任务。神舟二号空间天文观测于 2001 年由中国科学院高能物理研究所和中国科学院紫金山天文台在神舟二号上装载了由超软 X 射线、X 射线和伽马射线探测器组成的宽波段探测器，成功地观测到近 30 个宇宙伽马暴及近百例太阳耀斑的 X 射线和伽马射线爆发，是我国空间天文观测迈出的重要一步。

（2）暗物质粒子卫星"悟空号"（DAMPE）及重要成果

暗物质粒子卫星"悟空号"是中国科学院空间科学先导专项首批科学卫星之一，是我国首颗粒子天体物理和暗物质探测卫星，由中国科学院紫金山天文台牵头，其科学目标是探索可能的宇宙暗物质粒子湮灭或衰变产生的特征信号，研究宇宙射线起源传播及加速机制和高能伽马射线天文。DAMPE 探测器是以 BGO 能量器为中心，包括塑闪列阵探测器、硅列阵探测器和中子探测的复合探测器，电子和光子探测能区为 2 GeV～10 TeV，能量分辨率为 1%@1 TeV，探测几何因子对电子超过 0.3 m^2·sr，质子和重离子探测范围为 50 GeV～500 TeV，能量分辨率优于 40%@1 TeV，几何因子为 0.2 m^2·sr。电荷分辨率 0.33@Z=26，100 GeV 的角分辨率优于 0.1°，这些指标达到或者超过目前国际上同类空间探测器的水平。

DAMPE 采用了高效质子和电子鉴别方法，并在参与美国 ATIC 高空科学气球探测计划中得到验证，以优于同时在轨运行的其他探测任务的灵敏度及能量范围探测电子、光子和宇宙射线。DAMPE 于 2015 年 12 月发射升空后成功获取了目前国际上精度最高的宇宙线电子探测结果（图 3-2），与之前的结果相比，DAMPE 的电子宇宙射线的能量测量范围比起国外的空间探测设

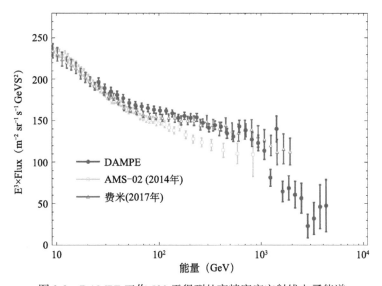

图 3-2　DAMPE 工作 530 天得到的高精度宇宙射线电子能谱

备（AMS-02，费米伽马射线广域太空望远镜 Fermi-LAT）有显著提高，拓展了观察宇宙的窗口；DAMPE 测量到的 TeV 电子的能量最准、"纯净"程度最高（也就是其中混入的质子数量最少）；DAMPE 首次直接测量到电子宇宙射线能谱在约 1 TeV 处的拐折，该拐折反映了宇宙中高能电子辐射源的典型加速能力，其精确的下降行为对于判定部分（能量低于 1 TeV）电子宇宙射线是否来自暗物质起着关键性作用。此外，DAMPE 的首批数据显示在约 1.4 TeV 处存在能谱精细结构，一旦该精细结构得到确证，将是粒子物理或天体物理领域的重大发现。

（3）天宫二号伽马暴偏振探测仪（POLAR）

2016 年 9 月由中国科学院高能物理研究所牵头，与瑞士日内瓦大学、瑞士保罗谢尔研究所，以及波兰的国家核研究中心合作研制的伽马暴偏振探测仪 POLAR，随天宫二号升空。POLAR 是中国科学院高能物理研究所牵头的中欧国际合作项目，是世界上首台高灵敏度偏振探测器。在轨运行期间，POLAR 性能良好，标定准确，完成了全部在轨观测任务，共计探测到 55 个伽马暴，发布了 49 个伽马暴协调网络（GCN）通告，其中对 7 例较亮的伽马暴的初步偏振分析结果表明，最小可测偏振度优于 10%，将对伽马暴辐射机制及黑洞的形成等基本天体过程的研究产生重要影响。此外，还观测到蟹状星云脉冲星的脉冲信号，在国内首次利用在轨观测的脉冲星信号实现定轨，建立了基于轨道动力学模型和轮廓分析的导航算法，利用 POLAR 对 Crab 脉冲星 31 天的观测数据进行了天宫轨道定轨，定轨精度约为 10 km；探测到了若干太阳 X 射线暴。

（4）硬 X 射线调制望远镜卫星（HXMT）及初步结果

HXMT 是我国首颗空间 X 射线天文卫星，由国家航天局和中国科学院空间科学先导专项联合支持，中国科学院高能物理研究所牵头，于 2017 年 6 月成功发射，2017 年 12 月完成在轨测试。HXMT 探测器由高能探测器（NaI/CsI，5000 cm^2，20～250 keV）、中能探测器（Si-PIN，952 cm^2，5～30 keV）和低能探测器（SCD，384 cm^2，1～15 keV）组成，具有宽波段大天区 X 射线巡天监测能力，用于发现新的（暂现）X 射线源，并监测中子星和黑洞双星活动；具有多波段快速光变观测能力，用于研究中子星和黑洞 X 射线双星时变、能谱和铁发射线，以及强磁场下物质的状态方程；具有硬 X- 软伽马暴探测能力，成为 200 keV～3 MeV 能区在轨灵敏度最高的伽马暴探测器，对伽马暴和引力波暴电磁对应体的观测具有重要意义（已纳入中国科学院 B 类先导专项）。

HXMT 卫星参与了 2017 年 8 月 17 日 LIGO 和 Virgo 发布的中子星并合引力波事件联测，凭借其宽能区探测性能（在 0.2～5 MeV 能区的探测灵敏面积最大、时间分辨率最好），对该引力波闪在兆电子伏能区的辐射性质给出了严格的上限约束。观测到脉冲星在 80 keV 处最高能量的回旋吸收线，相当于对宇宙最强磁场直接测量。至今，HXMT 卫星已经探测到了数十个伽马暴并参与了伽马暴国际协同观测，对黑洞双星、中子星双星及超新星遗迹进行了观测，获得了大量观测结果和一些新现象。HXMT 卫星效果示意图如图 3-3 所示。

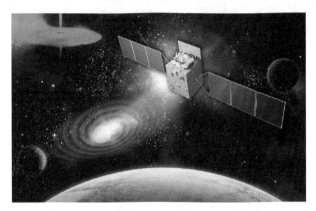

图 3-3　HXMT 卫星效果示意图

3. 正在开展的空间天文任务

（1）空间站多功能光学巡天（CSS-OS）

中国空间站工程中安排了以光学天文巡天为主，具有显著国际竞争力的多功能光学设施。该设施采用 2 m 口径主镜的离轴三反光学系统，光学设施与光学舱平台组成的光学舱是与空间站主体同轨道面飞行的独立飞行器，可定期或根据需要与空间站对接进行维护或升级，其设计运行寿命大于 10 年，光学舱如图 3-4 所示。空间站多功能光学巡天望远镜（CSS-OS）已于 2013 年正式立项，是我国目前实施规模最大和最具挑战性的空间天文"旗舰项目"，预计 2023 年或之后发射。其主要后端观测模块及科学任务如下。

巡天相机（巡天模块），用于开展高空间分辨率和大天区面积的多色成像与无缝巡天，观测视场面积为 1.1 平方度，角分辨率优于 0.15″（80% 能量集中度半径）。巡天相机包括宽波段成像（波段从近紫外到近红外 255～1000 nm，不少于 6 个波段）和无缝光谱观测（255～1000 nm，3 个波段）两个焦面区域，将完成 17 500 平方度中高黄纬、中高银纬天区的覆盖，成像

图 3-4   实施多色成像与无缝光谱巡天的空间站光学舱

观测极限星等为 25～26 等，无缝光谱观测极限星等为 22 等以上。该巡天相机将获取数十亿个恒星与星系的海量数据，通过对天体流量（光度）、位置、形状（椭率）和红移等属性的精确测量，研究宇宙加速膨胀的机制，精确地测定宇宙学参数，检验宇宙学模型、引力理论、星系结构的等级形成和演化理论，测量中微子质量，探索暗物质属性，重构宇宙初始密度扰动、银河系三维结构与形成历史，揭示恒星、行星、黑洞、星系、类星体等多种天体的形成与演化规律，为天文学与物理学前沿领域的重大突破提供线索，争取获得革命性的新发现。

多通道相机（MCI），波段 0.25～1.10μm，视场 7.7′×7.7′，角分辨率 0.13″，通过多组滤光片实现同一视场多个通道的同时观测，用于光学巡天的精确流量定标、红移标校和样本选择函数的确定，开展静态宇宙和变源的超深场观测，开展高红移 Ia 型超新星和高红移星系、动态时变宇宙和小行星等研究。

积分场光谱仪（IFU），波段 0.36～1.0μm，视场 6′×6′，像分割单元 0.2″，光谱分辨率优于 1000，通过像面切割器和狭缝/Offner 光栅光谱仪实现光谱成像，用于结构面源，研究恒星演化、星系二维结构、超大质量黑洞和星系的共同演化，以及超新星遗迹、行星状星云和球状星团等。

星冕仪（EPIC），观测波段 0.6～1.7μm，采用光瞳透过率调制和光学涡旋方法，用高密度变形镜抑制高阶波像差的散斑噪声，目标对比度为 10^{-8}～10^{-9}，研究目标为 40pc[①] 内近邻星系围绕类太阳恒星（F、G、K 光谱型）类木/类海王星行星和 10 个地球质量以上的"超级地球"，获得系外行星图像和大气成分等，研究行星性质和行星系统的演化。

太赫兹观测模块，利用多功能光学设施强大的集光能力，开展星系、晚

---

① pc 为秒差距，约为 3.261 光年。

型星、星际介质及行星、彗星等太赫兹（亚毫米波）天文观测，获取 H_2O、Cl、O_2、CO 等分子谱线数据，加深理解早期宇宙演化、恒星和星系形成、行星及行星系统形成等问题。探测器的接收终端采用超导氮化铌混频接收机（SIS），工作频段为 0.41～0.51 THz，频率分辨率为 100 kHz，观测灵敏度优于 100 mK。

（2）中法合作天文卫星——空间暂现源观测任务（SVOM）

SVOM 卫星是中法两国政府间合作的天文卫星项目，重点通过探测伽马暴的位置、时变、流量能谱（红移）特征、光学余晖研究其物理机制，并探测伽马暂现源、活动星系核（AGN）和新星等性质。SVOM 卫星安装了四个能量衔接且具有特色的科学载荷，从高到低分别是伽马射线监视器（GRM，15～5000 keV，视场/分辨率为 160°/3°）、X 射线成像仪（ECLAIRs，4～250 keV，10°/10′）、软 X 射线望远镜（MXT，0.3～7 keV，1°/20″），以及光学望远镜（VT，可见近红外，21′/1″）。伽马暴通常由 GRM 触发后，顺次由能量较低的载荷逐次精确定位并控制卫星指向目标，通过甚高频（very high frequency，VHF）空地实时通信，通报给地面大型跟随望远镜，实现联合精细观测。该项目还配置了地面光学宽视场相机（GWAC）。

SVOM 卫星已于 2015 年正式立项，2017 年已转入 Phase C 阶段，计划于 2021 年发射，将是继 SWIFT 之后最重要的伽马暴探测卫星。

（3）爱因斯坦探针卫星

爱因斯坦探针是一颗面向时域天文学和高能天体物理的小型 X 射线天文卫星，其主要科学目标是以前所未有的探测灵敏度和空间监测范围，系统性地发现和探索宇宙中的高能暂现源，监测天体活动性；通过探测爆发事件，发现和探索各个尺度上的沉寂黑洞；搜寻引力波源的电磁波对应体；获得大样本宇宙 X 射线源的辐射变化数据。爱因斯坦探针卫星的有效载荷包括一台宽视场软 X 射线成像望远镜（WXT，60°×60°，源定位精度 1″，能量分辨率 170 eV@ 1.25 keV）和一台后随 X 射线成像望远镜（FXT，能量分辨率 170 eV@ 1.25 keV）。WXT 采用微孔龙虾眼光学技术，具有 3600 平方度的无渐晕视场，探测能段为 0.5～4 keV。FXT 为 Wolter-I 型 X 射线望远镜，视场为 30′，探测能段为 0.3～8 keV。卫星具有暂现源触发警报信息快速下传功能。

爱因斯坦探针卫星是中国科学院空间科学先导专项"十三五"科学卫星，该项目已获批立项，预计 2022 年前后发射，运行寿命为 3 年。

（4）引力波暴高能电磁对应体全天监测器（GECAM）

GECAM 的主要科学目标是及时发现引力波的电磁辐射对应天体，以及探测宇宙中的各类极端天体物理现象，是引力波 / 电磁波多信使时代的重要天文观测设备。GECAM 包括两颗同轨，且轨道相位差为 180° 的相同卫星，采用反地心对天指向，每颗卫星上装有 20 个伽马射线探测器（GRD，探测能区 6keV ～ 5MeV）和 5 个荷电粒子探测器（CPD，探测能区 40keV ～ 10MeV），探测器呈半球状的指向布局，从而实现对全天区全时段的无缝监测，具有较高的灵敏度 [1 × 10⁻⁸erg[①]/（cm²/s），10 ～ 1000keV]、良好的定位精度（约 1°）和宽能量覆盖（6keV ～ 5MeV）。卫星总重量约 140kg，运行在倾角为 29°、轨道高度为 600km 的圆轨道上，将于 2020 年发射。

上述具有国际竞争力的空间天文项目投入运行将改变我国天文学家长期依赖国外空间天文数据的状况，使我国在天体物理重要领域的研究能较快赶上国际先进水平，实现历史性转折。

（5）正在预研的天文卫星和空间站天文任务

中国科学院空间科学先导专项经过遴选，安排了增强型 X 射线时变与偏振探测卫星（eXTP）、系外行星探测计划（STEP）、空间毫米波 VLBI 阵（SMVA）等背景型号研究；安排了空间引力波探测和系外行星直接成像探测等预先研究。科学技术部重点研发计划正在安排空间引力波探测的关键技术研究。

我国空间站的候选标志性项目"高能宇宙辐射探测设施"（HERD）正在开展原理样机研制和深化论证。

4. 我国的地面天文观测台站及天地配合观测条件

我国拥有一批先进的地面天文观测设备，是与空间天文合作进行天地一体化观测的重要基础。

（1）射电望远镜和光学望远镜

500 m 口径球面射电望远镜（FAST）位于贵州省平塘县，是世界上最大的单口径望远镜，应用主动反射面技术改正球差，采用轻型索拖动馈源支撑，工作频率在 3000 MHz 以下，具有很高的绝对灵敏度。FAST 的科学目标包括观测中性氢、重现宇宙早期图像、发现数千颗脉冲星、建立脉冲星计时阵、参与未来脉冲星自主导航和引力波探测、开展甚长基线干涉测

---

① 1erg=10⁻⁷J。

量、参与地外文明搜寻等。FAST在发现脉冲星方面有得天独厚的优势，调试期间就发现了数十颗新的脉冲星：其准确的时钟信号为引力波探测等应用提供了理想工具，为国际脉冲星阵探测引力波的重大基础研究做出了原创性贡献。

位于上海松江佘山65 m的天马射电望远镜是国际先进的全方位可动大型射电天文望远镜系统，配备了L、C、S/X、Ku、X/Ka、K及Q等波段的低温接收机，在分子谱线观测、脉冲星和VLBI的射电天文观测方面具有优势。我国还装备有50 m、40 m和25 m射电望远镜，以及拟议中的110 m口径全可动射电望远镜（QTT）项目。

我国在中国科学院国家天文台兴隆观测站装备了6 m口径大天区面积多目标光纤光谱望远镜（郭守敬望远镜，LAMOST），以及2.16 m光学望远镜、1.26 m红外望远镜等光学天文设备；在中国科学院云南天文台丽江天文观测站建有2.4 m、1.8 m望远镜，暴发与光学暂现源全球观测系统的60 cm全自动望远镜BOOTES-4；中国科学院上海天文台佘山天文观测站拥有156 cm的光学折射望远镜；中国科学院紫金山天文台拥有1 m近地天体望远镜；等等。我国正在推进研制的12 m口径光学/红外望远镜将显著增强我国天文观测和研究能力。

（2）高海拔伽马射线天文和宇宙线观测台

位于海拔4300 m的西藏羊八井已建成了中日合作的ASγ和中意合作的ARGO-YBJ两个伽马射线天文和宇宙线观测设施。ASγ已观测到了Crab脉冲星、活动星系核Mrk421和Mrk501等著名的伽马射线源，开展了"膝"区宇宙线能谱和成分的观测研究，发表于*Science*的宇宙线各向异性度的观测结果，被认为是几十年来对粒子天体物理研究最重要的贡献之一。ARGO-YBJ是国际上第一个全覆盖空气簇射探测器阵列，实现了数百吉电子伏伽马射线观测的低阈能，已经测量到Mrk421爆发现象，实现了单日爆发达到4σ显著性的观测，实现了与X射线和其他波段探测手段的联合观测。

高海拔宇宙线观测站（LHAASO）项目是国家重大科技基础设施建设项目，位于四川省稻城县海拔4410 m的海子山，占地2040亩[①]。LHAASO的核心科学目标是探索高能宇宙线起源及相关的宇宙演化、高能天体演化和暗物质的研究。LHAASO将在高能端以最高灵敏度探测伽马射线，对万亿电子伏

---

① 1亩≈666.7 m²。

能段的伽马射线源有最强的巡天扫描搜索能力，对宇宙线的能谱测量将覆盖最宽广的能量范围。

（三）我国空间天文研究队伍

我国空间天文观测与研究队伍不断进步，逐步形成了从人才培养、仪器设备研制、观测和理论研究到应用服务的较完整体系，聚集了一批在国内外有影响力的学术带头人和优秀创新研究群体，研究队伍的年龄结构趋于合理。在国际核心期刊上发表的论文大幅度增加，国际上有较高显示度和较大影响力的成果显著增加。

据不完全统计，目前国内专门从事空间天文观测与研究的人员约有 500人，主要分布在中国科学院高能物理研究所、中国科学院国家天文台、中国科学院上海天文台、中国科学院紫金山天文台、中国科学院云南天文台、中国科学院理论物理研究所，以及清华大学、南京大学、北京大学、中国科学技术大学、首都师范大学、广西大学、厦门大学、复旦大学、广州大学、中山大学、华中科技大学、华中师范大学等单位，其中在中国科学院高能物理研究所、中国科学院紫金山天文台、南京大学、广西大学、清华大学、厦门大学、复旦大学、中国科学技术大学、中国科学院国家天文台和中国科学院上海天文台形成了具有一定规模的研究团队。目前，已经建成的主要从事空间天文研究的重点实验室有中国科学院空间天文技术重点实验室（国家天文台）、中国科学院粒子天体物理重点实验室（中国科学院高能物理研究所）和中国科学院暗物质和空间天文重点实验室（中国科学院紫金山天文台）。我国空间天文领域在 X 射线双星的观测和数据分析、伽马暴余晖和能源机制、超新星遗迹的辐射和动力学演化、吸积盘理论、致密星双星的形成和演化等研究方面取得了一批有国际显示度的成果。

从当前任务和未来发展的角度看，我国空间天文研究队伍的规模和水平还远远不能满足需要，需要更大的发展和提升。

三、空间天文学发展态势分析

空间天文学强烈地依赖于尖端观测仪器和先进的航天技术，是各国展示科技实力的舞台，更是引领世界科技发展的重要驱动力。2002 年诺贝尔物理学奖中的天文奖项特别关注、开辟了空间 X 射线天文这一探测宇宙新窗口的科学家的贡献，2006 年诺贝尔物理学奖授予了 20 世纪 90 年代初首先探测到宇宙微波背景符合精确黑体辐射谱的 COBE 卫星的两个负责人；哈勃太空望远镜的观测也对获得 2011 年诺贝尔物理学奖的宇宙加速膨胀的发现做出了决定性的贡献，标志着空间天文学从技术突破开辟新窗口的起步时期进入以重大科学为驱动的成熟期。目前，不但所有的发达国家，一些发展中国家（如印度和巴西）也都有了实际的空间天文项目。

目前，空间天文学的重要前沿是开展小尺度精细结构和大尺度物理规律的科学探索，加深对宇宙和主宰其行为的物理过程的认识，试图回答宇宙是如何起源的，黑洞、恒星和星系是如何形成和演化的等重要问题，以及研究暗物质与暗能量的物理本质和在宇宙中的分布，寻找类地行星系统，探测暗物质和引力波，涵盖了当代及未来天文学与基础物理中最重要的研究领域。目前，基于卫星观测数据所开展的天文学研究构成了研究主体，而后续的天文卫星计划则决定着未来若干年天文学研究的发展趋势。

随着人类对研究自然规律、理解宇宙和探索太阳系外行星的需求发展，空间天文探测已经能够全面利用空间优良的天文观测条件，以及构建长基线望远镜所需要的大尺度空间，进入从伽马射线到射电波段的全电磁波波段时代，已经在空间通过探测宇宙线粒子来研究宇宙暗物质。值得关注的是，2016 年 2 月激光干涉引力波天文台 LIGO 第一次探测到引力波，开辟了人类观测宇宙的新窗口；2017 年 8 月的引力波事件观测到了光学对应体和多谱段信号，开创了引力波与广阔电磁谱段的多信使、全波段、全天时、全方位、高分辨率、高灵敏度和宽视场探测的新纪元。宇宙观测的广度、深度和细节的大大提高，将极大地丰富人类对宇宙的认识。对当代物理学、宇宙学和天体物理学共同关注的暗物质、暗能量本质问题的空间研究，将持续成为空间天文学研究的热点。此外，利用各种天文手段（包括地基和空间观测设备）在多个电磁波波段寻找类日地系统的行星系统，也成为天文学研究和观测的热点。空间天文学将带动自然科学发展，并为人类认识宇宙和自然规律做出重大贡献。

空间天文学的发展同样依赖于新的探测器件、探测系统技术、分析手段和能力。新技术与新方法将带来天文观测的进步甚至革命，在未来可能开辟新的观测窗口。在探测手段和分析能力方面，当前国际天文学的发展趋势如下。

1）大面积空间巡天和更高的空间、时间、光谱分辨率；大天区时变和运动天体的观测；全波段探测和研究，包括紫外、可见光、红外、X 射线和伽马射线。

2）开辟并发展电磁波外新的观测窗口，包括引力波天文学、中微子天文学、宇宙射线天文学，并与电磁波观测深入融合。

3）天地一体化观测，即通过空间望远镜和地面天文或其他仪器对同一天区或目标进行观测，充分利用各自观测的独特优势。例如，对引力波及其电磁对应体的观测，地面光学望远镜对伽马暴的后随观测，等等。

4）发展新的大数据和海量数据的处理方法与智能算法，发展计算天体物理学和天文信息学，并建立资料更完善、使用更方便的开放型数据库。

第三节　发展方向与发展战略

一、发展目标和关键科学问题

（一）发展目标

我国空间天文学到 2035 年发展的总体目标是：开展先进的多波段空间观测，发展引力波探测和系外行星探测技术，在理解宇宙极端物理过程和规律，宇宙暗物质性质、暗能量本质，以及星系形成及演化等重点领域取得重大发现，跻身于国际天文空间探测与研究的先进行列。在此基础上，全面开展引力波与电磁谱段等的多信使、多波段、全天时、高分辨率、高灵敏度探测，深入认识宇宙基本物理规律，在大部分领域达到国际先进水平，在部分领域达到国际领先水平，对现代天文学和相关物理学的发展做出原创性的重大贡献。

（二）关键科学问题

空间天文学面对的关键科学问题几乎是相同的。NASA 于 2013 年 12 月发布的《不息追寻大胆愿景——NASA 未来三十年的天体物理》，提出了未来几十年的天体物理发展路线图，所面对的是"我们是孤独的吗？""我们如何到来？""我们的宇宙如何运作？"这几个永恒的关键科学问题。

第一个科学问题是搜寻环绕其他恒星的行星，寻找生命迹象。为了研究系外行星，近期挑战是全面普查、了解行星系统；中期目标是通过直接成像和摄谱仪对恒星附近行星的表面及大气进行表征，通过超高对比光谱研究将直接测量系外行星的氧分子、水汽和其他分子；远期将绘出首个环绕其他恒星的类地行星的解析图像。期望首次确认遥远世界的陆地、海洋甚至生命信号。

第二个科学问题是描述恒星生命周期和星系历史。追踪从第一个星系和类星体，到现在的恒星和行星所形成宇宙的起源，要求跨越巨大的时间和波段范围进行观测。

第三个科学问题是揭示宇宙的基本物理规律。自然界创造的极端条件，如宇宙最初的几纳秒、中子星的内部和时空严重弯曲的黑洞附近，是地面实验室永远达不到的。在该科学问题的近期和中期目标中，需要深度探测宇宙暴涨的物理过程，确定驱动目前加速膨胀的机制，检验爱因斯坦广义相对论关于旋转黑洞视界附近的著名预言，判定自然界能达到的最高密度和压力下的核物质的性质。远期应解析黑洞视界在自身吸积热气体盘的阴影，同时通过引力波探测可能反映宇宙暴涨时产生的时空涟漪。

世界各国的空间天文在轨、在研或规划项目的科学目标从宏观上都是围绕上述三大科学目标，但各个项目的具体科学目标则受多种因素的约束。

一些先驱项目取得的突破引发了新的热点，特别是引力波及其电磁对应体的探测。2015 年 9 月 14 日，升级的激光干涉引力波天文台（aLIGO）探测到第一个引力波暴（爆发性的引力波事件的简称）GW150914，正式开启了引力波天文学时代。此后，aLIGO 又发现了第二个、第三个和第四个事例，表明双黑洞并合的发生率比以前估计的高得多，引力波研究将产生重大科学发现。2017 年 8 月的引力波事件观测到光学对应体和多谱段信号，开创了引力波与广阔电磁谱段的多信使、全波段、全天时、全方位、高分辨率、高灵敏度和宽视场探测的新纪元。空间引力波的探测和引力波电磁对应体的探测将成为未来 20～30 年的研究热点。

（三）我国空间天文学的战略重点

围绕三大科学问题，结合我国实际情况，今后我国的空间天文战略目标如下。

战略目标 1：研究宇宙天体的高能过程和黑洞物理，以黑洞等极端天体作为恒星和星系演化的探针，理解宇宙极端物理过程和规律。

在空间天文方面，有两个极具挑战的研究对象，一个是伽马射线爆发源，另一个是黑洞。我国的空间高能天文观测具有很好的基础，HXMT 卫星的硬 X 射线巡天和伽马暴探测能力，以及 SVOM 卫星的伽马暴多波段探测能力，将使我国在伽马暴探测领域跻身国际前沿。通过 HXMT 卫星、EP 卫星和 CSS-OS 望远镜对大批宇宙高能辐射源开展系统和更加高精度的观测，深入研究恒星、星系、星系团等各种尺度宇宙天体的演化，宇宙中各种剧烈爆发现象产生的物理过程、极端相对论喷流和高能粒子加速过程，以及黑洞、中子星等极端天体的物理性质和强引力、强磁场中的物理规律。因此，强烈需要后续更先进的、天文台级别的空间高能天文项目来完成这些科学研究，使我国在这一空间天文主导领域处于国际先进行列。

战略目标2：在探测手段和研究对象上进行扩展，以宇宙暗物质探测和引力波与电磁辐射多信使联合观测为突破口，认识天体剧烈变化和宇宙演化的基本物理规律。

构成宇宙的暗物质和暗能量学说还有待更多观测事实的支持；引力波是弯曲时空中的涟漪，来源于白矮星、中子星和黑洞等致密双星系统剧烈的巨大质量变动，但其物理过程并不清楚，这些都是未来若干年内令世人瞩目的热点重大科学问题。因此，发展新一代宇宙辐射和暗物质探测设施、引力波空间天文台，开展更高灵敏度和更大统计量的空间粒子观测、更加灵敏的引力波及其电磁对应体观测，以及高精度光学巡天和空间长基线天文干涉观测等都将具有重要的科学意义。

战略目标3：在太阳系外行星观测研究方面，计划发射太阳系外类地、类木行星搜寻卫星，对位于20～30 pc的恒星开展类地、类木行星探测，精确测定行星的质量、轨道、可见光和红外光谱，以及上述物理参数随时间的变化情况，并建立上述行星半径、密度、有效温度、反照率、大气环境、温室气体、表面重力等重要物理参数的数据库。初步对宇宙中是否存在另一个"地球"这一基本科学问题做出回答。

二、发展战略和部署建议

（一）发展思路和发展途径

我国空间天文将着力发展天文卫星，加强空间站天文设施，规划未来长期发展，走可持续和创新跨越式发展的道路。

基本思路：瞄准前沿科学问题，加强优势领域，适当扩大规模；重点发展高能天体物理观测、空间光学巡天观测、宇宙线粒子和暗物质探测、引力波空间观测和空间VLBI射电观测；大力加强天体物理和宇宙学理论研究及数值模拟；大力发展新型探测器技术；在天文卫星的发射数量、主导和实质性参与国际空间天文卫星计划，以及形成完整的空间天文研究体系方面，均有大幅度提升。同时，通过空间天文探测计划的实施，带动若干航天和空间仪器关键技术的发展，将满足国家重大战略需求与发展空间天文学结合起来。

1. 中国科学院空间科学先导专项卫星计划

空间科学先导专项的研究内容覆盖了从科学思想的提出到获取科学成果的全过程，包括开展空间科学发展战略规划研究，创新概念研究和相关探测技术预先研究，科学卫星关键技术研究，空间科学卫星的研制、发射和运行及科学卫星上天后的科学数据应用。这些内容构成空间科学任务从孵育、前期准备、技术攻关到工程研制、成果产出的完整链条。

通过空间科学先导专项，加强对未来的天文卫星计划和必需的关键技术进行预先研究，创新卫星任务概念研究，实施并高质量完成爱因斯坦探针（EP）卫星研制，开展后续背景型号研究，为"十四五"乃至更长时间段空间科学的发展做好技术准备，奠定发展基础。

2. 中国空间站空间天文项目

空间站作为独特的有航天员参与、有天地往返运输支持的空间实验室和长期（预期至少 10 年）观测平台，为空间天文观测、宇宙学研究和基础物理实验提供了重要机遇。美国、日本等国充分利用 ISS 开展了天文研究。在我国空间站已经部署的 CSS-OS 项目和列入规划的高能宇宙线探测设施 HERD之外，可通过滚动计划，及时将有创意、有重要意义的天文探测器送上空间站，或根据发展升级空间站上的天文设备，在广阔的电磁波波段观测各种重要和极端的天体、发现新的天文现象、研究宇宙学的重大问题和开展前沿基础物理实验，结合国家重大战略需求（如脉冲星导航）和前沿空间天文技术的科学实验技术实验验证，从而推动我国空间天文学全方位的发展。

3. 亚轨道实验探测平台

高空科学气球和探空火箭等亚轨道平台对发展我国空间天文学，及相关的关键技术和实验验证能力具有重要作用。

我国于 20 世纪 70 年代末开始发展高空科学气球，在 80~90 年代形成了较强的高空科学气球探测能力，对我国空间天文技术尤其是高能天体物理实验技术的发展做出了不可替代的贡献。但是由于种种原因，该能力目前没有继续为空间天文的发展服务，如果不能及时得到扭转，将成为我国未来空间天文学发展的一个制约因素。

高空科学气球系统应作为我国空间天文学发展的重要实验平台，在可见光、红外、硬 X 射线和伽马射线等波段进行天文仪器的实验和先导天文观测。

在内陆高空科学气球飞行常规化、业务化运行的同时，积极发展在南极实施长时间高空科学气球飞行的相关技术，尽早建立南极高空科学气球飞行基地。高空科学气球将高效灵活地开展空间天文新技术的低成本验证实验，以及新概念或先导性天文观测，并开辟人才队伍培养的有效渠道。

4. 国际合作项目与学术交流

广泛的国际合作是国际空间天文学发展的趋势。国际合作是实现我国空间天文战略目标的战略途径，应结合我国的空间天文卫星科学计划加强与ESA 及其他各国空间机构等的合作。需要遴选安排出若干有合作基础、以中国为主的重大空间天文国际合作项目，与国际空间天文计划形成互补。同时，鼓励和支持中国科学家参加国际空间天文项目，以提高我国空间天文研究水平，促进科研成果产出，加快我国空间天文学的发展速度，扩大我国空间天文学研究的国际影响力。

空间天文领域进行的国际合作方式如下。

1）合作研制观测设备。POLAR、SVOM、DAMPE 和 HXMT 在科学目标、工程概念、方案设计、设备研制和技术合作等方面都进行了广泛的国际合作，我国下一代高能空间天文台（如 eXTP、HERD 等设备）的研制，也应该通过国际合作充分吸收先进国家的相关技术和经验。

2）合作研究。我国各主要天文单位每年都派出一定数量的学者到国外一流科研单位进行较长期的进修和合作，同时邀请一批国际学者来国内访问。

3）双边会议。与德国、法国、瑞士、意大利、美国等国家建立比较长期稳定的双边会议制度。

4）联合培养研究生。

（二）空间天文学的优先发展方向和总体布局

我国空间天文领域的中长期科学发展目标：有选择地开展针对重大科学问题的前沿探索与研究，在黑洞、暗物质、暗能量和引力波的直接探测，以及地外生命的探索等方面取得突破性进展。

为实现上述目标，从现在至 2030 年的这段时间，结合我国空间科学的发展基础和技术条件，对上述科学问题及为每个问题寻找答案所提出的科学计划进行了规划，其对应关系如表 3-4 所示。

表 3-4 科学问题与规划计划对应关系

主题	问题	子问题	规划计划
物质是如何起源、发展和运动的?	宇宙是如何起源和演化的?	宇宙是由什么构成及如何演化的?	"天体肖像"计划、"天体光谱"计划、"空间粒子探测"计划
		宇宙中不同尺度的结构和天体是如何起源及演化的?	"黑洞探针"计划、"天体光谱"计划、"空间粒子探测"计划
		是否存在超越现有基本物理理论的新物理规律?	"黑洞探针"计划、"天体号脉"计划、"太极"计划和"天琴"计划等"空间引力波探测"计划、"空间粒子探测"(暗物质探测)计划
	生命是如何起源和演化的?	生命是如何起源和演化的?	"系外行星探测"计划
		获取地球以外存在生命的证据	"系外行星探测"计划

1. "黑洞探针"计划

"黑洞探针"计划的科学目标:通过观测宇宙中的各种黑洞等致密天体及伽马暴,研究宇宙天体的高能过程和黑洞物理,以黑洞等极端天体作为恒星和星系演化的探针,理解宇宙极端物理过程和规律。

"黑洞探针"计划回答关于宇宙组成和演化的以下几个重要的前沿科学问题:①黑洞等极端和致密天体的性质是什么?②黑洞等极端和致密天体是如何与它们周围的环境相互作用的?③极高密度、极强磁场和极端引力场中的物理规律是什么?④大质量恒星是如何演化和最后形成黑洞等致密天体的?⑤超大质量黑洞是如何形成和增长的?⑥超大质量黑洞在星系及宇宙大尺度结构的形成和演化过程中起什么作用?⑦高红移(早期)宇宙中暗物质和暗能量是如何演化的?

根据目前中国空间天文学的发展现状,"黑洞探针"计划的项目(硬X射线调制望远镜 HXMT、空间变源监视器 SVOM、伽马暴偏振探测仪POLAR)已经实施或正在研制,将在近几年陆续发射。

2. "天体号脉"计划

"天体号脉"计划的科学目标:对天体各波段的电磁波与非电磁波辐射进行高测光精度和高时间精度探测,理解天体内部结构和各种剧烈活动过程。

宇宙中各种天体的电磁辐射信号随时间的变化提供了天体内部结构和天体活动的基本信息。恒星、白矮星和中子星的周期性光变对于理解它们的性质有决定性的作用。美国 RXTE X 射线天文卫星发现了很多中子星和恒星级质量黑洞系统丰富多彩的快速光变行为，但是目前我们仍然没有从根本上理解中子星的内部结构和状态方程，没有准确地测量到黑洞的自转参数的分布，不能对中子星和黑洞吸积物质及产生相对论喷流的动力学过程给出详细的描述。中子星表面和黑洞视界附近的电磁波辐射主要集中在 X 射线波段，因此需要实施"天体号脉"计划，对这些天体的 X 射线等波段的辐射进行高测光精度和高定时精度探测，从而回答上述这些基本的天体物理问题。

"天体号脉"计划目前主要包括增强型 X 射线时变与偏振探测卫星（eXTP）、爱因斯坦探针（EP）和引力波暴高能电磁对应体全天监测器（GECAM）。

3. "天体肖像"计划

"天体肖像"计划的科学目标：获得太阳系外的恒星、行星、白矮星、中子星、黑洞等天体的直接照片，以及星系中心、恒星形成区、超新星遗迹、喷流等结构的高清晰度照片；开展各个波段的深度成像巡天，以及绘制各个波段宇宙辐射的高精度天图。

"天体肖像"计划包括空间站多功能光学巡天（CSS-OS）、空间毫米波VLBI 阵（SMVA）和空间甚低频射电天文台（SULFRO）等项目，其中 CSS-OS 已经正式立项。

4. "天体光谱"计划

"天体光谱"计划的科学目标：对天体各种波段（主要频段为光学、射电和 X 射线）的光谱进行高分辨测量，理解各种天体的化学组成、密度和温度，确定天体的距离（视向速度）、大小、质量、密度和运动速度，研究它们在不同层次和位置的物理过程和结构模型。

"天体光谱"计划包括空间站太赫兹探测实验、CAFE 小型紫外卫星和热宇宙重子巡天 HUBS 等项目，其中空间站太赫兹探测实验已经正式立项。

5. "系外行星探测"计划

"系外行星探测"计划主要搜寻太阳系外类地、类木行星，精确测定行星的质量、轨道、可见光和红外光谱及其物理参数随时间的变化情况，并建立上述行星半径、密度、有效温度、反照率、大气环境、温室气体、表面重力等重要物理参数的数据库。该计划初步对宇宙中是否存在另一个"地球"这一基本科学问题做出回答。其主要项目包括系外类地行星探测计划 STEP、

CPI 计划（包括两个空间任务：JEEEDIS 类木行星和光谱特征研究任务，计划于 2022～2024 年发射；ELSS 系外类地生命特征信号搜寻任务，计划于 2030 年之后发射）、"寻找宜居地球 - 新地球 Nearth"和"觅音计划"四个项目。

6."空间粒子探测"（暗物质探测）计划

众多天文观测表明，宇宙中的物质主要由不发出电磁波辐射的暗物质组成。然而，目前我们对暗物质的本质几乎一无所知。暗物质探测主要分为地面探测和空间探测两种，目前尚不清楚哪种方式能够率先探测到暗物质，因此必须齐头并进。空间暗物质探测的主要原理是试图探测各种理论模型预言的暗物质湮灭或衰变的产物，需要大体积和较重的复杂的粒子探测器系统探测这些产物。因为暗物质探测基本上不需要卫星平台的高精度指向，所以比较适合在空间站平台上实施暗物质探测计划。鉴于暗物质探测研究具有重大的科学意义，中国暗物质探测计划的第一步是在 2015 年发射了一颗暗物质粒子探测卫星 DAMPE；第二步将在 2023～2025 年利用中国空间站实施 HERD 项目。

7."空间引力波探测"计划

"空间引力波探测"计划也是我国基础研究领域的重大研究课题，已列入中国科学院制定的空间 2050 年规划，并得到国家的高度关注，科学技术部于 2016 年 6 月成立了引力波研究专家委员会，负责提出我国引力波研究的发展规划及阶段目标。中国科学院的"太极"计划提出于 2034 年前后发射三颗卫星构成等边三角形（边长为 300 万 km，绕太阳轨道运行）的引力波探测星组，中国科学院空间科学先导专项已经资助"太极"计划的预先研究项目；中山大学的"天琴"计划是我国科学家自主提出的空间引力波探测方案，基本方案是发射三颗卫星在半径约 10 万 km 的地球轨道组成等边三角形阵列，利用超高精度惯性传感器结合高性能卫星平台以屏蔽空间环境干扰，利用高精度星间激光干涉测量技术检测引力波信号。目前，"天琴"计划的各项工作正在国家各部委和多个地方政府的支持下稳步推进。

除空间引力波探测计划外，中国在地面间接探测引力波的实验（简称"阿里"计划），即探测宇宙微波背景辐射的 B 模偏振——原初引力波遗留的痕迹，已于 2016 年 12 月正式启动，预计 2021 年建成并投入观测。

由于引力波信号微弱且定位误差大，只有实现了引力波与电磁波的联合探测，才能深入研究和确认引力波的天体物理起源。为此中国科学院高能物理研究所提出了 GECAM 计划，清华大学提出了"天格"计划。"天格"计划拟于 2018～2023 年，在约 600 km 的不同轨道发射 24 颗微小卫星组成星座，实现空间分布式引力波暴电磁对应体的探测网。"天格"计划首颗技术验证星已于 2018 年 11 月发射入轨。

（三）我国空间天文学的空间任务建议

本小节介绍建议并正在推进的空间任务。

1. 中小型天文卫星

建议的中小型天文卫星有空间毫米波 VLBI 阵 SMVA（属于"天体肖像"计划）和系外类地行星探测计划 STEP（属于"系外行星探测"计划）。这些项目科学目标先进，已经通过背景型号研制，或者具有良好的技术基础。

（1）空间毫米波 VLBI 阵（SMVA）

利用毫米波 VLBI 技术进行黑洞周边区域成像，精确测量中央超大黑洞的质量，揭示活动星系核巨大能源之谜。该项目计划发射两颗椭圆轨道卫星，远地点约 60 000 km，每颗卫星携带一台 10 m 口径的射电望远镜，与地面望远镜配合，使得在 43 GHz 的观测达到约 20 微角秒的空间角分辨率。目前该项目已完成背景型号研究，首次自主研制了 10 m 可展开高精度空间天线原理样机。

（2）系外类地行星探测计划（STEP）

主要科学目标包括以下内容。

1）搜寻太阳系附近的类地行星。专门针对位于宜居带的类地行星开展高精度探测；探测对象为太阳系附近的 F、G、K 恒星。

2）太阳系附近行星系统的精确探测研究。更加全面地获取行星系统特别是低质量的行星样本，研究更精确的三维轨道和动力学特征。

3）宇宙距离尺度定标。利用 STEP 的亚微角秒测量能力，开展对太空中距离尺度的标准烛光——"造父变星"的精确测量和定标。

STEP 的视场角为 0.44°，主镜口径为 1.2 m，焦距为 50 m。光学结构拟采用 TMA（three-mirror anastigmat，三镜消像散）光学设计；焦平面使用镶嵌式拼接，并且采用外差式激光干涉定标技术，以保证大视场和高精度定位测量的要求。由于观测模式、平台稳定度和温控稳定度等方面的需求，轨道选用日地 L2 点。STEP 设计定位测量精度为 0.5～1 微角秒，是目前国际上定位测量精度最高的空间探测计划。目前该项目已完成背景型号研究。

2. 中国空间站空间天文任务

（1）空间站多功能光学巡天（CSS-OS）

见本章第二节第二部分，已经立项。

（2）太赫兹高灵敏度观测实验

见本章第二节第二部分，已经立项。

（3）高能宇宙辐射探测设施（HERD）

高能宇宙辐射探测设施（HERD）被初选为我国空间站运营期的天文项目。HERD 的主要科学目标：以前所未有的灵敏度搜寻暗物质；探究宇宙线起源的世纪之谜；开展最高灵敏度的高能伽马射线巡天，开展脉冲星导航体制的技术探索和前沿研究，并进行高灵敏度伽马射线偏振观测。HERD 包括三维成像量能器 CALO、包裹量能器五面的硅径迹探测器 STK 和塑闪探测器 PSD。HERD 量能器采用三维晶体颗粒阵列代替传统的长条交叉型的量能器方案，既提升了提取信息的精度，又使得量能器五面都具有灵敏探测能力。由于采用三维成像、五面灵敏量能器的创新设计，它的有效接受度等主要技术指标相比于已有或即将上天的同类实验将有数量级的提升，有效探测能区极大扩展，整体性能远超现有和计划中的所有实验方案。HERD 运行之后有望成为世界上最灵敏的高能电子、宇宙射线和高能伽马射线探测器。由于 HERD 的巨大科学潜力，意大利航天局和多个欧洲国家的科学天体已经明确参与该计划，HERD 将成为重大国际合作计划。

HERD 预计 2025 年左右送往中国空间站，在轨运行 10 年左右。HERD 舱外设备质量约 4000 kg（约含 18% 的结构质量），功耗约 1400 W。HERD 外形和包络约为 2 m 的立方体，已完成原理样机研制，在欧洲核子中心进行了两次束流实验，验证了方案可行性。

3. 中国为主的国际合作大型空间天文台计划

鉴于国际天文台的发展态势和中国的具体情况，需要发展我国大型旗舰级空间天文台，需要加强国际合作，得到国际空间天文界的支持，贡献先进的空间天文仪器，确保项目的科学先进性和技术可行性。目前，已经具有良好基础并且可行性明确的项目有空间高能宇宙辐射探测设施 HERD（"空间粒子探测"计划）。

（1）增强型 X 射线时变与偏振探测卫星（eXTP）

eXTP 在"天体号脉"计划中已有规划，它的核心科学目标是通过对一奇（黑洞）和二星（普通中子星和磁星）的观测，理解三极端条件下（极端引力、磁场、密度/能量）的极端物理规律。eXTP包括能谱测量X射线聚焦望远镜阵列（SFA）、偏振测量X射线聚焦望远镜阵列（PFA）、大面积X射线准直望远镜（LAD）和广角监视器（WFM）四种有效载荷，卫星总装后质量约3.5 t。其中，LAD在卫星发射时折叠压缩，入轨后再展开，是具有旗舰性质的大型X射线天文台，已经与ESA达成明确意向推进双边合作。

（2）空间高能宇宙辐射探测设施（HERD）

参见本节"中国空间站空间天文任务"，将与意大利和欧洲多国（地区）合作研制。

4. 正在积极开展预先研究的空间项目

（1）"空间引力波探测"计划

目前我国科学家提出了开展空间引力波探测的两个计划方案。

1）"太极"计划方案。发射三颗间距300万km的无拖曳卫星构成等边三角形引力波探测星组，绕太阳轨道运行，沿日心轨道运行，用6路激光干涉方法进行中低频波段（0.0001～1.0 Hz）引力波探测。它的主要科学目标为通过探测高红移双黑洞并合产生的引力波，寻找宇宙早期第一代恒星塌缩成的中质量黑洞，探索星系-黑洞共同演化过程，理解宇宙早期星系结构形成的规律。

2）"天琴"计划方案。发射三颗卫星在半径约10万km的地球轨道组成等边三角形阵列，利用超高精度惯性传感器结合高性能卫星平台以屏蔽空间环境干扰，利用高精度星间激光干涉测量技术检测引力波信号。通过对大质量双黑洞并合、极端/大质量比旋进事件、恒星级双致密星系统、随机引力波背景等一系列重要波源的探测，"天琴"计划将为我国打开毫赫兹频段（指频率在0.0001～10 Hz的较宽阔频段）的引力波探测窗口。"天琴"计划制定了分步走的技术发展规划，稳步推进空间引力波探测技术走向成熟。

（2）"系外行星探测"CPI计划

由中国科学院国家天文台南京天文光学技术研究所团队提出，CPI计划将采用直接成像技术探测系外行星，并研究行星大气的精确组成。该计划由JEEEDIS（计划于2022～2024年发射）和ELSS（计划于2030年之后发射）两个空间任务组成。JEEEDIS的科学目标是首次对外星黄道尘辐射强度的定量研究；首次对30 pc以内恒星（包括F型、G型、K型、A型，总计约

400 颗）雪线（snow line）附近的类木行星进行成像和光谱研究（预计探测80～100 颗）；初步开展近邻恒星（F 型、G 型、K 型，总计约 38 颗）宜居带内类地行星的成像观测和大气光谱特征研究（期望确认 2～4 颗）。目前，空间超高对比度成像系统试验成像的对比度首次在大区域内达到 10^{-9}。ELSS 的科学目标是在 30 pc 以内恒星宜居带内类地行星成像观测和大气光谱分析，搜寻并确认生命活动释放在行星大气中的化学元素并精确测量其组成，确认生命特征信号，为解答"人类在宇宙中是否孤独？"这一基本科学问题做出贡献。

（3）CAFE 小型紫外卫星

CAFE 小型紫外卫星将进行近邻系和星系际介质的 OVI 及中性氢 Lyα 发射线三维成图探测，研究涉及两个重要的天体问题——宇宙缺失重子，星系吸积和演化。

（4）热宇宙重子巡天（HUBS）

HUBS 的科学目标是寻找宇宙中"丢失"的重子物质，研究星系际介质和环绕星系的气体，了解宇宙大尺度结构及星系形成与演化的物理过程。这是一个大型项目，目前处于概念研究阶段。

（5）空间甚低频射电天文台（SULFRO）

建设世界上首个工作在 0.1～30 MHz 频段，且具备多项科学探索用途的空间望远镜阵列。其独有的工作频段将填补无线电波谱的最后一段空白，它前所未有的高分辨率和高灵敏度成像能力有望在宇宙黑暗时期探测、系外行星搜寻、太阳日冕抛射、星系形成等多个天体物理和基础物理前沿领域取得重大发现。

（6）寻找宜居地球－新地球（Nearth）

Nearth 的主要科学目标是亮星的系外行星搜寻（尤其是宜居带类地行星）和亮星的光变与星震学研究。目前，该项目处于概念研究阶段。

（四）空间天文学涉及的重要技术

空间天文学的发展离不开先进的空间天文探测技术，因此空间天文的"黑洞探针"计划、"天体号脉"计划和"天体肖像"计划需要启动部署一批重要的技术研发工作。

1. 空间深（超）长基线阵列技术

空间引力波探测需要突破超长基线极高精度星间激光干涉测量技术；"天

体肖像"计划所需望远镜的角分辨率只能通过望远镜干涉阵列来实现,需要建造空间 VLBI 阵、长基线(月基或月地、日地 L1 点和 L2 点)的望远镜阵列,以及光学和 X 射线干涉原理的高分辨率望远镜等。空间引力波探测需要部署关键技术预研和攻关。

2. 新一代空间高能电子/伽马射线探测技术

高分辨率观测高能伽马射线和电子是探测暗物质粒子的重要突破点。其关键技术包括超过现有空间项目指标数倍至一个量级的宽能区、大动态范围、高能量分辨率、大接收面积的高能伽马射线和电子探测技术;在万亿电子伏能区降低本底水平(对确认暗物质粒子信号特别重要),发展新的高能电子与高能质子高效甄别技术;大规模多路电子学读出系统、大载荷/平台质量比空间平台技术等。

3. X 射线聚焦成像和极高能量分辨率技术

X 射线聚焦成像和极高能量分辨率技术为下一阶段 X 射线天文的突破性发展,需要发展 10 keV 以下能区大面积亚角秒级分辨率的 X 射线聚焦天文望远镜技术,10 keV 以上能区角秒级分辨率的硬 X 射线聚焦天文观测技术,以及高性能焦平面半导体探测器阵列器件。将目前 100~200 eV 能量分辨率提高两个数量级(几个电子伏),为发展 X 射线色散、量能器技术和高能量分辨率成像技术开辟新的探测途径。

4. 空间光学天文探测技术

空间光学天文具有重大发现机遇和引领作用,需要发展大口径拼接主镜(6~10 m 级)的近衍射极限像质的高像质光学系统技术,高精度高稳定度光机结构及展开机构、空间波前检测及主动光学技术,宽波段高效镜面膜系和环境防护技术,高吸收率全波消光材料(99.5% 以上)、高性能面阵探测器和大面积焦面拼接技术,以及低振动长寿命快门技术、无缝和分光光谱技术、大功率制冷技术、热管理和高精度热控技术、微振动高效抑制技术、高精度导星仪和稳像技术、亚秒级空间平台指向凝视技术等一系列尖端技术。

5. 单光子弱光锁相测量技术

发展用于高精度月球激光测距、引力波探测和高精度时间频率传递等的单光子弱光锁相测量技术，具有高量子效率、1 ps 以下定时精度、体积小、质量轻等优点且适于空间应用。

6. 空间红外和亚毫米波天文探测技术

空间红外和亚毫米波天文探测需要突破极低噪声和极高等效噪声温度的短波到长波红外阵列的探测器件，极高灵敏度热敏感器（bolometer）和热敏半导体结、SIS 结宽能区高能谱分辨率的亚毫米波探测器，以及长寿命低功耗的机械制冷技术（包括 0.1～4 K 极低温区）、空间液氦杜瓦和超流氦技术、低温光机电（低辐射度镜面、光机电冷集成）技术等。

7. 空间紫外天文技术

突破制约我国空间紫外天文发展的关键技术，包括针对原子、离子和分子的紫外波共振谱线的高能谱分辨率探测器和滤光技术，极低表面粗糙度镜面和高反射效率紫外镀膜技术，以及高真空紫外探测系统测试和定标光源技术等。

8. 系外行星光谱与干涉观测技术

突破系外行星与其恒星辐射极高对比度（可见光约 10^{-10}，红外为 10^{-7}）的衍射光抑制技术，发展高对比度成像星冕仪技术；发展高精度波像差校正技术、残差 RMS 达 1/10 000λ）和高精度偏振成像技术（精度在 10^{-4}～10^{-3} 量级）、光机系统散斑噪声抑制技术；发展高精度光谱和测光技术（测光精度优于 10^{-4}）、高分辨率阶梯光栅光谱仪与激光梳技术（视向速度精度达到 0.1 m／s），鉴别系外行星大气成分的特殊指纹；发展红外空基消零干涉仪等空间干涉观测技术，探测较小质量的类地行星，并实现光谱分析。

9. 脉冲星导航技术

脉冲星导航是天文导航和天文应用的重要方向。发展能够自主导航和适于深空探测导航的 X 射线导航与时间频率技术，包括通过地面射电和空间 X 射线确定脉冲星参数及其特征，发展便于在航天器上装载且能够获取多颗脉冲星数据的 X 射线探测器及指向和定位技术，研究脉冲周期和时间频率在轨提取算法和自主导航算法，并对这些技术和算法开展实验验证。

参 考 文 献

国家自然科学基金委员会，中国科学院. 2012. 未来 10 年中国学科发展战略·天文学. 北京：科学出版社.

国家自然科学基金委员会数学物理科学部. 2008. 天文学科、数学学科发展研究报告. 北京：科学出版社.

李惕碚，顾逸东. 1983. 我国的高空科学气球和高能天文观测. 自然杂志，3: 163-169.

李惕碚，吴枚. 1993. 高能天文中成像和解谱的直接方法. Chinese Journal of Astronomy and Astrophysics, 3: 215-224.

卢方军. 2009. 透视宇宙的眼睛——"硬 X 射线调制望远镜". 国际太空，(12): 13-18.

陆埮. 1999. 宇宙：物理学的最大研究对象. 长沙：湖南教育出版社.

吴季，张双南，王赤. 2009. 中国空间科学中长期发展规划设想. 国际太空，(12): 1-5.

张和祺，徐永煊. 1998. 空间天文学. 北京：国防工业出版社.

张双南. 2009. 世界空间高能天文发展展望. 国际太空，(12): 6-12.

张双南. 2012a. 高能天体物理学研究与发展. 中国科学院院刊，27(1): 67-76.

张双南. 2012b. 我国空间天文发展的现状和展望. 中国科学：物理学 力学 天文学，42(12): 1308-1320.

中国科学技术协会. 2008. 2007～2008 天文学学科发展报告. 北京：中国科学技术出版社.

中国科学院基础科学局. 2009. 太空之路——中国至 2050 年空间科技发展路线图. 前沿科学，11(3): 6-7.

中国科学院空间科学项目中长期发展规划研究课题组. 2008. 中国空间科学项目中长期发展规划（2010～2025）.

中国科学院数理学部天文学科发展战略研究组. 2003. 中国科学院数理学部天文学科发展战略研究报告——21 世纪天文学. 济南：山东教育出版社.

《中国基础学科发展报告》编写组. 2001. 中国基础学科发展报告. 北京：中华人民共和国科学技术部国家自然科学基金委员会.

Council N. 2010. New Worlds, New Horizons in Astronomy and Astrophysics. Washington D C: The National Academies Press.

ESA. 2005. Cosmic Vision 2015-2025 technology development plan. http://www.esa.int/esapub/br/br247/br247.pdf [2018-03-28].

ESA. 2018. ESA space science mission navigator. http://www.esa.int/Our_Activities/Space_Science/Mission_navigator [2018-03-28].

JAXA. 2018. JAXA projects. http://www.jaxa.jp/projects/index_e.html [2018-03-28].

Kouveliotou C, Agol E, Batalha N, et al. 2014. Enduring Quests-Daring Visions (NASA astrophysics in the Next Three Decades). Eprint Arxiv, arXiv: 1401.3741.

Li T P, Wu M, Lu Z G, et al. 1993. Modulation imaging based on a direct deconvolution technique. Ap&SS, 205: 381-385.

Luo J, Chen L S, Duan H Z, et al. 2016. TianQin: A space-borne gravitational wave detector. Classical & Quantum Gravity, 33 (3): 035010, 1-19.

Monnet G, Molster F, Melnick J. 2007. A science vision for European Astronomy in the next 20 years. Messenger, 130: 1-3.

NASA. 2018. NASA documents. htttp://science.nasa.gov/astrophysics/documents/ [2018-03-28].

Ubertini P, Gehrels N, Corbett I, et al. 2012. Future of Space Astronomy: A global Road Map for the next decades. Advances in Space Research, 50(1): 1-55.

White N E, Diaz A V. 2004. Beyond Einstein: From the Big Bang to black holes. Advances in Space Research, 34(3): 651-658.

第四章
月球与行星科学

第一节　科学意义和战略价值

一、月球与行星科学概述

（一）月球与行星科学概述

月球与行星科学是以地球科学的理论和方法为基础，以月球与太阳系探测的成果为主线，与地外物质、数值模拟和实验研究成果相互融合所产生的一门新兴学科。月球与行星科学是研究太阳系各天体的地形地貌与地质构造、物质组成与化学成分、天体起源与演化规律的一门科学。月球与行星科学作为空间科学的重要组成部分，是将太阳系的起源和演化、地外生命及其相关物质、太空资源开发和利用作为主要研究内容，在空间科学和航天探测发展中占有重要地位。

月球与行星科学是在天文学和地球科学基础上发展起来的。月球和行星是天文学早期的重点观测目标，至今仍在不断更新。地球首先是一颗行星，也是人类了解最为透彻的天体，月球与行星科学的基础理论、研究方法和技术手段，大部分是借鉴了地球科学的研究基础。

月球与行星科学是一门典型的交叉学科，包括行星天文学、行星物理学、行星化学、行星大气科学、行星地质学、行星生物学、比较行星学等分支学科。

月球与行星科学的研究对象是太阳系内除太阳之外的各类天体，尺度从微米大小的宇宙尘、微陨石，到木星、土星等巨行星；研究内容包括各类天体的运动特征、大小与形貌、空间与表面环境、物质组成与分布、地质构造、内部物理场与结构、起源和演化历史等。

月球与行星科学的发展一方面依赖于陨石学研究的科学成果；另一方面依赖于空间探测的发展。陨石是来自地球之外的小行星和行星的样品，是太阳系演化历史的见证者，是非常珍贵的科学资源。陨石学研究不但探索和揭示太阳系的起源和演化历史，而且为深空探测科学目标的确立和探测数据的解译提供服务。陨石学主要研究方向包括不同类型陨石物质成分特征及其成因、太阳系外物质与恒星演化的物理化学过程、灭绝核素与太阳系早期演化的同位素定年、太阳星云的形成与演化、金属－硅酸盐的熔融分异与行星核幔的形成、冲击变质与高压矿物学、陨石与宇宙尘样品的收集等。人造地球卫星和各种行星探测器的相继发射，获得了有关地球和太阳系其他天体许多地质构造、化学特征与物理特征等方面的知识，成为月球与行星科学发展的重要研究手段。随着航天技术的进步，月球与深空探测任务获得了大量观测和探测数据，成为月球与行星科学研究的主要数据来源。

（二）主要研究方向及研究内容

21 世纪是人类全面探测太阳系的新时代，通过对月球和火星的重点探测，以及太阳系各类天体的深入探测，有望形成太阳系起源和演化的整体性认识。月球与行星科学的主要研究方向可归纳为以下三个方面。

1. 太阳系的起源和演化

研究内容包括太阳系起源的初始条件、物理与化学过程和阶段，以及行星际物质的性质；行星吸积过程和核、幔、壳的形成过程；行星系统与卫星的形成过程；太阳系形成和演化的年代学与时间序列，太阳系内撞击作用频率与撞击体大小的变化历史；小行星和彗星的撞击对行星形成和演化的影响。

2. 太阳系内各层次天体的成分和地质作用

研究内容包括类地行星和类木行星的成分组成；行星和卫星的地质动力作用及其时间序列；地球物理和地球化学作用如何影响太阳系内天体的形成与演化；行星和卫星的磁层、大气层结构、组成与形成过程，行星和卫星壳层的起源与演化，行星和卫星的内部结构与组成；行星的空间环境特征及与太阳风的相互作用。

3. 比较行星学

以地球为基础对比研究行星的物质组分、地质作用过程与演化历史的时间序列、内部物理场与结构、大气和气候变化、热演化过程与历史；以太阳系宜居带理论为参照（即恒星大小、行星与恒星距离、行星的大小及其特征），研究地球、太阳系和系外行星系统的演化过程；行星和卫星、太阳系小天体的对比研究；生命所需的行星环境演化过程的对比研究；综合分析行星的共性与各自的特性，建立各行星演化与太阳系演化的理论模型。此外，月球与行星科学和天体生物学（或称宇宙生物学）相交叉。天体生物学的内容请见第六章。

二、月球与行星科学的科学意义和战略价值

月球与行星科学是具有基础性、创新性和带动性的前沿学科，将拓展与深化地球科学、空间科学与天文学的研究领域；国外的大学普遍成立"地球与行星科学系"，国际上常设性召开"月球与行星科学大会"或"地球与行星科学大会"。

月球与行星科学作为一门新兴交叉学科，是地球科学的自然延伸。行星系统是验证地球系统已知规律的理想实验室，行星科学的发展也有助于地球科学新概念、新方法、新理论的提出和验证。

月球与行星科学是一门古老的学科，但其最主要的进展是在进入空间时代以来取得的，因此我们主要关注月球与深空探测领域的进展。月球与行星科学的发展和不断深入，将酝酿新的深空探测任务，并牵引航天技术、原位和遥感探测技术的新进步。

爱因斯坦曾指出"未来科学的发展无非是继续向宏观世界和微观世界进军"。而行星科学开展大到宇宙天体、小到极端条件下原子与分子运动规律的探索，占据了自然科学宏观和微观的前沿，具有前沿性、探索性、创新性、引领性强的特点，是有望在各科学领域中较快取得突破、实现跨越式发展，并带动相关高技术领域跨越式发展、提升国家整体科技实力、实现科技领先的科学。行星科学的发展主要依靠空间探测活动的开展，因此各个航天国家和地区，如美国国家航空航天局、欧洲航天局、俄罗斯联邦航天局、日本宇宙航空研究机构、印度空间研究组织等，纷纷推出了自己的月球与太阳系探测规划。

从各国正在进行和未来计划进行的深空探测活动的目标看，当代国际深空探测的主要使命是加深人类对太阳系的认知、拓展人类的活动空间、探寻地外的生命信息。通过一系列深空探测活动，揭示宇宙奥秘与生命起源，进一步了解并保护地球，激发公众的探索精神。太阳系的形成与演化、地外生命信息的探寻、太阳和小天体活动对地球的灾害性影响等，这些追根溯源性的科学问题需要通过系统的深空探测才能得到诠释。例如，对行星及其卫星、矮行星、小天体、行星际物质等共性和特性及其演化的探测与研究，是揭开太阳系起源和演化最直接的证据；火星、木星系统、土星系统、小行星与彗星等天体的生命信息及其生存环境是研究生命起源的重要对象；对太阳剧烈活动和小天体运动规律的探测与研究，是避免地球和人类生存环境受到灾害性影响的必要手段；对类地行星环境的研究，尤其是对金星失控温室效应的探测，可以为认识地球全球变暖与人类活动之间的关系提供重要启示。

第二节　发展历史、现状和趋势

一、国际月球与行星科学发展状况

（一）发展历程概述

天文学发展进入望远镜时代后，极大地增强了人类对太阳系天体的认识能力。此后，人们不断地改进和完善望远镜的性能，从而进一步了解包括太阳系天体在内的各类天体和天体系统的诞生过程及其演化规律。除了地基望远镜观测，摆脱地球引力、开展深空探测逐渐成为重要的发展方向。

1957年，苏联发射了第一颗人造地球卫星。从1958年8月美国发射第一颗月球探测器Pioneer 0号开始，到实现对月球、金星、火星、太阳、水星、木星、土星、小行星、彗星等太阳系天体与行星际空间的首次探测，再到21世纪以来的每一次太阳系探测任务，人类发射的航天器已经抵达太阳系的各个角落和所有类型的主要天体。

太阳系探测是指利用航天器探测太阳系内各层次天体和行星际空间的深空探测活动。至今，世界各国已实施了200多次月球与行星探测活动和6次载人登月考察，先后对月球、各大行星及其卫星、矮行星、小行星和彗星等天体进行了全方位、多手段的科学探测。从太阳到柯伊伯带、（矮）行星及卫星到小行星和彗星，太阳系探测显著带动了人类的科学创新、技术突破和应用拓展；增长了人类对宇宙尤其是太阳系的认知，拓展了人类知识疆界；提高了人类认识和保护地球、拓展生存空间的能力；激励了人类特别是年轻一代的探索、发现和挑战精神。

21世纪以来，世界各主要航天国家和组织纷纷制定并公布了各自的太阳系探测规划，积极规划各自在月球与行星科学、空间科学和航天活动方面的发展蓝图。发展态势表明，21世纪是人类全面探测太阳系的新时代，通过对月球和火星的重点探测，以及太阳系各类天体的深入探测，有望形成太阳系起源和演化的整体性认识，致力于促进人类社会可持续发展的长远目标。

我国探月工程作为国家中长期科技发展规划重大专项，首次探月工程嫦娥一号任务和探月工程二期嫦娥二号任务取得了圆满成功，2013年12月发射的嫦娥三号使我国成为世界上继美国、苏联之后第三个实现月面软着陆和月球车巡视勘查的国家，以月球取样返回为目标的探月工程三期嫦娥五号任务已准备就绪。随着探月工程的成功实施和国际太阳系探测的发展，月球之外的其他主要天体也必然成为中国航天技术和空间科学发展的重要目标。当前正是中国启动并加快实施太阳系探测的战略机遇期，太阳系探测将成为中国航天事业和科技进步的重要标志。

（二）主要研究机构发展现状

月球与行星科学的研究机构既包括各类研究中心、研究所，也包括综合性大学的相关院系。国际上比较著名的研究机构有 NASA 的喷气推进实验室（Jet Propulsion Laboratory，JPL）、约翰逊航天中心（Johnson Space Center）、哥达德航天飞行中心（Goddard Space Flight Center）等下属机构，以及月球与行星研究所（LPI）、行星科学研究所（PSI）等。美国很多大学，如加州大学洛杉矶分校及戴维斯分校、亚利桑那大学、布朗大学、田纳西大学、夏威夷大学等均设有相关学科的系和研究所，近年来又形成一些类似大学联盟的研究网络和虚拟研究机构。此外，国际天文学联合会（IAU）专门为行星科学设立了行星系统科学部。

月球与行星科学的主要国际学术会议有月球与行星科学大会（LPSC）、欧洲行星科学大会（EPSC）等。由中国科学院发起的月球与深空探测国际论坛、澳门科技大学发起的月球与行星科学国际学术研讨会已连续召开多届。

本领域的主要学术期刊包括《地球与行星科学通讯》（*Earth and Planetary Science Letters*，EPSL）、《地球化学与宇宙化学学报》（*Geochimica et Cosmochimica Acta*，*GCA*）、《地 球 物 理 通 讯》（*Geophysical Research Letters*，*GRL*）、《地球物理研究》（*Journal of Geophysical Research*，*JGR*）、*Icarus*、《陨石与行星科学》（*Meteoritics & Planetary Science*，*MPS*）和《行星与空间科学》（*Planetary and Space Science*，*PSS*）等。

（三）发展历程和现状分析

1. 月球探测主要发展历程

月球探测经历了天文观测和空间探测两个阶段。1959 年以前，人类只能用肉眼和地基望远镜观察月球，观测的空间分辨率大于 10 km，主要研究其形状和运行轨道。1959 年以来，月球探测进入空间探测时代，各类航天器不仅获取了有关月球的大量探测数据，而且通过不载人与载人登陆取回了月球样品。对月球的空间探测可划分为以下三个时期。

（1）第一次探月高潮

在"冷战"背景下，1958～1976 年，美国和苏联展开了以月球探测为中心的空间科技竞赛，掀起了第一次月球和深空探测高潮。

1958～1976 年，美国共发射先驱者等 7 个系列 47 颗月球探测器，包括先驱者系列（1958 年 8 月～1959 年 3 月）、徘徊者系列（1961 年 8 月～1965 年 3 月）、月球轨道器系列（1966 年 8 月～1967 年 8 月）、勘察者系列（1966 年 5 月～1968 年 1 月）、阿波罗系列（1963～1972 年）、艾布尔系列（1959～1960 年）、探险者系列（1966～1973 年）。其中成功 35 次，成功率为 74.5%。1964 年，美国的徘徊者 7 号探测器在月球上首次成功实现硬着陆。1969 年 7 月 21 日，阿波罗 11 号宇航员阿姆斯特朗和奥尔德林实现了人类首次登月。此后 3 年，阿波罗 12 号、14 号、15 号、16 号、17 号相继实现载人登月，获得了大量月表探测数据，共采集 381.7 kg 月球样品。

苏联共发射 4 个系列 61 颗月球探测器，包括月球系列（1958～1976 年）、探测器系列（1964～1970 年）、宇宙系列（1958 年 8 月～1959 年 3 月）、联盟 L3（1972 年），共成功 24 次，成功率为 39.3%。1959 年，苏联的月球 2 号成为第一个到达月球的人造物体。1970 年 9 月，苏联发射的月球 16 号探测器首次实现了月球自动取样并送回地球，月球 20 号和月球 24 号也进行了取样返回，共采集月球样品约 0.3 kg。1970 年 11 月，苏联月球 17 号探测器携带第一辆无人驾驶月球车 1 号首次在月球表面雨海地区行驶并进行科学探测，成为人类航天史上第一辆月球车。此后苏联送上月球的月球车 2 号行驶了

37km，向地球发回了 88 幅月面全景图。在美国成功实现载人登月后，苏联的载人登月计划取消。

这一时期的月球探测，显著带动了航天技术的发展，促进了一系列新技术的创新与推广应用，大大提高了人类对月球、地球和太阳系的认识，月球探测取得了划时代的成就。

（2）宁静期

1976 年及之后的 18 年没有进行过任何成功的月球探测活动。其原因可能是随着"冷战"形势的缓和，加之苏联的解体，空间霸权的争夺有所缓解；需要总结探测活动耗资大、效率低、探测水平不高的经验与教训，并提出新的探测思路和战略；需要加速研制新的空间往返运输系统和高效探测装备；对探测资料进行长时间消化、分析与综合，将月球科学研究提高到更高理性认识的阶段。

（3）重返月球

1994 年和 1998 年发射的克莱门汀号和月球勘探者号为重返月球拉开了序幕。

进入 21 世纪以来，各国共开展了 11 次探月活动（表 4-1）。这一时期新的特点是：①参与国家（地区）越来越多，中国、日本、印度、欧洲加入探月队伍，英国、德国、巴西、韩国等跃跃欲试；②探测重点从全月球普查开始，逐渐拓展到对特定问题和特定地区的详查探测，如嫦娥一号、嫦娥二号在世界上首次开展了对月球的被动微波遥感观测，嫦娥三号实现了阿波罗之后首次软着陆和巡视探测，LRO 开展了对月球的红外观测，LADEE 卫星针对月尘开展了探测，GRAIL 任务主要探测高精度月球重力场等；③对月球的探测已经从紫外、可见光、红外波段扩展到高能、微波乃至整个电磁波段，多波段数据的综合分析将显著提升人类对月球的整体性认识；④未来探月任务将对全球普查筛选出的特定地区和重点问题开展重点探测，并从认识月球阶段逐步进入利用月球阶段。

表 4-1　21 世纪以来月球探测任务概况

国家（地区）	探测任务	实施时间	备注
欧洲	SMART-1	2003 年 9 月～2006 年 9 月	绕月卫星，主要为技术验证
日本	SELENE	2007 年 9 月～2009 年 6 月	主卫星和两颗子卫星，全月球普查
中国	Chang'E-1	2007 年 10 月～2009 年 3 月	绕月卫星，全月球普查

续表

国家（地区）	探测任务	实施时间	备注
印度	Channdrayaan-1	2008 年 10 月～2009 年 8 月	绕月卫星，全月球普查
美国	LRO	2009 年 6 月发射	绕月卫星，全月球普查
美国	LCROSS	2009 年 6 月～2009 年 10 月	撞击探测器，月球极区探测
美国	ARTEMIS	2009 年 7 月发射	绕月卫星，太阳风与月球相互作用
中国	Chang'E-2	2010 年 10 月发射	绕月卫星，全月球普查和局部详查
美国	GRAIL	2011 年 9 月～2012 年 1 月	两颗绕月卫星，探测月球重力场
美国	LADEE	2013 年 9 月～2014 年 4 月	绕月卫星，探测月尘
中国	Chang'E-3	2013 年 12 月～2016 年 8 月	着陆器和巡视器，局部详查

新一轮探月的成功率大大提高，显示了探月技术的巨大进步。虽然重返月球和建设月球基地的进程可能由于世界经济与政治发展格局的演变而有所变化，但月球作为离地球最近的唯一天然平台，其高远的空间位置、特殊的空间环境、特有的自然资源对地球和人类社会的发展具有不可替代的价值，是人类向深空拓展的必经阶段和重要中转站。

人类选择重返月球的主要原因包括：①空间应用与空间科学发展的需求日益增强；②载人航天和空间往返运输系统等主要空间技术日益成熟，建立月球基地等工程已成为可能；③月球将是人类进行深空探测的前哨站和转运站；④月球潜在的矿产资源和能源的开发利用前景，为人类社会的可持续发展提供资源储备。

2. 火星探测主要发展历程

截至 2017 年 6 月，人类共进行了 43 次火星探测活动，其中成功和失败约各占一半。火星成为目前除地球之外研究程度最高的行星。

1960～1975 年掀起了第一次火星探测高潮，在此期间，苏联于1962～1974 年发射了火星号系列和宇宙号系列探测器，但几乎全部失败，只有一艘轨道探测器返回了 70 张照片。美国于 1964～1972 年发射了水手号系列火星探测器，其中水手 4 号于 1969 年 7 月 15 日返回了 22 张火星近距离照片，1972 年水手 9 号实现了对火星的全球图像覆盖；1975 年美国发射的海盗1 号、海盗 2 号探测器实现了在火星表面软着陆的壮举，其中海盗 1 号着陆于 Chryse 平原，一直工作到 1982 年；海盗 2 号着陆于 Utopia 平原，一直工作到 1980 年 4 月。

此后，美国和苏联又陆续进行了一系列火星探测，1988 年苏联发射了两艘 Phobos 飞船，1992 年美国发射了火星观测者号（Mars Observer），1996 年俄罗斯发射了 Mars 96，但遗憾的是这些探测器都发射失败，未能返回科学数据。

由于火星观测者号的失败，NASA 重新规划了美国的火星探测任务，在 1994 年启动了新一轮的火星探测计划（Mars Exploration Program，MEP），从战略上开始推行快、好、省的原则。这项战略要求在火星探测中选择小型、低成本、科学目标更明确的探测器，而不是高成本、多科学任务、系统复杂的大型探测器。而在此前，由于行星探测的高成本和系统的复杂性，NASA 每十年才能发射一个探测器，推行新战略原则之后，尽管受到预算限制，但 NASA 自 1996 年以来每个火星发射窗口至少发射了一个或者多个火星探测器（包括轨道器、着陆器和火星车）。原火星观测者号的科学目标也被分解成一系列小型的探测任务（表 4-2）。Missions of Opportunity（MO）任务中研发的 8 台科学仪器也应用于后续的探测任务，有效地降低了火星探测的任务成本和任务失败风险。

表 4-2　1996～2016 年美国火星探测任务状态及其类型

序号	发射时间	火星探测任务	状态	类型
1	1996 年	火星全球勘探者（MGS）	结束	轨道器
	1996 年	火星探路者（MP）	结束	着陆器和火星车
2	1998 年	火星气候探测器（Mars Climate Orbiter）	失败	轨道器
	1999 年	火星极地着陆者探测器（Mars Polar Lander）	失败	着陆器
3	2001 年	火星奥德赛号（Mars Odyssey）	运行中	轨道器
4	2003 年	火星探测漫游者（MER-A，勇气号）	结束	火星车
	2003 年	火星探测漫游者（MER-B，机遇号）	结束	火星车
5	2005 年	火星勘测轨道器（Mars Reconnaissance Orbiter）	运行中	轨道器
6	2007 年	凤凰号（Mars Phoenix）	结束	着陆器
7	2011 年	火星科学实验室（Mars Science Lab）	运行中	巡视器
8	2013 年	火星大气和挥发演化任务（MAVEN）	运行中	轨道器

1996 年后日本、欧洲、俄罗斯、印度等国家（地区）加入火星探测行列（表 4-3），但半数失败。欧洲在 2003 年发射了火星快车轨道器和猎兔犬 2 号（Beagle-2）着陆器，开启了欧洲行星探测的新征程。火星快车的科学载荷包括高分辨率和超高分辨率立体彩色成像仪、行星傅里叶光谱仪、红外矿物学探测光谱仪、紫外和红外大气光谱仪、空间离子和高能原子分析仪等，首次直接在火星南极表面发现了水冰。猎兔犬 2 号虽然从火星快车中成功发射出来，但并未得到证实成功登陆的信息。2016 年 ESA 与俄罗斯联邦航天局合作发射了斯基亚帕雷利号着陆器，是火星太空生物学计划（ExoMars-2016）的一部分，但最终着陆失败。

表 4-3 1996～2016 年各国家火星探测任务状态及其类型

序号	发射时间	国家（地区）	火星探测任务	状态	类型
1	1998 年 7 月	日本	希望号（Nozomi）	失败	轨道器
2	2003 年 6 月	欧洲	火星快车	运行中	轨道器
			猎兔犬 2 号	失败	着陆器
3	2013 年 11 月	印度	曼加里安（Mangalyaan, Mars Orbiter Mission）	运行中	轨道器
4	2011 年 11 月	俄罗斯	福布斯－土壤号（Fobos-Grunt）	失败	轨道器
		中国	萤火一号（Yinghuo-1）	失败	轨道器
5	2016 年 3 月	欧洲、俄罗斯	斯基亚帕雷利号（Schiaparelli）	失败	着陆器
			火星微量气体探测轨道卫星（ExoMars Trace Gas Orbiter）	运行中	轨道器

2013 年印度实施首次火星探测任务，成功发射了曼加里安号火星探测器，使印度成为继苏联、美国和欧洲之后第四个成功开展火星探测的国家（地区）。曼加里安号携带了大气中性成分分析仪、甲烷探测器、三色相机、热红外成像光谱仪、莱曼光度计等，用于探测火星表面的地形、矿物和大气等。

经过 40 多年的不懈努力，人类在火星的基本特征、磁层、电离层和大气层、地貌与地质构造特征、表面矿物和岩石的成分与分布、地球物理特征、内部结构等多方面取得了丰硕的成果。在火星表面发现存在大量的河网体系和类似水流侵蚀的沉积和地貌，激起了人类进一步探测火星、寻找火星上是否曾经存在过生命的热情。

火星的自然环境与地球最相似，是太阳系中唯一可能经改造后适合人类长期生存的天体。载人登陆火星、改造火星和移民火星，将是未来火星探索的愿景。探索火星的道路将十分漫长，但又充满希望与挑战。

3. 太阳系其他天体探测主要发展历程

（1）金星和水星的探测

金星和水星是离太阳最近的两颗行星，对它们的探测有助于研究太阳星云成分分异、坍缩、类地行星形成过程等太阳系演化历史。

金星因其具有浓密大气层等因素使得对其探测的技术难度增大，且对金星物质组成、地质构造、内部结构等的研究仍然相当薄弱。迄今的主要金星探测任务包括美国的水手系列探测器、先驱者系列探测器、麦哲伦号与伽利略号探测器；苏联的金星系列探测器；2005 年 11 月 ESA 发射的金星快车探测器；2010 年 5 月日本发射的拂晓号（Akatsuki）金星探测器（表4-4）。这些探测任务已获得金星的磁层、电离层、大气层的结构与成分，以及金星的地形地貌、表面环境、地质构造和内部结构的大量资料。其中，尤以麦哲伦号金星探测器的探测成果最丰硕。

表 4-4　近年主要金星探测任务

序号	发射时间	组织	探测任务	探测方式	状态
1	2005 年 11 月	ESA	金星快车	环绕	成功
2	2010 年 5 月	JAXA	拂晓号	环绕	第二次成功

作为太阳系中最靠近太阳的行星，水星探测器的温度控制和辐射防护难度较高。因此，迄今仅有一个水星探测器，即美国 2004 年 8 月发射的信使号（MESSENGER）水星探测器，于 2011 年抵达水星，成功将水星表面影像的空间覆盖从 45% 扩展到 100%，第一次得以了解水星的全部面貌。此外，在水星的磁场、重力场、物质成分等方面也获得了大量的科学成果。

（2）巨行星及其卫星的探测

对太阳系巨行星的探测，先后有先驱者系列探测器、旅行者系列探测器与伽利略号、卡西尼－惠更斯号、新视野号、朱诺号等探测器对木星、土星、天王星和海王星的大气层、磁层、表面环境与物理状态进行了探测，获得了大量探测数据。伽利略号探测器由轨道器和再入器组成，1995 年 12 月抵达环木星轨道，探测木星大气层构成、云层结构、温度、磁场等，2003 年结束探测任务。卡西尼－惠更斯号探测器于 1997 年发射，改变了人类对土星系统的认识，发现了多颗卫星，还发现了土卫二表面喷出水蒸气和尘埃的羽状物、土卫二南半球的冰层下存在海洋、含有冰粒和盐分的蒸汽从冰层裂缝喷出等现象，2017 年 9 月冲入土星大气层结束了 20 年的探测旅程，获得了大量土星、土星环及其卫星的宝贵数据。2006 年 1 月发射的新视野号是一个冥王星探测器，主要任务是探测冥王星及其最大卫星冥卫一（Charon）和柯伊柏带小行星等。2011 年 8 月 5 日发射的朱诺号探测器于 2016 年 7 月 4 日进入木星轨道，重点探测木星的物质组成、重力场、磁场、磁层和磁极，研究木星的形成与演化过程，包括木星是否有岩核、大气层深处的含水量等。近年木星及其卫星探测任务如表 4-5 所示。NASA 的新疆界计划（New Frontiers Program）包括新视野号冥王星探测器、朱诺号木星探测器和"源光谱释义资源安全风化层辨认"小行星探测器三项任务。

表 4-5　近年木星及其卫星主要探测任务

序号	发射时间	组织	探测任务	探测方式	状态
1	1997 年 10 月	NASA、ESA、ASI	卡西尼－惠更斯号	环绕土星，土卫六着陆器	成功
2	2006 年 1 月	NASA	新视野号	飞越	成功
3	2011 年 8 月	NASA	朱诺号	环绕	运行中
4	1989 年 10 月	NASA	伽利略号	环绕木星，飞越卫星	成功

（3）小行星与彗星的探测

长期以来，天文学家对小行星和彗星的轨道、运动特征、成分、类型、结构等进行过精细的观测与研究，小行星和彗星是太阳系形成时残留下来的初始物质，它们保存了太阳系形成时大量的珍贵信息，是研究太阳系形成和演化的考古样品；小行星和彗星也有可能是地球上生命起源的摇篮；小行星类型较多，成分差异很大，有可能成为人类可利用的独特资源与能源；小行星和彗星撞击地球，诱发气候环境灾变和生物灭绝。因此，研究小行星和彗星特别是近地小行星撞击地球及其危害，寻找防止小行星撞击地球的技术和方法，成为大家关注的焦点。1996 年后发射的会合－舒梅克号（NEAR Shoemaker）、卡西尼－惠更斯号、深空 1 号（Deep Space 1）、星尘号（Stardust，又称 Discovery 4）等深空飞行器飞越了多颗小行星。其中，会合－舒梅克号主要探测了爱神星（Eros）的形状、质量、构造、组成、磁场等特征，并首次实现了小行星降落。日本于 2003 年发射的隼鸟号探测了糸川 25143 号近地小行星，在轨旅行七年，突破了控制、导航、推进、采样返回、探测等多项关键技术，分析了采样的小行星微粒特征，并与地球陨石进行了对比，对人类探测小行星具有重要意义。在隼鸟号成功发射的基础上，日本又于2014年发射了隼鸟2号，携带了微型着陆车 Minerva Ⅱ、着陆器 MASCOT、撞击器 SCI 和科学探测载荷等，已于2018年6月底到达龙宫（Ryugu）1999 JU3 小行星，开展着陆和采样任务准备，计划三次附着进行采样返回，预计2020年返回地球。欧洲于2004年成功发射了罗塞塔号，是由欧洲和美国等十余个国家（地区）参与的国际计划，中途飞越火星和两颗小行星斯坦斯（2867 Steins）和鲁特西亚（21 Lutetia），2014年8月接近彗星楚留莫夫－格拉西门克（Churyumov-Gerasimenko），并环绕飞行进行探测，同年11月发射了携带的软着陆器，成功登陆彗星表面，成为人类目前唯一登陆彗星的着陆器。2006年发射的新视野号于2015年7月到达矮行星冥王星，飞越冥卫一，成为首个冥王星探测器，未来将探测柯伊伯带。2007年9月发射了黎明号探测器，是美国第一个小行星带探测器，2011年到达灶神星（Vesta），实现小行星带中的小行星探测，2015年3月进入谷神星轨道，进行了可见光与红外成像光谱探测，成为首个矮行星探测器。我国嫦娥二号在完成月球探测后于2010年10月成功飞越了图塔蒂斯（Toutatis）小行星。美国于2016年9月发射了"源光谱释义资源安全风化层辨认"探测器（OSIRIS-Rex），前往近地小行星贝努（Bennu），实现成像探测和小行星表面采样，将于2023年返回地球。近年来主要小行星探测任务如表4-6所示。

表 4-6　近年来主要小行星探测任务

序号	发射时间	探测任务	国家（组织）	探测对象	探测方式	状态
1	1996 年 2 月	会合－舒梅克号	NASA	Mathilde	飞越	成功
				Eros	环绕	成功
2	1997 年 10 月	卡西尼－惠更斯号	NASA、ESA、ISA	Masursky	飞越	成功
3	1998 年 10 月	深空 1 号	NASA	Wilson-Harrington	飞越	失败
				Braille	飞越	部分成功
4	1999 年 2 月	星尘号	NASA	Annefrank	飞越	成功
5	2003 年 5 月	隼鸟号	JAXA	小行星糸川 Itokawa	环绕、采样返回	成功
					着陆	失败

序号	发射时间	探测任务	国家（组织）	探测对象	探测方式	状态
6	2004 年 3 月	罗塞塔号	ESA	Šteins/Lutetia	飞越	成功
7	2005 年 1 月	深度撞击号	NASA	阿波罗型小行星 2002 GT	飞越	失败
8	2006 年 1 月	新视野号	NASA	APL	飞越	成功
				冥王星及卫星	飞越	成功
				2014 MU69	飞越	途中
9	2007 年 9 月	黎明号	NASA	Vesta、Ceres	环绕	成功
10	2010 年 10 月	嫦娥二号	中国	Toutatis	飞越	成功
11	2014 年 12 月	隼鸟 2 号	JAXA	Ryugu	环绕、采样返回	途中
12	2016 年 9 月	源光谱释义资源安全风化层辨认探测器	NASA	Bennu	采样返回	途中

通过小行星和彗星探测可以验证大量深空探测新技术，包括电推进、深空探测器自主管理、深空通信和先进载荷技术等，获取小天体的物理和化学属性，研究太阳系原始物质。深空 1 号是一个低价位的探测器，于 1998 年发射，飞越了近地小行星布雷尔（Braille），探测了包瑞利彗星（Borrelly）。星尘号是首次采集星际尘埃和彗星物质的飞行器，于 1999 年发射，2002 年飞越了安妮法兰克小行星，2004 年探测了怀尔德 2 号彗星，2006 年返回舱回到地球，主探测器飞至坦普尔 1 号彗星，2011 年结束探测任务。深度撞击号由飞行器和撞击器组成，2005 年 1 月发射，同年 5 月撞击器与坦普尔 1 号彗星相撞，对撞击时喷出的内部物质进行了光谱探测。

（四）本领域的重大科学突破

截至目前，人类发射的航天器已经探测过太阳系内的所有行星。60 多年的太阳系探测获得了大量新的观测数据，取得了丰硕的科学成果，加深了对太阳系的认知，拓展了人类知识疆界和活动空间；有助于理解地球生命的起源；寻找人类潜在的地外宜居地，有助于实现地球和人类社会的可持续发展。

近年来对月球开展了主被动全波段探测，包括可见光和红外、微波、伽马射线、X 射线等，获得了月球的高分辨率影像、精确的月球重力场分布图等，发现了月球具有较薄的月壳厚度，同时在月球样品中发现了氢或水。在火星探测方面，揭示了火星表面的气候、土壤和地质等特征，发现火星表面曾经存在过液态水活动，目前表面仍然存在水冰，为未来载人登陆火星探测任务奠定了基础。

1. 月球探测与研究重点进展

（1）全月球影像数据的分辨率越来越高

阿波罗时代的月球影像局限于某些重点地区。进入20世纪90年代以来，Clementine 和 Lunar Prospector 获得了全月球影像数据，嫦娥一号和月亮女神的分辨率已经达到百米量级。嫦娥二号的全月球分辨率达到7 m，局部地区分辨率达到1.5 m，LRO 的分辨率达到1 m。高分辨率的影像数据不仅为月球地质研究提供了重要素材，也为未来月面探测任务奠定了坚实基础。

（2）月球样品和月球陨石研究获得新认识

阿波罗月球样品的实验室研究已经非常全面细致，获得了大量关于月球表面物质的第一手资料。随着近年来微量（痕量）、微区、微束等精密分析技术的提高，一些新的分析技术应用于月球样品的研究，人类正在重新认识月球样品。例如，利用二次离子质谱、电子微探针的粒子束轰击等新的分析技术，近年来相继在月球样品中发现了氢或水，使得月球样品不含水的结论产生了动摇。

（3）月球表面物质成分探测取得新进展

美国、印度、日本等国的探月卫星和嫦娥一号、嫦娥二号卫星均搭载了伽马射线谱仪、X 射线谱仪、成像光谱仪等科学载荷，通过对这些探测数据的分析，人类已经获得了铀、钍、钾等放射性元素，铁、钛、硅、镁、铝等主量元素，辉石、长石、橄榄石、钛铁矿等矿物的全月球分布图，为认识月球表面的物质组成和月球岩浆的演化提供了新的数据资料。

（4）月球重力场和内部结构探测取得重要突破

利用2011年发射的 GRAIL 探月卫星，科学家绘出了迄今最详细和最精确的月球重力场分布图，分辨率比2007年月亮女神号和1998年 Lunar Prospector 的探测结果高3～4倍。20世纪70年代，阿波罗载人登月放置的月震仪计算出月壳厚度大约为60 km，随后的分析将其修正至45 km，GRAIL 探测数据的分析结果显示月壳的平均厚度仅为30 km，与月球正面的月壳相比，月球背面的月壳更厚。如此之薄的月壳厚度是一个令人惊讶且值得回味的结果，为研究月球起源提供了新的线索。另一个新发现是，与火星、金星和地球等其他天体相比，月球重力场变化与地形之间存在高度相关性，这意味着月球重力场很可能是被表面深深的撞击坑所控制，而非月球内部的构造。

（5）对月球的全波段探测

嫦娥一号、嫦娥二号在世界上首次开展了对月球的被动微波遥感，LRO开展了月球的红外观测，月球大气与尘埃环境探测器（LADEE）对月球环境进行了探测。此外，还有其他多项探月任务对月球在紫外、可见光、近红外波段开展了光谱观测。这些表明，人类对月球的探测已经覆盖了整个电磁波谱。多波段数据的综合分析，将显著提高人类对月球的整体性认识。

2. 火星探测与研究方面

近年来的主要进展有火星早期相当长的一段时间曾经存在过液态水体活动，发育有河道、古湖泊、冲积扇、冲沟等地貌及沉积岩记录，可能曾经孕育过生命；现代的火星仍然存在液态水活动，包括广泛分布的近地面冰层，中纬度地区的冰川遗迹和两极冰盖，撞击坑壁上广泛发育的冲沟；由于绕日轨道和自转轴倾角的大幅度变化，火星存在阶段性的全球气候变化，目前正处于变暖期；获取了高精度的火星全球地形地貌和重力场数据，并以此推知火星的内部结构；火星表面的地质条件复杂多样，从早期到现代一直在持续演化；火星在历史上曾有足够的内部热能、内禀磁场和构造运动，地质-火山作用活跃，但现今火星内部热能衰减，内禀偶极子磁场消失，形成了多极子磁场，火山活动近于绝迹；对火星表面某一地区持续多年的观测，获取了现代火星表面过程和速率的重要数据；火星大气中存在微量甲烷，来自火星表面的某些特定地区的间歇性释放，说明现代火星次表层可能存在产生或释放甲烷的地质活动或生命活动；对现代火星气候和着陆点天气进行了长达十几年的持续观测，同时测量到火星地表辐射强度约为 ISS 的 2.5 倍，为载人登陆火星积累了重要的基础数据。

美国引领了国际火星探测，其火星探测的四大方向分别如下。

1）火星生命：生命的存在需要水（特别是液态水），因此搜寻火星上过去或者现存的液态水是寻找火星生命的最佳起点，是最高级别的科学目标和研究焦点。

2）火星气候：认识火星气候的演变，揭示极地冰盖的形成，探索大气中水随季节的变化，研究火星表层与大气的相互作用，了解大气顶层水和其他分子的散失，等等，这些科学问题都与水有密切的关系。

3）火星地质：水在火星上的地质过程中，如表面侵蚀、岩石风化、冰川作用、火山活动、成岩过程、变质作用等，扮演着重要的角色。

4）为载人登陆火星探测做准备：未来人类登陆火星，水是维持生命的最基本需求，因此火星上的水同时也是一种重要的资源。

追踪水的痕迹是 NASA 在 2001～2010 年对火星探测的基本科学战略，并获得了巨大的成功。从火星全球勘探者（MGS，1996～2006 年）、火星奥德赛（ODY，2001 年至今），到火星探测漫游者（MER，机遇号和勇气号火星车，2003 年至今），再到火星勘测轨道器（MRO，2005 年至今）和凤凰号（PHX，2007～2008 年），这些探测任务获得了大量水存在的证据。MGS 拍摄到大量火星表面水流冲刷和侵蚀地貌特征（图 4-1）；火星奥德赛探测到氢元素的全球分布，氢元素除了在高纬度地区以冰的形式存在外，在中低纬度地区也以含水矿物的形式存在。MER 探测到火星沉积岩及多种在水条件下生成的次生矿物，并在火星土壤中探测到硅质沉积物；MRO 探测到火星高原地区的层状硅酸岩矿物（Phyllosilicate）；凤凰号在北极地区拍摄到火星上"下雪"的现象，探测到火星土壤中的高氯酸盐和碳酸钙，证实了极地地表下存在水冰的推测（图 4-2）。

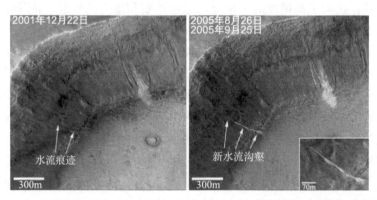

图 4-1　MGS 拍摄到的火星表面塌方诱发地下水涌出形成的冲积扇和水流的痕迹

2007 年 5 月，美国国家研究委员会发布了《火星探测的天体生物学战略》（*An Astrobiology Strategy for the Exploration of Mars*）研究报告，指出火星探测的科学目标应该进一步延伸，提出了"寻找碳"和其他生命相关元素的方向，还提出了未来火星探测以生命探测为重点，制定了火星探测的科学目标和战略三部曲：①获取火星环境，包括火星上过去水和火星大气中甲烷存在的证据；②研究火星上微生物生存繁衍的可能性；③寻找火星上的生命。在

图4-2　凤凰号观察到着陆点土壤中埋藏的水冰和暴露空气后的升华现象

左图中沟中左下角白色颗粒在右图中消失了

新策略的指引下，NASA在2011年发射了火星科学实验室（好奇号火星车），在2013年发射了火星大气和挥发分演化任务（MAVEN），同时已经在火星上执行探测任务的MER机遇号火星车，也把探测重点从追踪水转变为探索生命的可居环境和搜寻生命信息。

好奇号火星车在盖尔撞击坑的沉积物中拍摄到了古河床碎石，石子形状和大小显示该区域曾有过水深至少过膝的急流活动；通过分析沉积岩的矿物组成和化学成分，得知盖尔撞击坑内曾经活动的水流是呈中性的淡水，具有很高的潜在生命宜居性；火星车机械臂上的钻探工具发现，在氧化性的沉积岩表面内部是呈灰色的还原态物质，并在这些沉积样品中直接探测到层状硅酸盐和有机物，对继续寻找生命信息非常有利；好奇号火星车还修正了自海盗号以来对火星大气组成的认识，除占主导的二氧化碳外，第二高的组分为氩气，而非之前认为的氮气。MAVEN探测器直接探测到了太阳风及太阳日冕物质抛射对火星上层大气的影响，观测到氢、氧、碳等粒子的逃逸过程及逃逸速率，还观测到火星岩石剩磁对火星磁层的影响和火星极光等，对火星现代大气和大气演化提供了重要的观测数据。

3. 太阳系其他天体探测和研究

2004年发射的信使号水星探测器是第一颗环绕水星的探测器，主要目标是对水星的地形进行拍照和测绘，2011年进入水星轨道，2015年撞击水星，在水星北极附近留下了直径大约15 m的撞击坑。对水星的研究表明，自从太阳系诞生以来，这颗行星的直径已经收缩了约11 km。随着行星的冷却和收缩，它的表面布满了"伤痕累累"的长而弯曲的山脊。

金星的大小、质量和密度与地球最接近，但其大气和表面环境与地球存在极大的差异。金星大气层主要由二氧化碳组成，并存在很厚的由二氧化硫组成的云层，大气压力约为 90 个大气压；金星大气层有水逃逸现象，顶部存在超级大气环流，底部风速很低；金星具有强烈的温室效应，表面温度高达 450℃左右；金星仍有较明显的地质-火山作用。虽然金星与地球非常相似，同样属于类地行星，但却有截然不同的演化结局。开展金星探测不仅可以进一步加深对金星的认识，而且对地球的形成与演化具有启示意义。

木星的体积是地球的 1300 多倍，质量则是地球的 318 倍，是太阳系内体积和质量最大、自转最快的一颗气态行星。木星有 69 颗已知卫星和环带，是拥有最多卫星的行星之一，被称为"小太阳系"。木星具有剧烈的大气环流活动，赤道附近结构比较稳定的"大红斑"内部存在对流运动；木星有很强的磁场；木卫一（Io）上发现了强烈的火山活动；木卫二（Europa）深达数十千米的冰层下可能隐藏着全球范围的海洋；木卫三（Ganymede）是目前发现的太阳系内最大，也是唯一具有内禀磁场的天然卫星。2012 年 12 月，哈勃太空望远镜观测到木卫二表面有水蒸气柱向外喷出，是木卫二冰层下存在液态海洋的有力证据。

在木星最大的 4 颗卫星中，按表面的地质活动情况排列，以木卫一最活跃，地质年龄最轻，木卫二的地质年龄稍长，其次是木卫三和木卫四（Callisto）。奇妙的是，这四颗卫星的密度与太阳系的行星一样，随着与同心天体——木星的距离增大而依次减小。

土星有 60 多颗卫星和一个主要由岩石、冰粒组成的巨大行星环。土星气候环境存在动态和静态两极分化现象，大多数时候处于长时间沉寂的状态，一旦出现风暴，却又非常猛烈。

土星上有强烈的闪电现象，卡西尼号在 2010 年 12 月～2011 年 2 月的图像资料、无线电和等离子体波探测器等的监测显示，土星巨型风暴区中发生闪电的频率比以往的土星风暴要高出 10 倍以上，是自 2004 年卡西尼号开始探测土星以来所观测到的最大风暴，风暴扫过的面积相当于地球表面积的 8 倍，也比卡西尼-惠更斯号在 2009～2010 年发现的土星风暴大 500 倍以上，风暴云每秒击发出超过 10 个闪电。

土卫二的间歇泉喷发出的物质中含有液态水，具有可供生命存在的环境；土星最大的卫星——土卫六存在浓密大气，表面分布着非生物成因的液态的甲烷湖泊和河流，是深空探测的重要目标之一。

小行星和彗星数量、类型众多，保存有组成太阳系行星的原始物质；有的小行星发现有表面空间风化层；有的小行星可能有松散的内部结构；有的小行星和彗星存在多种有机化合物；有的小行星有自己的卫星。短周期和长周期彗星分别发源于柯伊伯带和奥尔特云。

（五）发展动态和趋势分析

1. 未来探测计划

（1）美国探测计划

"科学引领、共同参与、透明公开"已被作为 NASA 未来十年在太阳系探测领域的三项指导原则。2011 年美国国家科学研究委员会组织科学家参与了规划的论证与制定，共征集了 1669 位科学家递交的 199 份探测任务建议书，最终形成了《2013～2022 年行星科学十年规划与展望》报告，将作为美国未来十年行星探测的指导性文件。NASA 行星科学计划的探测任务如图 4-3 所示。

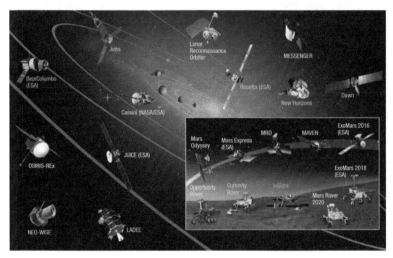

图 4-3 NASA 行星科学计划的探测任务

图片来源：*NASA 2014 Science Plan*

美国未来十年行星探测的目标包括行星及其卫星、小行星、彗星等太阳系内的各类天体（表 4-7）。火星因其与地球环境的相似性和可能存在生命等特征，在未来十年的深空探测任务中占有重要位置，在任务规划和科学目标制定上享有优先权。同时，木星、土星、天王星、海王星（巨行星）的体积巨大且具有特殊的行星环、磁层和流体运动，其卫星数量较多，一些天然卫星还有液态海洋、适宜生命存在的环境等特征，因此将对这些巨行星及其卫星的环境和磁层等开展重点探测，还将重点对木卫一和木卫二、土卫二和土卫六等开展探测。相比上一个十年规划，NASA未来十年行星探测的范围将进一步扩大，小行星因其特殊性质成为探测与研究的重点之一，小行星和彗星的探测与采样返回任务所占的比重将有所上升。

表 4-7　未来十年美国行星探测的三大科学主题和优先探测任务

科学主题	关键科学问题	目标天体	对应的探测任务
揭示太阳系的形成	太阳系的形成，星际物质凝聚的初始阶段、条件和过程	彗星、小行星、特洛伊小行星带、柯伊伯带	低温彗星样品返回（Comet Surface Sample Return，CSSR） 特洛伊小行星巡视和探测计划 Discovery 小型任务
	木星等巨行星及其卫星系统的形成，轨道迁移的证据	木星、木卫一、木卫二、木卫三，土星、土卫二和土卫六，天王星，海王星，柯伊伯带	木卫二轨道器 天王星轨道探测器 特洛伊小行星巡视和探测计划 木卫一观测计划 土星探测器 土卫二探测器
	原始物质吸积形成行星的过程，类地行星中水的形成、化学组成、内部分异及大气层的演化，大碰撞对其行星演化过程的影响	火星、月球、特洛伊小行星、金星、小行星带及其彗星	火星样品返回 金星原位探测 月球物理探测网（LGN） 月球南极艾特肯（South Pole Aitken，SPA）盆地采样 特洛伊小行星巡视和探测计划 低温彗星样品返回（CSSR） 金星气候探测任务 Discovery 小型任务
寻找地外宜居环境和生命证据	太阳系中原始有机物的形成，探索目前该合成过程是否依然存在	彗星、小行星、特洛伊小行星、柯伊伯带、土卫二、木卫二、火星、土卫六、天王星的卫星	火星样品采回 木卫二轨道器 天王星轨道探测器 特洛伊小行星巡视和探测计划 低温彗星样品返回（CSSR） 土卫二轨道器 Discovery 小型任务
	探测火星和金星上的古水环境，寻找火星和金星上与早期生命有关的证据	火星和金星	火星样品采回 金星原位探测器 金星气候探测任务 Discovery 小型任务

科学主题	关键科学问题	目标天体	对应的探测任务
寻找地外宜居环境和生命证据	探索除地球之外适合人类居住的天体，寻找能提供人类生存所必需的能源、水、有机物等，探测这些天体上的生命	火星、木卫二、土卫二、土卫六	火星样品采回 木卫二轨道器 土卫二轨道器 Discovery 小型任务
研究太阳系行星的形成	巨行星、类地行星和地外行星在形成演化过程中的相同点与不同点，巨行星的形成对太阳系演化的意义	木星、土星、天王星、海王星	木卫二轨道器 天王星轨道探测器 土星探测器
	探索太阳系演化过程中的灾难事件及其原因，研究地球上生命生存繁衍至今的原因	近地小行星、月球、彗星、木星	低温彗星样品返回（CSSR） Discovery 小型任务
	研究影响行星大气演化的物理、化学、地质因素，建立动态变化模型，以深入认识地球气候变化	火星、木星、海王星、土星、土卫六、天王星、金星	火星样品采回 木卫二轨道器 天王星轨道探测器 金星原位探测 土星探测器 金星气候探测任务
	研究改变太阳系内天体运行、相互作用和演化过程中的众多物理和化学过程	所有的行星体	所有探测任务

《2013～2022 年行星科学十年规划与展望》报告规划的 25 项科学任务将成为太阳系探测任务优选和实施的基本科学依据（表 4-8）。

表 4-8　NASA 对太阳系各类天体的探测任务规划（2013～2022 年）

项目	大型任务	中型任务	小型任务	国际合作
原始天体	无相关探测计划。将集中有限资源发展相关技术，确保 2020 年前实现低温彗星采样返回（CCSR）任务	提高该类天体探测任务的预算限额，包括彗星表面采样、特洛伊小行星探测计划两项任务	保证未来小型任务的合适频率	
内行星	极为重要同时唯一的探测任务是金星气候探测任务（Venus Climate Mission）	维持对该类天体的探测任务频率和预算，包括金星原位探测、月球 SPA 盆地采样、月球地球物理探测网络（LGN）三项任务	维持未来小型任务的正常频率	继续以科学家参与相关任务的方式开展

续表

项目	大型任务	中型任务	小型任务	国际合作
火星	启动火星采样计划，其中最重要的是火星天体生物探测任务（MAX-C）	火星的地球物理观测网和火星极区气候探测任务不包括在此类任务中	小型任务同样可获得重大科学发现	NASA 独立开展火星采样（Mars Sample Return，MSR）任务，但包含国际合作；可能通过国际合作实施微量气体轨道器（Trace Gas Orbiter）
巨行星	最重要的探测任务是天王星探测器（Uranus Orbiter and Probe）。通过木卫二－木星系统探测任务（Europa Jupiter System Mission，EJSM）保持木星系统探测的科学优先级，轨道设计以实现科学目标为准	当前预算不足以开展该探测任务，最可能开展的是土星探测器（Saturn Probe）任务	允许将针对性探测计划和太空望远镜列入小型任务中	
巨行星的卫星	未来十年将开展木卫二轨道器任务（EJSM 任务的一部分）、土卫六探测任务、土卫二轨道器任务	包括木卫一观测者（Io Observer）、木卫三轨道器（Ganymede Orbiter）两项任务		积极推动 NASA、ESA 和 JAXA 在实施 EJSM 三阶段任务中的合作

　　为确保在太阳系探测领域的领导地位，美国在 2004 年提出了"新太空计划"，以重返月球、建设月球基地和载人火星为长远目标。自 1996 年《寻找火星上的古老生命：火星陨石 ALH84001 残存有可能的生命活动痕迹》发表以来，火星生命信息的探测热情高涨。2007 年和 2011 年则分别强调寻找生命相关元素和搜寻生命信号，标志着未来十年美国火星探测的科学重心将是火星生命信号搜寻相关的各类探测活动。

　　（2）欧洲探测计划

　　ESA 近年来占据太阳系探测的第二位，2003 年发布了"曙光计划"，确立了其后 30 年欧洲太阳系探测的发展战略和路线，2005 年启动的《宇宙憧憬欧洲空间科学 2015—2025》描绘了欧洲未来空间科学发展蓝图（表 4-9）。

表 4-9　欧洲行星探测计划

主题	方向	目标	任务方案
太阳系探测	从太阳到太阳系边缘	研究太阳、地球、木星系统（微太阳系）的等离子体和磁场环境，以及太阳风与星际介质的太阳风顶层	地球磁层蜂群、木星探测、太阳极轨飞行器、星际太阳风层顶探测器
	气态巨行星及其卫星	原位研究木星、大气、内部结构、木卫二表面	木星探测器、木卫二着陆器

主题	方向	目标	任务方案
太阳系探测	小行星及其他小天体	通过分析近地小行星返回的样品获得直接实验室信息	近地天体样本返回
行星与生命	太阳系生命与适居性	原位探测太阳系最可能存在或存在过生命的固态天体的表面及次表面	火星着陆器和样本返回探测、木卫二轨道器和 / 或着陆器、太阳极轨飞行器绘制太阳三维磁场

ESA 和 JAXA 共同研制的水星探测器比皮 - 科伦坡（Bepi Colombo），包括水星行星轨道飞行器（MPO）和水星磁层飞行器（MMO），将对水星磁场的物理过程、结构与起源、外层大气的结构与变化等进行全面调查，已于 2018 年 10 月发射，在两次飞越金星和六次飞越水星后将于 2025 年 12 月到达水星。ESA 正在研发星际飞行器 JUICE，主要研究木星的三颗伽利略卫星（木卫三、木卫四和木卫二），预计 2022 年发射，将在 2030 年到达木星，2033 年进入环绕木卫三的轨道。

ESA 和 NASA 合作土卫六 - 土星系统任务（TSSM），由 ESA 的土卫六 - 土卫二任务（TandEM）和 NASA 的土卫六探测器（Titan Explorer）合并而成，预计 2020 年后发射，于 2029 年到达土星系统，研究土星六潜在的有机物和天体生物学、土星和土卫二磁层等。

（3）日本探测计划

日本于 2005 年发布了《JAXA 愿景（JAXA 2025）》，提出了月球与太阳系探测的发展规划。

日本目前运行的行星探测器包括金星气候轨道器 AKATSUKI（Planet-C）、小型太阳能帆演示 Ikaros、小行星探测器隼鸟 2 号。隼鸟 2 号于 2014 年发射，已于 2018 年 6 月到达小行星"龙宫"附近。2018 年 9 月 21 日，两台着陆器降落在"龙宫"表面，因小行星引力微弱，着陆器可在小行星表面弹跳，进行采样后将于 2023 年返回地球。日本还参与了水星探测任务"比皮 - 科伦坡"计划，JAXA 负责水星磁层轨道器 MMO 的研制，包括 5 种先进的科学设备，分别为磁强计、等离子体粒子实验、等离子体波仪、钠大气光谱成像仪和水星尘监测器。

（4）其他国家探测计划

俄罗斯于 2012 年先后制定了俄罗斯《2030 年前航天活动发展战略》和俄罗斯《2012—2025 年太阳系探测总体规划》，展现了俄罗斯在太阳系探测领域的雄心。

印度虽与中国几乎同时起步，但已实施"月船一号"探月计划和火星探测计划，并公布了载人航天计划。未来，德国、英国、巴西等国家也将加入太阳系探测队伍，参与太阳系探测的国家将越来越多。

2. 发展趋势分析

深空探测的主要任务是探索太阳系天体和行星际空间，因此科学探测是其主要目标。深空探测器携带大量有效载荷，探测波段从初期的以可见光探测为主，逐渐扩展到伽马射线、X射线、紫外、红外、微波和无线电波的整个电磁波谱，时空分辨率越来越高。分析手段从遥感分析、原位分析到返回样品的实验室分析。探测内容从天体环境和地形地貌探测、物质成分探测，逐步发展到对天体内部结构的探测。通过深入了解太阳系各天体的地质背景和空间环境，寻求解决太阳系起源和演化的最基础科学问题，有力地促进了月球科学、行星科学和比较行星学研究。深空探测总的发展趋势如下。

（1）太阳系探测活动从技术实现为主向科学牵引转变

阿波罗时期的月球和太阳系探测以技术实现为主要目标，服务于展示国家实力的政治目的。随着技术能力的逐渐成熟，人类新一轮重返月球及太阳系探测的活动，主要基于对未知世界的探索，并为人类社会的可持续发展服务。今后的太阳系探测任务将以科学为驱动，逐渐向科学引领方向转变，反过来又对航天技术提出更高要求，从而推动行星科学和航天技术的螺旋式提升。

科学驱动体现在太阳系探测的任务建议由科学家提出，在任务论证和实施过程中始终围绕科学目标实现，以科学成果的最大化为核心，以所解决的科学问题的重要性来评价探测任务的成果。当然，探测任务技术的可实现性是基础和保证。NASA的小型任务（经费预算小于5亿美元）采用首席科学家负责制，完全由科学家提出任务建议并主导任务实施；中型任务通过科学家之间的竞争机制，针对重要科学问题开展太阳系探测；大型任务虽然是由NASA直接主导和实施的战略性、综合性探测计划，但科学载荷采用竞争机制产生，并实行首席科学家负责制。

在国外已开展的深空探测任务中，经常采用多目标多任务的探测方式。常见的任务形式主要有三类：使用一个飞行器对多个探测目标进行探测；探测任务目标中结合科学探测和新技术实验验证；通过复合飞行器（两个以上飞行器的复合体）分别对不同目标或不同任务实施探测。近半个世纪符合上述三种形式并且取得成功的任务占任务总数的近 1/3，这些形式有利于降低成本，缩短任务时间，是深空探测领域发展的重要方向。特别是在小天体探测中，往往采用多目标、多任务方式，同时技术验证和科学探测的地位同等重要。

先进的科学探测仪器是未来深空探测工程的重点和探测任务的瓶颈，其主要发展方向是轻小型化、低功耗、高性能，同时功能也更灵活多用。加强关键技术研发，大力发展先进科学探测仪器，将进一步提升人类对未知领域的探索能力，获取新的科学发现和成果。

（2）探测主线——从月球到火星，探测方式——从普查到重点天体

纵观太阳系探测历史，可以看到一条清晰的发展主线，从离地球最近的自然天体月球开始，朝着与地球最相似、有可能成为人类未来移居地的火星迈进。

作为地球唯一的天然卫星，月球对地球和人类的重要性不言而喻。其主要作用之一是把月球作为永不坠落的天然空间站，利用月球独特的空间位置、特殊的空间环境、丰富的自然资源，开展月球科学考察和原位资源利用，开展对地监视和天文观测等；作用之二是把月球作为载人深空探测的演练场和中转站，通过载人登月，逐步降低载人深空探测（特别是载人飞往火星）的技术风险和经济成本。无论从哪个角度，月球探测的长远目标都将是建立月球基地。

月球探测最初是美国和苏联太空争霸的焦点，早期探测结果重新激发了人类对月球探测的兴趣，月球探测进入新的活跃期。21 世纪以来的探测任务中包括全月球勘查和区域详查，为未来月球基地的选址、克服可能面临的科学与技术困难、建设方案奠定基础。NASA 第四次和第五次中型任务的 7 个备选任务中规划了月球南极 SPA 盆地采样返回和月球物理观测网（LGN）两项任务。预计月球在太阳系探测中的地位只会加强，不会削弱。

在太阳系主要天体中，只有火星的环境与地球最相似，最有可能存在过生命或适宜生命繁衍。因此，在太阳系探测中占有最重要的地位，在探测任务规划和科学产出方面都将长期置于优先地位。目前，火星探测的技术能力日趋成熟，对火星的了解也已不输月球，未来将朝着火星精细探测、火星采样返回、载人环绕和登陆火星的方向迈进。NASA 在 2013 年发射了火星大气与气体演化探测器后将不再开展小型火星探测任务，而以经费投入巨大的大型任务为主。例如，火星科学实验室（MSL，好奇号火星车）的投入经费达 25 亿美元；未来十年计划开展的火星采样返回任务——火星生命探测和收集

器计划投入经费35亿美元。这些任务对预选火星着陆区的精细勘查，将为火星采样返回提供详尽数据。

人类对太阳系各类天体的探测任务次数从多到少依次为月球（117次）、火星（42次）、金星（40次），其他分别为太阳、木星与土星、彗星、太阳风、小行星等。虽然20世纪70~80年代，金星探测的热度超过火星，但随着火星探测取得的大量新成果，特别是火星上水和生命信息的发现，吸引了科学界越来越多的兴趣和支持，到90年代火星探测的热度已经远超金星。

随着太阳系探测的进展，人类对太阳系的全景已经有了整体认识，类似旅行者1号、旅行者2号的太阳系各行星穿越和普查任务的科学回报将不再显著。未来太阳系探测将集中在某些重点天体，特别是对人类社会存在潜在威胁、具有明确的利用前景、可能存在原始生命、可能成为人类移居地的天体。同时，适当兼顾其他天体，使探测任务覆盖太阳系内的主要天体类型，进而使人类对太阳系全景的认识更加清晰完整。

除月球和火星外，未来太阳系探测的重点天体包括小行星、金星、木星、木卫一、木卫二、土星、土卫二和土卫六。小行星和彗星的探测与采样返回任务在未来太阳系探测中占有重要地位，主要原因是：①小行星作为形成太阳系的原始物料，保留了太阳系形成早期的诸多信息；②小行星和彗星上的有机物和生命物质，可能与地球上的生命起源有关；③小天体撞击地球将导致生物界和人类社会的灾难性后果。2011年5月，针对碳质小行星1999 RQ36的原始光谱解译与资源勘查采样探测器（OSIRIS-Rex）被确定为NASA未来十年可能开展的第三次中型任务。第四次和第五次中型任务的7个备选任务包括两项小天体探测任务：彗星表面采样返回任务和特洛伊小行星探测计划。

由于巨行星（木星、土星、天王星、海王星）体积巨大且具有特殊的行星环、磁层和流体运动，其卫星数量较多，一些天然卫星还有液态海洋、适宜生命存在的环境等特征，未来需要对这些巨行星的环带、大气层、磁层开展重点探测，重点目标还有木卫一、木卫二、土卫二和土卫六等可能存在原始生命的天然卫星。NASA针对这些天体已开展了两次中型任务，分别为新视野号和朱诺号。第四次和第五次中型任务的7个备选任务中针对巨行星及其卫星的为土星探测器和木卫一观测者两项任务。

（3）为载人深空探测奠定基础

载人深空探测是近几年太阳系深空探测规划的重要方向，航天强国已开始战略规划研究，将月球、火星及其卫星，甚至小行星等太阳系天体作为未来载人着陆的目标。

NASA 提出了于 2030 年前后实现载人登陆火星的计划，再次将人类送入月球和火星轨道，NASA 与 ESA 已经共同研制了猎户座（Orion）深空飞船，并在此基础上研制了多用途载人飞船（MPCV），同时加紧研制大推力超重型运载火箭"太空发射系统"（SLS）用于深空探测任务，飞往月球背面的无人测试任务——探索任务-1（EM-1）、首次载人任务——探索任务-2（EM-2）等。近几年，随着探月工程的顺利实施，我国也提出了载人登月的设想。

3. 太阳系探测基本科学问题分析

历经 50 多年的发展，太阳系探测的科学内涵和目标逐步聚焦到太阳系的起源与演化、地外生命信息探寻、太阳和小天体活动对地球的灾害性影响三大科学问题。对这些科学问题虽然已取得了很多发现、一系列突破和重大进展，但仍留有诸多谜团，同时又催生了新的前沿问题，特别是一些基础、关键的科学难题，还有待于进一步探测和研究。目前，国际上正在实施和规划中的众多探测计划仍然围绕这三大科学问题来开展。

（1）揭示太阳系及其行星的起源和演化是太阳系探测的终极科学目标

根据太阳星云演化理论，约 46 亿年前在原始太阳周围的太阳星云盘物质经分馏、凝聚、吸积、增生等过程，形成了太阳系。太阳系最初 10 亿年的历史，决定了地球和其他行星的演化方向。

因为后期的地质作用等因素，地球上缺失了太阳系形成最初 10 亿年历史的地质记录，所以人类对太阳系早期历史的了解非常有限，但这段历史在月球、水星等后期地质作用较弱的天体上却得以完整保留。小行星作为太阳星云凝聚的残留物，对恢复太阳系早期历史具有探针作用。因此，通过对太阳系各层次天体的探测，开展比较行星学研究，对类地行星形成和演化的共性与特性进行对比分析，可以了解太阳系早期的演化历史，包括行星的形成和演化过程、太阳系早期撞击体大小和通量及其随时间的变化等，为太阳系的起源与演化研究提供新的科学论据。

（2）寻找地外生命和宜居环境是太阳系探测的重要驱动力

深空探测活动的最终目的应该是为人类的生存和持续发展服务。近年各国深空探测关注的热点之一是寻找地外生命存在的证据。在未来的深空探测计划中寻找地外生命和宜居环境是主要的科学目标之一。

生命是如何产生的，生命的产生需要什么条件？地球之外是否有生命，哪里有可能存在地外生命？我们能否找到第二个"地球"？当人类面临灭顶之灾时，能否让人类在其他星球上得以延续？寻找地外生命和宜居环境已经成为太阳系探测的重要驱动力，主要通过探测火星、小行星和彗星，以及巨行星的卫星等可能存在生命信息的天体，开展太阳系中生命及相关物质的起源和演化研究，所涉及的关键科学问题如下。

1）太阳系中原始有机物的形成，探索目前这些有机物的合成过程是否依然存在。

2）对生命起源起决定性作用的因素有哪些？彗星和小行星与地球生命起源的关系？

3）探测火星、木星和土星的卫星等地外天体上的水，研究这些天体是否有适合生命存在的环境？

4）生命是怎样随行星环境变化而进化的？太阳系中的生命是如何演化的？

5）探索除地球之外适合人类宜居的天体，寻找可提供人类生存所必需的能源、水、有机物等。

根据现有经验，生命的存在需要水，搜寻火星上曾经存在或现今存在的液态水，是寻找火星生命的最佳起点。火星气候的演变、极地冰盖的形成、陆地与大气层的相互作用、大气含水量的季节变化、大气层的水逃逸机制、火星沉积岩的分布等，这些科学问题都与水密切相关。水在火星表面侵蚀、岩石风化、冰川作用、火山活动、成岩过程、变质作用等地质过程中扮演着重要角色。迄今已取得的火星探测科学成果，使人们相信火星上存在或曾经存在过水，希望能够在火星上搜寻生命和曾经存在生命的证据，并为载人登陆火星做准备。

对小行星和彗星生命信息的探测，主要是通过探测小行星和彗星中的有机成分和水来研究地球生命物质的来源。已经在小行星和彗星的陨石中发现各类烷烃、氨基酸、脂肪酸、多环芳烃和卟啉等有机化合物。对巨行星卫星生命物质的探测，主要探测对象是土卫二、土卫六、木卫二、木卫三、木卫四。

（3）预防小天体撞击对地球的灾害性影响是太阳系探测的现实意义

太阳系中的小天体数量众多，运行轨道复杂多变，对地球的安全构成了威胁。从地球生物演化历史看，小天体的多次撞击导致了地球气候环境灾变和生物灭绝事件，如6500万年前的恐龙大灭绝、100多年前的通古斯大爆炸等。通过太阳系探测，确定这些小天体的精密轨道、运动速度、体积、物质组成、内部结构，研究并评估其撞击地球的可能性和灾害程度，提出排危和规避方案，进一步了解并保护地球和人类的安全。因此，近年来小天体探测受到越来越多的重视。

（4）比较行星学是理解地球起源和演化的重要手段

比较行星学是以地球科学为基础，将地球置于太阳系的时空尺度，对比研究各层次天体的共性与特性，是太阳系研究的重要领域，是理解地球起源和演化的重要手段。火星、金星、水星、月球和地球是比较行星学的主要研究对象，所涉及的关键科学问题如下。

1）如今的月球只有极弱的剩余磁场强度，没有全球性磁场。但研究表明，月球可能发育过全球性的古磁场；火星曾经有过一个统一的内禀偶极磁场，现在却演化为多极子磁场。通过开展行星空间环境、磁层和电离层的结构与特征的探测及比较研究，有助于探究地球全球性磁场的成因和演化趋势。

2）研究表明，地球和类地行星（水星、金星、火星）的大气层均具有次生大气层的特征，由行星内部的排气作用形成，并经历了复杂的演化过程。类地行星的质量及与太阳的距离制约了行星大气层的密度和温度。类地行星的大气组成还会受到行星化学成分和热演化的程度——成熟度的影响。地球的大气层与水体具有协调发展的特征，金星、水星与火星的大气层由于行星缺乏水体，具有非协调发展的特征，而类木行星（木星、土星、天王星、海王星）的大气层则属于原生大气层。通过类地行星大气层的成分、密度、结构与成因，以及与类地行星的比较研究，可以更好地回答地球大气层的起源和演化过程，预测地球环境的演变趋势。

3）地球和类地行星的地形特征是行星演化历程中内力与外力作用的综合结果。地球有全球性板块构造，主导着表面地形和地壳运动；地球和金星仍然有持续的内力作用在不断改变着表面地形格局与特征；火星、水星和月球均没有发现全球性板块构造，仅有很弱的内力地质作用，至今保持着古老的地形格局与特征。外力作用中，月球和水星仅有太阳辐射与小天体撞击作用，火星和金星存在太阳辐射、小天体撞击及风的外力作用；地球具备太阳、风、水体和小天体撞击复合的外力作用。通过类地行星的地形特征与比较研究，有助于寻找造成地球板块构造的主要驱动力，以及地球表面地形的演化历史等。

4）月球上只有超基性和基性的岩浆岩，主要是斜长岩和玄武岩，说明月球形成早期很快冷却成为一个僵死的天体；火星表面广泛分布有玄武岩和安山岩，火星岩石类型包括超基性、基性和中性岩，但缺乏酸性岩，说明早期火星内部曾有足够的热能，地质构造－岩浆－火山作用活跃，但现在内部能量减弱，已经到了行星演化的老年阶段；地球分布有超基性、基性、中性、酸性和碱性岩及其喷发火山岩，地震和火山活动仍然强烈，正处于行星演化的壮年期。开展类地行星表面的化学成分、矿物成分与岩石类型研究，有助于理解地球和行星物质的演化历史。

5）由于探测手段的匮乏，我们对地球和类地行星的内部结构了解甚少，一般都简单地认为具有壳、幔、核的三层结构，但我们相信行星内部结构和分层要比三层结构复杂得多。通过类地行星的内部结构与比较研究，有望对地球的内部结构和能量释放过程有更深刻的理解，特别是地核的成分和大小，以及壳、幔、核之间的物质和能量交换过程等。

二、我国月球与行星科学发展情况

（一）发展历程和现状

我国早期月球与行星科学研究主要是开展陨石样品分析，在陨石学与空间化学方面取得了一批重要成果，并利用部分国外探测数据，开展了自由探索式的零星研究。

2000 年欧阳自远提出的开展我国月球探测的建议受到重视，2004 年中国探月工程启动，并制定了"绕、落、回"三步走的月球探测发展战略。经过十余年的发展历程，月球与行星科学研究的学科体系正在逐渐建设和完善。成功发射了嫦娥一号、嫦娥二号绕月探测卫星，成功实施了嫦娥三号月面着陆和月面巡视任务，科学仪器的探测谱段覆盖了伽马射线、X 射线、可见光、红外、微波等，并分析了近月空间高能粒子和太阳风离子的通量、能谱及其时空变化，中国科学家获得了原始的第一手探测数据，进入系统和深入研究阶段。

我国即将实施嫦娥五号月球表面巡视和取样并返回地球任务，获得月壤和岩石样品；并建立月球样品实验室，用于月球样品的长期保存、样品制作、样品分发和月球样品的系统分析和研究。嫦娥四号已于 2018 年 12 月 8 日成功发射，将在国际上首次实现月球背部的着陆和巡视，将为人类认识月球做出积极的贡献。

（二）重要计划和科学成果

1. 嫦娥一号任务

2007 年 10 月 24 日，中国自主研制的第一个月球探测卫星嫦娥一号在西昌卫星发射中心成功发射。嫦娥一号开展了四项科学探测任务：①获取月球表面三维立体影像；②分析月球表面有用元素含量和物质类型的分布特点；③探测月壤特性；④探测地月空间环境，以全月数字地图的获取作为重点目标，以月壤厚度探测作为国际上首次开展的探测项目，形成了自己的特色，以物质成分探测和空间环境探测作为常规项目。嫦娥一号卫星上装载了 CCD 立体相机，与激光高度计联合获取月球表面三维立体影像；装载了干涉成像光谱仪、伽马射线谱仪、X 射线谱仪，用以分析月球表面有用元素含量和物质分布；装载了微波探测仪，用以探测月壤特性；还装载了一台高能粒子探测器和两台太阳风离子探测器，用以探测地月空间环境。通过为期 1 年 4 个月的在轨运行，共获得原始数据约 1.37 TB，利用这些探测数据取得了丰硕的科研成果：获得了高分辨率全月球影像图；获得了全月球表面硅、铝、镁、钙、铁、钛、铀、钍、钾元素的含量与分布，以及各类主要矿物和岩石类型的分布图；获得了近月空间高能粒子与低能离子的通量、能谱和时空变化图；首次获得了全月球月壤层的厚度与分布图，以及月壤层中氦-3资源的分布和资源量。

嫦娥一号卫星的研制与飞行突破了一批具有自主知识产权的核心技术和关键技术，取得了多项科技创新成果。在数据处理与反演方面取得了一批具有自主知识产权的技术，圆满实现了预期的科学目标，实现了中华民族的千年奔月梦想，标志着中国已经进入世界具有深空探测能力的国家行列，为推动我国月球科学和天体化学的研究，以及后续探月工程的开展奠定了重要基础。

嫦娥一号地面应用系统处理并提供了探测数据和工程数据，用于在轨测试、仪器性能分析和科学数据处理。于 2008 年 8 月开始正式发布了嫦娥一号 8 种有效载荷获得的所有科学探测数据，发布单位数共 32 个，其中国内大学 23 所（含港澳大学 4 所）、国内科研单位 8 个（含港澳大学 4 所），并向 ESA 提供了数据。

2. 嫦娥二号任务

嫦娥二号不仅负有获取更精细的科学探测数据的任务，也肩负着为嫦娥三号任务备选着陆区进行高分辨率成像，以及后续月球和深空探测任务进行部分关键技术试验的使命。嫦娥二号卫星的科学目标如下：①获取月球表面重点区域三维影像，像元分辨率要由 120 m 提高至优于 10 m；②探测月球表面元素的含量与分布；③探测月壤特性；④探测地月空间环境。

2010 年 10 月 1 日，嫦娥二号卫星成功发射，成功获取并发布了 7 m 分辨率、100%覆盖的全月球影像图。这是国际上首次获得的7m分辨率全月球影像图，在几何配准精度、数据完整性与一致性、镶嵌精度和图像色调等方面优于国际上已有的全月球影像图，是目前最高水平的全月球数字影像图（图4-4），是我国探月工程取得的一项重大科研成果。2011年8月嫦娥二号准确受控进入日地L2点环绕轨道，监测太阳活动与爆发，获取了235天的太阳活动精细记录；成功获取了从172万km外深空传回的第一批科学探测数据。2012年12月嫦娥二号在离地球约700万km的空间与4179号小行星（图塔蒂斯）近距离交会，第一次获得并传回了该小行星的大量光学图像，首次获得了该小行星的形状、大小、表面特征和运行参数，实现了我国对小行星的第一次空间探测。至此，嫦娥二号卫星圆满完成了各项既定任务并超额完成了拓展任务。

图4-4　嫦娥二号7m分辨率数字高程模型（DEM）数据制作的全月球数字正射影像图

3. 嫦娥三号任务

嫦娥三号任务是实现我国首次月面软着陆，用月球车在月球表面进行巡视和探测。其探测器由着陆器和巡视器（即月球车，命名为玉兔号）组成。嫦娥三号是中国探月工程"绕、落、回"三步走计划中的关键一步，也是人类自20世纪70年代阿波罗载人登月计划之后，时隔四十年人类航天器首次实现月面软着陆。

2013年12月，嫦娥三号着陆器成功发射并在月面软着陆，顺利释放了玉兔号月球车开展了月面巡视，月球车上的照相机、红外光谱仪和粒子激发X射线谱仪获取了细致的着陆区地貌、地表图像信息；测量了Fe、Ti等物质

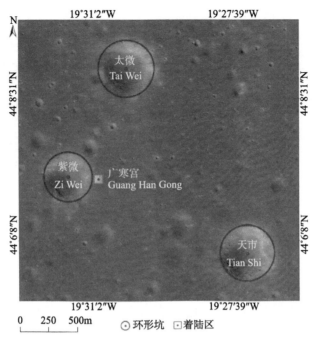

（a）嫦娥三号着陆区

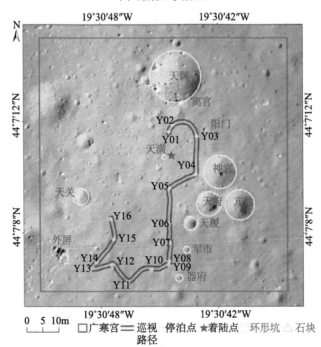

（b）嫦娥三号巡视器在"广寒宫"的巡视路线图

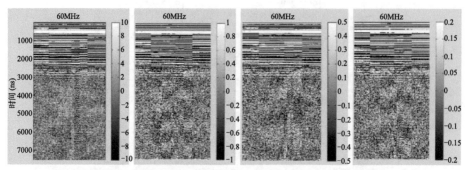

（c）嫦娥三号巡视器探月雷达探测深度和月壤结构（频率60MHz，探测深度136.9～165.5m）

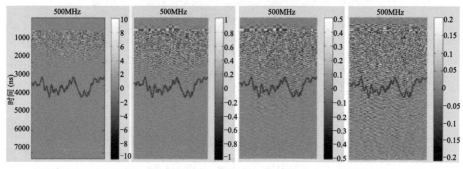

（d）嫦娥三号巡视器探月雷达探测深度和月壤结构（频率500MHz，探测深度13.0～17.5m）

图 4-5　嫦娥三号探月雷达测量结果

成分；利用在月球车底安装的测月雷达进行了两个不同深度的月壤和月壳结构的精细探测，获得了精细的月壤和浅层月壳的结构，获得了月球表面没有水的观测结果。这是国际上首台月球车测地雷达。嫦娥三号着陆器上除了装配有各种照相机以确保着陆安全和月面行驶安全外，还携带了近紫外月基天文望远镜（15cm 口径），把天文台架到月球上，在国际上首次实现了在月球上观测恒星、星系和宇宙，到 2017 年 6 月，获取了 18.7 万幅图像数据，并获取了一批密近双星的重要数据（嫦娥三号探月雷达测量结果如图 4-5 所示）。通过极紫外相机从月球"回望"地球等离子体层，首次对地球等离子体层的整体变化进行了监测，获取了地球等离子体层的结构、密度和变化的大量科学资料，反映了地球空间环境的变化。月球没有大气层、电离层和磁层的干扰，属于高度真空，没有各种人为的光污染和电磁辐射污染，月球上也几乎没有磁场，因此月基天文和地球观测能够获取长期稳定的科学数据。

嫦娥三号着陆的虹湾地区，经国际天文学会批准同意正式命名为"广寒宫"。

（三）正在实施的计划和预期成果

1. 嫦娥五号和嫦娥六号任务

探月工程Ⅲ期将发射自动采样返回器。嫦娥五号探测器由轨道器、返回器、着陆器、上升器四个部分组成，将突破月表自动采样、封装与保存、月面动力上升再入等多项关键技术，开展着陆区的地形地貌、地质构造、月壤厚度、月壳岩石结构与厚度、岩石的化学与矿物成分及月表环境的探测；将进行高分辨率摄影和月岩的现场探测或采样分析；将对有价值的月壤和月岩进行自动采样，并将采集的月壤和月岩样品运送回地球。对月球返回样品进行系统的岩石学、矿物学、同位素地质和地球化学的分析与研究，深化对地月系统（尤其对月球）的起源与演化的认识。嫦娥六号将根据嫦娥五号任务的实施情况进行适当改进，确定新的任务状态，更换有效载荷配置或选择新的着陆区，进行着陆探测和样品采集，进一步验证月球采样返回探测的相关技术，深化月球科学探测和研究，实现科学研究和航天技术的跨越，为后续任务积累经验。

2014年10月实施了探月工程Ⅲ期再入返回关键技术试验，试验飞行器飞抵月球附近后自动返回，以接近第二宇宙速度进入大气层，经跳跃式弹起减速后再次进入大气层，在内蒙古中部地区安全着陆，试验取得圆满成功，为实施嫦娥五号任务做了重要准备。

2. 嫦娥四号任务

嫦娥四号是嫦娥三号的后继任务，同样具有月面软着陆和月球车巡视探测月面的功能，但选择月球背离地球一面的着陆区实现。

3. 月球之外的深空探测

2011年我国酝酿了未来20年深空探测规划，建议未来发射9～10颗探测器，对火星、金星、小行星、彗星、木星及其卫星等开展系统探测，其中探测重点是火星和小行星。我国制定了包括四项任务的具体深空探测计划，分别是火星环绕和着陆巡视探测任务、火星表面采样返回任务、木星和木卫探测及小行星探测任务。2016年1月中国火星探测任务正式立项，计划在2020年实现第一次火星探测，完成绕飞和着陆巡视探测任务，收集火星的空间环境、形貌特征、表层结构、大气环境等重要数据。相关载荷已经基本确定，即探测器共有 13 种有效载荷，其中环绕器上有 7 种、火星车上有 6 种，涉及空间环境探测、火星表面探测、火星表层结构探测等领域。

（四）我国月球与行星科学的发展条件和基础

我国在行星与太阳系研究的两类方式，即陨石研究和空间探测方面均具备了较好的发展条件和基础。

经过近 50 年的发展，我国的陨石学与空间化学的研究有了长足发展，特别是对吉林陨石的矿物与化学组成、结构构造、微量元素、有机质、形成年龄与气体保留年龄、宇宙成因核素与宇宙线照射史、物理力学性质、母体的空间轨道、大气层轨道、通过大气层的物理化学过程，以及吉林陨石的形成演化历史进行了深入、系统的调查和研究，取得了一系列创新性成果，得到了国内外学术界的公认，中国陨石学研究水平已步入国际先进行列。随着我国在南极陨石考察的深入，我国分别于 1999~2000 年、2002~2003 年、2005~2006 年在格罗夫山地区收集到 28 块、4448 块、5356 块陨石样品。我国南极陨石总数 12 000 多块，已成为拥有南极陨石最多的国家之一，极大地推动了我国陨石学的发展，也为我国月球与行星科学的发展奠定了物质基础。此外，从 2004 年起，我国开始实施探月工程，使我国成为在第二轮月球探测浪潮中第一个实现探测器登陆月球的国家，初步具备了科学计划制定、在轨有效载荷运行管理、数据接收、数据处理和反演、数据存储、数据产品生成和发布的能力，在大型运载火箭、深空测控网、巡视器和采样技术等方面均有长足发展，为我国后续深空探测计划奠定了重要的技术基础。

我国从事月球与行星科学的研究力量主要分布在中国科学院的研究所和高等院校。形成了由中国科学院、高等院校和行业部门有关院所组成的较完整的学科研究体系，主要研究单位包括中国科学院、教育部、自然资源部的科研单位，以及高等院校。从事月球与行星科学及相关技术研究的总人数超过 200 名，为我国开展月球与行星科学研究提供了良好的基础和人员队伍保证。

必须看到，我国在月球与行星科学研究领域，无论是在队伍规模和研究深度，还是在深空探测的规模、广度、技术和经验积累方面，与美国、俄罗斯、欧洲等相比还有很大的差距。我国月球与行星科学的研究和深空探测事业任重而道远。

三、月球与行星科学发展态势分析

国际月球与行星科学和深空探测的发展趋势，主要有以下几个特点。

1. 参与国家（地区）越来越多

20 世纪 50 年代末到 80 年代参与月球与深空探测的国家（地区）只有苏联和美国，进入 90 年代后，日本、欧洲、中国和印度也相继开展了各自的月球深空探测活动。在迄今所有的无人深空探测任务中，苏联 / 俄罗斯发射 96 次（占比为 47%）、美国单独开展 85 次（占比为 41%）、美国和欧洲合作 4 次（占比为 2%）、ESA 8 次（占比为 3.8%）、日本 8 次（占比为 3.8%）、中国 3 次（占比为 1.5%）、印度 2 次（占比为 1%）。21 世纪以来，韩国、德国、巴西、英国、法国、乌克兰等国的科学家也正在酝酿和提出新的月球与深空探测任务设想。

2. 探测天体越来越多元化

人类对太阳系的探测是从月球开始，逐渐拓展到邻近的行星——火星、金星，以及太阳其他行星。20 世纪 80 年代以来，开始探测太阳系的各类小天体——彗星、火卫一、小行星、土卫六。

进入 21 世纪后，人类对探索太阳系的起源与演化、寻找地外生命、拓展活动空间的需求越来越迫切，各主要航天国家纷纷制定了宏伟的月球与深空探测发展规划，首次开展了对冥王星的探测，但对太阳系各层次天体和行星际空间环境的探测更为深入，进入全面与精细探测太阳系的新时代。

3. 探测方式和探测手段不断扩展

月球探测经历了飞越探测、硬着陆、环绕、软着陆原位探测、软着陆巡视探测、无人取样返回与载人登陆等方式。火星探测实现了飞越、环绕、软着陆原位探测和软着陆巡视探测。对各类天体的探测围绕科学目标采用了飞越、环绕、附着、撞击、自动采样返回等各种方式，越来越丰富多样；探测对象从大气、磁场、重力场、天体表面、物质成分到内部结构；探测波段从可见光逐渐扩展到微波、红外、紫外、X 射线等电磁谱段；激光 / 微波雷达等主动探测技术开始应用；探测的时间、空间和光谱分辨率越来越高；分析手段也从遥感分析、原位分析到返回样品的实验室分析。新技术的应用将进一步扩大深空探测的科学产出。

4. 国际合作更加广泛

深空探测活动从早期的"美苏争霸"到目前的多极参与，国际合作的特点日趋鲜明。由于技术难度和经费需求显著增加，对参与任务的科学家和工程师的专业能力要求更高，学科覆盖要求更广，对任何一个国家而言都难以独立承担。因此，太阳系探测的国家间合作将越来越普遍，多国分工合作，各自发挥技术专长，共同分担经费，合作开展数据分析和科学研究，将成为未来太阳系探测的显著特点。

第三节 发展方向与发展战略

一、发展目标和关键科学问题

（一）发展目标

我国月球与行星科学研究到 2035 年发展的总体目标是：在完成探月工程Ⅲ期任务的基础上，持续开展月球探测后续工程，在月球关键科学问题方面取得突破；开展以火星为主线的深空探测和相关比较行星学研究，深入理解火星与地球环境的演化历史和未来趋势；在太阳系生命的起源与演化探索中取得突破，重点研究太阳系最初 10 亿年的历史记录，揭示太阳系起源与演化的动力学过程；开展地外生命及相关物质的探测与研究，在生命的起源与演化探索中取得突破。

（二）关键科学问题

针对月球与火星的特点及未来深空探测的规划与重点，结合月球返回样品、月球和火星陨石等，在月球与火星科学领域主要开展以下关键科学问题研究。

1. 月球形成

按照目前的认知，月球形成于一次大碰撞事件，即在地球吸积生长至现有大小的一半左右时，与一体积约为火星大小的星子（Theia）发生偏心撞击，撞击体的金属核大部分溶入地核，而硅酸盐部分与地壳和上地幔物质混合，抛射出的高能量物质留在绕地轨道上，最后吸积形成月球。这是月球起源的最重要假说，需要开展与之相关的关键科学问题包括：①大撞击高温状态预期的蒸发作用及其导致的挥发性元素亏损和重同位素富集；②地球与月球物质的亲缘性，撞击体的地球化学特征；③大撞击事件发生的确切时间；④大撞击事件的过程。

2. 岩浆洋结晶与壳-幔分异

月球形成之后，很可能经历了全球熔融超过400 km深的岩浆洋阶段，然后结晶分异形成月幔和月壳。这一阶段的关键科学问题包括：①高地斜长岩形成于岩浆洋的地球化学证据，对应岩浆洋的地球化学特征；②月岩中克里普组分的成因，原始的克里普岩存在与否，克里普岩浆的水和挥发性组分含量；③月壳形成时间，岩浆洋完全固化时间；④岩浆洋的结晶过程与元素分异和同位素分馏；⑤月球的深部物质组成与结构模型；⑥月球正面多为月海而背面为斜长岩质高地的成因等。

3. 月球撞击历史

小天体撞击是早期太阳系各大行星表面演化的重要动力，所加入的挥发分和强亲铁元素等对壳层物质组成有很大影响。其关键科学问题包括：①最早撞击事件及月球早期的撞击历史；②30亿年之后的小天体撞击频率分布及其对撞击坑统计定年曲线的修正；③撞击月表的小天体类型分布及可能的时间变化；④月面冲击变质特征与机制；⑤小天体加入对月壳挥发分和强亲铁元素的影响。

4. 月表空间物理环境、太空风化和月壤物性

月壤是月壳表层长期演化形成的，与其相关的关键科学问题包括：①年轻月壤的稀有气体含量、宇宙暴露年龄和历史；②太空风化特征与机理及其对光谱的影响；③太阳风的物质组成；④月壤的物性特征和机械力学性质；⑤月表与太阳风的相互作用及月表空间物理环境。

5. 火星地质演化和古环境

基于火星轨道器、着陆器和火星车获得的综合地质探测数据，研究的关键科学问题包括：①全球地形、构造和岩石矿物分布特征；②着陆区地质构造演化历史；③岩浆演化历史与母岩浆源区的地球化学演化；④火星表面的水成和风成作用、古环境特征、气候变化历史。

6. 火星空间物理环境及其演化

基于火星轨道器和火星车的磁强计、空间物理环境综合探测平台的数据，研究的关键科学问题包括：①火星的电离层变化特征及其与太阳风的相互作用；②火星的全球磁场分布特征、着陆区磁场的精细变化及其与岩石组成和年龄的关系；③火星感应磁层的形成机理及变化特征；④火星大气逃逸的关键过程及其与大气演化的关系。

7. 火星多圈层相互作用与古环境演化

火星提供了地球演化的一个缩影，综合火星轨道、着陆、巡视三位一体的探测，结合火星陨石的分析测定，以水和磁场为两条主线，探讨火星的岩浆活动与去气、水圈－大气圈的形成与古环境演化、磁场－电离层－太阳风的相互作用，以及水和其他挥发分逃逸等过程，构建火星多圈层相互作用、协同演化的框架模型。

（三）总体发展思路建议

我国未来深空探测将以月球和火星探测为主导，统筹开展小行星、太阳、金星、木星系统等探测。

当探月工程的"绕、落、回"三步任务完成，中国的无人探月技术将趋于成熟，加上载人航天工程积累的载人空间活动技术，共同成为实施载人登月的基础。实施载人登月，在月球上布设地震观测网，开展月面原位探测和巡视探测，利用综合的精细探测数据开展月球科学研究，可深入了解月球成因、演变和构造等信息，有助于了解地球的早期历史、太阳系的起源和演化，以及理解空间现象和地球自然现象之间的关系，可以极大地丰富人类对地月系、太阳系的起源和演化及其特性的认识，从中寻求有关地球起源和演化的线索，促进比较行星学、月球科学、地球与行星科学、太阳系演化学的完善和发展。

实施载人登月可以获得类型丰富的月球样品，包含月壤与月岩特征、月球资源与能源、月球地质构造、月球起源与演化的丰富信息，将有力地推动月球科学、地球与行星科学、太阳系演化学的发展。

实施载人登月，可以利用月球的特殊环境条件，开展有特色的天文观测、对地观测和各类科学实验／试验，促进空间天文学、空间物理学、空间材料科学、空间生命科学等的创新与发展，带动更多的基础学科交叉、渗透与共同发展。通过载人登月在月球上建立基地，可以开发各种月球资源，为人类向更远目标探索提供中转站，为飞向更远的行星飞船提供建造材料，甚至提供推进剂。

实施载人登月，将有力地带动航天技术和一系列高新技术的发展，进一步完善航天工业和技术体系，实现我国从航天大国到航天强国的转变。

火星探测的科学目标主要关注火星的全球性特征，探索火星过去或现在有可能存在水体和生命活动的迹象，以水探测为主线，探测地外生命及维持人类未来可持续发展的地外星体。我国火星探测目标应该在这些方向上有所突破，在兼顾生命和水的科学目标研究的同时，考虑火星开发的相关科学问题。

二、发展战略和部署建议

（一）月球与行星科学发展建议

1. 学科发展和人才培养

在我国，月球与行星科学还没有形成一门独立的学科。而任何一门新兴学科的成长，其首要工作都是学科建设。建议按照行星物理、行星化学、行星地质、行星地理与测绘、行星大气和海洋等分支学科，逐渐凝练学科建设目标。

以国家自然科学基金资助体系为例，月球与行星科学的相关研究申请分散在地球科学部（地球化学、地球物理、地质学、地理学、大气科学等）、数理天文学部（月球与行星科学、太阳物理等）、信息科学部（遥感技术等），既形不成统一资助的优势，也容易造成重复支持和遗漏。建议在数理天文学部或地球科学部设立统一的月球与行星科学资助单元，并统一受理利用国内外月球与深空探测数据开展月球与行星科学研究的项目申请。

人才是学科发展的前提，没有优秀人才的参与，学科建设不可能获得成功。一方面要重视引进欧美国家的月球与行星科学人才，另一方面要大力培养月球与行星科学领域的优秀研究生。通过培养、交流提升我国人才的知识能力和国际化视野，特别是通过岗位优化配置，将个人特长、兴趣爱好与工作内容相结合，实现人尽其才，才尽其用。

2. 深空探测任务的科学目标和有效载荷

每一项月球和深空探测任务的成果都体现在技术与科学两方面，归根到底还是科学探索与发现成果，在未来应突出月球与行星科学中的关键科学问题，凝练并提出科学目标。建议以科学需求为牵引进行任务整体设计和有效载荷配置，在任务设计和实施的全过程中保证科学成果产出的数量和质量，以科学成果产出和技术能力提升作为判断成功与否的标志。相比国际上同类载荷的先进水平，我国月球与深空探测任务采用的有效载荷种类、性能、探测精度等关键指标还存在明显差距，探测方法、有效载荷设计、元器件选型等方面的创新较为欠缺。

有效载荷创新性设计和研制质量是决定我国月球与行星探测科学成果产出的关键，也是制约我国今后深空探测长远发展的瓶颈之一。在我国今后的月球与行星探测任务中，应大力提高有效载荷的研制水平。建议在深空探测工程立项前的预研阶段，前瞻支持具有应用前景的有效载荷开展关键技术攻关，奠定技术基础，保证在工程立项实施后的较短时间内高质量地完成研制任务。

3. 科学数据的处理、发布、分析和应用研究

深空探测所获得的数据是月球与行星科学新发现的基础。为了从这些海量数据中提取有意义的科学信息，需要对这些数据进行校正、测量数据系统误差分析、数据融合等，形成供科学研究分析的数据产品，进而应用于目标天体重力场、表面物质成分分析、大气和磁场的空间结构等物理、化学参数的确定，提供行星科学研究的基本资料。

随着我国探月工程的顺利实施及未来发展，我国积累的第一手探测数据越来越丰富。但如何管好、用好这些花费巨大代价获得的科学数据，以下环节需要重点关注。

（1）数据标准化生产和发布

在数据格式和发布途径方面，欧洲大多采用虚拟天文台（virtual observatory, VO）的方式生产和发布，美国则采用行星数据系统（planetary data system, PDS）的方式生产和发布，日本和印度的探月卫星既与欧美的发布方式合作，也有自己的发布途径。我国目前已经建立了独立的数据发布网站，数据发布也已经比较成熟，下一步应考虑与中国自己的虚拟天文台合作，通过更多途径发布探测数据。

在数据标准化生产方面，需要加强仪器定标过程的论证和设计，定标报告应与数据同步发布，数据质量要进行第三方独立评估。只有仪器定标过程透明规范，科学数据质量可靠，研究结果才能得到学术界的认可。

（2）加强数据用户培训和交流反馈

用户队伍越庞大，探测数据的利用才能越充分，才能发掘其潜在的科学价值。根据其他学科和国外同类任务的经验，月球与深空探测的数据生产部门还需要开展专题的数据用户培训班和意见征集工作，详细介绍数据类型、定标过程、预处理过程、使用方法等，听取科学用户的意见，加强与数据用户的沟通及对使用情况的反馈，以不断改进数据产品的预处理方法和流程，增进数据－用户界面的友好性，使得科学用户得以将主要精力集中在科学问题的研究方面。

（二）研究重点

1. 月球和太阳系的早期演化历史研究

月球起源是一个古老而尚未解决的科学问题，关于月球起源的假说包括"同源说"、"分裂说"、"捕获说"及"大碰撞学说"等。虽然后者被大部分科学家接受为相对最合理的假说，但该学说也存在一些无法解释的观测事实。此外，地球上的板块活动和其他各种地质改造作用，使得地球早期，特别是最初10亿年的历史记录，在地球上很难保存，但月球基本保持了月球形成早期的特征。因此，研究月球及地月系统形成最初10亿年的演化历史，为研究地月系统甚至太阳系起源和演化提供了便利条件，填补了地球地质记录的空白。

在获取我国探月工程科学数据的基础上，通过综合分析和整理国外已有的月球探测成果，形成对月球起源与演化模型的整体性和规律性认识，进而建立月球起源与演化的概念性模型，获得具有原创性的科学研究成果。

（1）月球化学不均一性分布及其起因

全月遥感数据月球表面的元素分布极不均匀，根据月球化学和地质演化差异可将月表分为三类地体。各地体的月球化学不均一性被推测来源于月球形成初期的化学成分初始不均一分布，因此研究月球化学的不均一分布，可为了解月球形成早期演化和地月系统起源提供更多的直接证据。

（2）外动力构造机制与月球演化的关系

月面外动力构造是指撞击体的撞击作用和次坑刨掘引起的刻蚀作用在月表形成的构造，主要包括坑、盆、海，以及撞击溅射物引起的对月面的充填、沉积作用而形成的衍生构造。这些外动力作用对月球的演化起到了重要的推动作用，是研究月球撞击机制和历史及月球演化历史的重要参考资料。

（3）月球内部结构与质量分布的不均一性

月球内部，尤其是月海盆地之下普遍存在重力正异常，形成大量质量瘤，表明月球内部物质分布具有大尺度不均一性。关于质量瘤的形成目前还存在许多争论，详细研究月球内部结构与质量分布不均之间的内在关系，可进一步解释月球形成和演化的奥秘。

（4）太阳系早期演化历史

太阳系最初 10 亿～15 亿年历史在地球上缺失地质记录，通过月球的探测与研究，可详细了解行星早期演化历史的化学变化，以及核、幔、壳的形成和热历史。

2. 火星和太阳系其他天体

此外，在太阳系的起源与演化研究方向，重点开展火星、金星与小天体探测，以及行星表面环境与生命生存背景耦合关系的研究。研究内容包括火星大气起源和演化及其控制因素；火星磁场特征及演化过程；火星气候演化及其控制因素；火星南北半球不对称地貌形成和演化的驱动机制；火星当前水的分布和赋存状态；火星早期水的来源和演化历史；火星宜居环境和可能保存的有机物质或生命形式；火星的空间环境特性；金星磁场和等离子体环境；金星电离层特性；金星大气与闪电特性；金星地质构造演化；金星分异演化历史；金星气候演化和温室效应；金星表面或内部是否存在液态水；小行星中水的存在；小行星的化学成分；近地小行星和陨石的直接联系。

（三）任务部署建议

根据我国深空探测的总体科学目标，在 2011～2030 年，我国深空探测以火星为切入点，统筹开展对太阳、月球、小行星、金星、木星系统等的探测。

1. 月球探测

中国探月工程的"绕、落、回"三步走已经圆满完成绕月和落月任务，Ⅲ期工程已正式立项，嫦娥五号任务将探测价值较大的可能出露最年轻玄武岩的月球风暴洋地区作为着陆和采样点。已于 2018 年底成功发射嫦娥四号，实施世界上首次月球背面软着陆并进行巡视探测。2018 年 5 月已向日地 L2 点发射了一颗中继卫星，用于中继通信数据传输，为月球及深空探测提供支持。未来还将开展探月工程Ⅳ期，计划于 2020 年左右发射嫦娥六号月球探测器，实现月球极区采样返回。

载人月球探测是月球探测后续发展的必然阶段。继续深化载人月球探测及科学任务的研究论证，为未来载人登月和月球基地建设奠定基础。

2. 火星探测

2016 年我国已正式批准首次火星探测任务，将采用轨道器加火星车的联合探测方式，在 2020 年左右发射一颗火星探测器，实现火星着陆巡视。在 2030 年前，我国火星探测的主要任务是环绕遥感探测、软着陆巡视探测和采样返回，实现对火星从全球普查到局部详查，再到样品实验室分析的科学递进。通过环绕遥感探测，实现火星表面和大气的全球性与综合性调查，主要包括火星土壤和水冰分布、全球形貌、物质成分和大气总体特征，并监测火星表面变化特征；对选择性地区详查，探明其地质构造和形貌特征，为软着陆巡视探测和采样返回提供基础数据；通过软着陆巡视探测，获得形貌、岩石、土壤、物质成分和气象特征等原位和巡视探测数据，为火星科学研究和资源评估提供基础资料；通过采样返回获得火星样品，对其进行系统的实验室分析，研究火星岩石或土壤样品的结构、物理特性、物质组成，深化对火星成因和演化历史的认识。

3. 小行星探测

通过对目标小行星的飞越、伴飞和附着探测、采样返回，获取其运行轨道及其变化、表面形貌、物理特征、物质成分、太阳风和太阳辐射与小行星的相互作用、地外有机物和可能的生命信息等的探测数据，研究小行星撞击地球的可能性，探索太阳系的早期演化历史和行星形成过程，研究地球生命的起源和演化；通过巡航段生物试验，研究地球生命在地外的适应特性。

4. 木星系统探测

通过木星系统环绕探测，获取木星的磁层结构、大气环流等探测数据，研究太阳风与木星磁场的相互作用、大气环流模式与动力学机制；探测木卫二空间环境和表面冰层形貌，研究冰层厚度分布特性、木星潮汐作用对木卫二地下海洋的加热效应；通过巡航段行星际太阳风结构探测，研究太阳风在行星际空间的传播特性；通过巡航段生物舱试验，研究地球生命在地外环境的生存特性。

5. 金星

通过环绕和浮空探测，获得金星大气的组成与结构、温度场、电离层与磁层、地形地貌与物质组成等的探测数据，开展金星大气层的闪电和气辉、温室效应、大气环流等的成因机制，大气整体演化过程，大气层、电离层与太阳风的相互作用过程，以及水逃逸机制等研究；开展金星表面改造的地质应力和地质构造演化史的研究；开展金星内部结构的综合性研究。

参 考 文 献

侯建文，阳光，曹涛，等. 2016a. 深空探测——小天体探测. 北京：国防工业出版社.

侯建文，阳光，周杰，等. 2016b. 深空探测——火星探测. 北京：国防工业出版社.

李春来，欧阳自远，等. 2004. 空间化学. 哈尔滨：哈尔滨工业大学出版社.

李春来，任鑫，刘建军，等. 2010. "嫦娥"一号激光测距数据及全月球 DEM 模型. 中国科学：D 辑, 3: 281-293.

欧阳自远. 1997. 小天体撞击与古环境灾变——新生代六次撞击事件的研究. 武汉：湖北科学技术出版社.

欧阳自远. 2005. 月球科学概论. 北京：中国宇航出版社.

欧阳自远，李春来，邹永廖，等. 2010. 绕月探测工程的初步科学成果. 中国科学：地球科学, 40(3)：261-280.

叶培建，于登云，孙泽洲，等. 2016. 中国月球探测器的成就与展望. 深空探测学报, 3(4)：323-333.

郑永春，张锋，付晓辉，等. 2011. 月球上的水：探测历程与新的证据. 地质学报, 85(7)：1069-1078.

中国科学院地球化学研究所. 1977. 月质学研究进展. 北京：科学出版社.

Binder A B. 1998. Lunar prospector: Overview. Science, 281(5382): 1475-1476.

Board Space Studies, National Research Council. 2002. New Frontiers in the Solar System: An Integrated Exploration Strategy. Washington D C: National Academy of Sciences.

Board Space Studies, National Research Council. 2007. An Astrobiology Strategy for the Exploration of Mars. Washington D C: The National Academies Press.

Board Space Studies, National Research Council. 2011. Vision and Voyages for Planetary Science in the Decade 2013～2022. Washington D C: The National Academies Press.

Campbell B A. 2002. Radar Remote Sensing of Planetary Surfaces. Cambridge: Cambridge

University Press.

Carr M H. 1987. Water on Mars. Nature, 326(6108): 30-35.

Eckart P, Aldrin B. 1999. The Lunar Base Handbook: An Introduction to Lunar Base Design, Development, and Operations. NewYork: McGraw-Hill.

Hecht M H, Kounaves S P, Quinn R C, et al. 2009. Detection of perchlorate and the soluble chemistry of martian soil at the Phoenix lander site. Science, 325(5936): 64-67.

Heiken G H, Vaniman D T, Frend B M. 1991. Lunar Sourcebook—A User's Guide to the Moon. Cambridge: Cambridge University Press.

Jolliff B L, Wieczorek M A, Shearer C K, et al. 2006. New Views of the Moon, Reviews in Mineralogy and Geochemistry, Vol. 60. Chantilly V A: Mineralogical Society of America.

Kieffer H H, Jakosky B M, Snyder C W. 1992. The planet Mars-From antiquity to the present. Mars,1992: 1-33.

McFadden L A, Weissman P, Johnson T. 2006. Encyclopedia of the Solar System. Salt Lake City: Academic Press.

McKay D S, Gibson Jr E K, Thomas-Keprta K L, et al. 1996. Search for past life on Mars: Possible relic biogenic activity in Martian meteorite ALH84001. Science, 273(5277): 924-930.

Mellon M T, Arvidson R E, Sizemore H G, et al. 2009. Ground ice at the Phoenix Landing Site: Stability state and origin. Journal of Geophysical Research Planets, 114(E1):285-293.

Nozette S, Rustan P, Pleasance L P, et al. 1994. The Clementine mission to the Moon: Scientific overview. Science, 266(5192): 1835-1839.

Taylor S R. 1975. Lunar Science: A post-Apollo View. New York: Pergamon Press.

Taylor S R. 1982. Planetary Science: A Lunar Perspective. Houston T X: Lunar and Planetary Institute.

Zheng Y, Ouyang Z, Li C, et al. 2008. China's lunar exploration program: Present and future. Planetary and Space Science, 56(7): 881-886.

第五章
空间地球科学

第一节　科学意义和战略价值

一、空间地球科学概述

（一）空间地球科学的定义及内涵

1. 空间地球科学的定义

空间地球科学是对地球进行系统研究的综合交叉学科，以空间对地观测为主要信息获取手段，研究地球系统各圈层及圈层间的相互作用和演变过程。空间地球科学的核心内涵就是地球科学，空间观测是其研究手段和方法，也是其特色所在。

地球科学是实践性很强的基础学科，实验和观测在推动学科发展的进程中起到举足轻重的作用。长期以来，对于地球的观测只能局限在若干点或者小区域范围内，这对于全面、综合、整体地研究地球有很强的局限性，小尺度的结论通常不能机械性地外推到大尺度。

卫星对地观测技术的发展，首次将地球以一个完整的形态展现在科学家和公众面前，使得对"行星地球"的认识和理解上升到整体与系统的尺度，地球科学的研究在深度和广度上都得到了巨大的推进。在此基础上，NASA在 20 世纪 80 年代首次提出了地球系统科学的概念，地球系统是指由大气层、水圈、陆圈（岩石圈、地幔、地核）和生物圈（包括人类）组成的整体。通过空间手段研究地球系统及其变化，可在大的时空尺度上对地球进行高精度和系统性的观测，具备快捷、动态、真实、多参数、全球性等独特优势。

2. 空间地球科学的内涵

空间地球科学是新兴的学科，学科交叉是其突出的特点。从学科角度来看，它主要涉及空间科技和地球科学两个领域。其中，地球科学是空间地球科学的本质和灵魂，空间地球科学所关注的重大科学问题无不是地球科学正在关注的重大科学问题，研究地球科学的重大科学问题又越来越离不开空间地球科学的作用和贡献，唯有空间手段才能为地球科学研究提供如此系统、全面的观测能力。空间观测手段的出现并不意味着对传统观测手段的全面替代，二者之间是互补和融合的关系。

（二）空间地球科学分支学科划分与概述及主要研究内容

1. 空间地球科学分支学科划分依据

空间地球科学作为一个新兴的学科，对其子学科如何划分尚未形成统一的标准。空间对地遥感可以根据遥感手段的不同划分为光学遥感、微波遥感等，也可以根据观测对象的不同划分为大气遥感、海洋遥感、陆地遥感等。这两种划分方式从两个不同的维度对学科进行了划分，两种方式彼此独立，又互相交叉。对于空间地球科学分支学科的划分，也可以参考以上两种方式。

（1）依据观测手段进行划分

这种划分方式依据的是空间对地观测的方式。遥感的本质是非直接接触的观测，它是以场的方式实现的。电磁场是遥感中应用最多的观测手段，重力场、磁场对于地球科学的研究十分重要，也是重要的空间遥感方式。电磁波根据谱段的不同可以划分为光学遥感（可细分为紫外、可见光和红外）和微波遥感；根据仪器工作方式的不同可以划分为主动遥感（遥感器主动发射电磁波信号，并接收观测目标返回的电磁波信号）和被动遥感（仅接收来自观测对象自身发射或反射/散射的电磁波信号）。

（2）依据研究对象进行划分

地球科学根据其研究对象可以划分为地球科学史、大气科学、固体地球物理学、空间物理学、地球化学、大地测量学、地图学、地理学、地质学、水文学、海洋科学、地球科学其他学科等分支。空间地球科学也可以依据同样的标准进行划分，不过，这并不意味着地球科学的各个分支都有与之对应的空间地球科学分支学科。

以研究对象圈层为依据对空间地球科学的分支学科进行划分，分别是空间大气科学、空间海洋科学、空间生态科学、空间陆地科学和空间冰雪科学等。另外，大地测量是地球科学的基础，当前大地测量学已进入卫星遥感测绘阶段，因此，空间大地测量学也是空间地球科学的分支学科和基础之一。

此外，还应有一个分支学科，即空间地球系统科学，它不侧重于更不局限于具体的某个圈层，而是将圈层与圈层之间的相互作用作为主要研究对象，以系统的视角将地球作为一个整体加以研究。

需要指出的是，以遥感为后缀的分支学科更侧重探测，而以科学为后缀的分支学科更侧重对科学问题的研究。以大气遥感和空间大气科学为例，大气遥感更多地关注遥感的原理、方法和相关的技术，而空间大气科学的覆盖面更广，它不仅包括大气遥感中所涉及的方法和技术问题，更着重于将大气遥感作为手段对大气科学进行研究。

（3）建议的划分方式

空间地球科学的核心和本质是地球科学，因此若依据观测手段划分分支学科，容易造成其科学内在含糊不清的情况；若依据研究对象划分分支学科，则科学体系较为完整。鉴于此，建议依据研究对象将空间地球科学具体划分为七个分支学科，其中五个分支学科分别针对五个圈层，一个分支学科以地球基础测绘为研究对象，另一个分支学科将地球作为一个整体系统加以研究。这七个分支学科分别是空间大气科学、空间海洋科学、空间冰雪科学、空间生态科学、空间陆地科学、空间地球系统科学和空间大地测量学。

2. 空间地球科学各分支学科概述

（1）各圈层的空间研究

地球各圈层分支科学包括空间大气科学、空间海洋科学、空间冰雪科学、空间生态科学和空间陆地科学，利用空间观测手段对各自圈层的科学问题进行研究。

地球各个圈层的科学经过 30～40 年的空间观测和研究都有了长足的发展，并取得了丰硕的成果。例如，空间大气科学为地球温室效应，以及全球云、水汽、降雨的动态变化、全球大气温度场及动态变化等提供了全景视角和全新认识，提高了天气预报的水平，自从空间对地观测手段出现之后，人类再也没有错失过任何一次热带气旋；空间海洋科学构建了全球的海洋表面形态和拓扑高度、海表洋流的动态图像，这对于传统极度缺乏数据的海洋学研究的意义尤为重大，微波高度计的研究成果对于研究气候变化引起的海平面上升是决定性的；空间冰雪科学使科学家认识了环境严酷难以深入的南北两极和格陵兰岛的状况，取得了对全球冰冻圈覆盖变化趋势的重要认识；空间生态科学对全球生物量评估、生态环境变化、森林对气候变化的反馈、农业估产等研究做出了卓越的贡献；空间大地测量学为地球科学提供了日益精准完整的地球测绘数据，是地球科学所有研究和应用工作的基础。

（2）空间地球系统科学

地球科学的复杂性在于地球各个圈层不是静止的，更不是孤立的，而是不断变化且彼此联系、互相影响的，任何一个圈层都不能脱离其他圈层而独立存在，圈层与圈层之间的联系和相互作用始终是地球科学的重要问题。当前，地球科学所关注的几个主要科学问题，没有一个是只涉及一个圈层，无一不涉及多圈层之间的相互作用。圈层之间的相互作用包括多层含义：两个圈层之间、多个圈层之间、所有圈层之间都存在相互作用。其中，大气圈在圈层之间的相互作用中发挥了独特的作用，由于它的流动性和全球覆盖的特点经常成为其他圈层之间相互作用的桥梁。

空间地球科学在圈层之间相互作用的问题上扮演着越来越重要的角色。以干旱为例，这是一个典型的涉及多个圈层且圈层之间有复杂关联的地球科学问题，它的核心问题是水，外围问题是能量和生态等。丰富的空间对地观测手段为我们提供了广泛的可能性。我们可以设计这样一个研究方案：利用全球降水测量计划的微波辐射计探测降水；利用 ESA 的土壤湿度和海洋盐度卫星（SMOS）、NASA 的土壤水分探测卫星（SMAP）等 L 波段微波辐射计探测土壤湿度；利用中分辨率成像光谱仪（MODIS）探测植被；利用 MODIS、CRYOSAT 和 ICESAT 等观测卫星探测冰雪；利用 GRACE 重力卫星探测陆地水储量及其动态变化；利用 MODIS 和 AMSR 微波辐射计探测地表温度；利用静止气象卫星探测云及其参与的大气辐射过程；等等。在此基础上可以充分研究圈层之间的相互作用，包括降水和陆地水储量之间的关系，海洋、地表蒸发量与温度的关系及水汽在大气中的输运过程，土壤湿度与地表温度和植被生长之间的复杂关系，温度与冰雪之间的关系等。这样以空间观测资料为主并结合其他手段综合研究复杂的干旱问题，便具有了充分的资料依据和坚实的基础。在此基础上，还可以将干旱问题放在全球变化这个更大的背景下作为研究中的一个重要拼图。

地球系统科学实际上就是因人类面临的环境危机而兴起的，空间地球系统科学尤其关注人类社会发展所面临的全球变化问题。空间地球系统科学所采用的空间观测手段是开展地球系统科学研究的主要途径，结合空间探测资料（和历史资料）开展地球系统数值模拟；通过集成研究，从对地球现象的描述向定量化和动态过程深化研究发展，取得全球变化的成因、趋势、后果、预测等科学认识，提出减缓措施及科学依据，是空间地球系统科学所面临的重大任务。

（3）空间大地测量学

空间大地测量学作为大地测量学的一个重要分支，是大地测量学的最重要发展方向之一。空间大地测量学是利用人造地球卫星和各种空间（航空）平台及相应传感器，对地球的局部和整体运动、地球重力场及其变化规律进行全天候、高精度、大范围的测量，用以监测地壳运动与形变、地球系统的物质运动与迁移、地震火山灾害等现象和规律，以及相关的地球动力学过程和机制，为人类活动提供基础地学信息的学科。相对于空间地球科学的其他分支学科，空间大地测量学既是偏技术的学科，也是基础性的学科。定位是空间大地测量学的主要研究内容，也是地球科学支柱性的基础工作。如何构建全球重力场是空间大地测量学的重要研究领域之一，全球重力场研究已经在冰雪科学、水文学、气候学、海洋学和全球变化等诸多研究领域发挥了独特、不可替代的作用。

3. 空间地球科学卫星与业务卫星的关系

对地观测卫星可以分为科学卫星和业务卫星两大类，这两类卫星既存在显著的区别，又存在很密切的关联。科学卫星以科学研究为目标，业务卫星则以业务化应用作为其核心任务，两者的任务定位存在显著的区别。

通常，地球科学卫星主要针对科学问题获取研究所需的最新资料，同时也需要发展新的对地观测技术并进行验证，对遥感技术的发展具有重要的推动作用，也往往成为业务卫星（和载荷技术）的先导。业务卫星在应用需求的驱动下一代一代发展提高，其发展也来源于科学卫星的成果，特别是在起步阶段有许多未知问题，如某种遥感原理可否有效地进行观测和反演，在此原理上研发的遥感器是否可行、性能如何、存在哪些问题等，需要科学卫星进行探索、验证和推动，实际上大部分新原理遥感器是从地球科学卫星上发展起来的。

业务卫星是空间地球科学研究重要的数据源，为科学研究提供强有力的支撑。由于业务化和应用效果的需求，业务卫星通常具有成熟可靠、系统完备、长期连续、定标准确、数据质量有保障等诸多优势，这些优势对于地球科学研究中的某些问题具有重大意义。例如，美国国家海洋和大气管理局（National Oceanic and Atmospheric Administration，NOAA）系列气象卫星的甚高分辨率辐射计（AVHRR）遥感器已经发射了近 20 台，时间跨度近 40 年，为气候变化及在气候变化背景下的海面温度变化研究、全球植被变化研究、冰雪圈变化研究等众多研究领域提供了强有力的支撑。

事实上，很多科学研究卫星也同时身兼科学研究和业务化应用两种功能。NASA 的地球观测科学卫星系统计划（EOS）是典型的例子，EOS 在设计之初，是以探索地球科学问题作为核心任务的，毫无疑问是科学卫星。20 年来，其主载荷中分辨率成像光谱仪 MODIS 成为地球科学研究中多个领域得以发展的功臣，同时其 20 年连续稳定、高质量的对地观测数据，使MODIS 也得到了业务化应用的广泛认可。在此基础上，成像光谱仪也被选为业务卫星的重要载荷。

二、空间地球科学的科学意义和战略价值

（一）科学意义

1. 对地球科学基础研究和重大科学问题突破的意义

空间地球科学作为一个前沿性、创新性、挑战性、引领性很强的战略科技领域，在国家创新驱动发展的进程中发挥着越来越重要的作用。

地球是一个极其复杂的巨系统，是当代基础科学的重要领域。空间地球科学开拓了人类深刻研究地球的新途径和新视野，是对传统研究方法的革命性变革，使地球科学的研究从局部拓展到全球和整体，从静态扩大到动态，从陆地、海洋、对流层延伸到平流层以上的空间，不断扩展着人类的知识领域。同时，为更宏观、更精细、更深入、更定量化地研究和认识地球，以及突破以往难以解决的地球科学重要基础科学问题提供了可能。

空间地球科学从地球大系统和地球系统各圈层相互作用的角度开展与地球科学有关的基础性、前瞻性重大问题的深化研究，如海洋环流变化及对区域气候的影响，云、气溶胶和大气微量成分对地球辐射收支平衡的影响，三极（南北极和青藏高原）变化对气候变化的响应，地球重力场与水量分布输运、陆/海/气能量交换与水循环、地球生物量与气候变化之间的相互关联，等等。特别是面对全球环境变化这样的基础性、前沿性、全局性的重大科学问题，空间地球科学通过对全球大气中 CO_2 浓度及其分布的测量和大范围、长时间、多圈层、多参数的探测与研究，开展大规模地球系统数值模拟，进

行地球变化过程的定量化研究，最终为搞清全球变化这一影响人类生存发展的重大问题做出显著贡献。

空间地球科学新技术、新方法和空间探测技术的发展，为地球科学各分支学科的研究提供了不可缺失的大范围基础信息。同时许多新的发现，如克鲁岑、莫利纳、克罗利用紫外探测器在地球极区大气层发现了臭氧洞，从大气化学的角度阐明了氯氟烃对臭氧层形成、分解的作用及机理而获 1995 年诺贝尔奖；发现了中高层大气放电的新奇现象（即红色精灵）；通过海洋拓扑高度精细测量反演出全球洋流，并加深了对海洋动力学的认识；等等。利用空间手段研究地球有力地推动了地球科学各分支学科的研究深度，促进了各分支领域研究的交叉，形成了新的交叉领域，同时空间地球科学的发展又密切依赖于各个分支学科的研究。空间地球科学与各分支学科的交叉，也有力地提升了解决地球科学问题的能力。空间地球科学还促进了遥感（RS）、地理信息系统（GIS）和全球定位系统（GPS）的有机结合，发展出了新的研究格局。

地球是太阳系行星之一，空间地球科学本质上是将地球作为太阳系的一颗行星来研究，因此与空间物理学、太阳物理学、月球与行星科学有密切关联且相互交叉，形成了一批新的有重要意义的基础前沿方向。例如，太阳活动与地球气候的关联、地球发展演化与火星/金星等的比较研究，小行星撞击引起的地球环境灾变与气候演化史等。未来空间科学之间的学科交叉将更加紧密。

2. 在地球科学学科体系中的意义和作用

空间地球科学有两个母学科作为支撑，分别是地球科学和空间科学其他分支学科。

（1）空间地球科学与地球科学的关系

根据《中华人民共和国学科分类与代码国家标准》，地球科学为一级学科，其下属的二级学科包括地球科学史、大气科学、固体地球物理学、空间物理学、地球化学、大地测量学、地图学、地理学、地质学、水文学、海洋科学等。在这个标准中，空间地球科学未被列入地球科学的二级学科分类，根据空间地球科学的自身特点，它也难以列入地球科学二级学科。空间地球科学与地球科学的各二级学科均有关联，从逻辑上空间地球科学也不能和大气科学、海洋科学、地球物理学这些地球科学的分支学科相并列。空间地球科学各分支学科也面临同样的处境，如空间大气科学在大气科学中，也不能和大气物理学、天气学、气候学、大气化学这些大气科学公认的分支学科相并列。

从地球科学当前学科划分的维度来看，空间地球科学虽然不能简单地看作地球科学的二级学科，但空间地球科学实际上正日益成为地球科学中不可分割的部分，这需要从另外一个维度来审视地球科学。

从地球科学的发展历程来看，它的初期阶段同样不具备与自然科学中基础的数学、物理学、化学和生物学相并列的性质。地球科学萌芽阶段的知识来源是分布在上述这些学科中的，如地球重力是牛顿力学中的基本问题之一；地球在太阳系中的地位起源于天文学，地球的化学成分研究源自传统的化学，生物与地球之间的关系（即地球如何支撑生命，生命又如何改造地球）最早来源于生物学。可以说，地球科学是先萌发自各已有的学科，后逐步发展壮大，再经过对相关知识的梳理和融合而形成的一个独立、完整的学科。空间地球科学将来在地球科学中的位置，也很有可能重复这样的一个发展过程。

（2）空间地球科学与空间科学其他分支学科的关系

空间地球科学是空间科学的分支学科之一，是空间科学的重要组成部分。它不仅在空间科学中具备独立的地位，同时也和空间科学其他分支学科有密切的联系，其中联系最紧密的是太阳物理和空间物理学、月球与行星科学。

空间物理学和地球科学存在衔接和交叉，高层大气既是空间物理学的研究对象，也是空间地球科学的研究对象，有明显的交叉与衔接，当然研究视角有所区别。能量是地球科学研究中的核心问题之一，地球系统的能量主要来自太阳，这就决定了空间地球科学与太阳物理学有密不可分的关系。太阳辐射对地球系统的能量收支和平衡具有决定性的作用，研究气候变化也离不开研究太阳辐射和日地轨道的变化情况。不仅如此，太阳辐射，尤其是太阳风暴，还对地球的电离层具有重大影响。此外，空间物理学与大气科学的研究区域也存在衔接和一定的交叉。

空间地球科学的技术、方法和研究成果可为太阳系其他行星和月球研究起到引导和促进作用，除比较行星学的广泛研究内容外，空间地球科学中的测绘技术、多波段和多模式遥感技术、重力场和磁场探测技术、地球化学成分测量分析方法等大多可直接应用于研究行星和月球的地形、地质、大气、物质组成和化学成分等几乎所有的要素，为月球与行星科学做出突出的贡献。

3. 对推动其科技进步的作用

空间地球科学不断深化的科学需求对工程技术提出了更高要求，推动了航天技术、工程技术，包括光学、精密机械、电子信息、材料科学、工艺学等学科的发展和进步。同时，空间地球科学又从上述科学技术的进步中获益。

空间地球科学是研究、探测地球各类资源的重要手段之一，其研究和应用成果正在越来越深入地服务于资源、环境等与经济和社会发展密切相关的重大领域。空间地球科学对生态环境、大气、水环境及污染（如社会公众关注的热点问题——霾的形成、发展、扩散和成因）的研究为社会的可持续发展和人类健康提供了重要的依据。

空间地球科学研究促进了气象预报、海洋环境监测和海洋预报、再生和不可再生资源调查、生态环境监测、农业估产等空间遥感的业务应用，为经济社会发展和人类生活提供了重要保障。另外，对于自然灾害的预警和预报直接服务于全人类，显著减少了人员伤亡和财产损失，为人类社会做出了杰出的贡献。

（二）战略价值

1. 基础性/先导性战略价值

人类的活动、生存和人类社会的发展进步都离不开地球。对地球的深入了解和认识始终是人类面临的最重大的科学问题之一。空间地球科学涉及大量地球系统复杂现象和基础前沿科学问题，在空间地球科学定义中已有分析。空间地球科学是通过空间手段推动地球科学中基础性、前沿性、全局性、重大科学问题突破的最重要途径。

全球环境变化是由人类活动和自然过程相互交织的驱动所造成的一系列陆地、海洋与大气的物理和生态变化，如全球变暖、臭氧层破坏，大气、水体和海洋污染、生态破坏、生物多样性减少、荒漠化与水资源短缺、灾害频发等。国际社会普遍高度重视未来地球环境变化趋势的不确定性，而减缓措施又涉及各国发展利益、经济增长模式、社会政策和国家安全，成为国际性的政治和外交问题。地球科学的本质是认识地球，对地球未来的发展趋势做出科学判断，并针对成因和规律、减缓措施及其可行性等提出科学依据与解决方案。这些地球科学的重大问题正是空间地球科学面对的重大课题和发挥优势的用武之地。

空间地球科学正是因此受到了各空间大国（地区）的高度重视。例如，NASA 的空间科学预算 2016 年为 55.9 亿美元，空间地球科学预算为 19.2 亿美元，占比为 34%；ESA 2000 年以来的年均空间科学投入为 23.2 亿美元，空间地球科学约占其中的 23%，显示了欧盟国家对地球环境和全球变化的高度关注。21 世纪以来空间地球科学在空间科学论文总数中的比例约 33%，从侧面反映了空间地球科学研究的重要战略价值。

2. 促进社会经济和高技术发展，保障国家安全

经济发展离不开自然资源、人类健康离不开生存环境规律。空间地球科学及其应用对于探索和开发地球自然资源、认识环境问题及其变化具有指导性作用；新的国家安全观不仅包括国防、军事等传统安全领域，还涵盖了生态、粮食、水资源和清洁水、海洋、自然灾害等与地球科学直接相关的安全问题；实施一带一路倡议，需要充分了解我国及相关地区，乃至全球的状况并进行预测；空间地球科学在减灾防灾、气候变化、可持续发展等方面的研究成果，可为经济社会健康、稳定、安全和可持续发展提供保障，为国家决策提供重要科学依据。

空间大地测量学是应用基础科学的前沿领域，不断扩展着人类的知识。空间大地测量新技术的出现，促进了大地测量学与固体地球科学中其他学科的交叉与渗透，为人类从更精细更深入更定量化的角度认识地球、解决以往难以解决的关于地球科学的许多基础性科学问题提供了可能。空间大地测量技术不仅能以毫米级的精度测定地面和空间的位置，为航天和国防提供高精度的测绘保障，而且能测定它们随时间的变化，进而可研究地球的运动，以及地球内部的动力学过程，如板块运动、构造、地震活动、地球自转变化和海平面变化等，从而使我们可从地球动力学的角度开展与大地测量有关的基础性、前瞻性问题，以及地球和空间环境变化等的研究。

3. 对建设科技强国的支撑作用

空间地球科学与《国家中长期科学和技术发展规划纲要（2006—2020年）》的多项内容紧密相关，包括海洋环境立体监测技术、海洋生态环境保护、全球环境变化监测与对策、城镇区域规划与动态监测、重大自然灾害监测与防御、地球系统过程与资源、环境与灾害效应、人类活动与地球系统的影响机制、全球变化与区域响应等，是国家科技发展和学科发展布局中的重

要组成部分，反映了其重大的科学价值和国家的迫切需求。

空间地球科学作为既有重大基础前沿研究内涵，又面向社会聚焦关注的重大现实问题的重要领域，在我国实现全面小康和建设社会主义强国的发展目标中具有基础性和战略性地位。加强空间地球科学研究，取得重大科学突破，满足国家重大战略需求，支撑国家长期稳定发展，是将我国建设成为科技强国的重要内容。

包括空间地球科学在内的空间科技是国家科学和技术实力的重要标志，将有力地推动航天技术进步，带动多种高技术发展，对建设科技强国起到强有力的推进作用。

第二节　发展历史、现状和趋势

一、国际空间地球科学发展状况

（一）发展历程概述

1988 年，NASA 顾问委员会地球系统科学咨询委员会公布的文件《地球系统科学－近距观察》提出地球系统科学的概念，定义了地球系统科学的目标和任务，被视为空间地球科学的起步。NASA 空间地球科学计划与任务的目标是：通过对地球系统的构成及其相互作用、功能，以及在整个地质年代如何演化的论述来科学地理解全球规模完整的地球系统，并明确提出"提高预测未来 10～100 年自然和人类活动引起地球系统变化的能力"的目标。地球系统科学将地球的各组成部分视为一个统一的动力系统，对其研究将加深人们对地球各组成部分相互作用的理解。尽管地球系统科学和空间地球科学名称上和内容上并不完全相同，但是二者仍然存在极其密切的关系，在很多场合下，甚至难以将两者严格区分开来。

空间观测是地球系统科学研究的主要手段。1991 年 NASA 开始实施行星地球使命计划和相应的地球观测系统计划，发展了一批先进的对地观测载荷，发射了 TERRA 卫星、AQUA 卫星、CHEM 卫星（分别重点研究陆地、水、大气），并开展了持续近 30 年的地球辐射收支试验。

国际科学界先后发起并组织实施了以地球系统和全球变化为对象的研究计划，20 世纪 90 年代，世界气候研究计划（WCRP）、国际地圈生物圈计划（IGBP）、全球环境变化人文因素计划（IHDP）、生物多样性计划（DIVERSITAS）共同组建了地球系统科学联盟（Earth System Science Partnership，ESSP）；2001 年又设立了 4 项联合计划——全球碳计划（GCP）、全球水系统计划（GWSP）、全球环境变化与食物系统计划（GECAFS）和全球环境变化与人类健康计划（GECHH）。

21 世纪初，NASA 制定了地球系统科学探路者（ESSP）计划，2006 年发射了云卫星（CloudSat）与云气溶胶激光雷达和红外开拓者观测卫星（CALIPSO，与法国空间研究中心合作），这两颗卫星与水卫星（Aqua）、太阳伞卫星（Parasol）、气卫星（Aura，臭氧和大气污染监测）组成 A-列车星座（A-Train），对全球气候进行深入的考察；美国与德国合作的地球重力恢复和气候试验卫星（GRACE），开拓了激光长基线干涉（两颗卫星距离 220 km）精密测距测速反演地球重力场的新方法，并能够敏感反映冰川、雪地、水库、地表水、土壤水和地下水的变化，开创了高精度全球重力场观测和全球环境变化监测（陆地冰川消融、海平面与环流变化、陆地水量变化等）的新方向。2010 年美国制定了未来十年空间地球观测发展战略，包含了多颗新型卫星，有空间激光测风计划 SPARCLE、激光雷达植被冠层和地形卫星 VCL、碳卫星、测量地球能量平衡和气溶胶偏振的 Glory 卫星、冰/云和陆地高程卫星 IceSat-Ⅱ、极地轨道环境卫星先期计划 NPP、土壤湿度卫星 SMAP、海洋盐度卫星 Aquarius 和轨道碳观测者 2 号（OCO-2）等。

ESA 发射了海表拓扑和海洋动力环境 Topex/Poseidon 卫星（1992 年）、欧洲遥感卫星 ERS-1（1991 年，以微波散射计为主）、ERS-2（1995 年，以 C 波段合成孔径雷达和雷达测高为主），均具开拓性；ESA 耗资 20 亿欧元的大型环境卫星 ENVISat（2002 年）集成了十种先进光学和微波地球探测仪器，与欧盟主导的"能源、环境与可持续发展"的木槿计划配合，并动用了大量地面设施、飞机和高空科学气球观测配合，对大气流场、海气界面、成分等进行了综合观测研究；ESA 还发射了 Jason 系列海洋测高卫星。德国发射了地球重力卫星（Champ，2000 年），研究中长波静态地球重力场变化、高层大气和电离层的磁场电场。此外，ESA 在 2012 年征集了在 ISS 上开展的与全球变化相关的研究项目。

JAXA 相继发射了合成孔径雷达的地球资源卫星（JERS-1）和海事观测卫星（MOS-1A、MOS-1B），之后实施了先进地球观测卫星计划（ADIOS-1、ADIOS-2）；日美合作的全球降水测量计划发射了热带降雨卫星（TRMM，1997 年），并继续实施了全球降水测量计划［GPM，2014 年至今，有 7～8 颗小卫星配合，作为全球综合地球观测系统（Global Earth Observation System of System）示范项目]；日本还于 2009 年发射了世界第一颗温室气体观测卫星（GoSat）。俄罗斯也发射了十几颗地球观测卫星。

空间地球科学研究的国际合作将越来越紧密。2005 年成立的政府间国际地球观测组织（GEO）制定了《全球综合地球观测系统（GEOSS）十年执行计划》，国际科学理事会于 2012 年发布了"未来地球"十年计划和宣言。在国际组织对卫星计划、研究工作协调和卫星数据进一步开放共享的基础上，空间地球科学将得到进一步推动。

（二）各国（地区）空间地球观测计划

空间地球科学的发展通常离不开相应对地观测卫星的支持。截至 2016 年底，已经有 33 个国家和地区的 88 家机构实施 / 规划了 239 项空间对地观测计划，包括 664 颗空间对地观测卫星，所涉及的遥感器有 28 类合计 808 台。其中，美国、欧洲、日本、俄罗斯和中国是空间地球科学和空间对地观测的主力军，下面将重点介绍美国、欧洲、俄罗斯、日本、印度的情况。

1. 美国

美国是空间地球科学的倡导者，也是该领域全方位的领先者，其空间地球科学的研究水平，以及空间对地观测的计划数量、覆盖面和技术水平都是其他国家与地区无法企及的。

（1）创始阶段

雨云系列（Nimbus）气象卫星和海洋卫星（SeaSat）是空间地球科学的开山之作。Nimbus 气象卫星 1964～1978 年共发射了 7 颗，1978 年发射的最后一颗 Nimbus -7 气象卫星在空间对地观测中有重要的里程碑作用。其搭载的微波辐射计（SMMR）提供了探测大气中水汽和降水的可能性；沿岸带水色扫描仪（CZCS）则被公认为海洋水色遥感器的鼻祖，它第一次获得了全球海洋水色数据和全球海洋叶绿素浓度数据，为海洋初级生产力研究、碳源汇和气候变化研究起到了重要的推进作用。

1978 年发射的 SeaSat 是海洋遥感的里程碑和开拓者，该卫星携带了微波散射计、微波辐射计、微波高度计及合成孔径雷达。时至今日，这四类仪器仍然是微波海洋遥感的主力军。尽管 SeaSat 的工作时间十分有限，但是它第一次获取了全球海面风场，第一次测量了全球地表的地形（尽管精度相当有限），第一次实现了雷达对地测绘。

（2）空间地球科学发展史上具有里程碑意义的 EOS 计划

NASA 的 EOS 是一个综合的计划，在空间地球科学研究中具有划时代的意义。

EOS 由 1999 年发射的"上午星"（EOS-AM，TERRA）和 2002 年发射的"下午星"（EOS-PM，AQUA）组成，TERRA 卫星上有云与地球辐射能量系统（CERES）、中分辨率成像光谱仪（MODIS）、多角度成像光谱仪（MISR）、先进星载热辐射与反射辐射计（ASTER）和对流层污染测量仪（MOPITT）五种传感器，能同时采集地球大气、陆地、海洋和太阳能量平衡等信息；AQUA 卫星载有云与地球辐射能量系统测量仪、中分辨率成像光谱仪、大气红外天文探测器、先进微波探测器、湿度探测器、先进微波扫描辐射六种遥感器，加拿大和日本提供了部分遥感器技术。其中，MODIS 载荷是共有的，这是一台新颖的图像光谱合一的可见光－红外遥感器。通过近 20 年的对地观测，MODIS 的产品有 30 多项，涉及地球科学的所有圈层，它推动了各个圈层空间地球科学的研究，也对空间地球系统科学做出了杰出贡献。可以说，MODIS 是迄今当之无愧的提供地球物理/化学参数最多、应用范围最广、成果最丰硕的遥感器。EOS 本身的内涵也是在不断扩充的，初期专指 TERRA 和 AQUA 两颗卫星，随后，EOS 计划不断扩充，越来越多的卫星加入 EOS 计划。

JAXA 连续两颗先进空间对地观测卫星（ADEOS-Ⅰ和 ADEOS-Ⅱ）的电源系统故障导致所有设备无法正常工作，影响了 EOS 的部署。NASA 认为追求大而全、试图在一个卫星平台上搭载多种遥感器的方法尽管有巨大的优势，但是其风险也较大。多星编队则是避免这一困境的有效解决方法。A-TRAIN 是 NASA 测量全球水循环和大气成分的计划，始于 21 世纪初，由多颗运行在同一轨道面上、前后时间间隔很短的卫星组成，每一颗卫星术有专攻，多颗卫星可以达到对同一区域准同步观测的要求并降低了风险，保证了应用效果。

（3）美国气象业务卫星在空间地球科学中的贡献

气象业务卫星对地球科学研究也做出了重要贡献，其中主要有美国 NOAA 的极轨气象卫星系列和美国国防部的极轨国防气象卫星系列（DMSP），在完成其业务工作的同时，也对空间地球科学做出了突出贡献。

甚高分辨率扫描辐射仪（AVHRR）搭载于美国的极轨气象卫星 NOAA 和欧盟的极轨气象卫星（METOP）上，AVHRR 数据持续时间超过 30 年而且仍有后续升级计划，它是第一台提供全球植被指数和全球海面温度的遥感器，也是提供数据的时间连续性最长的遥感器之一，这对于气候研究等需要长时间序列数据的科研工作是非常珍贵的。

专用微波成像传感器（SSM/I）是第一台提供优质对地观测数据的微波辐射计，是极轨国防气象卫星（DMSP）的载荷，迄今已经服役超过 30 年，超过了任何其他微波遥感器。SSM/I 能够提供高质量的全球海面风速、全球海面水汽和云水总量、全球降水强度等数据，极大地支持了全球大气科学和海洋科学的研究工作。

（4）GPS 在空间地球科学中的重要作用

全球导航卫星系统（GNSS）能够为地面、水上和空中的各类用户提供连续及实时的导航、定位和授时（PNT）服务，已经深入千家万户，成为促进经济社会发展必不可少的重要手段，对资源利用、环境保护和科学发展产生了深刻影响。20 世纪 90 年代，美国率先建立了 GPS，在全世界得到了极广泛的应用，成为全球信息基础设施中的关键组成部分。GPS 除了在定位和授时方面开展应用外，对科学研究也有重大意义。GPS 可以用于大气物理和电离层研究，利用地基 GPS 信号相位延迟可以反演电离层总电子密度含量（total electron content，TEC）和大气水汽；利用 GPS 掩星可获得高垂直分辨率的大气密度、温度、气压等参量。GPS 也可以用于地球动力学、全球变化和防灾减灾的研究中，如利用 GPS 技术对全球板块的运动和地壳运动进行监测，测定板块的运动参数；对海平面和冰盖的监测；利用 GPS 监测网和测距仪对火山活动进行监测；等等。

由于 GPS 在国家安全、经济建设和民生、促进科技发展中占据不可替代的重要地位，世界各大国都十分重视 GPS 的建设和应用。20 世纪末以来，GPS 进入了一个新的发展时期；进入 21 世纪以来，GPS 进入了空前高速发展的新阶段。美国 2005 年起开始实施 GPS 现代化，俄罗斯格洛纳斯（GLONASS）于 2012 年底重新恢复了满星座的工作状态，欧洲伽利略（Galileo）系统、中国北斗全球卫星导航系统（BDS）也相继加快了建设步伐并取得了重大突破。此外，美国广域增强系统（WAAS）、俄罗斯差分监视系统（SDCM）、欧洲地球静止导航重叠服务（EGNOS）、日本多功能卫星增强系统（MSAS）、印度地球同步轨道增加导航（GAGAN）等星基增强系统分别建立，区域导航系统方面有日本的准天顶全球卫星导航系统（QZSS）和印度区域导航卫星系统（IRNSS）。

2. 欧洲

欧洲在空间地球科学领域的地位仅次于美国，欧洲实施并规划了一批颇具特色和有深度科学思考的空间地球科学计划。

（1）地球资源卫星（ERS-1/2）

欧洲的空间地球科学卫星始于地球资源卫星（Earth Resources Satellite, ERS）计划。ERS 计划由两颗卫星（ERS-1/2）组成，ERS-1 于 1991 年发射，ERS-2 于 1996 年发射，都是当时罕见的长寿卫星。

微波散射计、微波高度计及合成孔径雷达是 ERS 卫星的主要遥感器。其中最值得一提的是微波散射计，ESA 在微波散射计方面独出心裁，设计了 C 波段杆状天线的微波散射计（AMI-WIND）。NASA 的微波散射计在降水条件下无法工作，而 AMI-WIND 凭借 C 波段较长的波长，在降水情况下的表现显著优于 NASA 的微波散射计。不仅如此，NASA 同时代的微波散射计寿命均很短，SASS 有 3 个月，NSCAT 有 9 个月，而 AMI-WIND 超过 10 年，它是当时海面风场遥感数据的最主要来源。

（2）环境卫星（ENVISAT）

ENVISAT 是 ESA 在 2002 年 3 月发射的一颗重要的空间地球科学卫星，重达 8 t，载了多达 10 台对地观测遥感器，包括先进的合成孔径雷达（ASAR），能够生成海洋、海岸、极地冰冠和陆地的高质量高分辨率图像，可用来研究海洋的变化；双波段雷达高度计（RA-2）能够监测海冰厚度，可用于海冰研究；沿轨扫描辐射计（AATSR）能够提供高精度的海洋表面温度测量；臭氧探测仪（GOMOS）能以高垂直分辨率观察臭氧层和同温层的其他微量气体；中分辨率成像光谱仪（MERIS）可用于海洋颜色的监测；迈克尔逊干涉仪（MIPAS）可以监测对流层上部和平流层的中红外频谱信号；成像吸收光谱分析仪（SCIAMACHY）可用于测量大范围的微量气体等。2003 年，欧洲在其"能源、环境与可持续发展"框架下实施了木槿计划，动用了大量高空科学气球、超压高空科学气球和飞机，开展了与 ENVISAT 卫星的联合观测，取得了丰富的科学成果。

3. 俄罗斯

作为航天领域的强国，俄罗斯的空间对地观测卫星门类相对齐全，应用领域包括军用、民用和商用，轨道包括地球静止轨道、低轨道和大椭圆轨道，遥感器门类覆盖可见光、红外和微波，遥感方式包括主动和被动。

"流星-M"系列极轨气象卫星和"电子-L"系列地球静止轨道气象卫星是俄罗斯空间对地观测的主力，这两个系列的卫星总体技术水平达到或者接近美国和欧洲同时代的气象卫星水平。俄罗斯气象卫星的另外一个主要特点是专门的海洋卫星，针对海洋的遥感器均搭载在"流星-M"系列极轨气象卫星上。

4. 日本

日本的空间对地观测计划和空间地球科学规划受到 NASA 极为深刻的影响，主要采取国际合作的方式开展，NASA 是最主要的合作方，ESA 次之。尽管日本通常在空间地球科学计划中处于辅助地位，但凭借日本强大的技术和经济实力，仍然在数项计划中占据主导地位。

先进地球观测卫星（ADEOS）是日本空间地球科学的开山之作，是 JAXA 在效仿 EOS 的基础上推出的。它由两颗卫星组成，分别于 1996 年和 2002 年发射，每颗卫星上均携带了多台遥感器，以期达到对同一区域的多要素同步观测。ADEOS 与 EOS 相比，既有显著的区别，又有很强的相似性，它受到 NASA 的启发和影响，又与 NASA 有深入的合作。两颗卫星分别携带了两种不同工作方式的微波散射计（NSCAT 和 SeaWinds）；水色遥感器（OCTS）与当时的同类遥感器（SeaWIFS）相比增加了热红外通道，具备遥感地表和海表温度的能力，但是通道数量不及 MODIS。ADEOS-Ⅱ卫星的微波辐射计（AMSR）与 EOS PM 卫星的微波辐射计（AMSR-E）则是孪生兄弟。遗憾的是，两颗 ADEOS 卫星都在运行不久后，电源系统出现故障而导致整星报废。这一教训也提醒后来者需要十分重视规避风险。大型多要素对地观测卫星和小卫星星座两种技术途径各有优势，在后续研究中都将得到发展。

5. 印度

作为航天领域新兴的力量，印度逐渐成为空间对地观测领域的重要力量。

印度将遥感卫星分为 4 个系列，系列 1 是陆地卫星，系列 2 是海洋和气象卫星，系列 3 是雷达卫星，系列 4 是专用卫星，正在逐步形成完整的空间对地观测体系。

印度的空间地球科学计划十分重视国际合作，美国、欧洲、日本、俄罗斯都是其合作对象，这使得印度的空间地球科学可以通过借力的方式实现快速发展，但带来的主要问题是自主程度低。印度已经意识到这一问题，并采取了相应的对策进行解决。

6. 其他

其他国家和地区尚没有独立开展空间地球科学计划的能力，但是仍然有若干国家和地区采取合作的方式参与空间地球科学计划。其中，值得提及的是阿根廷与美国合作的探测海面盐度和土壤湿度的卫星 Aquarius/SAC-D，中国台湾与美国合作的 GPS 掩星计划（COSMIC）等。这些国家和地区通过与空间地球科学强国的合作，提升了自身的水平并开展了有特色的工作，不难预见，未来将有更多的国家和地区投入空间地球科学研究和空间对地观测计划。

（三）主要工作和成就

空间地球科学经过 40 年的发展，取得了众多的研究成果。空间地球科学涉及面极广，因此我们筛选出以下各个领域中具有代表性的空间地球科学任务，介绍它们的基本状况及取得的成果。

1. 重力卫星

已经发射的重力卫星有 CHAMP、GRACE 和 GOCE。重力卫星是空间地球科学计划中的特殊类型，主要通过精确测量卫星在轨道上的摄动，依靠牛顿力学和分析力学的基本原理反演全球重力场分布。

CHAMP 卫星于 2000 年由 DLR 研制和发射，于 2010 年 9 月结束工作。GRACE（2002 年）卫星由 NASA 和德国 DLR 合作研制，由两颗卫星组成，通过星间 K/Ka 波段微波测距和测速实现两星之间的高精度速率变化（优于 10^{-6} m/s），目标是提供高精度和高空间分辨率的静态及时变地球重力场。GRACE 的载荷包括星载 GPS 接收机、高精度星载加速度计、K 波段微波测距测速系统、恒星敏感器，利用无拖曳系统高精度补偿了双星受到的大气摄动等非保守力的影响。其反演重力场的内符合精度如下：静态场分辨率为 270 km，确定大地的水准面精度为 1 cm，并反演出全球水量分布变化的宝贵信息。GRACE 的后续星 GRACE-FO（两颗）已于 2018 年 5 月成功发射。GRACE-FO 采用激光干涉仪进行测距测速，其测距精度可望达到 10nm 量级，比 GRACE 的微米级精度提高 1~2 个量级，可望取得更精确的重力场及冰雪和水体变化的反演精度。GRACE-FO 同时保留了 K/Ka 波段微波测距测速系统作为备份。

GOCE（2009 年）是 ESA 发射的地球重力场和海洋环流探测卫星，采用重力梯度测量结合高低卫－卫高精度跟踪测量技术实现 250 阶地球重力场和 1 cm 精度的大地水准面，获得了当时最高精度的地球重力场结果，静态场分辨率小于 100 km，重力测量精度为 1 mGal[①]，并绘制了地球水准面和重力场高清晰度图（图 5-1），对地球内部结构开展了深入研究。全球重力场的分布信息与现代地球科学发展联系紧密。重力场信息在大地测量学研究中能够改善区域性高程、重力与大气水准面数据、测图控制，并可应用于资源调查、全球海平面监测；在固体地球物理学中可用于地震分析、地下资源调查、监测板块运动等；在海洋物理学中可用于海平面和水准面监测、海洋模型数据同化、海洋环流质量变化和输送等；在冰川研究中可用于分析冰川融化、冰川动力学、冰川建模等，在全球水循环研究中起到了重要作用。

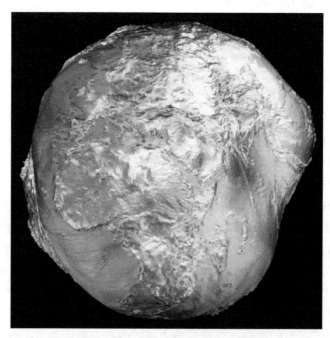

图 5-1　重力卫星反演的全球重力场模型

2. 微波散射计海面风遥感卫星（QuikSCAT/ASCAT）

NASA 的 QuikSCAT 和 ESA 的 ASCAT 卫星主要载荷均为微波散射计，都以探测海面风场为核心任务，但是存在显著的不同。QuikSCAT 是 Ku 波段、

---

① 　1 mGa=10^{-5} m/s^2。

双天线圆锥扫描方式，ASCAT 则是 C 波段、两组各三个垂直极化天线，扇形波束扫描，两者各有优缺点。QuikSCAT 探测范围无缝隙，但是降水条件下无法进行探测；ASCAT 探测范围有 400 km 的间隙，但是在降水条件下的探测能力明显优于 QuikSCAT。十多年来，这两类遥感器获取了大量海面风场资料，对海洋学和气象学的研究，以及减灾防灾领域的应用发挥了重大的作用。

3. 云和降水卫星（TRMM/GPM/ CloudSAT /CALIPSO）

云和降水是研究地球系统的要素，具有不确定性和快速变化的特点。云和降水对于全球的水循环、能量循环起到至关重要的作用，也是气象预报和气候研究不可或缺的因素。

1997 年日本发射的热带降水测量卫星（TRMM）以探测中低纬度地区的降水为核心任务，首次将降水雷达搭载到空基平台，还携带了类似 AVHRR 的红外辐射计（VIRS）、微波成像仪（TMI）和闪电成像仪（LIS）。TRMM 堪称空间对地观测历史上最成功的卫星之一，降水雷达赋予了它开创性的观测能力，加之多种降水遥感器的融合极大地提升了对降水这种时空变化均极快的过程的认识能力，它的长寿也使得对降水长时间尺度变化的认识成为可能，是认识全球变化的重要指标。

为了取代寿命终结的 TRMM，2014 年 NASA 和 JAXA 联合发射了全球降水测量任务（GPM）的核心卫星 GPM-CORE，降水雷达升级为双频，具备测量云和较弱降水的能力。GPM 还融合了其他多颗具备降水遥感能力的卫星形成虚拟星座（图 5-2）。实践证明，这是一种低成本、有效的方式。经过 3 年多的运行，GPM-CORE 展现出良好的探测能力和较 TRMM 更广泛的应用能力。

NASA 的云探测卫星（CloudSat）和大气监测卫星（CALIPSO）与 TRMM 不同，它们的核心任务是测量云。CloudSat 使用 94 GHz 的 3 mm 雷达，CALIPSO 使用激光雷达，不仅对云顶高、云底高等云的宏观参数进行测量，还可以探测云的粒子半径、相态构成等微物理结构。这些微物理结构恰是了解云物理、云和降水过程的重要短板。

上述一系列卫星对于科学家全面了解地球系统中极其重要而又变化莫测的云和降水现象起到了无可替代的作用。3 种不同频率的雷达，分别对不同半径的粒子敏感，它们的融合使得科学家对云和从云到降水的转换过程有了更加深入的理解。

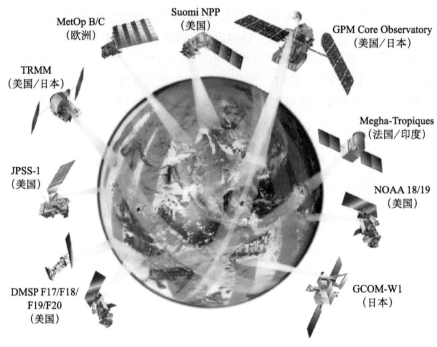

图 5-2　GPM 星座组成

4. 冰雪观测卫星（ICESat/CryoSat）

ICESat 和 CryoSat 顾名思义是以冰雪遥感为核心任务的遥感卫星。

ICESat 卫星携带一台三频激光雷达，通过激光测距测量卫星到地球表面的距离表征冰盖的表面地形和厚度。CRYOSAT 携带 Ku 波段微波高度计，有微波测距和合成孔径雷达测量两种工作模式，可用来测量冰盖的表面地形（对积雪有一定透射能力）及海冰浮出水面的高度。

北极海冰、格陵兰和南极冰盖的消融是气候变化的重要表征，也是该领域关注的焦点问题。ICESat 和 CryoSat 使科学家能够更加全面和完整地了解自然条件恶劣、难以深入的两极的冰雪变化情况。

5. 微波高度计卫星（TOPEX/Jason）

微波高度计用于精确测量海面拓扑高度，测量精度最高达到 1 cm 量级，并利用微小的高度差反演海洋洋流。在全球变暖的背景下，海面高度上升对低海拔地区造成了重大威胁，而微波高度计是研究全球海平面上升最有力的工具。从 SeaSat 卫星开始已有近 40 年的测量，其中 TOPEX 卫星（1992 年）

由 NASA 和法国空间研究中心共同研发，被誉为是非常成功的海洋卫星实验。Jason 系列卫星同样由 NASA 和法国空间研究中心共同研发，一共发射了 3 颗卫星，是 TOPEX 卫星的后继星，属于美国 EOS 计划的高度计任务，用于海洋表面地形和海平面变化的测量。微波高度计对于空间地球科学最重要的贡献，在于它呈现了气候变化背景下海平面的上升态势。同时，微波高度计可对地球表面进行基础测绘，为研究全球重力场，获取海洋环流、海洋浪高及相应的模式提供了宝贵的数据。

6. GPS 的另类应用（COSMIC/CYGNSS）

GPS 卫星等导航卫星除定位、授时和导航外，还为空间地球科学信息获取提供了新方法，主要有 GPS 掩星和 GPS 反射两大类型。

中国台湾地区的 COSMIC 是 GPS 掩星的卫星星座，由 6 颗卫星组成，它提供了大气的温度、湿度、气压和折射率廓线，还提供了电离层的电子密度。COSMIC 探测数据已经得到了广泛的应用，并被同化到美国国家环境预报中心（NECP）再分析资料中，为大气科学研究提供了强有力的支撑。

飓风全球导航卫星系统（CYGNSS）由 NASA 研发，于 2016 年底发射，由 8 颗纳米卫星组成，接收来自 GPS 的直达信号和海面的反射信号，核心科学任务是在降水条件下实现对海面风场的探测，解决传统微波散射计与微波辐射计覆盖和时效的瓶颈。

CYGNSS 已经有了初步成果，在全球中低纬度海区每天约能提供 100 万个海面风数据，展现了在热带气旋和降水条件下测量海面风的潜力，将使热带气旋观测和预报水平得到极大的提升，提供解决问题的最重要的"一块拼图"，对于减灾防灾的应用价值巨大。

7. 海面盐度和土壤湿度（SMAP/ Aquarius /SMOS）

L 波段微波辐射计是新型的对地遥感器，它的两大能力是测量海面盐度（图 5-3）和土壤湿度。海面盐度是重要的海洋参数，在海洋的物理、化学和生物过程中都起到重要的作用，在 L 波段微波辐射计出现之前，尚没有有效的遥感手段能获取海面盐度，L 波段微波辐射计解决了遥感海面盐度的长期难题，为海洋学和气候学研究补上了重要的一块短板。

土壤湿度虽然依靠传统的 C 波段及更高频率的微波辐射计也能获取探测数据，但是其工作波长较短，对地表植被的穿透力有限，因此测量精度较低。L 波段微波辐射计能够提供高质量的土壤湿度数据，改变了过去土壤湿

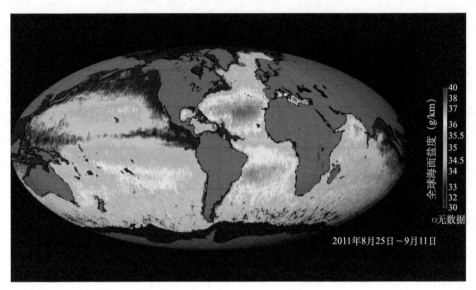

图 5-3　Aquarius 探测的全球海面盐度

度遥感难以穿透地表植被的重大缺陷。

8. 碳卫星（OCO-2/GOSAT/TANSAT）

美国的 OCO-2、日本的 GOSAT 和我国的碳卫星（TANSAT）的核心任务是探测全球二氧化碳和甲烷浓度，是研究全球气候变化中提供温室气体含量数据的最关键的遥感器。它们是高光谱卫星，利用温室气体的光谱谱线来反演温室气体浓度。碳卫星的核心科学使命是监测全球的温室气体浓度及其变化情况，因为温室气体特别是人类活动生成的温室气体二氧化碳是气候变化的主要因素，所以碳卫星对于研究全球气候变化起到至关重要的作用。

（四）发展动态和趋势分析

空间地球科学新技术的出现，促进了空间地球科学与地球科学中其他学科的交叉与渗透，为人类从更精细、更深入、更定量化的角度认识地球，并为以往难以解决的关于地球科学的许多基础性科学问题提供了可能。传统地球科学的主要研究内容主要利用地面观测数据，难以深入大洋、沙漠、高山等恶劣环境。随着人造地球卫星的成功发射，各类对地观测卫星的成功研制，空间地球科学技术得到了迅猛的发展，测量的准确度和可靠性提升到了更高水平，测量的时间大大缩短，测量的分辨率也有大幅度提高。空间地球科学使我们可从多个角度开展与地球科学有关的基础性、前瞻性问题，以及对地球和空间环境变化等的研究。

近十年来，国际地球科学取得了重大发展，无论是推动学科自身发展的基础与应用基础研究，还是与相关学科的交叉发展及新应用领域的开辟和拓展，均获得了显著的成就，对社会和经济的发展产生了重要影响。国际上在气候变化、天气预报、海洋预报、测绘基础数据、地震研究等地球科学多个分支学科及相关领域的基础与应用基础研究中取得了显著进步。

1. 美国

NASA 的空间地球科学规划，突出了地球系统变化和空间地球科学对人类可持续发展的支撑。自地球诞生之日起，地球系统无一时一刻不在变化中，NASA 将变化放在最重要的位置，如何变、因何而变、如何应变是 NASA 关注的焦点。

NASA 将空间地球科学归纳为 4 个问题：地球系统如何变化；哪些因素引起这些变化；未来会是怎样；全社会可以从空间地球科学获得哪些受益。可将上述问题具体化为以下 7 个科学目标。

1）推进地球辐射收支、空气质量和臭氧层等大气成分的变化而引起的气候变化的认识；

2）提高预测天气和极端事件的能力；

3）探测和预测地球的生态系统和生物地球化学循环进程，包括土地覆盖、生物多样性和全球碳循环的变化；

4）更好地评估和管理水的质与量，准确地预测全球水循环对气候变化的响应及其演变；

5）通过更好地了解海洋、大气、陆地和冰雪的相互作用，以及各自在气候系统中的角色，提高预测气候变化的能力；

6）描述地球表面的变化，提高预测自然灾害和极端事件的能力并评估所造成的损害；

7）通过对地球系统的深入研究和成果转化，使空间地球科学的研究成果能够造福全人类。

图 5-4 是 NASA 空间地球科学计划中所规划的对地观测卫星，有的已经实施，有的则将在未来实施。图 5-4 中，众多的卫星显示，这是一个雄心勃勃的计划。不仅卫星数量大，而且涉及面广、持续时间长且有连续性，不仅能一个卫星服务于多个科学问题，也能多个卫星从各自不同的侧重点服务于同一个科学问题。

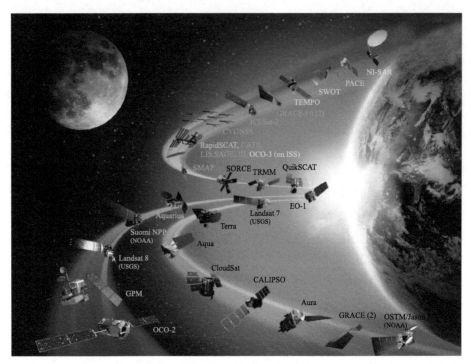

图 5-4　NASA 空间地球科学计划中所规划的对地观测卫星

图片来源：*NASA 2014 Science Plan*

2018 年 1 月，美国科学院公布了《让我们的星球更加繁荣——未来十年空间对地观测规划》。该规划认为，美国的三大对地遥感实施机构——美国国家航空航天局（NASA）、美国国家海洋和大气管理局（NOAA）和美国地质勘探局（USGS）的空间对地观测任务应得到有效的整合，避免重复投资，达到最佳效果。这份规划从 290 个建议方向中遴选了 35 个最关键的地球科学和应用问题，并将这 35 个问题划分为最重要、非常重要和重要三类，如表 5-1 和表 5-2 所示。

表 5-1　美国科学院公布的地球科学和应用最重要问题

科学及应用领域	科学问题
水和能量循环耦合	（H-1）水循环是如何变化的？蒸发蒸腾和降水的加速变化，蒸散率和降水量的增加，这些变化是如何在时空分布的？降雨、降雪、蒸散发、干旱、洪水等极端事件发生的频率和程度是什么？
	（H-2）人类如何对气候、土地利用、水资源利用和水储存产生影响，并在当地、区域和全球范围内对水和能源循环进行交互和改变，以及短期和长期的后果是什么？

科学及应用领域	科学问题
生态系统变化	（E-1）地球生态系统的结构、功能和生物多样性是什么？它们如何，以及为什么在时间和空间上发生变化？
	（E-2）生态系统与大气、海洋和固体地球之间的通量（碳、水、营养和能量）及其变化
	（E-3）生态系统内的碳、水、营养和能量的通量及其变化
延长并改善天气和空气质量预报	（W-1）哪些大气边界层过程是大气与地球表面（陆地、海洋和海冰）能量、动量和质量交换的组成部分，它们如何影响天气和空气质量预报？
	（W-2）如何将天气和空气质量预报扩展到对地球系统的 1 周到 2 个月时间范围内的预报？
	（W-4）强对流、强降水和云会在何时何地发生？
	（W-5）什么过程决定了大气污染物的时空结构及其对人类健康、农业和生态系统的不利影响？
减少气候不确定性及其与人类社会的响应	（C-2）我们如何减少未来气候变暖程度的不确定性及其与化石燃料排放的关系，提高我们预测局地和区域气候与自然及人为因素关系的能力，减少全球气候敏感性的不确定性以及未来经济发展不确定性的影响和缓解 / 适应策略？
海平面升高	（C-1）在未来十年乃至更长时间内，全球和地区的海平面会上升多少？冰盖和海洋热储存在其中发挥何种作用？
	（S-3）未来十年到 21 世纪末，世界各地的海岸线会发生怎样的变化？
地表动力学、地质灾害和灾难	（S-1）如何准确地在人类社会响应时间框架内预报大尺度地质灾害？
	（S-2）地质灾害是如何直接影响地球系统和社会的？
	（S-4）哪些过程和相互作用决定了景观变化的速率？

注：H- 水文，E- 生态，W- 气象，C- 气候，S- 固体地球，下同

表 5-2　美国科学院公布的地球科学和应用非常重要和重要问题

类别	科学问题
非常重要	（H-4）水循环对自然灾害的影响和预防
	（W-3）地球表面变化对天气和空气质量的影响
	（C-3）碳循环对气候和生态系统的影响
	（C-4）地球系统对海气相互作用的响应
	（C-5）气溶胶对全球变暖的影响
	（C-6）改善从季节到年代际的气候预测

续表

类别	科学问题
非常重要	（C-7）年代际尺度大气 / 海洋环流的变化及其影响
	（C-8）极地气候变化对地球系统放大的影响
	（S-5）能量如何从地核传导至地球表面
	（S-6）深层地下水对地质过程和水供给的影响
重要	（H-3）淡水对生态系统 / 社会的影响
	（W-6）空气污染的长期趋势和影响
	（W-7）对流层臭氧的过程及其对大气的影响
	（W-8）甲烷的变化及对对流层大气成分和大气化学的影响
	（W-9）云微物理特性对气溶胶和降水的依赖关系
	（W-10）云对辐射强度和天气预报的影响
	（E-4）定量化碳汇及其变化
	（E-5）碳汇的稳定性
	（C-9）臭氧层变化的影响
	（S-7）发现能源、矿产和土壤资源

与奥巴马政府不同的是，特朗普政府对气候变化等议题持负面态度，因此，未来这份规划在实施过程中很有可能被削弱。

2. 欧洲

ESA 的空间地球科学规划与 NASA 相比有显著的不同，如果说 NASA 是大而全，则 ESA 更倾向于小而精。ESA 提出的发展脉络是很清晰的，挑战—需求—任务—观测—进展—受益—新的挑战，是一个螺旋上升的路径，准确地阐述了空间地球科学的发展进程。这一脉络在将来仍是如此。从绝对数量来说，ESA 的空间地球科学计划也是相当宏大的，规划的卫星数量稳居全球第二位。表 5-3 为 ESA 已规划和实施的空间地球科学计划。

表 5-3　ESA 已规划和实施的空间地球科学计划

卫星型号	发射时间	科学目的
GOCE	2009 年 3 月	全球重力场监测，重力场建模
SMOS	2009 年 11 月	土壤湿度和海水盐度监测，全球水汽循环研究
CryoSat-2	2010 年 4 月	极低冰盖表面高度和海冰厚度监测
SWARM	2013 年 11 月	测量地球磁场

ESA 对大气圈、冰冻圈、陆地、海洋和固体地球这几个圈层分别提出了以下 5 个科学研究挑战。

1）大气圈：水汽、云、气溶胶的辐射过程，以及对辐射收支和水文的影响；大气和地球表面之间的相互作用、涉及水和能源的自然与人为的反馈过程，以及大气成分；大气的组成和空气质量的变化，以及与气候的相互作用；大尺度大气变化之间的相互作用，以及区域天气和气候的循环；太阳突发事件对地球大气层的影响。

2）冰冻圈：海冰区域、质量和季节分布，海冰、气候、海洋生态的耦合系统，海洋中的生物地球化学循环；冰盖和冰川的物质损耗造成的全球海平面变化，洋流对气候变化的敏感性；季节性积雪、湖泊或河流冰和陆地冰，以及其对气候系统、水资源、能源和碳循环的影响；海洋对全球冰冻圈变化的影响；冻土变化造成的对气候系统和陆地生态系统的影响（如二氧化碳的反馈和甲烷通量）。

3）陆地：自然过程和人类活动及其相互作用对地球表面的影响；陆地在生物地球化学循环，水循环方面的作用；土地供给食物、水和能源的可持续性；土地资源利用和资源之间的冲突，生态系统与城市化、食品生产与能源的生产用地之间的矛盾；限制性因素（如淡水可用性）如何影响土地表面及如何参与预测模型。

4）海洋：沿海海洋系统的演化及其与自然和人为扰动的相互作用；大尺度和中尺度环流作用下，海洋上升流对能源运输与生物地球化学的影响；海洋生态系统及其对自然和人为变化的响应；物理和生物地球化学循环、海气相互作用过程对气候与天气的影响；海洋变化与时间尺度上从天（如暴风雨）到世纪（如气候变化）之间的关系。

5）固体地球：深入了解火山、地震及相关的物理过程，如海啸和山体滑坡；大规模运输在地球系统中的时空尺度；地壳运动的物理过程及其能提供的能量资源；地球内部深层和浅层的动力学过程；地球磁场、带电粒子和电离层的关系。

ESA 最新实施的空间地球科学计划中，最重要的是以哨兵系列卫星为抓手的哥白尼计划。哥白尼计划包含 6 颗卫星，是综合的、全球观测的卫星计划。哨兵系列卫星计划情况和国外计划的其他地球科学卫星和任务，如表 5-4 所示。

表 5-4　国外近年发射和计划发射的地球科学卫星和任务

序号	项目	发射时间	建造国（地区）	备注
1	全球降水测量（GPM）计划	2014 年	美国/日本	全球降水测量
3	快速散射计（ISS-RapidSCAT）	2014 年	美国	ISS 载荷，海洋风测量
4	云气溶胶传输系统（CATS）	2015 年	美国	ISS 载荷，大气层微粒测量
5	土壤湿度主/被动测量（SMAP）	2015 年	美国	土壤湿度和冻融状态测量
6	深空气候天文台（DSCOVR）	2015 年	美国	太阳粒子和磁场观测
7	哨兵-2A（Sentinel-2A）	2015 年	欧洲	多光谱高分辨率，土地勘测，全球环境，救灾行动
8	Jason-3	2016 年	美国/法国	海洋表面高度测量，海洋动力学
9	哨兵-3A（Sentinel-3A）	2016 年	欧洲	土地和海洋勘测（中分辨率）海洋表面温度、海洋水色、海洋地形
10	平流层气溶胶和气体实验-3（SAGE Ⅲ）	2017 年	美国	ISS 载荷，地球臭氧层监测
11	闪电成像传感器（LIS）	2017 年	美国	ISS 载荷，海洋地区雷电事件记录
12	哨兵-2B（Sentinel-2B）	2017 年	欧洲	多光谱高分辨率，土地勘测，全球环境，救灾行动
13	哨兵-5P（Sentinel-5P）	2017 年	欧洲	全球大气监测，欧洲的和全球的臭氧、一氧化碳等大气成分
14	GRACE 后续（GRACE-FO）	2018 年	德国/美国	重力场测量，水循环，地质变动
15	太阳总辐照度传感器-1（TSIS-1）	2018 年	美国	ISS 载荷，太阳辐射测量
16	冰、云和陆地高度卫星-2（ICESat-2）	2018 年	美国	格陵兰岛和南极冰盖海拔测量
17	轨道碳观测者 3 号（OCO-3）	2018 年	美国	ISS 载荷，地球上二氧化碳分布
18	风神卫星（Aeolus）	2018 年	欧洲	风廓线测量
19	EarthCARE	2019 年	欧洲/日本	云和气溶胶研究
20	生态系统天基热辐射实验（ECOSTRESS）	2019 年	美国	ISS 载荷，生态系统热辐射监测
21	全球生态系统动力学研究（GEDI）	2019 年	美国	ISS 载荷，气候变化的影响表征

续表

序号	项目	发射时间	建造国（地区）	备注
22	气候绝对辐亮度和折射探路者（CLARREO Pathfinder）	2020 年	美国	ISS 载荷，地球反射的太阳辐射测量
23	生物质卫星（Biomass）	2020 年	欧洲	热带雨林中生物质和碳储量测量
24	TEMPO	2020 年	美国	北美污染测量
25	联合极地卫星系统-2（JPSS-2）	2021 年	美国	极地轨道地球观测
26	地表水和海洋地形（SWOT）	2021 年	美国 / 法国	全球地表水调查
27	NI-SAR	2022 年	美国 / 印度	海洋和陆地形貌
28	气溶胶前体物、云和海洋生态系统（PACE）	2022 年	美国	海洋生态数据测量
29	哨兵-4（Sentinel-4）	待定	欧洲	欧洲大气监测
30	哨兵-6（Sentinel-6）	待定	欧洲	海洋地形勘测，海平面高度，洋流、海面风速和有效波高
31	全球变化观察任务-气候（GCOM-C）	待定	日本	气候变化观测
32	温室气体观测卫星-2（GOSAT-2）	待定	日本	温室气体观测

3. 俄罗斯

《2030 年前及未来俄罗斯航天活动发展战略（草案）》对俄罗斯未来航天领域提出了恢复能力、巩固能力和实现突破的三步走战略。《2013—2020 年俄罗斯航天活动国家规划》中明确指出，俄罗斯将部署包括气象卫星、资源卫星等的 24 个在轨航天器，实现提升空间对地遥感能力。

大椭圆轨道卫星是俄罗斯空间地球科学计划的特点，主要是为了改善地球静止轨道卫星的不足（对高纬度地区无法观测或者图像几何畸变过大等）。为了满足对高纬度地区高频次观测的要求，俄罗斯长期以来重视发展大椭圆轨道卫星系统，北极（Arctica）卫星计划采用大椭圆轨道，有两颗卫星运行，轨道周期为 12 h，轨道倾角为 63.4°，远地点为 39 000 km，近地点为 1000 km。每颗卫星对高纬度地区观测 6.4 h 后由另一颗卫星观测，使其全都能获得观测资料。Arctica 系列大椭圆轨道卫星主要搭载俄罗斯地球同步气象卫星"电子-L"的 10 通道可见光/红外遥感器（MSU-GS）和观测太阳辐射、宇宙射线、地球磁场的太阳-地球物理探测仪（GGAK）。

由于俄罗斯的经济情况，其规划存在不确定性，对科学问题的涉及也较少。由于资料较少，对其空间地球科学研究计划的全貌还不够了解。

4. 日本

日本未来空间对地观测以国际合作为重要方式，GPM 计划与美国合作，EarthCARE 计划与欧洲合作。与此同时，日本的自主性和主导性也在逐渐强化，碳卫星 GOSAT 和气候变化卫星 GCOM 以日本为主。

尽管日本的空间对地观测卫星数量不多，但是其空间地球科学规划具有良好的延续性，从获得巨大成功的热带降水测量卫星 TRMM 到能力更强大的 GPM 计划，从第一代碳卫星 GOSAT 到第二代碳卫星 GOSAT-2，从气候变化领域的水卫星扩展到气候卫星，逐步发展的层次感极其鲜明。日本的空间地球科学有较为长远的规划及在此规划下具体的实现步骤，对空间地球科学的持续发展是非常有利的，也值得我国借鉴。

二、我国空间地球科学发展情况

（一）我国空间地球科学发展历程和现状

1. 发展历程

我国的空间对地观测计划起始于 20 世纪 80 年代，空间地球科学主要依靠业务卫星和国外数据，近几年开始发展专用卫星。30 多年来，我国已经初步形成了包括气象、海洋、资源、环境和减灾及测绘等系列的业务卫星体系。

（1）气象卫星发展历程

气象卫星试验阶段：我国第一颗极轨气象卫星风云一号（FY-1A）研制起始于 20 世纪 70 年代末，并在 1988 年 9 月发射成功，卫星搭载 5 通道扫描辐射计，成功获取了高质量的可见光图像；1990 年 9 月发射的 FY-1B 在 FY-1A 的基础上极大地提升了红外图像的获取能力；1997 年 6 月发射了我国第一颗静止轨道气象卫星 FY-2A，之后在 2000 年 6 月发射了 FY-2B，卫星主要搭载多通道可见光和红外扫描辐射仪器。FY-1A/B 和 FY-2A/B 主要用作实验卫星。

第一代气象卫星：1999 年 5 月发射了经过改进的 FY-1C，成为第一个能够达到科研和应用要求的极轨气象卫星，主载荷为 10 通道扫描辐射仪，空间粒子成分探测器；2002 年 5 月发射了 FY-1D。2004～2012 年，我国陆续发射了 FY-2C、FY-2D、FY-2E、FY-2F 静止轨道气象卫星，保证了我国静止气象卫星观测业务的连续稳定运行，在 2014 年 12 月发射了 FY-2G，用于替换 FY-2E。

第二代气象卫星：在极轨气象卫星方面，我国于 2008 年和 2010 年发射了 FY-3A 和 FY-3B，形成了双星组网，有效地提高了全球气象资料获取能力，以及对云区和地表特征的遥感能力，能够获得全球、全天候、三维多光谱的大气、地面和海洋特征参数。在静止轨道气象卫星方面，2016 年 12 月发射了新一代 FY-4A 地球同步轨道气象卫星，2018 年 5 月正式投入业务运作，主要载荷包括多通道扫描成像辐射计、干涉式大气垂直探测仪、微波探测载荷、闪电成像仪（LMI）和空间环境监测仪器包。其中，干涉式大气垂直探测仪（GIIRS）覆盖了可见光、短波红外、中波红外和长波红外等波段，具有 1700 个谱段的光谱解析能力，可以实现三维（含剖面）的大气温度、湿度等气象参数反演，是国际上首次实现的先进载荷，对气象预报和科学研究工作均有重要意义。FY-4A 将接替 FY-2 系列卫星，大幅度提升我国静止轨道气象卫星的探测和应用水平。

（2）海洋卫星发展历程

2002 年我国发射了第一颗海洋卫星海洋一号 A 星（HY-1A），是用于探测海洋水色水温的实验卫星。HY-1B 于 2007 年发射，提升了我国对近海水色环境实时监测的能力，另外其也可对各大洋和南北极的水色环境变化进行持续监测。

2011 年 8 月发射了海洋动力卫星 HY-2A，主载荷为微波高度计和微波散射计，以获取海面风场、有效波高和海面拓扑高度，用于台风监测、灾害性海浪监测、风暴潮监测、全球海平面变化监测、海啸预警、大洋渔场探测。HY-2A 在 2012～2014 年共捕获了 79 次台风，为业务应用和科研提供了准确的数据；利用微波散射计的风场和气旋位置信息及风暴潮计算模式，可得到沿岸风暴潮增水值。

（3）资源、环境和减灾及测绘卫星发展历程

我国发展了资源卫星、环境和减灾卫星等陆地遥感卫星，提升了遥感卫星影像的自主供给能力和我国获取全球地理信息资源的能力。

我国资源系列卫星是我国和巴西联合研制的中巴地球资源卫星（CBERS），资源一号（CBERS-01）卫星于 1999 年 10 月发射，2003～2011 年分别发射了 CBERS-02 星、CBERS-02B 星和 CBERS-02C 星。2014 年发射的 CBERS-04 星搭载了先进的 5 m/10 m 全色 / 多光谱相机、红外多光谱相机（短波红外为 40 m，长波为 80 m）和宽视场成像仪（分辨率为 73 m，幅宽为

866 km）等，为研究和应用提供数据。

环境和减灾小卫星星座共三颗小卫星，其中 HJ-1A 和 HJ-1B 于 2008 年以一箭双星发射升空，卫星搭载了多光谱相机（刈幅为 700 km，分辨率为 30 m）和干涉超光谱成像仪（分辨率为 100 m，110～128 谱段），A 星主要在可见光谱段范围内，采用多光谱和高光谱探测手段，形成高光谱遥感的能力。B 星主要在可见光与红外谱段范围内，采用多光谱和红外光谱探测手段，形成对地表温度探测的能力，为灾害和生态环境发展变化趋势预测提供信息。HJ-1C（2012 年）为我国首次采用的 S 波段卫星，获得了我国首批 S 波段星载 SAR 图像，为生态环境部、民政部和国家减灾委员会在水环境、大气环境、生态环境监测，以及环境监管、抢险救灾、灾害评估等方面提供了客观可靠的信息支撑。

资源三号 01 星（ZY3-01）是我国第一颗自主开发的民用高分辨率立体测绘卫星，于 2012 年 1 月发射升空，ZY3-01 能够提供高精度的立体影像和高分辨率多光谱图像，填补了我国在空间立体测图领域的空白。资源三号 02 星（ZY3-02）于 2016 年 5 月发射，它将与资源三号 01 星和后续发射的资源三号 03 星组成我国的高分辨率立体测图组网卫星，载有正视分辨率为 2.1 m 和前后视分辨率为 2.5 m 的三线阵立体测绘相机，以及分辨率为 5.8 m 的多光谱相机。资源三号 02 星的图像成像质量高，相机内 / 外方位元素保持高精度稳定，满足了 1:5 万立体测图精度、1:2.5 万地图修测更新精度的要求，支撑了全国 2 m 数字正射影像库和 15 m 格网数字表面模型库的建设。

（4）地理信息系统发展

我国地理信息系统（GIS）发展较晚，但在近 20 年发展迅速，取得了众多应用和科研的成果。20 世纪 70 年代，我国开始在测量、制图和遥感领域中推广计算机的使用，这为 GIS 的研制和应用打下了技术基础。80 年代后，GIS 开始进入试验和初步应用阶段，建立了全国 1:100 万地理数据库系统和全国土地信息系统，以及 1:400 万全国资源和环境信息系统等，开展了 GIS 洪水灾情预报和辅助城市规划应用。90 年代以来，我国 GIS 进入快速发展时期，产生了一批国内优秀的 GIS 软件，如 MapGIS、SuperMap、GeoStar 等。

2. 其他计划和任务

（1）载人航天工程中的对地观测技术和空间地球科学发展

在载人航天工程第一阶段（1994～2005 年），经过十年攻关，神舟三号飞船的中分辨率成像光谱仪任务（2001 年）取得了重要突破，我国首台中分辨率成像光谱仪有 30 个可见光 / 近红外连续谱段，以及 4 个短波、中波和热红外通道，是国际上继 MODIS 之后第二个进入空间的全谱段成像光谱仪。神舟三号卷云探测仪采用自主技术体制，可探测大面积卷云和薄卷云；太阳常数探测仪、地球辐射收支仪、大气紫外光谱仪作为空间地球科学重要参数的绝对量测量仪器，取得了高精度的结果，有些成为国际共同比对标准。神舟四号（2002 年）多模态微波遥感器包括 6 通道微波辐射计、微波高度计和微波散射计，在我国首次实现了海面风场测量、海面拓扑高度测量和大范围海陆辐射亮度温度测量；神舟五号（2003 年）和神舟六号（2005 年）可见光相机首次采用碳化硅主镜、非球面光学、TDI-CCD 推扫、精密像移补偿和精密调焦等技术，获得了 1m 级高信噪比图像。

空间实验室阶段的对地观测任务有了进一步发展。天宫一号（2011 年）综合对地观测系统同时使用可见光全 / 彩成像仪（国内首次实现了 0.5m 分辨率可见光全 / 彩色图像）、热红外成像仪（10m 分辨率，优于 50mK 等效噪声温差，首次装载）和 128 谱段半凝视高光谱成像仪（可见近红外 / 短波红外，分辨率为 10m /20m），许多指标和技术方法都是国内首次实现。其融合地物精细几何纹理、光谱特征、热辐射特征的综合观测能力得到验证。

天宫二号（2016 年）微波成像高度计采用小入射角 - 短基线干涉、孔径合成和高度跟踪等技术，实现了国际上首台具备宽刈幅（30km@400km 轨道高度），兼具海洋拓扑高度精确测量（原始水平分辨率数十米，相对高程精度约 5cm@5km）和三维海陆形态测量的新一代微波遥感器。在两年的测试和运行过程中，以超过指标预期的能力观测到大量海面波浪、浪涌、内波、旋涡等中小尺度海洋现象。同时，还获得了大量海岸带、陆地水系和陆地三维地形测量数据（图 5-5），是研究海浪、海风、洋流、潮流等海洋动力环境和海陆地形的最新手段，并为全球气候与环境变化提供重要依据，被采用为新一代极轨海洋动力环境观测卫星的主载荷。

天宫二号多角度宽波段成像光谱仪在国内首次实现了空间多角度（12 个视角）偏振成像，以及光谱带宽 2.5nm 在轨编程组合的宽幅光谱高信噪比图像获取成为大气科学、海洋水色、陆地水体研究的有力手段；多波段紫外临边光谱成像仪包括 360° 环形和前向（光谱分辨率为 1.4nm）光谱仪，首次实现了对全球中层大气进行分区准同时的探测。这些先进仪器的研制和在轨应用，不仅支持了一批有重要意义的空间地球科学研究，而且直接为气象卫星、海洋卫星的主载荷或重要载荷奠定基础。

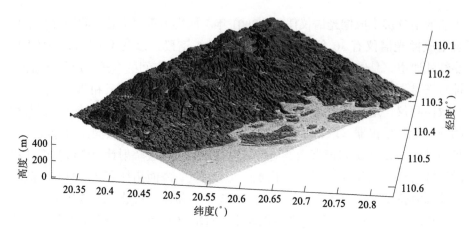

图 5-5　天宫二号微波成像高度计获取的广东省雷州市和安镇、新寮镇、锦和镇、外罗镇
沿海海陆交界及岛屿三维形貌
图片来源：中国科学院国家科学中心

（2）碳卫星

全球二氧化碳监测科学实验卫星（简称碳卫星，TANSAT）是中国自主研制的首颗用于检测全球大气二氧化碳含量的科学实验卫星，于 2016 年 12 月发射，是世界上第三颗碳监测卫星，其搭载了一体化设计的两台科学载荷，分别是高光谱二氧化碳探测仪及起辅助作用的多谱段云与气溶胶探测仪。碳卫星能够对二氧化碳、甲烷、云和气溶胶进行探测，可获取精度约为 0.004 g/L 的全球二氧化碳浓度分布图。这是我国对全球气候变化监测做出的重要贡献，对于了解全球温室气体的分布和变化，以及在此基础上的全球气候变化等关系人类生存与未来发展的重大科学和社会问题具有十分重要的意义。

（3）高分专项卫星系列

2010 年国家批准实施的高分辨率对地观测重大专项（简称高分专项），是发展我国对地观测技术的重大举措。截至 2017 年，计划的 8 颗民用高分专项卫星已发射了前 4 颗，其中高分 1 号（2013 年）装载了全色多光谱相机（幅宽 60 km）和 16 m 多光谱相机（幅宽 800 km）；高分二号（2015 年）装载的全色 / 多光谱相机分辨率为 0.81 m /3.24 m（幅宽 45 km，目标定位精度为 50 m）；高分三号（2016 年）为我国首颗多极化 C 波段 SAR 卫星，具有多种成像模式；高分四号（2016 年）为我国首颗地球同步轨道光学卫星，面阵凝视相机 50 m /400 m，单景幅宽 400 km×400 km。高分五号卫星为高光谱探测卫星，于 2018 年 5 月发射，卫星载荷包括大气痕量气体差分吸收光谱仪、主要温室气体探测仪、大气多角度偏振探测仪、大气环境红外甚高分辨率探测仪、可见短波红外高光谱相机、全谱段光谱成像仪共 6 台载荷，可对大气气溶胶、二氧化硫、二氧化氮、二氧化碳、甲烷、水华、水质、核电厂温排水、陆地植被、秸秆焚烧、城市热岛等多个环境要素进行监测。高分系列卫星的技术指标先进，全面提升了我国自主获取高分辨率观测数据的能力，提供了高精度的地面遥感和成像信息，大力支撑了地理测绘、海洋和气候气象观测、水利和林业资源监测、城市和交通精细化管理、地球系统科学研究等重点领域的发展。

3. 主要成就

（1）建成了较为完善的对地遥感器和卫星系统及其应用体系

建成了包括气象卫星、海洋卫星、环境卫星、资源卫星、测绘卫星等我国自主的对地遥感卫星系统；实施了及正在实施军民融合的 8＋8 高分卫星专项；利用载人航天工程搭载了多台对地遥感器，为我国遥感技术的发展起到了引导和技术验证的作用。

（2）奠定了较为坚实的空间地球科学研究基础和应用基础

运载火箭技术、卫星平台和对地遥感器技术得到了大幅度的提升，为实施空间地球科学计划打下了物质基础；建设了较有力的研究队伍；学科布局和学科交叉逐步完善，人才培养初步呈现系统性和规模性。

空间地球科学的研究工作有了长足的发展，其各个分支学科呈现齐头并进、紧跟国际先进水平的态势，在部分研究领域具备了从跟跑到并跑乃至领跑的良好趋势。

（二）我国空间地球科学发展态势

截至目前，我国发射的空间对地观测卫星除碳卫星外均为试验卫星和业务卫星，未来我国对于空间地球科学专用卫星已有初步安排，正在酝酿一批新的研究地球的卫星计划，在地球系统科学研究方面也制定了一些重要计划。

1. 中国科学院空间科学先导专项的部署

（1）全球水循环观测卫星

全球水循环观测卫星（WCOM）是中国科学院空间科学先导专项规划部署的第一颗空间地球科学卫星。WCOM 通过多台遥感器，实现多波段、主被动相结合的遥感手段，对土壤湿度、雪水当量、土壤的冻融过程、海面盐度及蒸发等多个水循环的重要环节进行探测，为了解水循环的关键环节提供支撑，该卫星已完成背景型号预研。

全球水循环包括陆地、海洋、大气中水的交换和演化过程，但是针对水循环要素的地球观测卫星的测量能力还远不能满足水循环研究的需求。WCOM 针对目前水循环研究中的两个关键科学问题开展研究：①进一步理解和量化全球水循环关键要素的时空分布和物理过程；②认识水循环对于全球变化的响应及反馈。将研发主被动多波段微波传感器，配置以主被动多波段微波传感器为基础，多波段同步、主被动联合、多变量系统观测的新型科学载荷，实现水循环关键参数的立体观测，形成比当前国际上现有卫星对水循环关键要素（包括土壤湿度、雪水当量、地表冻融状态、海水盐度）更高精度的观测能力，以及对环境影响因素（包括大气校正、地表温度、粗糙度）的校正能力，在多种时空尺度上定量描述和模拟水循环过程。

（2）空间地球科学卫星概念研究

中国科学院空间科学先导专项正在论证全球能量平衡和生物地球化学循环方面的卫星计划，开展太阳辐射能量和地球系统红外能量收支关键要素的空间探测，提高对全球云、气溶胶和辐射的相互作用过程及其气候效应的科学认识，探究生物地球化学循环现象与驱动机理。

中国科学院空间科学先导专项（二期）预先研究征集的项目还包括"全球气候与大气成分监测卫星"，并且在新型遥感器的创新发展方面开始进行部署和预先研究。

2. 中国科学院其他战略性先导科技专项部署

（1）中国科学院地球科学大数据科学工程

中国科学院先导专项（A 类）"地球科学大数据科学工程"，将集成资源、环境、生物、生态等领域的卫星和地面台站获取的科学数据，建设内容包括大数据服务平台、数字丝路、美丽中国、生物多样性和生态安全、三维海洋信息、时空三极环境、数字地球科学平台，以及可见光/红外全天候小卫星，突破数据开放共享的瓶颈问题，探索形成大数据驱动、多学科融合、全球协作的科学发现新范式，带动地球系统科学、生态与环境科学的研究突破，力争成为支撑国家宏观决策与重大科学发现的重大科技基础设施。

（2）临近空间科学实验系统

该先导专项将发展高空科学气球等临近空间飞行器和探测技术，在青藏高原平流层－对流层交换，临近空间与电离层耦合，以及临近空间对太阳风暴响应等与空间地球科学相关的前沿和交叉方向开展研究。

3. 国家重大航天专项等空间地球科学任务

（1）空间站工程中的任务

中国空间站工程将空间地球科学及其应用作为空间站科学与应用计划的主要方向之一，空间站的空间地球科学及其应用以全球变化研究为主线，与国内外地球科学卫星相结合做出特色贡献，关注资源、环境方面的应用并取得显著效益。目前已经确定并开展研制的项目有以下两个。

1）多波长多模式激光雷达。充分利用大型光学系统的集光能力，采用激光主动遥感方式，测量大气分层剖面风场（多普勒频移方法），检测大气气溶胶、云、海洋次表层、有色溶解有机质和叶绿素含量（通过激光后向散射测量），以及测量植被和陆地高程。

2）太赫兹大气观测。采用超导氮化铌混频接收机（SIS，频段为 $0.41\sim0.51\,THz$）对地球大气中氮化物、氯化物、水汽等多种微量分子的发射谱线进行探测，获得中上层大气中重要微量气体元素的谱线观测数据，用于研究大气中卤素化合物与臭氧相互作用有关的化学过程。

上述新型探测手段将获取过去难以获得的新类型高质量的数据，为推动空间地球科学研究做出贡献。预计 2023 年或之后进入太空。

（2）高分辨率对地观测系统

我国已于 2018 年 5 月成功发射高分五号光谱探测卫星，主要载荷包括可见短波红外高光谱相机（分辨率为 30 m，幅宽为 60 km，光谱分辨率为 5 nm）、全谱段光谱成像仪（空间分辨率为 20 m/40 m，幅宽为 60 km）、大气气溶胶多角度偏振探测仪（DPC）、大气温室气体监测仪（GMI）、大气痕量差分吸收光谱仪（EMI）、大气环境红外高光谱分辨率探测仪，是我国首颗以光谱探测为主的大气环境监测卫星。

2020 年左右将发射二氧化碳激光雷达探测卫星，目标是将大气中二氧化碳柱浓度的探测精度提高到 1 ppm。

（3）国家民用空间基础设施

根据 2015 年国家发改委编制的《国家民用空间基础设施中长期发展规划（2015—2025 年）》，我国在"十三五"期间计划发射约 40 颗遥感卫星，分为陆地、海洋和大气三大系列，10 个类别卫星和星座（高分辨率、中分辨率、SAR、地球物理场、海洋水色、海洋动力、海洋监视、天气观测、气候观测、大气成分探测）。将形成高中低分辨率结合，成像、探测和监测等多种方式有效组合的较为完备的空间对地观测系统。这将为我国的空间地球科学，尤其是基于自主数据的空间地球科学研究提供有力的支撑。

（三）我国空间地球科学学科研究水平

随着我国综合国力的增强，科研投资的显著增加，培养了大批地球科学工作者并取得了丰硕的研究成果，使我国拥有了国际上不可忽视的地球科学研究力量。地球科学相关学科门类齐全、学科体系建设完整，大批海外学者归国，中青年科学工作者快速成长，SCI 论文数量及引用率上升。我国已成为有重要影响的地球科学研究大国，为空间地球科学的发展打好了基础。

目前，我国空间地球科学的研究现状总体呈现出以下特点：重视程度越来越高，学科交叉和综合趋势不断加强；观测技术和数据处理能力显著提高，与国内重大应用任务需求结合紧密；国际合作研究加强，开始从中国走向世界。

风云系列卫星的观测资料对大气科学、地球科学系统，以及气象业务和服务发展贡献十分突出。多探测参量、高时空分辨率的观测数据促进了传统气候学、天气学、大气动力学/热力学等分支学科的发展。风云系列卫星资料在数值预报中的贡献大幅度增长，资料同化的研究使得预报质量和精度明显改善。气象卫星提供了科学与应用相结合的平台，不仅应用于天气预报、气候预测、环境与自然灾害监测、农业林业等多个领域，同时还开展了沙尘暴研究、地表温度反演、土壤水分反演等相关研究，开创了应用研究和科学研究的高效结合，扩大了我国空间大气科学的影响力和创新力。由 FY-3 系列和 FY-4 系列组成高低轨气象卫星综合对地观测平台，能够对地球气候系统五大圈层进行连续观测，观测数据对研究不同圈层之间相互作用的关键科学问题大有裨益。

我国利用 HY-2A 卫星雷达高度计的融合数据，实现了中国近海海平面变化的监测，开展了海面高度、海面风场等反演算法的研究，为海洋科学和全球变化研究提供了可靠数据，并制作了中国近海和邻近海域月平均、年平均及较上一年度变化的海平面数据产品，显著促进了海温、水色、海冰、绿潮、赤潮、溢油、风暴潮、海洋渔业等方面的科学研究和业务化应用。未来我国 HY-2 系列卫星组网，将进一步提升我国海洋灾害研究水平及预报的精度和时效性。

21 世纪以来，地球系统科学的概念在我国逐渐形成，并得到国家自然科学基金委员会、中国科学院和科学技术部的重视；空间对地观测技术的发展正在努力解决地球系统科学和全球变化的问题，形成了支持发展地球系统科学研究的共识；在国际地球系统科学领域中，创新地提出了很多自己的观点和理念，如"人类活动在地球系统科学中定量化的研究问题"及"全球变暖，人类活动和地球系统科学的关系问题"等，积极参与国际性与全球变化的科学计划和重大活动，为国际地球系统科学的发展做出贡献。空间地球系统科学作为研究全球变化的一种新方法，在引导我国地球科学发展上发挥了重要的作用。

我国地理学和 GIS 的结合研究，从解决地学领域的科学问题，扩展到测绘、国土、环境、农业、林业、矿产和城市规划等传统资源管理；从传统资源管理向更为复杂的区域扩展，并向预测和个人服务等领域发展，空间卫星 RS 技术和无人机观测技术相结合，成为十分重要的监测手段。国内学者利用 RS 和 GIS 相结合的技术开展了灾害评估、林业农业资源研究、生态环境监测研究、城市规划和土地利用、矿产定位和产量预测、传染病和流行病分布等多方面的研究与应用工作。

（四）我国空间地球科学的发展条件和基础

1. 学科发展及人才储备

我国空间地球科学相关教育体系布局全面而完整，全国各大高校中与空间地球科学相关的专业设置包括地球物理学、空间物理学、地球化学、大气科学、海洋科学、环境科学、地质学、生态学、水文学、资源学、遥感科学与技术、地理信息系统、地球系统科学、自然地理学等，这些专业基本都属于一级国家重点学科和二级国家重点学科，其中一些专业成为相关院校的国家一流学科。空间地球科学相关专业均设有硕士、博士研究生培养点，以及博士后流动站，每年能够培养数万名本科生、硕士研究生、博士研究生，为我国空间地球科学的发展储备了足够的研究型人才。

2. 实验室发展现状

国内目前开展空间地球科学研究的实验室主要分布在高校、中国科学院科研院所，以及相关部委局下属的科研机构。此外，另有部分单位以业务工作为主，但是其工作中又不可避免地涉及空间地球科学研究工作，主要的科研平台包括国家重点实验室、中国科学院重点实验室和各部委重点实验室。

（1）国家重点实验室

国家重点实验室主要包括测绘遥感信息工程国家重点实验室（武汉大

学）、近海海洋环境科学国家重点实验室（厦门大学）、遥感科学国家重点实验室（中国科学院遥感与数字地球研究所、北京师范大学）、冰冻圈科学国家重点实验室（中国科学院寒区旱区环境与工程研究所）、灾害天气国家重点实验室（中国气象科学研究院）、卫星海洋环境动力学国家重点实验室（国家海洋局第二海洋研究所）。

（2）中国科学院重点实验室

中国科学院重点实验室主要包括中国科学院中层大气和全球环境探测重点实验室（中国科学院大气物理研究所）、中国科学院微波遥感技术重点实验室（中国科学院国家空间科学中心）、中国科学院红外探测与成像技术重点实验室（中国科学院上海技术物理研究所）、中国科学院数字地球重点实验室（中国科学院遥感与数字地球研究所）、中国科学院空间信息处理与应用系统技术重点实验室（中国科学院电子学研究所、中国科学技术大学）、中国科学院定量遥感信息技术重点实验室（中国科学院光电研究院）。

（3）各部委重点实验室

各部委重点实验室包括海洋环境科学教育部重点实验室（厦门大学）、海洋遥感教育部重点实验室（中国海洋大学）、地球空间环境与大地测量教育部重点实验室（武汉大学）、国土资源部航空地球物理与遥感地质重点实验室（国土资源部国土资源航空物探遥感中心）、空间海洋遥感与应用研究重点实验室（国家卫星海洋应用中心）、中国遥感卫星辐射测量和定标重点实验室（国家卫星气象中心）、中国气象局大气探测重点开放实验室（成都信息工程大学）。

3. 与空间地球科学相关的国家重大科学基础设施

（1）已经建成和正在建设的重大科技基础

已经建成的相关设施有中国科学院的中国遥感卫星地面站（陆地观测卫星数据全国接收站网）、遥感飞机、新的航空遥感系统等。

（2）国家重大科技基础设施——地球系统数值模拟装置

国家发改委在"十三五"期间规划了与空间地球科学相关的一批重大基础设施，包括地球系统数值模拟装置、中国陆地生态系统观测实验网络和大气环境模拟装置等。2017年国家发改委已经批准"地球系统数值模拟装置"重大科技基础设施项目。由中国科学院大气物理研究所、中科曙光、清华大学等共同建设，成为全球最大规模的地球系统数值模拟装置。地球系统数值模拟装置将建设数值模拟的完整数据库和资料同化系统，汇集和集成空间对地观测及地面站海量观测数据，模拟地球系统圈层变化和长期气候变化，开展重大自然灾害预测预警和气候变化预估等科学研究，为全面提升我国在地球系统领域的创新发展和科学突破建立重要基础。

目前正在规划论证的北京怀柔综合性国家科学中心将瞄准建设成具有全球影响力的科技创新中心，地球系统科学和空间科学是怀柔综合性国家科学中心的核心支撑和重要布局，未来在怀柔建设的重大科技基础设施和相关前沿交叉研究平台将发挥集群和协同效应，成为我国空间地球系统科学研究的基地。

（五）存在的问题

必须看到，我国空间地球科学的研究刚刚起步，还未形成完整的学科架构体系和系统的科学研究规划，各个分支学科的发展参差不齐，研究工作较零散，系统性不强，研究水平距国际先进水平有明显差距，对地观测技术的自主创新能力不强，数据质量和定量化程度有待提高，尚缺乏重大的国际公认的科学成果和高水平的领军人才。

值得注意的是，由于体制、机制等方面的影响，我国空间地球科学及各分支学科领域的研究力量比较分散，组织大型研究计划和凝聚较大队伍存在障碍，不能有效集中优势力量；卫星数据分散在各部门，数据开放程度低，资源难以共享；大型空间项目中科学家作用发挥不够，科学研究和地球科学观测技术结合不够；等等，需要针对问题努力加以改善。

第三节　发展方向与发展战略

一、发展目标和关键科学问题

（一）发展目标

我国空间地球科学到 2035 年发展的总体目标是：以重大科学问题为导向，创新和提升地球观测水平及能力，加强空间地球科学关键的和交叉领域的前沿科学与技术问题研究，以及地球科学大数据平台建设，在全球变化和各圈层科学研究方面形成有我国特色的科学理论与方法体系，力争在空间地球科学若干领域进入国际先进行列，取得有国际影响力的重大原创性成果。具体目标如下。

1）加强我国空间地球科学的顶层设计，针对全球变化、经济和社会可持续发展、国家安全、生态环境、灾害监测中的重大理论和关键技术问题，加强空间地球科学研究的创新和集成，为地球科学研究做出基础性、战略性、前瞻性的重大贡献。

2）建设以空间地球科学研究为主的国家级科学研究基地，造就培养一批站在国际前沿的中青年学术带头人，全面提升我国空间地球科学自主创新能力，为实现我国空间地球科学的整体跨越式发展奠定基础。

（二）关键科学问题

空间地球科学的研究目标和所要解决的科学问题不单是某一个分支学科的问题，而是借助空间对地观测全球覆盖的特性，从整个地球系统的角度解决与人类生存相关的大尺度、高耦合性的科学问题。

1. 气候变化研究和地球系统数值模拟

气候变化是当前全人类面临的最核心的问题之一，涉及社会经济发展和人类命运。气候变化是地球系统科学的典型问题，它涉及地球科学的各个圈层，以及各个圈层之间的相互作用，有待解决的科学问题主要包括如下。

1）低层、中层、高层大气动力学，物理学，化学和辐射机理及不同圈层相互耦合过程；

2）生物圈、大气环境、气候相互影响过程（大气化学成分的变化特性分析及与人类活动的关系，大气污染、温室气体与全球气候和生态系统的关系）；

3）陆地、海洋、大气圈层相互作用，区域气候分布与变异的调控过程；

4）改进和完善气候系统模式中各个物理过程、化学过程的描述，完善模式的动力学框架并提高分辨率；

5）发展全球和区域地球模式，开发地球系统数值模拟研究（地球环境变化、全球变暖、人类活动影响、自然生态系统、农牧业、水资源和人类健康对气候变化的敏感性与适应性研究）。

2. 水循环和能量循环过程研究

水和能量是人类社会存在和发展的最关键的资源，水循环同时也是能量循环的重要环节，关键的科学问题包括如下。

1）气溶胶、云、水汽循环效应的影响过程量化问题；

2）水资源在各个圈层中的存在状况、物理循环、化学循环、人文循环过程，以及循环伴随的能量交换的过程和机理；

3）地球辐射收支平衡过程和能量循环特征研究，包括云和气溶胶的辐射研究，以及地表、海表和冰雪表面的辐射研究等。

3. 地球生物化学循环和地球生物物理过程研究

人的本质是生物，人对地球的依赖很大一部分表现为人对生态系统的依赖。人类赖以生存的粮食来自地球生态系统。其中，碳是生物地球化学循环的主角，同时也是影响气候变化的关键因素。生物地球化学循环的关键科学问题包括如下。

1）海洋与陆地生态系统的碳收支情况；

2）生态系统过程模型的建模，以及模型的敏感性与适应性综合定量研究；

3）植被生长状况及其与气候和土地利用的关系；

4）生物地球化学循环中水和能量的作用等。

4. 全球重力场分布、海平面、板块运动研究

对全球重力场的研究不仅促进了高精度的大地测量发展，而且与国家的科学发展、资源利用、防灾减灾、国防等方面息息相关。地球重力场相关的研究近年来成为热点，重力卫星的发展为解决这些科学问题和应用问题提供了有效的方案，其关键科学问题包括如下。

1）高精度、高分辨率的大地水准面和重力场时变特征；

2）全球海平面变化特性及动力学机制；

3）冰川融化、冰川动力学及冰川建模；

4）地震活动、地壳形变和地震应力场的关系。

二、发展战略和部署建议

（一）发展战略

根据我国空间地球科学研究的现状和国际发展趋势，按照学科协调、可持续发展的总体要求，我国空间地球科学的发展战略如下。

1）全面统筹，突出重点，加强空间地球科学前沿性、基础性的研究工作，促进分支学科的均衡布局和协调发展，鼓励学科之间的交叉研究和渗透融合，推动各分支学科的创新型研究和新兴学科的发展。

2）瞄准国家需求和空间地球科学的前沿，开展以国家需求为导向的战略性基础研究，适时推出前瞻性重大研究计划并争取获得系统性突破；同时，鼓励以科学理论、方法和技术突破为内涵的原始性自由探索创新。

3）针对空间科学的特点，在利用国外科学卫星数据的基础上，充分利用我国自主研发建设的各种业务卫星和试验卫星对地观测数据，发展有特色、创新性的空间地球科学卫星，为我国空间地球科学的研究提供关键资料，大幅度提升我国空间地球科学的原始创新能力和保障服务能力。

4）坚持基础与应用技术研究及多学科研究成果交叉应用，形成多学科综合交叉研究的良好态势，实现跨越式发展，强化我国地球科学的优势学科和领域。

5）以加强创新能力为主线，以重大发现、理论与技术创新和社会需求为引导，在相关重大空间探测计划和研究计划的带动下，整合本学科各方向的主要研究力量，形成优势互补、强强联合的领域研究团队。

6）通过顶层设计，明确定位，凝练科学目标，积极参与国际合作，创建有特色的理论与方法研究体系，推动我国空间地球科学的发展，满足国家经济建设、社会发展和国家安全的需求。

（二）部署建议

1. 制定国家空间地球科学研究规划和重点研究计划

（1）国家空间地球科学研究规划

空间地球科学是我国空间科技领域发展的重点，需制定国家层面的规划来支持我国空间地球科学的发展。规划应包括全球变化等全局性问题和重大科学与技术问题，明确目标和技术路线；建设集成的数据系统和数值模拟系统；给予基础研究长期、稳定、系统的支持，深化基础研究；规划天基观测和地面各种手段的天地一体化观测网络；空间项目要区分业务性和研究性两类，并充分发挥业务卫星对科学研究的支撑作用。

（2）空间地球科学重大研究计划部署

在科学技术部和国家自然科学基金委员会的统筹安排下，设立空间地球科学领域的重大研究计划，增加投入并保持必要增长，促进空间地球科学的重大科学成果产出。空间地球科学重大研究计划应突出科学性和引领性，集中较大的研究团队集同攻关，显著提升我国空间科学的自主创新能力。

（3）加强地球大数据科学工程

结合理论模型和仿真，汇集各种空间对地观测数据进行融合研究，将对地球系统科学的发展起到革命性的推动作用，并对环境、资源、灾害等领域的研究与应用有直接的重要作用和更深入的理解；空间地球大数据时代的到来，以及数据驱动科学范式的建立，将大大推动包括数字地球、全球变化、未来地球、灾害科学等领域的研究及空间地球信息科学的学科发展。应制定数据政策或法律，打破数据部门所有制，通盘规划对地观测数据的信息网络构架，建设统分结合及开放共享的网络化遥感数据、产品和应用服务体系。

2. 空间地球科学研究卫星及技术发展建议

空间地球科学的发展依赖于空间对地观测和测量技术的发展。对地观测技术的每一次进步，都会带来空间地球科学新成果的产生和重大突破。目前，我国已建立了较完整的气象、海洋、资源等业务卫星系列，在充分利用这些卫星资料的同时，应借鉴国际成功经验，部署突破性、创新性的，以科学研究为目标的空间地球科学卫星及研究领域，拓展空间地球科学新方向，促进技术突破，并较快转移到实际应用中。

（1）合成孔径雷达干涉测量卫星

合成孔径雷达干涉（InSAR）与空间地球动力学研究具有密切的联系。通过差分干涉合成孔径雷达干涉技术（D-InSAR）可以测量精度为毫米级的地壳垂直形变，能精确测定许多地球物理现象，如地面沉降、冰川漂移、断层运动、地震形变、火山爆发前的空气、山体滑坡前的形变等。而永久散射体技术（persistent scatterer-InSAR，PS-InSAR）的提出更是大幅度提升了InSAR 技术在地壳形变测量中的应用空间。InSAR 可以监测震前、同震及震后连续和动态的地壳形变信息，为"定量地震预报研究"提供了条件，同时可以进行火山、冰川、滑坡等形变场测量。卫星体制包括固定基线（利用展开天线）和卫星编队飞行等不同方案，关键科学与技术问题为结合空间大地测量技术的物质数值模型，提高 InSAR 在全球环境变化和灾害监测研究中的精度、确定性和效能。

（2）空间激光雷达及反演技术

激光雷达是新发展起来的主动遥感技术，具有广阔的探测潜力，通过激光在大气传播中的米散射、瑞利散射、拉曼散射、荧光、多普勒等效应，可以获取丰富的大气成分、密度、剖面风场、多种海洋要素、冰盖和地表要素信息。我国已经部署了空间激光雷达任务，需要加强基础研究、反演方法和新的激光雷达方案。关键科学与技术问题为提高星载激光雷达信噪比，克服云层和水汽对激光的吸收干扰，激光雷达观测数据反演方法，高精度激光准直和锁频稳频技术。

（3）低轨双星掩星（LEO-LEO 掩星）

LEO-LEO 掩星是根据低地球轨道卫星之间多频段电磁波掩星原理，探测特定频率与谱段的相位和幅度变化信号；利用微波信号在大气中的折射，水汽、二氧化碳等多种气体成分吸收带的吸收作用，以及电磁信号的多普勒效应等，获取并反演得到大气温度、湿度、压强等热力学参数及多种气体成分垂直分布廓线。需要研究的内容包括优化的星座构成和轨道设置；遥感器配置、指标和效能评估；数据的物理与化学过程反演及其在全球气候变化中的影响与反馈；大气成分变化对地球生态系统的影响及相互作用；强对流条件下大气水汽、云中液态水与冰晶的输送能量交换规律等。

（4）特殊轨道和方法在空间地球科学中的应用研究

除通常采用的地球同步轨道和太阳同步轨道外，需要研究开拓特殊轨道加强地球科学研究的相关问题包括非太阳同步低轨在日变化观测方面的优势；大倾角大椭圆轨道，利用远地点高纬度地区较长时间的驻留能力，弥补地球同步轨道对极区观测能力的不足；远轨飞行器（地月 L1 点、远距离逆行轨道，日地 L1/L2 点、月球表面和月球轨道等）对地球要素微小的变化长期监测方面的作用。

还可用一些特殊方法丰富空间地球科学研究途径。队列卫星，美国的A-TRAIN 是在一个轨道面上部署了多颗小卫星并配置了不同遥感器，卫星之间的时间间隔不长，实现了准同时观测，避免了大卫星的可靠性风险，可以借鉴；虚拟星座，即针对重大科学问题，利用现有的卫星及遥感器，构成虚拟星座，对关键节点进行补充和加强，最大限度地发挥已有观测资源的优势和潜力；视频遥感，在一定时间段内对一个区域进行凝视观测，获取视频图像，可用于观测和研究现象变化过程中的高频信息，对于理解变化速度快的自然过程具有独特的优势；立方星（CubeSat），构型和部件逐步标准化、货架化的低成本皮纳卫星，可批量制造，大大提高了对地观测的时间分辨率，实现了一箭多星从而大幅度降低了发射成本。

星上处理技术：利用日益进步的信息处理和存储技术，简化移植地面处理算法，发展智能处理技术，直接在星上处理数据并生产反演产品，获得高效、实时性强、易用于研究的数据资料，将拓展空间地球科学研究的新思路。

（5）天地融合研究

空间观测手段在地球科学研究中所发挥的作用越来越重要，但是这绝不意味着空间观测手段可以彻底颠覆和取代地基观测手段。地基观测手段也不能简单地被视为精度更高而成为空间观测手段的验证依据。恰恰相反，只有将二者相互融合、优势互补，才能更好地服务于地球科学的研究工作。

建议开展天地融合方面的研究工作，系统性地研究空间观测手段和地基观测手段各自的特点、优缺点，并在此基础上研究二者相互融合的理论与方法，包括基于测量原理、测量技术、测量误差的针对单一物理量（或者化学量）的天地融合理论与方法；具有多个物理量和化学量属性的地球科学问题中的天地融合理论与方法，综合考虑部分参量由空间观测提供、部分参量由地基观测提供、部分参量由空间地基联合提供等多种情况；重大地球科学系统问题与重点区域研究中的天地融合理论与方法等。

参 考 文 献

毕思文. 2003. 地球系统科学——21世纪地球科学前沿与可持续发展战略科学基础. 地质通报，22(8): 601-612.

陈述彭，曾杉. 1996. 地球系统科学与地球信息科学. 地理研究，15(2): 1-11.

冯筠，高峰，黄新宇. 2003. 从空间对地观测到预测地球未来的变化（一）——NASA地球科学事业（ESE）战略计划述评. 遥感技术与应用，18(6): 407-421.

冯筠，高峰，黄新宇. 2004. 从空间对地观测到预测地球未来的变化（二）——NASA地球科学事业（ESE）技术战略分析. 遥感技术与应用，19(2): 124-132.

高峰，安培浚. 2008. 国际空间和对地观测技术发展战略新动向. 遥感技术与应用，23(6): 686-696.

郭华东. 2016. 地球系统空间观测：从科学卫星到月基平台. 遥感学报，20(5): 716-723.

郭华东，肖函. 2016. "一带一路"的空间观测与"数字丝路"构建. 中国科学院院刊，5: 535-541.

国家自然科学基金委员会，中国科学院. 2012. 未来10年中国学科发展战略·地球科学. 北京：科学出版社.

李德仁，周月琴. 2000. 空间测图：现状与未来. 测绘通报，1: 3-7.

吕达仁，陈泽宇，郭霞，等. 2009. 临近空间大气环境研究现状. 力学进展，39(6): 674-682.

童庆禧. 2012. 空间遥感信息产业发展. 卫星应用，1: 44-48.

徐颖，王世金，朱光武，等. 2010. 中国载人航天空间环境监测系统的发展. 科技导报，

28(8): 110-115.

许丽生, 张国栋, 丁继烈. 1998. 论我国静止气象卫星遥感的发展战略. 大自然探索, 1: 27-32.

叶笃正. 1992. 中国的全球变化预研究. 北京: 气象出版社.

叶叔华. 1996. 亚太地区空间地球动力学计划. 自然杂志, (103): 125-127.

原民辉, 刘韬. 2017. 国外空间对地观测系统最新发展. 国际太空, (1): 22-29.

中国科学院地学部地球科学发展战略研究组. 2009. 21世纪中国地球科学发展战略报告. 北京: 科学出版社.

朱筱虹, 李喜来, 杨元喜. 2011. 从国际卫星导航系统发展谈加速中国北斗卫星导航系统建设. 测绘通报, 8: 1-4.

Asrar G, Kaye J A, Morel P. 2001. NASA research strategy for earth system science: Climate component. Bulletin of the American Meteorological Society, 82(7): 1309-1330.

Board S S, National Research Council. 2007. Earth Science and Applications from Space: National Imperatives for the Next Decade and Beyond. Washington D C: The National Academies Press.

ESA. 2001. The Envisat satellite and its integration. http://www.esa.int/esapub/ bulletin/ bullet106/bul106_2.pdf [2017-07-18].

Lawler A. 2005. NASA. U.S. lawmakers call for new earth science strategy. Science, 308(5723): 777.

Mattmann C A, Downs R R, Ramirez P M, et al. 2012. Developing an open source strategy for NASA earth science data systems. International Conference on Information Reuse and Integration. New York: IEEE: 687-693.

NASA. 2010. ICESAT.https://www.nasa.gov/mission_pages/icesat/ [2017-07-18].

NASA. 2014. Nimbus: NASA remembers first earth observations. https://www. nasa.gov/content/ goddard/nimbus-nasa-remembers-first-earth-observations [2017-07-16].

Paxton L J, Yee J H, Fountain G, et al. 2000. The use of small satellites in the NASA Earth Science Enterprise (ESE) Earth Observing System (EOS). Acta Astronautica, 46(2): 365-374.

Schutz B E, Zwally J, Abshire J, et al. 2000. The Ice, Cloud and Land Elevation Satellite mission: laser radar science for the NASA Earth Observing System. Geoscience and Remote Sensing Symposium, New York: IEEE: 1772-1774.

Study T. 2001. An outlook of earth science development for China in the 21 st century. World Sci-tech R & D.

第六章
空间生命科学

第一节 科学意义和战略价值

一、空间生命科学学科概述

（一）空间生命科学学科的定义及内涵

空间生命科学研究太空特殊环境中的生命现象，包括空间基础生物学和人体科学，主要研究地球生物（包括人类）进入空间后，在空间特殊条件下的响应、生存、变化和适应等科学问题；空间生命科学的另一重要内容是宇宙生物学（或天体生物学，astrobiology），研究外太空生命的可能存在和空间生命起源演化等基本科学问题。

地球生命现象是在地球上特定时空的物理和化学环境下，经过几十亿年的不断演化发展，形成今天这样一个环境与生物、生物与生物之间，相互依存、自然和谐的生命生态圈。在这个生态圈中，数十亿年来，150万～170万种动物和37万余种植物的孕育与萌发、成长与进化、死亡与灭绝，都和地球当时的环境因素息息相关。人类在探索、认知包括自身在内的自然现象和规律的过程中，形成了近代科学中一个庞大的领域——生命科学。生命科学在20世纪最伟大的发现是对生物遗传物质DNA双螺旋结构和功能的认识，标志着生命科学进入新的历史阶段。20世纪人类的重大科技成就之一，就是突破地球引力束缚进入浩瀚的宇宙空间。随之而来的最基本问题就是在陌生的空间环境中，人和其他地球生命还能否生存？空间特殊极端环境会对生命活动产生什么影响？宇宙空间的其他地方是否有生命存在？因此，一个伴随着人类航天活动，与传统生命科学相关领域交叉结合发展起来的新兴学科——空间生命科学，成为新的边缘交叉学科，引起了人们的兴趣和重视。

空间生命科学是随着人类空间活动，特别是载人空间探索，而产生和发展的新兴交叉学科，是空间科学的一个重要分支学科，同时也是与之相关的生命科学学科在空间特殊环境下的延伸。空间生命科学研究条件的建立和研究过程的实现，离不开空间探索活动的支撑。同时，空间生命科学的研究成果也进一步支撑着人类空间探索的深入和发展。

利用空间特殊环境研究生命现象，有助于理解地球生命体在地球环境下起源、演化和发展的规律，因此空间生命科学的研究内容如下：①开展地球生物体，包括植物、动物（人）和微生物，在空间特殊环境下的生命现象及其活动规律的基础研究；②利用空间特殊环境开展空间生物技术和转化应用基础研究；③开展支撑载人空间探索活动的应用研究；④开展地外生命探索和宇宙生命起源的探索性研究，以及支撑空间生命科学研究的特殊方法与相关技术研究。

空间生物技术是利用空间微重力等特殊环境发展新的生物材料、生物药剂和技术方法，是微重力科学的内容，考虑到学科范畴和便于表述，将其纳入本章。

空间生命科学研究既包括在真实空间环境下开展的有人和无人操作的生命科学研究，也包括在地面模拟空间环境下开展的生命科学研究。此外，暴露于真实空间环境的生物样本返回地基后的后续研究，以及空间生命科学的地面转化和应用研究，也属于空间生命科学的研究范畴。

（二）空间生命科学学科发展概述

21世纪以来，空间科学与技术的发展日新月异，人类探索宇宙的步伐越来越频繁，人类活动向太空的延伸也越来越深远。空间生命科学从萌芽到发展已经走过了60多年的历程。空间生命科学作为与重大科技突破和人类太空探索密切相关的前沿交叉学科，成为世界强国高度重视和争相支持的重要学科领域。纵观空间生命科学的发展历程，以及当前国际该学科的发展趋势，空间生命科学学科主要由三大学科领域组成：①空间基础科学研究，包括空间基础生物学、人体科学、航天医学和宇宙生物学；②空间技术转化应用，包括空间医学与地面转化应用、空间生物技术与转化应用；③空间工程技术研究，包括空间生命科学研究的方法和技术，以及支撑空间实验的实验条件研究。

几十年来，国际上各空间大国和国际组织，在空间战略规划中均分阶段地明确提出了空间生命科学的指导性政策，并在广泛动员科技界深入研究的基础上，不断制定和修订了空间生命科学领域的一系列具体计划。近 10 年来，各空间大国和组织均将空间生命科学定为十大重点发展的学科之一。空间生命科学通过 ISS 提供的实验平台，已获得了多项重大成果。随着世界各国载人航天和空间探索活动的不断推进，特别是中国载人空间站工程的正式启动实施，未来 20 年将是空间生命科学发展的黄金时期，空间生命科学研究体系将更加完善，宇宙生命探索可能出现突破，空间生命科学相关的创新性知识已经或正在改变人类的宇宙观和自然观，影响地面人类的生活方式。

（三）空间生命科学主要研究方向和研究内容

1. 空间生命科学的学科分类及概述

（1）空间生物学及基础医学

空间生物学及基础医学是探索包括动物（人）、植物和微生物等地球生物体，在空间特殊环境下的生命现象及其活动规律的基础研究学科。其涵盖空间重力生物学、重力生理学、空间心理学、空间辐射生物学、空间微生物学、空间生物力学与亚磁生物学等基础生物学领域，是空间生物技术和生物再生生命保障系统的基础，并与航天医学密切相关，是服务于载人航天活动中人类健康的生物学理论基础，同样也是利用载人航天活动中人的参与而进行的科学研究活动。

1）空间重力生物学

空间重力生物学研究是以灵长类动物、小型哺乳动物、爬行动物、两栖动物、水生生物、昆虫、高低等植物、微生物及细胞等为研究对象，基于种群、个体、组织、细胞等不同层次，研究空间微重力环境下的生物学效应，揭示微重力环境下生物体的重力感知、信号转导与传输、响应机理，并建立对应的预防措施和保障策略。空间重力生物学在空间生命科学实验研究中一直占据着主导地位。

2）空间生理学、空间心理学与航天医学

从生理学角度研究空间特殊环境下动物和人体各系统，包括心血管、血液、免疫、肌肉骨骼、生殖、消化、内分泌、前庭、神经等系统功能的改变，以及这些改变进而引起的运动、生长发育、昼夜节律、行为心理等方面

的变化及其细胞和分子机制，并且探索利用药物、物理等措施治疗和对抗航天员生理及病理变化，这些是空间基础生物学的一大范畴。此外，空间生理、空间心理与航天医学基础方面的研究，对地基人体健康科学研究，如心血管病、免疫症、不育症、骨质疏松症、神经功能紊乱症等常见病和多发病的病理机制的认知及对预防措施的探索，以及开发新的生化治疗药物和再生医学技术等具有积极的借鉴意义。

3）空间辐射生物学

空间辐射生物学主要研究空间辐射环境引起的生物体损伤、遗传变异机制及其防护措施，涉及空间辐射监测、空间辐射医学与防护、空间辐射生物学效应和机制、空间辐射损伤风险评估和预警，以及辐射资源开发等多学科交叉的基础和应用问题。通过建立天地对比处理技术、空间辐射环境的组织等效探测和分析技术、高通量系统生物学信息获取和数据挖掘技术，以及辐射、微重力、弱磁场复合极端环境的诱因分析与相关作用的生物学效应分析技术，探索空间辐射环境下生命分子结构和功能变化等，揭示复合空间环境与不同遗传背景生物体相互作用的分子机理，进而建立辐射损伤风险评估和预警系统，开发辐射医学防护方案和技术。

4）空间微生物学

微生物是自然生态系统中的重要成员，对环境有着极强的适应能力。随着营养成分、温度、氧浓度、气压、重力、光强度的变化，微生物在自身生理代谢和形态上都会做出及时调整以适应环境。此外，微生物在生物链中，既是生产者又是分解者，对生态系统乃至整个生物圈的能量流动、物质循环、信息传递都具有至关重要的作用。在空间飞行器密闭舱内，微生物的滋生及个体间的近距离接触，会增加航天员感染疾病或航天器材生物性腐蚀的概率，成为航天活动中严重的潜在危害，因而受到各国的高度重视。利用空间实验，研究微生物在空间环境中的生长、发育、繁殖、代谢等生命活动规律及其生物学效应，从微生物生理学、生态学角度研究微生物的可应用性、致病性和危害性，以及利用与防护等问题，是最早开展的空间生命科学研究内容之一，也是极端环境下生命科学的研究内容。

5）空间生物力学与亚磁生物学

空间生物力学与亚磁生物学是空间生命科学的交叉前沿研究领域。空间生物力学主要基于细胞、亚细胞、蛋白质、基因与小分子 RNA 水平，系统地研究（微）重力信号转导途径中的力学－生物学耦合规律。空间亚磁生物学研究空间亚磁场环境下的生物学效应机制及其防护措施，在一定程度上能够揭示亚磁场及其复合环境对不同生物的影响和机制，有助于认识地磁场和重力场在生命活动中的作用和机制。磁场环境因素相对容易控制，且与生物作用方式相比具有无创、非侵入性的优势，因此利用空间亚磁环境开展生物磁效应研究对于航天员的健康维护，以及医疗保健、临床医学诊断和治疗、农业育种、生物工程等方面均具有应用前景。

6）空间发育与生殖生物学

生命科学最新研究成果显示，胚胎细胞早期发育过程受到细胞－细胞、细胞－微环境之间相互作用的影响，即细胞的发育与细胞周围的力学环境密切相关。据此，科学家推断在微重力环境下，胚胎早期发育相关基因的表达可能会发生变化（包括表观方面），这些变化将可能对哺乳动物生殖和后代个体发育产生深远的影响。因此，利用空间特殊环境开展哺乳动物配子发生和精卵结合的动力学，哺乳动物早期胚胎发育相关的印记基因表达，以及哺乳动物早期胚胎谱系发生和发育等相关研究，将有助于揭示空间微重力、强辐射、弱磁场等特殊环境条件，对哺乳动物胚胎早期发育和发生机制的影响，为载人航天可持续发展、拓殖人类的宇宙生存空间，提供理论和技术支持。

7）空间生物再生生命保障系统的基础生物学

基于地球生物圈运行原理，研究空间特殊环境下生物再生生命保障系统所需的基础生物学和生物技术问题，探索闭合人工生态系统中物质循环、能量流动机制，明晰系统平衡运转的规律，为设计建造实用技术系统和系统的运行调控提供理论依据。

目前关注的主要科学问题是构建空间生物再生生命保障系统的理论基础，包括地外复杂环境条件下受控环境中人工生态系统自组织原理、系统设计构建方法、系统拓殖与演化途径、系统维持的稳态理论；构成系统的生物物种筛选、组合；系统中生物之间的物质流动和能量代谢关系；系统稳定运行调控技术；系统内包括藻类、植物、动物的生物单元培养技术和废物循环利用技术等。终极目标是为建立可靠的、可持续稳定运行的生物再生生命保障系统，保证为系统内部实现乘员生存所需的氧气、水和动植物食物的循环再生提供理论基础。

在空间开展生物再生生命保障系统的基础生物学问题研究，具有基础科学与应用技术的多重意义，包括长期载人航天和外星拓殖所需的生命保障问题；拓展全球气候变化下地球生态环境和循环农业研究思路，研究生态系统变化机制，探索改善地球上恶劣或极端环境生态条件的方法，以及为封闭条件下的特殊工程应用提供解决方案。

（2）空间生物技术及转化应用

空间生物技术以应用和技术转化为导向，利用空间环境发展新型生物药剂、生物材料及新的技术方法，研究重点包括蛋白质相关基因的辐射效应；空间环境因素对蛋白质／多肽构象、识别与组装、活性及功能代谢过程的影响；特殊生物结构自组装与人工操纵组装技术；膜蛋白、蛋白复合物等复杂分子机器的晶体组装与分子结构和功能；全能干细胞、多能干细胞及专能干细胞的增殖、发育分化及组织工程技术；干细胞向骨、软骨、心肌、造血系统、神经组织、表皮组织、肝脏等定向分化技术等。此外，开展基于1D/2D/3D 大尺度的有序结构生物器件（如生物传感器、生物太阳能电池、纳米药物、生物机器、生物复合材料、微流控芯片）、微载体加工及微纳图形化等技术研究，进而开发以批量生产、多品种制备生物产品为目标的"空间蛋白质工厂"的生物工程技术已成为新的前沿研究方向。

蛋白质工程、细胞和组织工程等生物技术和转化应用研究，对于认识和治疗疾病、研制智能药物、促进农业技术、开发生物能源、生产营养食品等都具有现实意义，有助于提高人类生活质量和健康水平。

（3）宇宙生物学

宇宙生物学是在宇宙演化框架下研究生命起源、演化及分布过程的新兴学科，把视野投向地球以外的行星、彗星乃至整个宇宙来揭示生命起源、演化和分布的谜团。宇宙生物学以构成地球生命物质前期的有机大分子化学演化进程、地球有机化合物形成、生命起源的环境与过程，以及生物进化过程研究为基础，研究所有生命的共同特点；研究形成生命和维持生命的元素及大分子形成原因；研究氰化氢、甲酸、甲醛和氨等化学分子，以及作为生命前体的核酸、氨基酸、糖和脂类等复杂有机生物分子，在星际物质和某些星球大气中的形成过程；探索可能存在的空间生命及地球人类在空间的宜居性。因此，宇宙生物学与空间天文学、月球与行星科学、宇宙化学、生物化学、分子化学、放射学等众多学科交叉关联，蕴涵着推动生物学发展的巨大潜力，从而可能带来关于生命起源的全新认识。

近期的研究热点包括太阳系类地行星（火星、金星）在发展早期是否存在适宜生命生存的环境，是否有存在过生命的证据；太阳系内其他天体能否寻找到生命活动的信息。结合星际分子云和太阳系内小行星、彗星、陨石、行星际尘埃有机化合物的探测与研究，以及地球极端环境条件下生物的特殊组合等，研究宇宙中有机物质起源、生命前期的化学演化过程和生命起源过程；最终阐明宇宙进化过程导致生命起源、进化及分布的重大科学问题。

2. 空间生命科学研究方法和技术

空间实验是空间生命科学研究的主要途径，其主要利用航天飞行器、载人航天器作为实验平台，配置以相应的技术手段（实验系统或实验装置），在空间微重力、复杂辐射或低/亚磁场环境因素下，研究实验对象的物理、生化反应现象，通过分析研究得出其统计学规律。因此，实验系统成为获取真实认知的重要技术保障。

空间生命科学实验装置，首先应具备维持实验对象（生物样品）可存活的、模拟其原生环境的生态系统，即提供生物样品生长发育必需的空气、水、温度、压力、光照、营养及生物代谢过程管理等基本条件，还需具备观察（观测）、检测与操作手段，即使是在空间有人照料的生命科学实验中，也需要有自动检测以弥补人工干预的局限性。此外，从航天工程技术角度出发，还需要实验装置具有保障正常运行的工况诊断检查与维护、实验数据/图像获取与传输或实验样品的天地返回等技术支持。因此，空间生命科学研究实验技术成为与科学研究结合紧密的研究方向。

经过60多年的实践，世界各国的空间生命科学实验技术获得较快发展，具备自动控制、自动采集，乃至利用天地通信的遥科学手段等先进实验模式的空间生命科学装置已得到迅速发展，从而大大提升了实验水平。科学实验越来越精准，效率越来越高，可开展的实验范围也越来越宽，为人类深化认知生命现象奠定了技术基础。其主要内容包括如下。

1）环控生保技术：根据已有的认知，集合先进的技术设计，实现保障生物样品存活，以及正常新陈代谢所需环境的检测、调控手段，包含气体成分自动检测、光照强度调节、废气/废物处理、营养输运与供给等。在实验需要的情况下，还可以满足几个月到一年的中长期生态环境维持。

2）实验检测技术：空间科学实验的检测技术既可以采用传统遥测方式搜集科学和工程数据，也可以通过摄/录像方式记录实验样品的在轨形态和生存状态。配合显微技术获取生物分子、细胞、组织的真实图像，利用荧光检测技术观察更细微的生物反应特征，采用遥科学或准遥科学手段，实现科学家在地面对实验对象的操控和调节。

3）实验系统集成技术：为满足更多的科学实验需求，采用标准化、模块化、组合化的设计技术，可以实现在一次空间飞行任务中，实施多学科、多实验对象和多科学目标的批量实验项目。在空间站、载人飞船等具备人工照料条件的平台上，还可以实现在轨实验样品更换、样品简单处理、原位分析等实验需求。因此，在空间站等一类平台上，采用标准化实验集成柜，已成为开展大规模空间生命科学实验的基本方式，为提高实验效率，以及快速获取准确且具有统计学规律的科学发现奠定了坚实的技术基础。

（四）空间生命科学在生命科学和生物技术中的作用

空间生命科学研究在宇宙空间特殊环境因素（如微重力、宇宙辐射、磁场、真空、高温、低温等）作用下的生命活动现象、过程及其规律，探索地外生命及人类在地外空间的生存表现和能力，研究生命的起源、演化与基本规律，是生命科学和生物科技领域的一个新兴分支学科，是采用特殊途径的生命科学和生物技术研究，丰富了生命科学的外延。

空间生命科学作为一门新学科，在空间环境生物学效应研究方面，已经获得了大量的实验数据，从而使人类开始认识到重力场等因素对生命演化和生理活动的意义。同时，空间生命科学的研究工作将在微观的细胞分子水平和宏观的整体水平上深入下去，以达到阐明最基本的生命科学机理和开发新的生物技术的目的。此外，由于长期航天飞行任务的需要，宇宙辐射的累积效应也需要得到进一步的关注和研究。

对生命起源和地外生命的探索是当代生命科学研究最有吸引力的课题之一，生命起源之谜可能在空间探索中得到最终破解，空间生命科学将对这一重大课题做出不可替代的贡献。

二、空间生命科学的科学意义和战略价值

空间生命科学是伴随人类航天活动而产生和发展起来的新兴学科，它具有支撑人类航天和载人航天可持续发展、深化认知生命现象、补充和丰富知识体系的多重目的，具有重要的科学意义和战略价值。

1. 深化认知生命现象的重大基础前沿领域

生命是宇宙中最为奇特和最为复杂的物质存在。在生命起源、演化，以及各种生命体，特别是人类的复杂机能包括意识和精神实质等领域充满未知，是自然科学领域中最具挑战性，并需要长期系统研究的重大基础前沿课题。

空间生命科学在空间特殊或极端环境下研究地球生物。地球上所有生命体都是在正常的地球环境下演化和发展的。通过研究空间极端环境下生物体

的基本生命活动过程及其规律，将有力地促进对生命现象和机理的深化理解，了解重力、辐射、磁场等物理因素在生命现象与过程中的作用，完善并发展现有知识体系，推动生命科学研究向更高水平发展。

宇宙生物学直面"地球生命是自身条件孕育的吗？""地球生命是宇宙中的偶然现象吗？人类在宇宙中是孤独的吗？"这类巨大的"终极"问题。空间生命科学需要揭开在空间极端环境和其他地外环境下是否存在生命现象的巨大谜团，探索地球生命起源不同学说的可信证据，具有重大的科学意义。

2. 发展先进生物技术造福人类的重要途径

空间特有的环境，特别是空间飞行器具备的地面难以模拟的长时间微重力环境，为生物技术创新发展提供了有利条件。微重力条件下地面重力引起的温度差浮力对流、重力沉降、不同密度（比重）液体的分层现象基本消失。另外，重力对三维结构生长的影响也不复存在。在载人航天发展初期，科学家就期望在空间微重力条件下获得高纯度生物制剂（利用电泳装置），高密度培养细胞获得高产的生物药剂，甚至在空间大量制备贵重药物等。但是因为对微重力条件下流体表面张力（分子力）和浓度梯度引起的微对流现象和规律尚无深刻了解，所以当时并不具备将空间飞行器变成药物工厂的条件。而随着对流体微对流规律的理解，有些设想在未来是可以实现的。目前，在空间站上制备高质量蛋白质晶体以更好地解析结构-功能关系，开展生物分子组装，制备组织甚至医用器官（三维培养、3D生物打印），诱导和培育新生物品种，发明特效药物，创新生物技术，发展新的预防、诊断、治疗技术并转移到地面相关生物产业，转化推广新的医疗技术与农业技术都是开展空间生命科学和生物技术研究的实际课题。

空间研究所获取的创新知识和技术，将对提高人类的生活质量、健康水平和相关产业的发展发挥巨大效益。

3. 为载人空间探索提供基础理论与技术支持

人类自1961年首次进入空间以来，载人空间探索成为各发达国家追求的目标，发展载人航天事业成为一个国家综合国力与科技水平的象征。人类进入空间，拓殖宇宙生存空间的首要问题是保障人的生存，继而是维持人的健康及人在空间的工作效能。因为，无论是在近地轨道的长期驻留，还是登陆月球、火星或开展其他载人深空探测活动，都是在空间复杂辐射、微重力和弱磁场等极端环境下进行的。通过空间实验研究，了解空间极端环境因素对地球生命体和人体产生的效应及其发生机制，从而为对抗某些危害性的生物学效应相关工程措施研究提供理论与技术指导，以支撑载人探索事业的可持续发展。

第二节　发展历史、现状和趋势

一、国际空间生命科学发展状况

（一）国际空间生命科学的发展历程概述

空间生命科学研究起始于 20 世纪 40 年代，这期间可以分为 3 个阶段（图 6-1）。40～60 年代初是面向载人航天准备的起步阶段；60～80 年代为伴随载人航天活动的发展阶段；80 年代至今，是依托空间站平台的持续发展阶段。

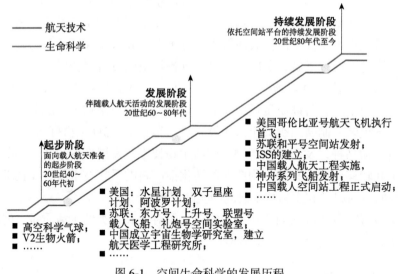

图 6-1　空间生命科学的发展历程

1. 面向载人航天准备的起步阶段

人类探索空间生命现象的思想萌芽，最早可以追溯到 1935 年。著名的"史蒂文斯"高空科学气球把 7 种真菌送到 25 km 高度的平流层空间，发现真菌存活状况未发生明显变化。1946 年，处于第二次世界大战时期的德国科学家也曾经利用 V2 火箭把果蝇送入 160 km 的地球轨道，试图了解地球生物进入空间后，是否会受到来自环境的直接威胁。1948 年美国发射了以动物为实验对象的 V2 生物火箭，真正地推动了空间生命科学研究的起步，该研究的主要目的是探索人类进入空间后可能遭遇的极端环境。此后，美国、苏联等国利用一些空间飞行器，又继续开展了小动物搭载的初步实验研究。例如：

1）1951～1961 年，美国先后利用空蜂（Aerobee）火箭或水星号（Mercury）飞船，将小鼠、猴子、黑猩猩等送入空间，观察其生物学效应。其中，选用猴子、黑猩猩等灵长类哺乳动物作为实验对象，主要目的是更好地模拟人类进入太空后的反应。

2）1957～1961 年，苏联利用伴侣号（Sputnik）系列卫星，先后运送 13 只小狗进入太空轨道，目的同样是考察人类进入空间的可能性。

上述研究成果有力地支持了载人航天的起步和发展。1961 年 4 月 12 日，苏联宇航员加加林首次完成空间近地轨道飞行，揭开了载人航天的序幕。同时，也表明在真实空间环境下开展生命科学研究是完全可能的。对空间极端环境下生物学效应的探索，以及对其中生命现象与过程的深化认知逐渐形成了新兴的研究方向。但是在整个 20 世纪 60 年代，其研究重点仍然是深入了解地球生物对空间微重力环境的适应性。例如：

1）1965～1966 年，美国科学家将脊髓灰质炎病毒、T-1 噬菌体、青霉菌、枯草杆菌 4 种微生物，先后利用霍其恩（Hotchin）高空科学气球、洛伦茨（Lorenz）火箭在距离地球表面 35 km、60～124 km、82～160 km 的不同高度上进行实验，证实了空间环境下短暂暴露不会对微生物造成致死性影响，为航天器的舱内环境设计提供了理论依据。

2）1963～1973 年，美国和法国等利用火箭、生物实验卫星（Ⅰ～Ⅲ）及空间实验室等，先后将猫（法国，1963 年，Veronique AGI 探空火箭）、微生物、蛙卵、昆虫、蜘蛛（1973 年，天空实验室）、牛蛙（1970 年，Orbiting Frog Otolith 号卫星）、猴子（Macaca nemestrina Bonnie V2 火箭）等送入空间，目的是探索空间微重力环境对地球生物物种及其器官功能的影响。

空间生命科学的起步发展阶段主要是初步认识空间特殊环境，了解空间微重力条件对地球生命的作用效应，以及探索载人航天的基础生命科学问题，这一阶段的研究丰富了人类对于空间生命现象的认识，支撑了人类的首次载人空间飞行，并为后续发展奠定了坚实的基础。

2. 伴随载人航天活动的发展阶段

20 世纪 60～80 年代是空间生命科学的快速和蓬勃发展阶段，也是人类载人航天取得跨越式发展和重大突破的年代。

美国水星（Mercury）计划（1959～1963 年）、双子星座（Gemini）计划（1961～1966 年）、阿波罗（Apollo）计划（1961～1972 年），以及苏联东方号（Vostok，1960～1963 年）、上升号（Voskhod，1964～1965 年）、联盟号（Soyuz，1967 年至今）载人飞船等载人航天计划相继实施，空间活动在世界范围内掀起热潮，英国、法国、日本、德国等发达国家，乃至一些发展中国家，都各自宣布了自己的航天发展计划，给空间生命科学的迅猛发展带来了良机。由于空间生命科学研究不仅仅单纯为发展基础理论，它还肩负着深化认知空间生命现象，支持载人航天活动持续发展的重任。这一时期的空间生命科学已从初期的空间极端环境探索，向保障载人活动和增加科学知识体系转换，扩展到空间辐射生物学、空间生态/生理学、空间微生物学、空间细胞学、空间遗传学、空间生物力学、航天医学，以及空间生物技术等各个分支学科，形成了空间生命科学的完整体系。以下三个标志点事件尤为重要。

1）美国实施阿波罗登月计划，于 1969 年 7 月实现了人类首次登月并安全返回地球，到 1972 年 12 月，阿波罗飞船共 6 次将 12 人送登上月球，不仅是航天工程的壮举，在空间医学保障和人体科学研究方面也取得了巨大成功。1975 年 7 月，美国阿波罗 18 号飞船与苏联联盟 19 号飞船实现对接，3 名美国航天员与 2 名苏联航天员共同开展了一系列生命科学研究，包括肺和心血管生理学、内分泌学、血液学、代谢和营养、发育生物学、免疫学、细胞和分子生物学、发育生物学、微生物学和植物学等的实验研究。

2）20 世纪 70 年代，苏联先后研发了 7 座礼炮号空间站（1971～1986 年），为建造和平号空间站做技术准备；美国在 1973 年发射了第一个天空实验室之后，其重心转向航天飞机计划（1972～2011 年）的实施。对于科学研究和载人航天活动保障而言，无论是苏联的发展路线，还是美国的发展路线，都是不可缺少的。

3）1966 年，苏联首次发射返回式生物（Bion）卫星。Bion 卫星每两年发射一次，主要支持空间生命科学实验研究，直到 1998 年才终止，为 20 世纪 60～80 年代的空间生命科学发展做出了突出贡献。俄罗斯（含苏联）、美国、欧洲等各国（地区）科学家都利用该系列卫星开展了广泛的研究，采用的生物样品包括细胞、真菌、细菌孢子、霉菌、大肠杆菌、原生动物、鱼线虫、果蝇、甲壳虫、鱼类、鱼类胚胎、乌龟、蝾螈、青蛙、孔雀、鹌鹑蛋、大鼠、猴子、黑猩猩，以及胡萝卜、玉米、番红花、番茄、小麦，涵盖了细胞、微生物、水生生物、动物、植物的各个种群。其研究方向和内容涵盖了空间生命科学的各研究领域，包括空间生物技术、航天医学与工程及构建生物再生生命保障系统的基础生物学问题。

3. 依托空间站平台的持续发展阶段

1981年4月，美国哥伦比亚号航天飞机执行首飞，是空间生命科学发展第三阶段的起始标志点。此外，1986年2月苏联和平号空间站发射升空，以及1998年11月ISS核心舱——曙光号（Zarya）成功升空，是另外的两个重要标志点。这些大型空间实验设施，为空间生命科学研究提供了前所未有的实验条件。随后，人类利用航天飞机、和平号空间站及ISS，实施了大规模的空间生命实验研究任务，取得了一系列重要成果，标志着空间生命科学迈入系统、持续的新发展阶段。

迄今，在航天飞机（NASA命名为Space Transportation System，STS）上实施过千余项/次科学实验（生命科学具体统计数字并未公布）。航天飞机累计飞行135架次，具有可往返天地回收生物样品的优势，各国利用航天飞机开展了大量的生命科学实验研究。

1994年和1995年执行的STS-66和STS-70任务，先后搭载了怀孕9天和11天的大鼠分别持续飞行11天和9天，考察了空间微重力对孕鼠及胎鼠发育的影响。1996年执行的STS-72任务，将出生5天、8天、14天的仔鼠和母鼠送入太空，研究了空间环境对哺乳期仔鼠生长发育的影响。航天飞机的空间生命科学实验室（Spacelab Life Sciences，SLS）执行了多次飞行任务，包括1991年持续7天的SLS-1任务，1993年为期14天的SLS-2任务，以及1998年飞行16天的神经实验室（Neurolab）任务，开展了包括植物、细胞及动物和人体等多项研究。特别值得关注的是，2001～2016年欧洲、美国、日本等国家（地区）利用具有环境自主控制功能的动物实验装置，如NASA开发的动物封闭箱（AEM）、意大利航天局（ASI）开发的小鼠抽屉式实验系统（SDS），以及JAXA开发的小鼠栖息单元（MHU），分别开展了多次小动物（大鼠、小鼠）中长期空间飞行实验，在动物整体或组织水平上取得了多项重要的科学发现。1969年依托NASA的大学空间研究协会（Universities Space Research Association，USRA），联合美国国立卫生研究院（National Institutes of Health，NIH），设立了微重力生物技术计划和空间产品开发计划，明确支持空间蛋白质结晶和相关地面研究工作。此后，生物大分子和蛋白质晶体生长实验一直是美国空间研究计划的内容之一。2003年返航途中失事的哥伦比亚号航天飞机，搭载开展了1000多项蛋白质结晶实验。

和平号空间站在轨运行 15 年，是人类建造的第一个大型空间站。有文献统计报道，和平号空间站共进行了 2.2 万次科学实验，包括来自 15 个国家的 24 个国际科研计划，1700 多项研究，16 500 多次科学实验，其中很大一部分是空间生命科学领域的研究项目。

ISS 由美国、俄罗斯、欧洲、日本、加拿大等 16 个国家（地区）共同建造、运行和使用，2001 年 2 月命运号（Destiny）实验舱与 ISS 团结号（Unity）节点舱顺利对接。命运号实验舱是美国进行微重力科学研究的场所，包括生命科学和生物医学实验等，自投入建设以来，已开展过千余项空间科学实验。伴随空间站计划的开展，各舱段建成了生命科学研究平台，其仪器配置和有效载荷如表 6-1 和表 6-2 所示，在空间生命科学领域发挥了显著作用。

表 6-1　ISS 各舱段生命科学实验仪器配置统计

舱段	实验设备	备注
CAM（Centrifuge Accommodation Module）舱	• 生命科学手套箱 • 两个动植物培养室 / 饲养室支持机柜 • 1 个低温冷冻室 • 1 个重力生物学研究服务系统机柜 • 8 个标准机柜可根据每次任务需要进行分配	美国
哥伦布（Columbus）舱	• Biolab 实验平台 • EPM 生理学研究实验平台	欧洲
JEM（Japanese Experiment Module）舱	• 细胞生物学实验装置 • 生物学实验单元 • 溶液 / 蛋白质晶体培养装置 • 超净工作台 • 图像处理单元 • -80℃实验室冰柜	日本

表 6-2　ISS 有效载荷统计

仪器名称	研究内容
生物培养器	无脊椎动物、植物、昆虫、细胞、微生物
动物居住室	啮齿类动物空间骨骼学、神经学和免疫学
水生生物居住室	水生生物空间生物学、神经学和遗传学
细胞培养单元	人类、动植物和微生物细胞学，分子生物学
鸟类研究装置	鸟类空间分子生物学、胚胎学、生理学
昆虫居住室	昆虫空间发育、生长和传代
植物研究单元	空间植物生理学、形态学和遗传学

续表

仪器名称	研究内容
生态系统	空间生物再生生命学
蛋白质结晶装置	研究空间条件下蛋白质结晶
2.5 m 离心机	在空间提供 $0.01g_0 \sim 2.00g_0$ 的人工重力环境
生命科学手套盒	供宇航员进行各项生物实验操作和检测
被动放射量测定器	空间辐射生物学效应

注: g_0 为地面重力加速度

美国高级分离处理装置（ADFv）内含 6 个标准化设计的模块，包括生物培养器、动物居住室、鸟类研究装置和蛋白质结晶装置等，分别用于细胞动力学、空间制药开发和空间生物大分子分离技术等多项研究。标准化和规范化的设计，为不同国家或研究机构之间在 ISS 实施研究设备互换、资源共享提供了技术基础。

生物实验室平台安装在和平号空间站哥伦布舱内，是由 ESA 开发的用于细胞、肌肉、微生物、小型植物、动物等多学科生物学研究的复杂实验系统。生物实验室平台（图 6-2）主要由生物培养箱、分析仪器（显微镜和分光光度计）、生物手套箱、温度控制单元、操作装置、生物样品自动温控存储装置、录像机及笔记本电脑等部分组成。

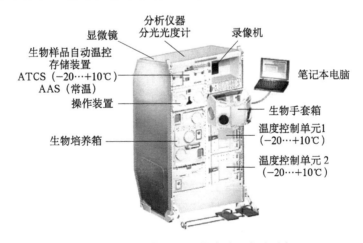

图 6-2　ISS 上的 ESA 生物实验室实验平台

生物实验室平台的核心部分是生物培养箱，生物培养箱内部包括 2 台独立的离心机，可以装载 12 个独立的生物实验单元，每个实验单元都由独立的生命支持系统提供环境条件保障，其中有 4 个实验单元具备照明部件，可以利用视频相机和近红外观察相机进行监视和检测。

生物实验室平台配置有显微镜和分光光度计两种分析仪器。分析仪器与机械操作装置结合使用，可对 50～150 μL 的微量生物样品进行自动分析，获取测量数据和图像信息，并通过航天器平台数据传输系统实时传送到地面，每次实验结束后，用于观测的生物样品室会及时进行自动清洗。

X 射线晶体学设备（X-ray crystallography facility，XCF）是在 NASA 支持下，为 ISS 开发的用于大分子蛋白质晶体生长过程研究的专用实验平台。XCF 实验平台具备蛋白质晶体预处理、晶体衍射成像和结构图像信息处理等功能。在空间微重力环境条件下可以获得高质量的蛋白质晶体，利用 X 射线衍射技术可以获得蛋白质晶体的衍射图像，从而可以定义蛋白质的结构。

XCF 实验平台主要包括三个子系统：由地基研究人员控制遥操作机器人完成蛋白质晶体收集、准备和低温保存的晶体预备子系统；集成了先进的 X 射线源、测角仪和 X 射线探测器的 X 射线单晶衍射子系统；与地基遥科学实验室进行控制指令和测量数据传输的测控通信子系统。

XCF 实验平台在基于结构的药物设计和人类基因组计划中具有非常重要的价值，其各项技术性能指标在原理样机研制完成后进行了实验验证，完成了 200 种冷冻蛋白质晶体的筛选和输运，对其中 60 种晶体进行了特性分析，对其中 13～24 种晶体进行了完整的衍射分析，获得了全套衍射数据。

2013 年 9 月，在北京举办的第 64 届国际宇航大会上，NASA ISS 实验室朱莉·鲁滨逊（Julie Robinson）博士回顾了 ISS 取得的一系列科学成就。在 ISS 最重要的十大科学成就中，与生命科学有关的成果共有 4 项，包括如下。

1）化疗药物新型靶向输送方法，目前正在用于乳腺癌临床试验；装有化疗药物的微型胶囊能够更加有效地直达肿瘤部位，且未受重力的影响。

2）机器人协助开展脑部手术。借助空间站机械臂技术协助外科医生完成手术。

3）细菌病原体在空间变得更加致命。在微重力条件下，细菌遗传通道被打开，导致其具有更强的致命性。

4）理解骨质疏松症的发生机理并开发新的治疗药物。发现骨保护素在微重力环境下对骨细胞骨基质维持具有积极效果，并已由 Amgen 公司开发为药物 Prolia。

ISS 的建立和投入使用，标志着空间科学实验研究的一次重大突破。ISS

为人类探索诸多学科中的基本问题提供了一个环境特殊的实验室，成为验证地面研究结果的有效平台，是人类开展深空探测的一个新起点。

（二）国际空间生命科学主要工作和成就

1. 美国空间生命科学主要工作和成就

20世纪70年代，NASA总部成立生命科学办公室，正式设立三项计划任务：①重力生物学，用于了解重力在生命发展演化中的作用；②航天医学研究，用于监测和降低载人空间飞行中的生理和心理障碍；③航天医学实施，用于开发医学和生物再生生命保障系统，确保人类安全、健康地进入地外和太阳系开展探索活动。这三项计划从NASA约翰逊空间中心和艾姆斯研究中心获得支持，初期计划确定的三个主题界定了空间飞行生命科学的研究任务和重点。

2004年1月NASA发射的勇气号火星探测器登陆火星表面，标志着美国火星计划的正式启动。此后的十余年，NASA利用ISS开展了大量人体基础生物学的相关研究，包括行为与工效、骨钙生理学、心血管生理学、细胞与分子生物学、时间生物学、临床医学、发育生物学、内分泌学、环境监测、胃肠生物学、硬件评估、血液学、免疫学、多学科交叉生理学、代谢与营养、微生物学、肌肉生理学、神经生理学、植物学、肺生理学、辐射生物学、肾／电解液生理、储藏与保存等多个方向，共执行1500余项科学实验。例如，在85项骨钙生理学研究中，成功建立了骨质流失检测方法，验证了对抗失重性骨质流失的措施；发现了空间飞行增加肾结石的风险和引起背痛的机制；设计并构造了先进耐力训练仪（ARED）用于长期飞行时肌肉力量的保持。在166项心血管生理学研究中，确定了失重对心血管系统的反应；量化检测了心脏萎缩的程度和时间，并确定了其机制，揭示了循环系统对微重力的适应性；确定了宇航员肌肉力量、骨骼强度、氧容量、神经系统功能的水平；提出了心血管问题的检测方法和基本对策等。此外，还开展了临床医学、生物医学对抗措施等研究。这些研究工作，为美国建立了一套完善的航天员训练与锻炼、饮食与营养管理、健康检查与评价，以及空间疾病预防、诊断、治疗和药物开发等相关航天医学、药物学与人体科学的研究体系，为火星登陆计划做了充分的准备。2015年NASA公布登陆火星的计划——《美国航天局的火星之旅：开拓太空探索下一步》，提出在25年内登陆火星的愿景，并明确了登陆火星的"三步走"计划。其中第一阶段的工作已经展开，包括人体健康和行为、食物种植和水循环利用的生命支持系统，以及在 ISS 上进行 3D 打印等实验内容。

纵观 50 余年来，NASA 战略规划方向虽然不断地调整和修订，但一直积极支持对空间生命科学领域的研究，主要包括如下。

（1）围绕人体（航天员）健康保障的基础生物学和生理学研究

随着 NASA 人体研究计划（HRP）的实施，NASA 长期以来所开展的基础研究和先进技术开发，都以确保长期太空活动人的健康为目标，结合双子星座、阿波罗、航天飞机和 ISS 等计划，组织开展了约 736 个空间和地基研究相关项目。

（2）空间辐射生物学研究

NASA 已将辐射生物学纳入航天医学"空间环境对人类的影响"研究方向，在其历次载人空间计划中，均采用了严格的监测手段，开发了先进辐射探测设备，为航天医学方面的研究提供了数据支持。

（3）空间微生物学研究

该领域的研究已列入 NASA 战略规划的最高优先领域，利用航天飞机开展了 22 次微生物学实验，在 ISS 上开展了 3 次微生物学实验。

（4）生物再生生命保障系统及相关基础生物学问题研究

美国已开展生物圈 2 号实验，为生物圈和密闭生态系统的研究奠定了重要基础。前期实验研究获得的许多经验教训，被用于实验室规模的密闭生态系统、实验室型生物圈、火星飞行及火星表面居住等后续研究中。

（5）空间生物技术与转化应用研究

美国国家研究委员会出版的《NASA 对微重力科学和物理学研究方向的评估》（*Assessment of Directions in Microgravity and physical Sciences Research at NASA*）报告指出，最重要的研究方向包括开展体外具有长期稳定性的蛋白质开发，研究重力影响组织应力的细胞反应，以及用于发电和能量转换的纳米技术研究。

（6）宇宙生物学

"开展生命起源和地外生命探索研究，以了解生物如何适应宇宙进化"被 NASA 列为空间生命科学三大发展方向之一。NASA 埃姆斯研究中心成为宇宙生物学的领导中心，于 1998 年提出首个宇宙生物研究路线图。①生命是如何开始和演化的？②宇宙中其他地方是否存在生命？③地球及地外生命的未来是什么？随后，美国好奇号火星车项目团队在火星上发现了干涸的远古淡水湖，并预测湖泊曾维持一些简单微生物的存活。2013 年 12 月 NASA 宣布在木卫二卫星表面发现黏土质矿物，或可孕育新的生命。这些深空探测活动驱动了美国宇宙生物学研究的发展。

2. ESA 空间生命科学主要工作和成就

ESA 整合了欧洲多国的优势资源，合作完成了多项大型空间科学项目。

（1）ESA ISS 的相关研究工作

哥伦布实验舱是 ISS 的第二个实验舱，由来自欧洲 10 个国家的 40 家公司共同参与制造，也是 ESA 最大的 ISS 项目。哥伦布实验舱装备有多种实验设备，能开展细胞生物学、外空生物学、流体和材料科学、人体生理学、天文学、基础物理学等多方面的实验。

（2）围绕人体（航天员）健康保障的基础生物学与航天医学研究

ESA 支持空间人体科学基础研究，涉及生理学、心理学等方向。在生理学方面，ESA 已开展肌肉骨骼系统研究，致力于预防和恢复措施的研究，持续地进行新方法的开发、专用体能训练和监测设备的设计。已成功开发专用诊断和研究设备，以应对出舱活动可能导致的肺水肿和积液。2009 年 ESA 参与了火星-500（Mars 500）模拟实验项目，开展生理学、心理学、临床及实验室诊断、微生物和卫生保健等研究内容，以及技术操作实验等。

（3）生物再生生命保障系统的基础研究

ESA 实施的生物再生生命保障系统研究主要涉及以下三个方面：开发密闭生态系统实验装置并于 1995 年启用；建造以微生物为基础的可替代型微型生态生命支持系统；构建以微型藻和昆虫为基础的实验性生物再生生命保障系统，包括昆虫培养室、小球藻和麦芽糖分离器、生物反应器等部分。此外，ESA 还设计研制了一种密闭平衡式水生生物生态系统，用该系统已开展了三次空间飞行实验。

3. 俄罗斯（苏联）空间生命科学主要工作和成就

在苏联解体后，俄罗斯 ROSCOSMOS 于 1992 年成立，总部位于莫斯科，是俄罗斯联邦执行国家航天计划的中央机构。从苏联的 20 世纪 60～80 年代，直至俄罗斯的 90 年代，当美国全力发展航天飞机时，俄罗斯却有条不紊地发展各种型号的飞船和空间站，包括东方号、上升号、联盟号载人飞船，进步号货运飞船，以及礼炮号、和平号空间站等。为配合载人航天，支持空间生命科学实验研究，还长期开展了生物卫星项目。在美国、苏联开展空间竞争的年代，保障航天员生命安全是空间生命科学研究的首要目标。苏联利用载人飞行次数最多的优势，在 1961～1991 年访问和平号空间站的 65 次载人飞行中，共有 126 人往返空间，利用东方号、上升号、联盟号、联盟 T、礼炮号、和平号开展了大量的科学实验研究。

苏联是世界上最早开展生物再生生命保障系统研究的国家。苏联科学院西伯利亚分院的生物物理研究所（后来的生物物理研究所）依次开发出生物实验密闭舱 Bios-1、Bios-2、Bios-3。其中，Bios-3 是一种长期载人航天飞行生命保障的地基综合模拟系统，也是唯一包含人类所需大气、水和植物的实验系统。在 Bios-3 系统内开展了 2～3 人、为期 180 天的密闭实验，实现了氧气、水的 100% 循环再生，人所需的植物性食物大部分自给自足。ROSCOSMOS 在航天医学方面也取得了一系列研究成果：苏联通过对首次飞行或飞行过程中出现运动病症状的航天员进行预防性治疗，研发了对抗运动病的药物——异丙嗪，该药物也被选作空间运动病的治疗药物；ROSCOSMOS 还研发了太空跑台、自行车功量计、拉力器、企鹅服等运动装置，作为防止空间骨质流失的措施。此外，俄罗斯科学院生物医学问题研究所与 ESA 载人航天部合作，开展了火星 -500（Mars 500）实验，针对未来载人探测火星任务进行了准备性研究，检测了长期空间飞行中人的生理与心理变化。

4. 日本空间生命科学主要工作和成就

JAXA 的空间生命科学研究主要通过 ISS 上日本希望号（Kibo）实验舱进行。目前分两个阶段已在开展或组织实施科学实验项目，围绕宇宙起源、构成及其时空特性，地外宇宙生命存在的可能性，微重力环境下肌肉萎缩及其与神经系统的关系，以及生理学、基础生物学、辐射生物学、植物生理和细胞生物学等开展了研究。在空间生物技术研究方面，JAXA 先后利用美国航天飞机、希望号实验舱等，持续开展了以空间制药为应用背景的开发研究，并在与俄罗斯的 JAXA-ROSCOSMOS 合作计划中，获取了一系列高分辨率的蛋白质晶体结构。此外，JAXA 在宇航员直立不耐受性及心血管失调的防护方面，使用下肢负压技术建立了一个等效的生理应激系统，用以代替地球重力场及地球上的垂直运动。JAXA 与美国在 ISS 上开展联合研究，检验二磷酸盐预防骨质流失和肾结石形成的作用效果，并开展了在太空环境下利用运动器具来防止骨质流失和肌肉萎缩的实验研究。

（三）国际空间生命科学发展动态和趋势分析

1. 美国空间生命科学发展动态和趋势分析

（1）发展战略和途径

2011 年，NRC 发布了题为《重掌未来的空间探索：新时代的生命科学与物理学研究》的咨询报告，建议对空间生命科学研究方向重新进行调整，并对相关研究领域做了优先级分类（表 6-3）。

表 6-3　美国未来十年（2010～2020 年）的空间生命科学发展建议

研究方向	最高优先级研究领域
植物与微生物学	• ISS 多代微生物种群动态研究 • 植物和微生物的生长与生理反应 • 长期生命支持系统中，微生物和植物的作用
行为与心理健康	• 与任务相关的人体行为表现的检测 • 长期任务的模拟 • 遗传、生理和心理因素在适应环境压力过程中的作用 • 孤立自主环境下团队行为表现因素的研究
动物和人类生物学	• 骨质保持／骨质流失可逆性因素和对策研究，包括药物疗法研究 • 空间飞行中动物骨质流失及其对策研究 • 骨骼肌蛋白平衡和更新机理研究 • 单系统和多系统训练对策原型研究 • 空间飞行中肌肉再训练模式研究 • 长期空间飞行任务中脉管／间质压力变化 • 长期低重力环境对生物体行为表现和立位耐力的影响 • 临床不明显的冠状心脏病筛查策略 • 低重力环境下气溶胶在人类和动物肺中的沉积研究 • 长期空间飞行中，T 细胞活化和免疫系统变化的机制 • 空间中动物免疫系统的变化 • 空间中啮齿类动物的多世代功能和结构变化
人类在空间环境中的交叉问题	• 着陆后导致立位不耐受性的综合和多重机制 • 人工重力环境下测试失压效应 • 航天员的食物、营养和能量平衡 • 辐射效应对航天员和动物的短期及长期影响 • 辐射对细胞的影响 • 空间飞行生理效应的性别差异 • 热平衡的生物物理学原理

2014 年，NASA 发布《NASA 战略规划 2014》（*NASA Strategic Plan 2014*），继续强调对空间科学研究中知识、能力与机遇的拓展，包括：①增加人类在太阳系和火星表面的探索活动，计划发射源光谱释义资源安全风化层辨认探

测器（OSIRIS-REx），并利用机器人系统完成小行星采样返回任务，以此研究太阳系构成和生命起源的问题；②延长 ISS 使用期限，进一步完善空间设备以继续开展探索研究，促进空间商业经济的发展，推进基础生物学的研究。2015 年 7 月 NASA 公布了其 2015 年版的《NASA 技术路线图》，详细介绍了未来二十年（2015～2035 年）NASA 所需的任务能力和技术发展方向，分别对人体健康、生命保障与居住系统、载人探索目的地系统、科学仪器观测与传感器系统等 15 个技术领域进行了分析和解析。

（2）发展动态和趋势分析

NASA 虽然不断调整和修订其空间战略规划方向，但总体上对空间生命科学研究领域的全面发展发挥了引领和推动作用。NASA 长期开展的基础研究和先进技术开发，都是以确保进入空间后的人体健康和功效为主要目标。早期的重点是"航天医学，包括空间环境对人类的影响"及基础生物学，反映出 NASA 的研究定位取向是探测"人进入空间可能遭遇的极端环境"，而并非科学研究本身。2014 年和 2015 年 NASA 调整规划，服务于长期载人深空探测的国家战略，以及生物再生生命保障系统的研究被提上更重要的地位，但总体研究方向还是围绕人而开展的相关基础生物学问题研究。在宇宙生物学研究方面，NASA 于 2017 年 4 月宣布，其土星探测器卡西尼号飞船的探测结果表明，土卫二上具备生命所需的所有元素，大大提高了在宇宙中寻找地外生命的希望，同时 NASA 宣布将于 2020 年后启动欧罗巴快帆（Europa Clipper）计划，通过轨道探测器对木卫二进行重点探测研究。

2. 欧洲空间生命科学发展动态和趋势分析

（1）发展战略和途径

2005 年 ESA 提出了 20 年空间科学发展蓝图——《宇宙憧憬欧洲空间科学 2015～2025》，该计划涵盖了宇宙生物学的基本科学问题：行星和生命形成的条件、太阳系的形成和演化、宇宙基本规律、宇宙的起源和组成等。此外，ESA 在空间计划中增加了与航天员健康保障有关的基础生物学与航天医学、生物再生生命保障系统等相关研究。1982 年，ESA 即开始筹备 ELIPS 计划，直到 2001 年才正式启动。ELIPS 规划了基于 ISS 及其他无人飞行器的实验研究计划，有 15 个 ESA 成员国参与，与空间生命科学相关的内容包括生物技术、植物生理学、细胞与发育生物学；综合生理学、肌肉与骨骼生理学、神经科学；生命起源、演化和分布，这些都是在为载人探索行星做准备。迄今该计划已进入第四阶段 ELIPS-4，重点围绕空间人体生理学、空间生物学及宇宙生物学领域进行研究。2012 年欧盟提出"面向人类空间探索的欧洲战略",其中 99 个关键科学问题已被列入《研究与创新框架计划 2014～2020》[(*Framework Programme for Research and Innovation 2014—2020*),也称为"地平线 2020",即(Horizon 2020)] 高优先级科学主题,以期完成人类对空间环境适应性的综合调查报告,提供应对各种压力源的措施,并开发相关技术和设备。ESA 在空间计划中主要针对空间减压病、肌肉萎缩、运动系统病变等开展了应对措施的研究工作,包括研发锻炼设备、药物治疗、营养补充等。

（2）发展动态和趋势分析

由上述研究计划及执行情况来看,ESA 已成功开发了大量的生物学实验装置,包括生物柜、实验载荷及生物单元等,以便在不同空间运载工具(如航天飞机、返回式卫星及深空火箭)上能顺利实施生物实验。目前,ESA 致力于开发新技术和新方法,并加强专用体能训练和监测设备的设计与研制,如使用手表式睡眠活动记录仪和调查问卷来监测睡眠,以评估睡眠量和航天员的主观感受。此外,ESA 还研发了很多锻炼措施和医疗器械用于空间及地面研究,如微重力飞行测试设备,以及模拟正常行走和跑步来测试对骨骼振动影响的装置。

ESA 在蛋白质结晶方面也取得了重要研究成果,研制了用于 ISS 平台的实验硬件及检测技术,如先进蛋白质结晶装置(APCF)、无源便携式结晶盒(GCB)、多功能生物箱(Biobox),完成了重要蛋白质结构与功能解析,如脱辅虾青蛋白、细菌视紫红质;开展空间晶体生长方法研究,已获得反向扩散法的系统规律;揭示辐射对蛋白质合成表达的影响,如神经递质代谢蛋白的基因表达研究。

同时,ESA 组织开展了多项基于微流控芯片等新技术的空间生命科学研究,研究内容涉及细胞培养、检测、微生物定量检测、宇航员疾病诊断等,并获得了一些重要研究成果。

1）研发高级微流控毛细管电泳装置,该微流控装置集成了聚四氟乙烯膜式微阀和泵,作为 Urey 仪器的一部分搭载 2013 年发射的火星探测计划(ExoMars Rover),用于探测火星上的氨基酸。

2）2007 年 9 月,ESA 发射光子号 Foton-M3 航天器实施近地轨道测试,其空间舱搭载"生命迹象检测芯片",是一个基于怀孕试纸原理的免疫基因探针阵列芯片,可用于检测 2000 种物质。

2016 年,欧洲科学基金会发布了首个宇宙生物学研究路线图——

《Ast Ro Map 欧洲天体生物学路线图》(*Ast Ro Map European Astrobiology Roadmap*)，旨在全面理解生命在宇宙演化背景下的起源、进化、生活和分布情况，并考虑太阳系或其他地区的宜居性，共确定了 5 个研究主题及关键科学目标，包括行星系统的起源与演化；太空中有机化合物的起源；地球上岩石-水-碳的相互作用、有机合成及其演化为生命的步骤；生命与宜居性；用于生命探测的生物标记。

3. 俄罗斯空间生命科学发展动态和趋势分析

（1）发展战略和途径

ROSCOSMOS 在《俄联邦 2006～2015 年航天计划》中提出：2025 年之前俄罗斯将实现载人登月；2027～2032 年在月球建立永久考察基地；2035 年以月球作为远征火星的跳板，开始载人火星之旅。该计划中并无与空间生命科学直接相关的详细规划，但从俄罗斯（包括苏联时期）已实施的卫星计划和载人航天计划等各项工程，仍可以了解到其空间科学研究的发展脉络。2013 年，俄罗斯批准了《2030 年前及以远俄罗斯联邦航天活动领域国家政策原则的基本纲要》。该纲要中与空间生命科学研究相关的任务包括：①研究失重等宇宙空间环境对分子和细胞的影响机制；②开展月球和火星重力的生物学效应，以及高轨飞行中失重和电离辐射的生物学效应研究；③研究近地轨道对有机体的影响因素；④发展人类在地球磁场以外空间飞行的相关科学研究。该纲要中与生命科学相关任务的顺利执行，将有助于解决航天员在空间环境下的长期生存、工效维持等一系列问题，并可获得大量关于生物体在长期空间飞行中能否生存的科学实验数据。

（2）发展动态和趋势分析

俄罗斯（包括苏联时期）拥有运载火箭等航天技术的突出优势，在半个多世纪的发展历程中，在载人飞船、空间站和载人航天活动方面取得了举世瞩目的成就，其贡献已被世界公认。俄罗斯创造了大量的空间科学实验机会，在空间环境对人体和各种生物系统的影响研究方面，积累了极为丰富的科学数据和有用信息，开发了大量与人体空间医学支持有关的途径、方法和操作规程。特别是在长期载人空间飞行（最长 14 个月）中，ROSCOSMOS 积累的维持航天员良好健康状况和高效工作能力的研究成果与经验，为航天医学支持体系的有效性提供了证据。ROSCOSMOS 在空间人体科学方面开展的研究包括空间飞行对心血管系统、运动系统、骨骼系统、内分泌系统、水盐代谢系统、血液系统、免疫系统和神经系统的影响，以及对抗措施的系统研究，为掌握微重力作用下发生的综合征和可能的继发性不良后果，积累了全面丰富的宝贵数据资料。此外，ROSCOSMOS在空间运动病防护药物、肌肉萎缩和骨质流失防护研究，空间生物技术研究，失重飞机训练等载人航天相关领域的工程技术发展，以及应用研究方面都居世界先进行列。在生物再生生命保障系统研究方面，俄罗斯正在对Bios-3系统进行升级改造，以开展更长时间和更高闭合度的实验研究。

俄罗斯未来十年空间生命科学的发展战略是：继续开展基于ISS、空间运输系统、无人参与飞船的空间基础与应用生理学及生物学研究，包括基于国际合作基础的研究。

4. 日本空间生命科学发展动态和趋势分析

（1）发展战略和途径

目前，JAXA主要依托ISS开展相关科学研究和空间知识探索，以期为维护人类健康和地球环境做出贡献。JAXA规划了月球和深空探测计划，提出2020年准备建设月球基地，2025年实现月球基地短期驻留，2030年实现月球基地长期驻留；2030年后开展火星基地试验，研究火星基地废物处理、物质循环逐步闭合到完全闭合的相关技术。

（2）发展动态和趋势分析

目前，JAXA将二膦酸盐对抗空间骨质流失的研究作为一项主要任务。从地基头低位卧床实验结果来看，二膦酸盐药物可以有效防止骨质流失和尿路结石，空间站实验研究还需更多航天员的参与，以期将二膦酸盐实际用于对抗长期飞行过程中航天员出现的骨质流失。此外，空间飞行中肌力下降问题也是JAXA的另一研究重点，以延长航天员太空飞行时间，并将相关研究结果应用于地面人群。

JAXA在ISS希望号实验舱配备有暴露舱和压力舱，压力舱内有生命科学和材料科学等空间实验载荷。其中，生命科学实验柜主要用于微重力条件下肌肉萎缩、神经系统疾病等生理学和基础生物学研究，以及辐射生物学、植物生理和细胞生物学等研究。2016年JAXA与NASA合作开始开展小鼠研究计划，将多达12只雄性小鼠送往ISS开展实验，采用了空间上的$1g_0$人造重力与微重力对比方法培养35天，获得了骨密度、肌肉等显著差异的结果。实验将继续开展并获得空间环境对动物影响的全面认识。

二、我国空间生命科学发展情况

（一）发展现状和水平

1. 我国空间生命科学初期发展阶段

中国科学院生物物理研究所诞生初期的 1963 年设立了宇宙生物学教研室。同年，中国科学技术大学生物物理系开设了宇宙生物学新课程。1964 年7 月，中国第一枚生物火箭 T-7A（S1）在安徽广德发射成功，发射高度约70 km，实现了中国空间生物学探索零研究的突破。T-7A（S1）生物舱内搭载了 4 只大鼠（2 只固定、2 只活动）、4 只小鼠和 12 支生物样品试管，试管内分别装有果蝇、酶及其他生物样品，最后大鼠、小鼠均全部健康地返回地面。1965 年 6 月 1 日与 6 月 5 日，分别发射了第二枚与第三枚 T-7A（S1）生物火箭，并再度获得成功。

1966 年 7 月，我国接连发射了两枚 T-7A（S2），每次发射载有 4 只大鼠与 12 支生物样品试管。箭体由 T-7A 气象火箭运载工具和特殊的棒槌状生物II 型箭头组合而成。

1968 年，我国建立航天医学工程研究所，并于 20 世纪 70 年代在"曙光号"任务中正式开始了以空间健康问题为目标的空间人体科学基础研究，主要研究了超重对心血管系统和神经系统的调节作用。

20 世纪 60 年代，我国研究者提出利用植物光合作用实现闭合生物再生生命保障系统中的空气更新和食物供应。中国科学院水生生物研究所首先试验成功了一套小型水生生物系统，可供 1 人在封闭环境内由小球藻供氧生活1 天。80 年代确定了光合生物在生物再生生命保障系统中的地位，90 年代实现了 9 种藻类和 2 种鞭毛虫的共培养，获得了良好的空间培养物。

1988 年，在我国返回式卫星上，采用德国 INTOSPACE 公司开发的管式空间蛋白质结晶技术（COSIMA）开展了空间蛋白质结晶实验，对微重力条件下蛋白质晶体生长做了初次尝试。

20 世纪 80 年代以来，我国科学工作者先后 22 次利用返回式卫星和神舟飞船搭载植物种子，在小麦、水稻、大豆、棉花、番茄、苜蓿等多种作物上培育出优良新品系，获得了大量特性突出的作物新种质。

1992 年，我国研制的空间蛋白质晶体生长装置首次空间试验成功，1992 年和 1994 年利用返回式卫星继续开展了两次空间蛋白质结晶实验。1995 年，我国科学家利用美国航天飞机开展了液－液扩散法的蛋白质晶体生长实验。

1994 年，中国科学院动物研究所与中国科学院上海技术物理研究所合作研制的动态细胞培养系统（DCCS）成功进行卫星搭载实验。20 世纪 90 年代后期，失重生理效应的研究从早期的现象观察发展为深入的机制探讨。

2. 载人航天工程的空间生命科学研究进展

我国科学家在神舟（SZ）系列飞船上开展了多项生命科学实验，使我国空间生命科学研究上了一个新的台阶。

（1）神舟飞船上的生命科学实验

在 SZ-2 飞船（2000 年）上进行了包括微生物、植物、水生生物、无脊椎动物，以及脊椎动物细胞或组织的 17 种生物材料的空间效应实验，以及具有空间 $1g_0$ 离心机和地面对照组实验；在 SZ-2 和 SZ-3 飞船（2001 年）上采用气相扩散、液－液扩散方法和双温区控制开展了两次十几种蛋白质样品的结晶实验，出晶率达 70%，其中三种空间蛋白质晶体结构的完整性衍射超过已发表的数据；SZ-3 飞船上的空间细胞培养使用 4 种人源细胞开展了细胞生长、代谢、生物活性物质生产研究并获得成功；在 SZ-4 飞船上的空间细胞电融合实验（2002 年）进行了两个烟草品种原生质体和脱液泡原生质体的空间融合实验，以及小鼠骨髓瘤细胞与淋巴 B 细胞的空间融合实验，成功获得了融合细胞，测定了空间微重力条件下的细胞融合率，以及烟草融合细胞再生植株的能力；SZ-4 飞船上还采用空间连续自由流电泳仪成功实现了生物大分子空间分离纯化。

2003 年 10 月，杨利伟乘 SZ-5 飞船成功实施了我国首次载人航天任务，标志着我国载人航天工程向前迈出了一大步。随后，我国先后进行 SZ-6、SZ-7 和 SZ-9 飞船载人航天任务，每次任务从最早一名航天员发展到三名航天员，中国首位女航天员刘洋顺利飞天。SZ-6 飞船开展了以航天员为研究对象的生理实验，利用两名航天员身上携带的传感器，记录了其在空间飞行中的代谢情况，以检验人体在空间环境的耐受性，并采集了水、气供应及生活垃圾排泄物等数据，获得了人在失重环境下的运动规律、力学表现特性等数据，为我国空间站的设计提供了重要依据。SZ-9 飞船上开展了 10 项人体科学实验，包括空间飞行对前庭眼动、心血管及脑部高级功能的影响研究；失重生理效应防护的细胞学机制研究；空间骨质流失防护措施研究；有害气体采集与分析；航天员在轨质量测量；失重条件下扑热息痛的药代动力学研究；航天员睡眠清醒生物周期节律监测；等等。我国在航天员选拔训练、空间运动病对抗、航天员医学监护保障、中西医结合人体健康技术等领域发展出具有中国特色的方法和技术，取得了具有世界先进水平的成果。

2011 年在 SZ-8 飞船上，利用德国研制的通用生物培养箱，中德双方合作开展了 4 个领域的 17 项科学实验（中方 10 项，德方 6 项，中德合作 1 项），涉及重力生物学、辐射生物学、蛋白质科学、密闭生态系统，以及发育、代谢、遗传等，获得了大量科学结果。其中，蛋白质结晶实验使用了自主研制的创新性无源浸入式通用毛细管结晶室，取得了优异的成绩。

（2）载人航天空间站实验室阶段的生命科学实验

2016 年 9 月，在天宫二号空间实验室上完成了我国首次从种子到种子的高等植物全周期培养实验（水稻和拟南芥），验证了利用光周期反应原理调控植物生长的设想，发现了植物的生物节律在微重力条件下受到抑制，植物开花基因在微重力条件下的表达与运转规律，以及微重力促进叶脉网络发育等结果。

2017 年 4 月，在我国天舟一号（TZ-1）首艘货运飞船上开展了微重力对细胞增殖分化的影响研究，利用我国自主研发的哺乳动物细胞空间生物反应器成功开展了 8 项生物实验研究。空间生物反应器载荷兼具细胞自动控温、换液培养、在轨处理、遥控制等功能，载有骨组织细胞、iPS 细胞、大鼠胚胎干细胞、人胚胎干细胞、肝（干）细胞、骨髓间充质干细胞等 12 种细胞样品实验均获得圆满成功。其中，人胚胎干细胞首次在微重力条件下分化为生殖细胞并存活 33 天，利用遥控显微成像系统，成功记录了人胚胎干细胞分化为生殖细胞的形态变化，初步分析人胚胎干细胞的扩增与分化效率未受微重力及在轨环境影响。胚胎干细胞实验在国际上首次实时观察到了太空微重力条件下，小鼠胚胎干细胞在轨 15 天的增殖过程，研究发现空间微重力有利于胚胎干细胞的干性维持，太空微重力环境更有利于干细胞的三维生长（图 6-3）。

3. 返回式卫星空间生命科学研究进展

我国利用实践八号返回式卫星（育种卫星，2006 年）的留轨舱，开展了 7 项生命科学实验。空间密闭生态系统中高等植物生长发育研究获得了从种子萌发、幼苗生长到开花各个阶段的实时图像数据，为了解空间环境中高等植物营养生长、花芽分化、生殖器官形成等重要生理过程提供了新依据。

在"十二五"期间，中国科学院空间科学先导专项发射了实践十号科学实验卫星（2016 年），完成了一系列重要的微重力科学和 10 项空间生命科学实验，包括空间辐射生物学、空间重力生物学及空间生物技术等方面的研究，实验样品包括水稻、拟南芥、线虫、果蝇、家蚕胚胎、小鼠胚胎细胞、神经干细胞、造血干细胞、骨髓间充质干细胞等 14 种动植物细胞或个体组

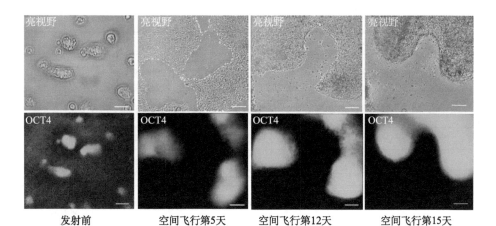

图 6-3　OCT4-GFP 小鼠胚胎干细胞在太空微重力环境下生长发育过程的实时显微照片

绿色荧光代表多能性基因 OCT4 的表达；标尺 =100 μm

织，获得了胚胎细胞的分裂、植株开花等很有意义的实验结果。其中，哺乳动物早期胚胎发育研究，获得了小鼠早期胚胎体外发育的全流程实时显微摄影图片，并在国际上首次证明了小鼠 2-细胞胚胎在太空微重力条件下能够分裂并且发育到囊胚阶段；通过卫星返回的空间固定小鼠胚胎样品，研究空间环境影响哺乳动物早期胚胎发育的分子机理。表 6-4 展示了我国近年来已完成的生命空间飞行实验项目。

表 6-4　我国近年来已完成的生命空间飞行实验项目

项目名称	所属计划	平台	时间	负责单位
空间细胞培养实验	返回式卫星	N022	2005 年	中国科学院力学研究所
密闭生态系统中高等植物生长发育	返回式卫星	SJ-8	2006 年	中国科学院上海生命科学研究院
空间环境转干细胞胚胎发育研究	返回式卫星	SJ-8	2006 年	中国科学院动物研究所
植物细胞骨架作用分子生物学基础	载人航天	SZ-8	2011 年	中国科学院上海生命科学研究院
植物细胞微重力效应转录组学研究	载人航天	SZ-8	2011 年	中国科学院上海生命科学研究院
高等植物的空间发育与遗传学研究	载人航天	SZ-8	2011 年	中国科学院遗传与发育生物学研究所

项目名称	所属计划	平台	时间	负责单位
微重力细胞生长和细胞间相互作用影响	载人航天	SZ-8	2009 年	中国科学院力学研究所
空间细胞生物技术研究与应用	载人航天	SZ-8	2006 年	中国科学院动物研究所
空间辐射诱变的分子生物学机制	返回式卫星	SJ-10	2016 年	哈尔滨工业大学
空间辐射对基因组作用及遗传效应	返回式卫星	SJ-10	2016 年	中国科学院生物物理研究所
空间环境对家蚕胚胎发育影响与变异机理	返回式卫星	SJ-10	2016 年	中国科学院上海生命科学研究院
植物生物学效应及微重力信号转导	返回式卫星	SJ-10	2016 年	中国科学院上海生命科学研究院
细胞间相互作用物质输运规律	返回式卫星	SJ-10	2016 年	中国科学院力学研究所
微重力光周期诱导高等植物开花的分子机理	返回式卫星	SJ-10	2016 年	中国科学院上海生命科学研究院
微重力下造血与神经干细胞三维培养与组织构建研究	返回式卫星	SJ-10	2016 年	中国科学院动物研究所
微重力下哺乳动物早期胚胎发育	返回式卫星	SJ-10	2016 年	中国科学院动物研究所
微重力下骨髓间充质干细胞的骨细胞定向分化效应及其分子机制	返回式卫星	SJ-10	2016 年	浙江大学
高等植物种子培养实验	载人航天	TG-2	2016 年	中国科学院上海生命科学研究院
微重力对骨 / 成骨细胞生命活动影响	载人航天	TZ-1	2017 年	西北工业大学等
微重力对诱导型多能干细胞增殖及心肌分化影响的研究	载人航天	TZ-1	2017 年	中国人民解放军军事医学科学院
微重力对胚胎干细胞增殖、分化影响的研究	载人航天	TZ-1	2017 年	中国科学院动物研究所
微重力对肝 / 干细胞增殖的影响	载人航天	TZ-1	2017 年	中国科学院动物研究所
3-羟基丁酸对微重力下成骨细胞增殖的影响	载人航天	TZ-1	2017 年	清华大学
微重力下分化人类胚胎干细胞为生殖细胞	载人航天	TZ-1	2017 年	清华大学
微重力对人骨髓间充质干细胞定向分化成骨细胞的影响	载人航天	TZ-1	2017 年	浙江大学
微重力下 CKIP-1 对成骨细胞分化的影响	载人航天	TZ-1	2017 年	香港浸会大学

4. 空间生命科学的地基研究

我国空间搭载实验机会有限，暂时无法完全满足对空间环境深入探索和开展科学研究的需求，同时，地面研究对空间实验有重要的基础性作用。因此，近年来我国积极发展空间环境地面模拟技术，在 973 计划、国家自然科学基金、863 计划等一系列重大研究计划的推动下（表6-5），已形成了以微重力模拟技术为核心的空间生命科学技术体系，建立了抗磁悬浮、三维回转、后肢去负荷、-6° 人体卧床、抛物线飞机等地基模拟研究平台，在航天医学、空间生物学、特殊环境生理学、微重力流体力学等研究方向上开展了100 多项地基模拟相关研究，积累了丰富的实验数据和研究经验，为有限的真实空间生命科学实验做了有效的补充。

表 6-5　空间生命科学相关的科学技术部重大研究项目

项目来源	项目名称	开始时间
973 计划	基于空间微生物变异规律探索重要感染疾病防控新策略研究	2014 年
	（微）重力影响细胞生命活动的力学－生物学耦合规律研究	2011 年
	面向长期空间飞行的航天员作业能力变化规律及机制研究	2011 年
863 计划	空间×××总体关键技术研究	2008 年
	空间生物再生×××关键技术	2008 年
	空间×××生物医学效应监测及防护关键技术	2008 年
国家科技支撑计划	空间细胞电转移与分析仪器关键技术研究	2009 年
	空间生物质谱关键技术	2009 年
国家重大仪器专项	空间多指标生物分析仪器开发及应用	2012 年

（二）现有规划和计划

1. 我国空间生命科学的研究规划

（1）与空间生命科学实验相关的规划

今后 15 年空间生命科学将主要依托我国载人空间站开展实验研究，并争取返回式卫星和其他空间飞行器的实验机会。

（2）与空间站相关的研究规划

我国将在空间站上开展一系列空间生命科学实验研究，生物样品包括微生物、植物（含种籽、愈伤组织、植株等）和动物［线虫、昆虫（果蝇）、鱼类、爬行动物、小型哺乳动物］，以及细胞和组织；从分子、细胞、组织和个体等多个生物学层次开展系统性研究；开展空间生物技术和转化研究，包括细胞工程、空间蛋白质结晶、空间细胞培养与组织构建、空间干细胞培养与定向诱导分化、生物分子纯化与功能结构分析等；开展先进生物再生生命保障系统（水生系统、陆生系统等）的基础性研究。

空间站上的各科学实验柜将配备先进的观察、诊断和分析（包括芯片实验室）设施，条件具备时配备基因测序设备。空间站具备航天员操作科学实验单元和地面遥操作的能力；具备低温和极低温存储生物样品及化学固定条件；具备上行科学样品或设备，并及时将生物样品返回地面实验室的能力；可充分利用现代各种先进研究手段（基因组学、转录组学、蛋白质组学、代谢组学和表观遗传组学）等实现研究水平的跨越式提高。

2. 我国空间生命科学发展态势分析

我国未来二十年正值载人空间站建设和运营使用阶段，利用好我国空间站和其他空间实验机会，将推动我国空间生命科学的跨越式发展。

我国空间天文学和深空探测将持续发展，空间生命科学领域将加强与空间天文学、月球与行星科学等领域的合作和交叉研究，推动探索地外生命，发展宇宙生物学，是未来我国空间生命科学研究的重要方向。

我国将在分析和总结国际空间生命科学历史发展经验和教训的基础上，正确把握空间生命科学的发展规律和发展方向，结合我国空间战略的实际状况，进行深入、系统的战略思考和综合分析，为未来二十年，乃至更长时期中国空间生命科学的持续发展提供支持。

（三）我国空间生命科学学科研究水平

我国空间生命科学研究总体上处于奠基发展阶段。在国家 863 计划、载人航天工程、中国科学院知识创新工程、国家自然科学基金等支持下，在生命科学、生物技术、空间实验等领域科学家和工程专家的合作和努力下，我国空间生命科学在多个研究方向上取得了空间实验研究的直接经验，获得了一批重要的科学研究成果，为后续发展打下了坚实的基础。

1. 人体科学研究

人体科学主要围绕心血管系统、血液系统、骨骼和肌肉系统、免疫系统、航天心理学、空间环境效应防护措施等方向开展研究。近年来，中国航天员科研训练中心将中医药理论与航天医学防护措施研究相结合，特别是针对航天员连续重负荷工作、心理应激、微重力环境等因素导致的体液丢失、血浆容量下降、体力消耗过大的问题，研制了具有我国自主知识产权的中药"空间养心丸"，以提高航天飞行急性适应期的心血管功能的调节作用，对抗返回后的立位耐力下降。2008 年，中国航天员科研训练中心组织了由法国空间航天研究中心、香港中文大学等单位参与的 60 天人体头低位卧床大型综合实验——地星 1 号，通过对 15 天、30 天、45 天、60 天等不同阶段人体生理功能变化发展进程的动态监测，研究头低位卧床模拟失重条件下人体的生理生化反应变化特征；验证针对骨骼和心血管的高频低幅阻抗振动和空间养心丸的对抗防护有效性，积累了长期模拟失重研究经验，为支持长期载人驻留，研究掌握后续飞行任务中的医学防护对抗技术奠定了坚实的基础。

研究证实高频低幅力刺激可有效对抗模拟失重导致的骨质流失；采用中医辨证的方法，通过心功能及下肢静脉顺应性等指标检测，证明了空间养心丸对于提高心血管功能的调节作用。

2. 生物钟研究

2017 年，诺贝尔生理或医学奖颁给了从事生物钟研究的三位科学家，反映了生物钟研究受到科学界的高度重视。中国航天员科研训练中心在模拟和实际微重力条件下人体生物节律的研究方面积累了大量的宝贵数据。2016 年，在深圳市太空科技南方研究院组织的"绿航星际"4 人 180 天受控生态生物再生生命保证系统集成试验中，对火星影响人体的节律特征模拟进行了系统的记录与分析。中山大学 2010 年以来参加了 973 计划"面向长期空间飞行的航天员作业能力变化规律及机制研究"，以模式生物为材料，探讨模拟和实际微重力条件下生物钟变化的分子机制，并以航天员为对象研究微重力条件下"长期空间探索对人体生物钟的影响"。复旦大学也参加了这一项目，对空间环境下人睡眠的变化规律及相关药物开发和药物代谢动力学进行了研究。

3. 磁场生物学效应研究

我国已开展的空间实验都是位于磁场条件与地磁场接近的近地空间。我国现有的亚磁生物学研究都是通过地面模拟环境进行的，并在亚磁场突变育种和亚磁场对动物认知行为影响的研究中取得了不少成果。

国内学者利用近零磁环境开展了作物诱变育种研究，在近零磁环境处理的农作物种子出现了不同程度的变异。中国科学院生物物理研究所的研究人员在亚磁环境对中枢神经系统影响方面做了较为深入的研究，并开创了亚磁场对学习记忆能力影响的研究。研究表明，亚磁场对生命活动的多个方面，特别是胚胎发育和中枢神经系统的结构和功能带来负面影响，表明亚磁生物学效应及其防护措施的研究对于空间生物学和航天医学的发展都十分必要。

4. 空间干细胞研究

国内空间干细胞研究已经有近十年的历史，主要集中在地基模拟条件下开展工作。研究方向包括模拟微重力条件下干细胞增殖和分化效应的研究；模拟微重力影响干细胞分化的分子机制研究；调节模拟微重力条件下干细胞分化潜能的可行性研究；空间辐射对干细胞影响的研究。在地基实验结果的基础上，我国科学家利用实践十号返回式科学实验卫星和天舟一号货运飞船，开展了空间干细胞的中短期飞行实验研究。我国"微重力条件下哺乳动物早期胚胎发育"研究团队的科学家利用数千枚小鼠早期胚胎搭载实践十号返回式科学实验卫星在全球首次实现了哺乳动物细胞胚胎干细胞在太空的发育。1996 年，NASA 曾在哥伦比亚航天飞机上搭载过小鼠胚胎细胞，但并未成功获得发育的胚胎，而我国在 2006 年的实践八号返回式科学实验卫星上已建立起一套太空胚胎成像系统，为此次的空间实验奠定了坚实的基础。同时，在实践十号返回式科学实验卫星上的搭载实验中，实验团队历经 10 年努力研制出一套胚胎在太空发育的密闭培养系统，相关研究成果在国际上形成了积极的影响。在天舟一号货运飞船项目中，我国研究团队将人骨髓间充质干细胞搭载天舟一号进入太空，开展骨细胞定向诱导分化实验。该实验将探究太空微重力环境对干细胞分化潜能影响的原因，在世界上尚属首次。

5. 生物再生生命保障系统研究

中国航天员科研训练中心、北京航空航天大学长期开展面向载人深空探测的第三代生命保障系统——生物再生生命保障系统的理论和关键技术研究。中国航天员科研训练中心在 2011 年建成了受控生态生物再生生命保障系统集成实验平台，2012 年两名参试乘员在密闭试验舱内结束了为期 30 天的科学实验并取得了成功的结果。2016 年，由中国航天员科研训练中心主导的"绿航星际"4 人 180 天大型国际试验，在深圳市太空科技南方研究院圆满完成了试验任务。受控生态生物再生生命保障系统集成实验平台 14 个子系统运行可靠，

5 类 25 个品种植物生长良好，获取了大量翔实可靠的试 / 实验数据，氧气自给率达到 100%，水达到 99%，食物达到 70%，实现了封闭物质的生态循环。

　　2013 年 10 月，北京航空航天大学研制出空间生物再生生命保障系统地基综合实验系统"月宫一号"（图 6-4），是由人 - 植物（21 种）- 动物（食用昆虫）- 微生物构成的人工闭合生态系统，总体积为 300 m³。2014 年 5 月完成了我国首次长期（105 天）多人高闭合度集成实验，实现了在密闭狭窄的环境中各种不同类型植物的兼容共生，实现了 100% 氧气和水的循环再生，乘员生存所需全部的蔬菜和粮食，以及部分动物蛋白在系统中循环再生，在国际上首次成功开发了四生物链环的人工闭合生态系统，系统闭合度达到 97%，远超过之前俄罗斯和美国的系统。此次实验还研究发现了人的心理状态与人的肠道微生物的相关性，初步阐释了密闭舱室人工生态系统中微生物的演替规律。

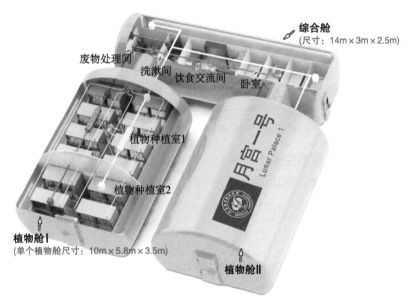

图 6-4　空间生物再生生命保障系统地基综合实验系统"月宫一号"结构图

　　在对"月宫一号"实验系统的升级发展后，2017 年 5 月开始了月宫 365 实验，系统中配置了 35 种植物（包括粮食、蔬菜、水果）、降解废物的微生物、植物益生菌等，开展了历史上生物再生生命保障系统时间持续最长（365 天）、闭合度最高（≥98%）的密闭实验，该实验于 2018 年 5 月完成。

6. 蛋白质工程研究

目前，我国空间蛋白质工程研究方向和主要内容与国际上总体保持一致，如蛋白质样品主要是生物学意义重大或应用背景较强的膜蛋白、复合物、药物前体与复合物等。

但是，我国空间蛋白质工程的研究并非简单地跟随模仿国外。我国科学家在方法学原理方面做出了特色性工作，如液－液扩散蛋白质结晶的优化与调控技术，建立了具有国际先进水平的可有效抑制表面张力对流的通用高通量毛细管结晶技术，双温双控特色实验装置等，尤其是无源浸入式通用毛细管结晶室实现了高通量与便携、高可靠性的有机结合，更重要的是改进了气相扩散使其同样很好地适用于空间实验，从而有效地解决了地面研究采用气相扩散而空间实验使用液－液扩散之间的矛盾。

7. 空间微生物学研究

我国空间微生物研究主要集中在空间失重环境对微生物形态结构、抗生素敏感性、生长速率、存活能力、突变率、致病性、生理生化特性、基因表达和蛋白质表达的影响等方面。

8. 空间力学－生物学耦合规律研究

此方面为空间新型探索交叉研究，主要集中在航天员骨质流失及力学信号转导机制、航天员免疫功能抑制、空间组织发生和重建、空间植物生长和发育基础等研究领域。

9. 辐射生物学研究

我国空间辐射生物学研究更着重于空间环境的利用，而不是基础或应用基础研究。空间辐射生物学主要集中在空间辐射生物学探测技术；空间辐射医学及防护；空间辐射环境诱发遗传变异机制研究；地基模拟辐照硬件的开发；等等。

10. 宇宙生物学研究

目前，我国宇宙生物学的研究方向较为分散，研究团队也相对较少。我国学者从磷化学的角度对氨基酸成肽反应等进行了研究，同时研究密码子起源问题；通过改进米勒实验，加入磷化氢后，氨基酸产量和种类大大增加；

对遗传密码起源和手性问题进行理论探索；模拟生命起源中多肽合成研究，发现碱金属离子对酸性氨基酸、氯离子对碱性氨基酸成肽反应的催化效应；研究了水热环境中小分子进化与手性起源问题。

（四）发展条件和基础

1. 空间生命科学实验装置

在国家 863 计划和国家载人航天工程项目的支持下，空间生命科学关键实验技术（包括硬件装置研制和技术研究方面）得到了发展和提高。在近十几年中，先后研制了一批空间生命科学实验装置（空间通用生物培养箱、空间细胞生物反应器、空间蛋白质结晶装置、空间细胞电融合仪、空间高等植物培养箱、空间动物胚胎细胞培养箱、空间细胞培养箱等），并利用探空高空科学气球落舱、返回式卫星、飞船等空间飞行平台，成功进行了数十次空间飞行实验，获得了进行空间研究的直接经验，如表6-6所示。

表6-6　我国空间飞行任务及空间生命科学实验装置汇总

空间飞行器类别	时间	实验装置
返回式卫星	1992 年	空间蛋白质晶体生长设备
	1994 年	蛋白质管式汽相扩散结晶装置、空间细胞生长器
	1996 年	通用生物培养箱
	2006 年	高等植物培养箱、动物胚胎培养箱
	2016 年	生物辐射实验箱、辐射基因盒、家蚕培养箱、植物培养箱、物质运输箱、高等植物箱、干细胞培养箱、动物胚胎培养箱、骨髓间充质干细胞培养箱
神舟飞船	2001 年	通用生物培养箱、蛋白质结晶装置
	2002 年	蛋白质结晶装置、空间细胞生物反应器
	2002 年	空间细胞电融合仪、空间连续自由流电泳仪
微小卫星	2009 年	"天圆地方" 模型
天宫二号实验室	2016 年	高等植物培养箱
天舟一号货运飞船	2017 年	哺乳动物细胞空间生物反应器

2. 地基模拟实验平台

国内已建立了多种地面模拟平台，并开展了相关的科学研究。目前，已用于实现真实微重力环境的技术／平台装置有落塔、落管、探空火箭、抛物线飞行等；用于模拟微重力环境的技术有抗磁悬浮、电磁悬浮、电场悬浮、声场悬浮、液体悬浮、凝胶固定等；用于模拟微重力生物效应的研究技术有回转器，包括一维回转器、二维回转器和随机定位回转器等；用于动物微重力效应研究的经典技术是小动物后肢去负荷实验技术，该技术将实验动物体内部分细胞间的压力转变为拉力，改变了强度分布，是一种改变重力影响方式的模拟手段。建成了一批开展生物再生生命保障系统研究的地基实验系统。随着我国相关研究结果的积累和技术发展，地面模拟平台技术必定会更加科学和完善，为空间生命科学实验的预研和对照奠定了坚实的基础。

3. 空间生命科学研究团队

中国科学院、普通高校、军队科研教学系统，以及国有大型科技企业集团积极参与国家空间生命科学战略发展的讨论，并在各个分支领域建立了空间生命科学相关的研究平台，组建了一支以中青年为主，老中青结合的300多人的研究队伍，其中高级科技人员有70余名，包括中国科学院院士和中国工程院院士、973计划首席科学家、国家杰出青年基金获得者、中国科学院"百人计划"入选者、"新世纪百千万人才工程国家级人选"入选者等。具有研究优势的机构包括中国航天员科研训练中心、中国航天科技集团五院、中国人民解放军军事医学科学院、中国科学院力学研究所、中国科学院动物研究所、中国科学院上海生命科学研究院植物生理生态研究所、中国科学院植物研究所、中国科学院微生物研究所、中国科学院水生生物研究所、中国科学院北京基因组研究所、中国科学院近代物理研究所；国内著名大学包括中国人民解放军空军军医大学（第四军医大学）、西北工业大学、大连海事大学、北京航空航天大学、北京理工大学、哈尔滨工业大学、清华大学、华南农业大学、南京理工大学、西安交通大学、中国人民解放军军事医学科学院、浙江大学、中山大学、苏州大学、香港浸会大学等。这些研究单位利用已经建成的实验技术平台在空间基础生物学、航天员健康问题及应对策略、空间生物技术及转化等研究方向开展关键技术攻关，建立了具有我国特色的空间实验室研究平台和地基模拟研究平台。

我国空间生命科学虽然取得了显著进步，但也必须看到我国在这一领域，无论是研究规模、空间实验机会、研究广度与深度，还是重大科学产出，与世界先进水平还有巨大差距，需要加强顶层规划，继续凝聚力量，取得新的成就。

第三节　发展方向与发展战略

一、发展目标和关键科学问题

（一）发展目标

我国空间生命科学到 2035 年发展的总体目标是：在人体科学和航天医学、空间基础生物学、空间生物技术及转化应用、宇宙生物学、生物再生生命保障系统等重点领域取得有重大影响的科学发现和突破，并为我国载人空间活动提供保障，为未来长期载人探索奠定基础，使我国在国际空间生命科学领域有突出地位和重大影响。其具体目标包括如下。

（1）空间人体科学和航天医学领域

建成完整的人体科学研究空间实验平台和体系，获得空间人体科学的系统知识，形成航天员中长期（180 天）空间站驻留的生命保障和健康支持能力，为未来月球、火星及星际空间长期载人探索提供坚实的研究基础和技术支撑。

（2）空间基础生物学领域

利用空间（微重力、辐射和磁场等）环境，在地球各种生命体及不同层次生理影响规律和机理研究方面取得部分重要成果，积累系统知识，为解决空间环境下地球生物体生存和适应等基础生物学问题提供数据和研究支撑，建立空间生命科学研究的系统实验体系，实现研究方法和实验技术的突破。

（3）空间生物技术和转化应用领域

在基于干细胞的空间组织工程（重要组织）、空间蛋白质科学和药物研发、生物再生生命保障系统基础研究、长期在轨条件下的空间微生物危害安全防控研究、合成生物学与生物工程等研究方面获得重要进展，并取得具有影响力的地面转化研究成果。

（4）宇宙生物学领域

建立适用于宇宙生物学研究的空间暴露环境实验平台，辅以地面研究条件，以分子微生物和极端环境微生物为实验样本及体系，发现新的实验证据，丰富极端环境下的生命起源和演化研究，开展太阳系天体生命探索和银河系外类地行星的探索。

（二）关键科学问题

基于国际空间生命科学研究领域的已有成果、最新动态及发展前景，未来空间生命科学发展的前沿和关键科学问题包括如下。

（1）空间人体科学与航天医学问题

中长期空间飞行过程对人类健康的影响包括微重力引起的生理变化及其机制（心血管功能失调、废用性肌肉萎缩、失重性骨质流失、免疫功能下降、航天贫血症、空间运动病）；宇宙辐射对健康的危害（肿瘤、白内障等）；幽闭等特殊环境产生的心理影响（空间乘员心理相容性、环境心理适应性等）。

（2）空间基础生物学问题

研究方向包括地球生物感知（微）重力信号及其信号转导过程；地球生物适应（微）重力环境的规律；空间辐射剂量生物学检测方法；空间辐射损伤与修复的机理；空间辐射屏蔽与防护的基础措施；变重力环境下生命体调控的力学－生物学耦合规律；跨尺度力学－生物学耦合的整合研究；地磁场减弱或消除的生物学效应及机制；等等。

（3）空间生物技术研究及转化问题

从生命科学与技术视角利用（微）重力环境资源的途径研究；基于干细胞的空间细胞三维培养与组织构建及组织自组装机理研究；空间蛋白质结晶技术基础与应用研究；空间合成生物学研究；空间生物工程研究；空间生物材料制造技术研究（空间制药、纳米生物材料的仿生制备）；生物再生生命保障系统基础科学问题研究；等等。

（4）宇宙生物学问题

宇宙（包括地球）生命的起源、演化和分布；地球极端环境中的生命现象与形式；地外生命迹象探索；生命起源和演化的分子、古核细胞研究；等等。

（三）关键技术问题

根据空间生命科学与生物技术发展的迫切需求，我国急需发展空间生命科学关键实验技术及平台装置，在硬件资源条件方面提供更为充分的体积、重量和功耗等；在环境条件保障方面提供更为适宜的温度、湿度、气压等；在检测手段方面提供更为精细的成像、光谱、干涉等技术；在实验操作方法方面提供全自动、遥科学等工作模式，从而能用于分子、细胞、组织、个体及群体等不同层次的生物实验对象的研究，具体包括如下。

（1）细胞（微生物）培养及在轨检测

细胞（微生物）培养及在轨检测平台具有生命支持与环境条件保障、生物样品连续动态培养、单细胞培养与检测技术、实验过程监测与生物样品精细观察、实验指标在轨检测与动态分析等多种先进的全自动化实验功能；集成应用高分辨率精细成像观察（包括显微成像、激光共焦成像）、样品在线处理、荧光定量 PCR、分光光度检测等多项高精度分析检测的关键技术；通过功能扩展、资源共享和系统集成构成完整的空间站标准机柜架构；具备空间实验全自动操作、遥操作和航天员参与操作等多种工作模式，为我国空间生命科学研究提供空间实验研究环境和条件保障。

（2）在轨基因组测序

基于国际最新的基因组测序技术，发展小型化的在轨基因组自动测序装置和相关实验技术，实现样品在轨收集和自动处理、快速测序反应、在线自动分析及数据存储等功能，从而满足在空间开展多批次、多样品序列测定和分析的需求，评估空间特殊环境对生物样品基因组的影响。

（3）小型哺乳动物空间饲养

开发与我国空间站生物技术实验柜接口和资源完全匹配的小型哺乳动物空间实验装置，实现相对封闭环境下的温湿度自动控制、气压监测和自动控制、食物和水供应、排泄物收集处理、气体净化处理、动物体温监测、实时图像采集等功能，可同时容纳6～12只啮齿类小型实验动物，开展不少于3个月的在轨实验，以期在整体动物层次获得重要的科学成果。

（4）生物样品保存和回收

发展在轨细胞、组织及动物实验样品固定和低温保存技术；开发机械臂自动样品操作技术及有人适度参与下的样品保存和回收装置；发展空间站及时返回生物样品技术，确保空间样品高质量保存和回收后尽快在实验室分析样品，开展更深入的研究。

二、发展战略和部署建议

（一）我国空间生命科学的发展目标

1. 我国空间生命科学发展战略需求

我国发展空间生命科学要面向国家战略需求，引领空间技术进步，为国家能源、环境保护、国防安全、农业和人类健康等提供技术支持；瞄准世界科学前沿目标，在较短的时间内跨入科技强国行列。

战略需求之一：是支撑航天员长期在轨生命保障、健康维护和工作效率的基础和应用基础科学研究。载人空间站提出了以解决人在空间飞行环境下的生存、健康和工效为目标的重大需求，我国以独立自主研究为主，同时通过国际合作，研究相关科学问题、解决技术问题，形成自己的特色；研究范畴包括空间环境下的骨质流失、肌肉萎缩、心理学变化、空间辐射、时间节律改变、免疫功能减弱、神经系统功能障碍、空间运动病、心血管功能失调、远程外科治疗等人体科学和航天医学重大课题。

战略需求之二：是空间基础生物学和宇宙生物学重大科学问题的基础研究。空间基础生物学等基础研究的研究重点是地球生物对于空间环境的感知、响应和适应的现象，以及空间环境对地球生命体生理稳态的影响规律；宇宙中的生命起源、演化和分布探索；等等。该领域的研究虽然取得了许多标志性的成果，但是仍有许多重大问题没有得到解决和阐明，包括空间生物效应中的生物力学-化学耦合的问题；空间重力环境是否影响动物的生殖功能；细胞和组织能否在空间环境下正常分化和发育；长期在轨和深空的辐射生物计量及生物效应；空间弱磁场对学习记忆能力及发育的影响等问题，都是富有挑战性的基础前沿课题。

战略需求之三：是利用空间特殊环境，发展服务于空间和地面人类生活的空间生物技术及转化应用的研究。中国作为最大的发展中国家，面临发展过程中日益严峻的医疗、健康、环境、能源和粮食等重大挑战。在空间环境下发展空间生物技术和可转化的地面医药、环境、能源、农业等领域的生物技术，形成新兴产业，是我国创新驱动发展战略的重大需求。这些新兴产业的发展前景包括基于空间环境人体干细胞发育和分化的组织工程与再生医学；空间蛋白质工程技术研究与新型药物应用产品开发；空间特殊环境下的生物工程；有效运行的受控生态生命支持系统；空间站密闭舱内微生物生态的监测，以及微生物危害的防控策略等。

2. 我国空间生命科学发展思路和发展途径

我国空间生命科学的发展思路具体如下。

2017～2020 年，在我国载人航天工程第二阶段任务和实践十号生命科学任务成功的基础上，深入开展后续研究；开展载人空间站空间生命科学研究的技术条件建设，研发具有国际先进水平的空间站空间生命科学实验平台（科学实验柜），规划空间生命科学的重要研究计划，启动一批生命科学与技术的预研项目，开展地面研究和验证实验，利用可能的空间实验机会开展空间研究。

2020～2025 年，在空间站建造和系列空间科学实验卫星开始运行的条件下，完善空间生命科学实验技术平台的相关技术和载荷装置；开展系列性具有重要意义的空间生命科学和生物技术实验，争取有所发现；滚动征集新一批的前沿空间科学项目进行培育和实施；开展地球生命起源和地外生命探索等科学问题的研究。

2025～2035 年，立足我国空间站和系列科学卫星空间实验平台，继续深入开展系列性、创新性的空间生命科学和生物技术实验，重点攻克一批重大科学问题并实现生物技术的转移转化；结合我国深空探测和探月计划发展进行生物再生生命保障系统的地基和天基实验研究，基本上实现国际空间生命科学研究大国的地位，在多个研究领域达到世界领先水平。

2035～2050 年，在我国空间生命科学获得持续发展和重要突破的基础上，进一步结合我国深空探测和探月计划的实施，开展人类长期空间飞行或驻留过程中医学与健康安全问题及其对策研究，生物再生生命保障系统研究和验证，以及深空生命探索和生命的生存适应性实验研究，全面实现国际空间生命科学研究的强国地位。

在我国空间生命科学领域专家深入调研与讨论的基础上，结合我国空间科学的研究特色，目前已初步凝练出我国空间生命科学发展路线图（图 6-5），重点以我国载人空间站、返回式卫星、生物火箭、外星球探测卫星和地基模拟设备等为重要实验平台，在人体科学、空间基础生物学、宇宙生物学、空间生物技术与转化、空间实验平台与技术五个重要领域寻求突破，形成研究团队，以空间生命科学重大课题为牵引，整合资源，以促进我国空间生命科学的快速发展。

（二）优先发展方向和部署建议

1. 优先发展方向

基于国际空间生命科学的人体科学与航天医学、空间基础生物学、空间生物技术和宇宙生物学等研究领域的已有成果、最新动态和未来展望，我国空间生命科学的发展重点包括如下。

（1）人体科学研究和航天医学

研究空间飞行环境对人体生理学的影响，以及细胞 / 分子 / 生物力学机制等；突破航天医学保障和对抗措施的关键技术，为空间站长期载人活动和

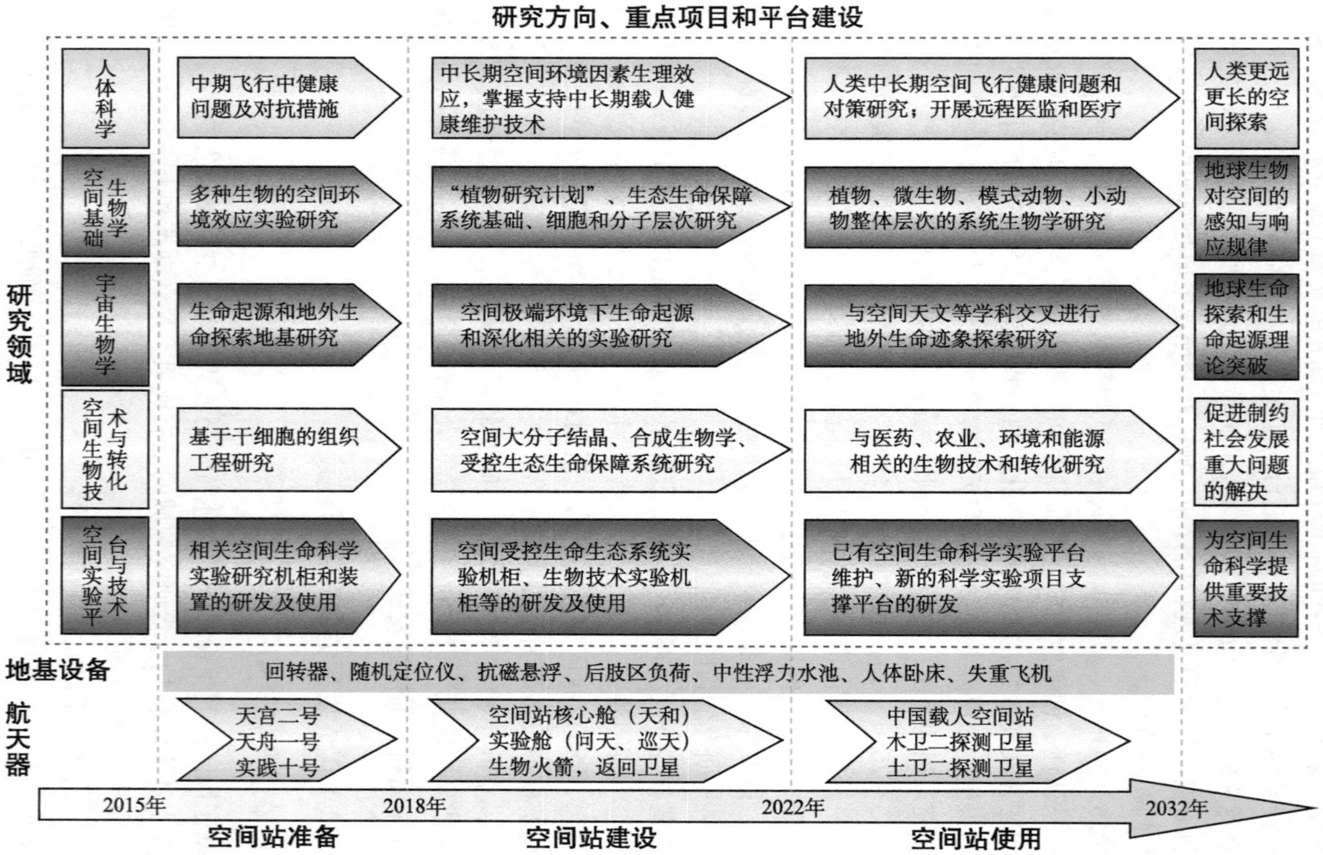

图 6-5　我国空间生命科学发展路线图

人类更远距离空间探索提供科学依据。

（2）空间基础生物学

研究微重力、空间辐射、亚磁等条件下各类生物从分子、细胞到整体层次，以及从生物个体到生态系统层次的生命活动的响应和变化，探究生命现象变化和生态系统变化的深层机理；开展蛋白与核酸共起源及密码子起源等生命分子进化的实验研究，重视有重要应用背景的空间生物技术转化需求。

我国空间生命科学优先发展方向应以科学问题为导向，对于重大科学问题及能够形成重点突破的研究方向，应整合国内优势团队，制定科学计划开展系列实验和系统性研究。其优先发展方向包括：①人体科学和航天医学研究计划，以航天员为主要研究对象，辅以小动物实验，研究包括心血管功能失调、骨质流失、肌肉萎缩、免疫功能减弱、神经功能障碍、空间运动病、消化代谢紊乱等发生机制及对抗措施；②植物重力生物学研究计划，从多个角度研究植物不同层次对微重力刺激转导和代谢响应的细胞及分子机理，验证并丰富相关理论，集中力量推动重大科学问题的突破；③地外长期生存生命保障系统生物学基础研究计划，以在地外构建长期稳定运行的生物再生生命保障系统为目标，利用各种空间有人或无人探测器条件，系统开展构成生物再生生命保障系统的植物、动物、微生物，以及其构成的小型生态系统对空间复杂环境的响应机制研究。

2. 空间任务部署建议

（1）空间站生命科学研究任务规划

经空间生命科学研究领域专家多次论证，我国已提出了空间站生命科学研究任务的初步规划。我国空间站空间科学与应用领域规划了空间生命科学的五个研究方向，分别为空间重力生物学、空间辐射生物学、生命科学前沿交叉研究（生物力学、亚磁生物学、微生物学、与生命起源相关的生命分子研究等）、生物再生生命保障系统基础性研究、空间生物技术与转化研究。具体研究内容如表6-7所示。规划瞄准生物体对空间环境（微重力、辐射、磁场）的感知、响应（损伤、变异和适应）及机理等基本科学问题，同时重视发展生物技术及其空间和地面应用。

表 6-7 我国空间站生命科学研究首批应用任务规划

研究方向	空间站应用任务规划
空间重力生物学	植物对微重力刺激信号的感受/转导/响应及机理研究
	微重力对植物重要生命活动过程的影响及其分子机理
	空间环境下植物光合作用的适应机理
	植物响应微重力效应的蛋白质组研究
	微重力环境调控植物干细胞功能和结构的分子网络研究
	微重力环境对骨骼和肌肉系统影响的分子机理研究
	微重力对神经和免疫系统的影响及神经免疫相互作用的分子机制研究
	空间环境作用下系统生物学研究
	微重力环境影响生长发育、繁殖与行为的分子机制
	DNA 复制、生物节律与氨基酸聚合的微重力效应研究
空间辐射生物学	空间辐射生物学效应及遗传变异（舱内）
	重要农林和经济作物的航天诱变育种及机理研究（舱内）
	真实空间环境辐射旁效应研究（舱内）
	空间辐射计量及生物损伤评估技术（舱内）
生命分子研究	蛋白与核酸共起源及密码子起源的分子进化研究
生命科学前沿交叉研究	空间细胞、组织和系统的生物力学规律
	空间亚磁生物学效应及其亚磁-微重力耦合效应
空间生物技术与转化研究	微重力对干细胞分化发育的影响和分子机制研究
	微重力环境下间充质干细胞、胚胎干细胞、iPS 细胞向骨系细胞分化和骨组织构建研究
	空间蛋白质分子组装及应用研究
BLSS 基础和应用研究	自循环生物再生实验系统研究
空间微生物学研究	微重力、变重力影响烟曲霉极性生长的机制研究
	空间环境对微生物致病性的研究
	微生物空间生物学效应及其机理研究

规划的主要生命科学实验平台有生态生命科学实验柜、生物技术实验柜、科学手套箱和低温存储柜、人体和医学实验柜等先进的专用生命实验平台，还有通用实验柜可以支持生命科学实验。这些科学实验平台已经完成方案设计、关键技术攻关和验证，陆续进入初样研制阶段，为 2020～2035 年或更长的时期内开展研究提供先进技术装备。

2020～2035 年，在人体和医学实验柜、生命生态和生物技术实验柜、通用实验柜的支持下，将开展空间生命科学实验系列研究，研究对象包括细胞（微生物）、组织、植物（含种子、愈伤组织、植株等）及模式动物（线虫、果蝇、鱼类、爬行动物、小型哺乳动物）等，从分子、细胞、个体和生态系统等多个生物学层次开展系统性研究，涉及重力生物学、辐射生物学、亚磁生物学、微生物学、生物力学等领域；开展空间生物技术和转化研究，包括细胞工程、空间蛋白质结晶、空间细胞培养与组织构建、空间干细胞培养与定向诱导分化、生物分子纯化与功能结构分析等；开展先进空间生态生命支持系统（水生系统、陆生系统等）基础性研究。

（2）空间站生物实验柜

我国空间站将配备先进的观察、诊断和分析（包括芯片实验室）设施，后续条件具备时将配备基因测序设备。空间站将具备航天员操作科学实验单元和地面遥操作的能力；配备低温和极低温存储生物样品和化学固定条件；拥有上行科学实验样品或设备，并及时将生物样品返回地面实验室的能力；可充分利用现代各种先进研究手段（基因组学、转录组学、蛋白质组学、代谢组学和表观遗传组学）等实现研究水平的跨越式提高。基于我国目前空间生命科学实验平台的发展水平和技术积累，经国内相关领域的专家充分论证，提出了适合我国空间生命科学研究的空间站实验柜研制任务规划（表6-8）。

表6-8　我国空间站生物实验柜（装置）研究任务规划

实验柜名称	主要功能
生物技术实验柜	• 适合开展多种类型的实验和研究，支持开展以组织、细胞和分子等多层次的生物样品为对象的实验研究； • 提供机、电、热、控等支持能力，具备生命支持与环境条件控制功能，包括控制光、温度、湿度、气体、噪声等因素； • 具备空间实验过程动态监测和显微观察功能，可实现生物样品原位检测和代谢产物动态分析； • 支持生物样品连续动态培养、固定和处理，能配合科学手套箱与低温存储柜进行直接低温冷藏固定； • 具有自动收集废液和废气处理排放功能，实现柜内微生物检测和控制； • 提供适合辐射生物学实验的公共条件，提供蛋白与核酸共起源、空间亚磁生物效应及空间生物力学等独立实验装置的公共接口； • 具有通过更换样品、样品单元、实验单元滚动开展实验的能力； • 内部科学仪器符合标准化、组件化要求，具备维修能力

续表

实验柜名称	主要功能
生命生态实验柜	• 支持开展微生物、动植物个体、水生生物等多种类型生物样品的实验研究，支持以小型哺乳动物个体为研究对象的复杂空间饲养技术和实验研究； • 提供生物实验所需的生命支持条件和培养环境，包括培养空间、培养方式、营养补给、温度、湿度、光照、pH 值、三废处理、空气净化和重力环境控制等方面； • 具有空间实验过程动态监测和生物样品显微观察功能； • 具有生物安全检测、预警和控制功能，检测和控制柜内微生物； • 具有培养环境气体检测功能和废气处理排放功能； • 支持生物样品固定和处理，针对不需要进行化学固定的实验类型，能配合科学手套箱与低温存储柜进行直接低温冷藏固定； • 具有为小型实验提供变重力的支持环境； • 提供柜内辐射生物学实验的公共条件； • 具有通过更换样品、样品单元、实验单元滚动开展实验的能力； • 内部科学仪器符合标准化、组件化要求，具备维修能力
变重力科学实验柜	• 提供 $0.01g_0 \sim 2g_0$ 模拟重力环境，支持多种标准实验模块单独或组合使用； • 提供机、电、热、控等接口，支持实验模块在轨便捷更换； • 具有动平衡调节能力和加速度测量功能； • 具有笔记本接口，能对实验柜进行检测与管理； • 具有航天员参与实验管理、样品更换与回收的功能；具有支持遥科学的功能
科学手套箱与低温存储柜	• 支持有人参与操作仪器设备或载荷，以及更换实验样品、装置和仪器设备，可观察并记录手套箱内实验操作过程； • 提供机、电、热、控等支持能力； • 自动调控手套箱内实验环境（如光、湿、温、气等），具备定时消毒功能； • 支持精细遥操作（注入、提取、分离等）； • 具有低温存储能力（-80℃、-20℃、4℃）和样品防漂限位措施； • 具有笔记本接口，可对实验柜进行检测与管理

（3）地基预先研究及成果转化的资助

我国空间生命科学研究的资助渠道较为分散，因此建立较稳定的空间生命科学研究联合资助体系尤为迫切。在目前已有各学部资助的基础上，建议建立"载人航天工程－中国科学院－国家自然科学基金"联合基金，形成对空间生命科学研究的全过程资助，资助重点是项目培育和实验结果分析。这是对于筛选优秀空间实验项目，提高空间实验水平，以及通过实验结果分析取得重大科学成果，并推动科学技术成果向应用和产业转移的根本性措施。

在具体操作层面，建议在空间飞行前研究阶段（地基模拟阶段）由国家自然科学基金以重点项目、面上项目、青年项目等形式资助科学家开展自由探索研究；在空间飞行实验实施阶段，由载人航天工程项目和国家自然科学基金联合资助空间站实验相关研究；在空间飞行后研究阶段，由国家自然科学基金相关项目（重大项目、重点项目、面上项目及国际联合项目）继续资助空间实验样品的检测、分析、数据处理及成果产出研究。

（4）研究平台和基地

美国、俄罗斯、欧洲和日本等航天大国（地区），早在几十年前就已建立各种地基实验平台，而我国整个系统研究水平尚落后于其他航天大国，这对于我国正在计划并大力开展的载人空间探索和研究造成了影响。因此，组建高效、合理的支撑团队，建立公共信息服务平台和培训机制，实现国内各团队的交叉合作，并加强与国外的联系与交流，在目前阶段显得尤为必要。

建议依托国家太空实验室——中国载人空间站，以及拟在北京怀柔科学中心建设的国家太空实验室地面基地，设立空间生命科学实验研究平台，建设空间环境地面模拟设施或实验平台。采取分散与集中相结合的方式，合理布局地面预研、空间实验及地面应用开发，建设拥有先进的研究设备，具备国际性、开放性和现代化管理方式，能够吸引国际一流人才的研究和培训基地。

参 考 文 献

恩赛因·乔丹·弗雷, 晓曲. 2014. 中国空间站的国际合作新视野. 国际太空, (10): 24-29.

格尔达·霍内克. 2010. 宇宙生物学. 庄逢源, 译. 北京: 中国宇航出版社.

顾逸东. 2014. 空间科学——探索与发现之源. 物理, 43:570-578.

关祝. 2010. 成为国家战略的日本航天业. 太空探索, 8:45-46.

胡文瑞. 2010. 美国国际空间站的经历与探索及对我国的启示. 中国科学院院刊, 25:335-344.

李辉, 余志斌. 2008. 国际空间站上的空间生命科学研究与进展. 航天医学与医学工程, 5:443-450.

刘承宪. 2000. 21世纪空间生命科学和空间生物技术发展机遇与挑战. 空间科学学报, 5:37-47.

苗鹤青. 2003. "神舟"号的凯旋 中国首次载人航天飞行全记录. 国际展望, 21:10-13.

庞之浩. 1991. 空间生命科学. 自然杂志, 7:13-18.

庞之浩. 2012. 中国的载人航天工程. 卫星应用, 5:18-25.

任维, 魏金河. 2000. 空间生命科学发展的回顾、动态和展望. 空间科学学报, 5:48-55.

商澎, 呼延霆, 杨周岐, 等. 2015a. 中国空间生命科学的关键科学问题和发展方向. 中国科学: 技术科学, 45:796-808.

商澎, 呼延霆, 杨周岐, 等. 2015b. 中国空间站生命科学研究展望. 载人航天,

21(1):1-5.

苏怀朋, 赵振昊, 孙永进, 等. 2014. 载人空间站空间科学应用研究. 宇航学报, 35:985-991.

汤章城. 1995. 空间生命科学研究进展. 中国科学院院刊, 2:128-133.

汤章城. 2002. 空间生物技术研究与应用动态. 生命科学, 14(6):375-378.

魏雯. 2013. 俄罗斯调整 2020 年前遥感卫星系统发射计划. 中国航天, 1:23-27.

薛红卫, 汤章城. 2011. 空间站生命科学研究的分析和思考. 载人航天, 5:1-6.

赵爽, 崔晓梅. 2012. 俄罗斯制定 2030 年前及未来航天发展战略. 国际太空, 7:28-31.

郑森, 王超, 李春, 等. 2010. 空间生物反应器研究进展与策略. 航天医学与医学工程, 23(5):386-390.

中国科学院. 2013. 中国学科发展战略. 生物学. 北京: 科学出版社.

朱莉·鲁滨逊, 刘可依. 2014. 国际空间站令人瞩目的十大科学成就. 太空探索, 5:40-43.

庄逢源. 2007. 空间生命科学: 一门极具挑战性且蕴藏着重大发现的新兴学科. 科技导报, 25(1): 1.

ESA. 2001. ELIPS: Life & Physical Sciences in Space Executive Summary.

ESA. 2012. ELIPS-4 ESA Thematic Information Day.

ESF. 2012. Independent Evaluation of ESA's Programme for Life and Physical Sciences in Space (ELIPS).

Hu W R, Zhao J F, Long M, et al. 2014. Space program SJ-10 of microgravity research. Microgravity Science and Technology, 26:159-169.

NASA. 2010. The NASA Fundamental Space Biology Science Plan 2010~2020.

National Research Council. 2011. Recapturing a Future for Space Exploration: Life and Physical Sciences Research for a New Era. Washington D C: The National Academies Press.

National Research Council. 2012. Research for a Future in Space: The Role of Life and Physical Sciences. Washington D C: The National Academies Press.

第七章
微重力科学

第一节　科学意义和战略价值

一、微重力科学概述

（一）微重力科学

微重力科学（microgravity sciences）主要研究微重力环境中物质运动的规律、重力变化对运动规律的影响。其学科广泛，涉及微重力流体物理、微重力燃烧科学、空间材料科学和空间基础物理、空间生物技术等。在本书中，空间生物技术的相关内容放入第六章中。

微重力科学研究主要利用空间微重力平台及地面微重力设施开展微重力实验，并通过理论分析、数字仿真，以及地面小尺度和（微）重力效应模拟等手段开展微重力科学与技术研究。空间材料科学和空间基础物理也有一些不直接涉及微重力条件的研究问题，如空间环境中的材料使役行为研究和利用空间大尺度开展的量子纠缠实验等，但在本书中扩展了这些内容。

微重力环境（即失重）存在于做自由惯性运动（如地球上的自由落体和抛物线运动，空间飞行器轨道运动）的物体参照系中，由于实际运动物体受到残余大气阻力、太阳光压、其他天体的引力摄动、物体姿态运动和自身机械振动等影响，还存在不同频率的残余加速度，一般不可能完全达到零重力。微重力定义为相当于 10^{-6} 量级的地面重力加速度（$1g_0$）条件，也可广义理解为微小重力加速度条件（一般在 $10^{-6}g_0 \sim 10^{-3}g_0$）。微重力水平用残余加速度表征。

在微重力环境中，浮力对流、重力沉降、液体静压（梯度）等将极大地减弱，地面重力效应所掩盖的次级效应（如界面作用）将会凸显，所导致的物质形态、物理过程等也将发生显著变化，导致流体对流及燃烧机制、材料生长及制备工艺等相关学科的基本科学和技术问题发生改变；在微重力环境中，宏观物体、微观粒子受重力作用的约束被改变，使人们可能在更高的精度上进行相对论和引力物理等效原理的检验和验证；在该环境中可获得极端的低温环境，有利于冷原子物理、冷原子钟及量子科学和技术问题的研究，进而发现新现象、寻找新规律。

从 20 世纪 60 年代开始，随着航天技术的发展，微重力科学这门新兴的空间科学的分支学科应运而生。微重力科学研究主要沿着以流体物理及物理学重大问题为重点的科学研究和以新的高性能材料制备与应用研究为重点的应用研究这两条主线发展。

（二）微重力流体物理

微重力流体物理是研究在微重力环境及低重力环境中液体、气体或多相混合物，以及分散体系等物质的流动、形态、相变及其运动规律和机理的学科。特别是在微重力环境中浮力对流、密度分层和沉降、流体内部静压及压力梯度等极大地减弱，次级效应凸显，流体热质输运表现出新规律，物理形态变化表现出新机制。其研究具有极强的应用背景，为空间材料科学、空间生命科学及空间生物技术、航天医学及空间基础物理学等研究提供相关流体理论指导，也为航天器工程设计提供（热）流体管理、动力推进等理论支持。微重力流体物理是微重力科学的主要分支学科和流体力学的新兴学科。

引力普遍地作用于所有状态的物质中，但它对流体的作用则更为复杂多变。因此，微重力流体物理在微重力科学中占据核心地位，它不仅是微重力科学的基础，也是许多应用技术（如航天器的流体管理、热控制和管理、月球及火星开发等）的科学基础。

（三）微重力燃烧

微重力燃烧是微重力科学与应用的一个重要组成部分，是指在微重力环境中的燃烧现象、过程和规律。燃烧化学反应通常在很小的空间内剧烈进行，反应中释放的热量将反应产物加热，形成反应物与反应产物之间巨大的温度差和密度差。在常温、常压下火焰锋面处气体燃烧产物密度仅为未燃气体的 1/10～1/7，因而在地面正常重力环境中燃烧过程将引起强烈的自然对流。燃烧是质量、热量、动量输运过程，以及化学反应动力学过程相互耦合的复杂现象。自然对流的存在显著地影响了在燃烧过程中起着重要作用的质量、热量、动量输运过程，也改变了环境中的温度场、密度场、速度场、压力场及反应物（燃料、氧化剂和稀释气体）的浓度场，从而影响燃烧过程中的一系列基本环节和火焰结构、火焰稳定、火焰传播、火焰熄灭等燃烧基本现象。此外，在粉尘燃烧和液雾燃烧中，重力沉降影响着粉尘和液雾的浓度分布。人们很早就认识到重力对燃烧过程的重要影响，但由于数学上的复杂性，经典燃烧理论往往忽略其作用。为了在实验中减小重力效应的影响可以采取三种方法：减小实验系统特征尺寸，增大流体运动黏性系数，减小环境中的重力加速度。其中，第一种方法既受最小尺寸极限的制约，又受观测手段的影响，很难取得理想结果，第二种方法会影响燃烧化学反应机理，而第三种方法即在微重力环境中燃烧则没有这些缺陷。微重力环境中地球重力效应十分微弱，自然对流大大减弱甚至消除，重力沉降也几乎消失，因而燃烧现象与地面正常重力环境中的燃烧现象有着显著的差异。

微重力燃烧研究最早开始于 20 世纪 50 年代，此后，在燃烧基础理论和航天器防火工程两方面需求的大力推动下，国内外在该领域开展了大量的研究工作。在理论分析、数值模拟、模型探索研究的同时，持续利用地基和空间微重力实验平台进行了多种燃烧问题的实验研究，在工程应用和科学发现方面均取得了重要成果。目前，微重力燃烧的研究范围已涵盖燃烧科学的主要方向，并随着燃烧科学与技术，以及载人航天工程实践的需求发展不断扩展研究领域，研究工作受到各国特别是航天大国的高度重视，呈现出蓬勃发展的势头。

（四）空间材料科学

空间材料科学是研究在微重力、强辐照、高真空、交变温度等空间环境因素影响下，材料形成过程、材料结构、物理与力学性能、使役性能的变化规律及相关基础理论的学科。空间环境因素因离开地球表面的距离不同而有所差异，但至少包括微重力、高能粒子和紫外辐照、原子氧侵蚀、高低温交变循环、极高或超高真空等。通常把在空间环境下开展的材料科学研究分为两类：空间微重力材料科学研究和材料在空间环境下的使役行为研究（用于构筑空间飞行平台等用途的材料），后者也称为"材料空间使役行为"研究。

空间微重力材料科学研究在排除重力影响的条件下，材料的制备过程、组织结构和性能变化的规律。空间独特的长时间微重力环境在地面无法完全模拟。在地面环境中，材料制备过程中的流体过程受重力驱动的浮力对流、密度差引起的沉降、容器器壁、内部梯度等效应的影响。其中，对流或沉降作为内部因素直接影响材料的形成过程，从而影响材料的缺陷与偏析行为，使其性能改变；而器壁接触诱发的异质形核或污染作为外部因素影响材料的形成过程与纯度等，从而影响形成的质量。微重力环境能够抑制或消除浮力对流或密度差引起的沉降，液体或熔体可以无须容器支撑悬浮在空中，从而实现无容器实验。这对理解材料形成的物理和化学过程，以及制备高质量或高纯晶体和高纯材料都是非常重要的。

材料空间使役行为研究是考察材料长期在空间环境中的行为。空间科学、空间技术与空间开发应用的发展离不开各种材料，包括已广泛应用在航天器上的材料及新材料的研制与使用。材料空间使役行为研究是各种材料在航天器上获得成功应用的基础，是航天器长寿命安全运行的重要保障。材料空间使役行为研究通常包含三个层次：①材料在空间环境中结构及性能的演变机理；②材料在空间环境中的适应性和自修复作用；③满足空间环境应用的多功能材料设计。

（五）空间基础物理

空间基础物理包括空间相对论与引力物理、空间冷原子物理与冷原子钟、空间量子科学、低温凝聚态物理等实验研究领域。

空间相对论与引力物理虽然已经有了许多地面实验的证明，但是其精度（特别是对广义相对论的实验检验）还相对较低，更高精度的检验在地面上难以实现，因而国际上早已把目光盯在了空间实验上。另外，一些新的理论如大统一理论及有挠引力理论等预言了相对论所没有的新效应和新的基本相互作用力。这些新效应和新力的预言只能通过在空间进行的高精密测量来检验。

空间冷原子物理与冷原子钟是一个全新的研究领域。利用微重力环境，可以研究一系列最基本的量子物理现象，包括量子统计的验证、量子新物态、量子相变、量子涡旋、物质波干涉、玻色与费米量子气体的强相互作用等。该领域的研究能够获得地面无法企及的突破性成果，将推动物理学的发展，同时也利用冷原子技术发展高精度的原子钟与原子干涉仪，实现高精度物理定律的验证，以及时间频率的传递。

空间量子科学是利用空间平台进行空间量子通信和大尺度量子力学检验

的实验研究，其主要的科学目标是要实现星地双向量子纠缠分发，同时进行星地量子密钥分发。量子通信技术可望大幅度提高信息传输的安全性、信息传输通道容量和效率等，是未来信息技术发展的重要战略方向，并极有可能引起诸多科学和技术领域的革命，对经济和社会的进步产生难以估量的影响。

低温凝聚态物理（condensed matter physics）从微观角度研究由大量原子、分子、离子和电子组成的凝聚结构、动力学过程及其与宏观物理性质之间的联系。在空间研究对微重力敏感的低温凝聚态物理，重点关注低温下的特殊临界现象与相变规律，如量子相变（包括超流、超导等现象），以及外加压力或磁场诱导的磁性和超导（超流）、磁有序和非磁性及磁性之间的凝聚相变等。

二、微重力科学的科学意义和战略价值

（一）科学意义

1. 微重力流体物理

微重力流体物理可以加深对流动和传输的基本理解，支持发展新的技术。当重力的影响减弱或者消除时，其他次级作用及效应变得极为重要，包括毛细、热毛细、范德瓦耳斯力、电化学力/电动力、Soret 与 Dufour 效应及接触线。在地面上，液体的形态和流动行为主要受重力影响，静态液体位于容器的底部，气体分布在容器的上部。而在微重力条件下，界面张力起主导作用，在人们对液体行为的认识和控制方面产生了很多问题，如空间微重力条件下液体的供应和排放、液体推进剂和制冷剂的储存及处理；用于维持生命的水处理；航天员的饮食与洗澡等日常活动；用于温度控制和能量供给的流体相变热系统；液态材料的处理；在轨生物流体行为；等等。因此，在微重力条件下深入研究流体界面行为对于空间流体管理，以及与航天工程相关的各主要系统都有着重要意义。微重力流体研究可以提供微重力条件下流体流动及热质传输的规律性认识，理解如空间蛋白质晶体生长、胶体聚集和相变、熔融半导体凝固及液体燃料燃烧等过程。随着 ISS 的启用和深空探测活动的深入，国际上对具有空间应用背景的多相流体系统中的复杂流体界面现象与两相流动过程（如空间蒸发与冷凝、空间热管、两相流与相变传热、在轨流体与热管理技术等）规律加强了研究，欧洲、美国等航天大国（地区）都相继将其列为空间流体物理研究的前沿课题之一，并制定了长期研究计划和 ISS 实验计划。

2. 微重力燃烧科学

微重力环境为燃烧科学研究提供了独特条件：自然对流大大减弱甚至消除，可以研究静止和低速流动中的燃烧；被浮力及其诱导效应掩盖的其他基本效应和现象，如热辐射、静电力、热泳力、热毛细力和扩散等，可突出表现出来并得以深入研究；重力沉降几乎消除，可实现液滴、颗粒、液雾和粉尘在燃烧过程中的稳定、自由悬浮，使得气液和气固两相燃烧系统的定量化描述成为可能；浮力的消除，使得燃烧的时间和空间尺度增大，从而增加了实验参数的可控性和实验测量的可信性，能够深入、准确地观测燃烧过程的基本环节。

利用这些特点，可以扩展实验参数范围，简化对燃烧过程的研究，准确验证理论模型，并通过模型化研究为理解地面燃烧过程中存在的基本现象提供新的途径。

由于数学上的复杂性，经典燃烧理论往往忽略重力对燃烧过程的影响。重力引起的浮力效应的大小可以通过两个无量纲参数来估计，即表征浮力与黏性力的 Grashof 数 $Gr=(\Delta\rho/\rho)g_0L^3/v^2$ 和表征浮力与惯性力之比的 Richardson 数 $Ri=(\Delta\rho/\rho)g_0L/U^2$，其中，$\rho$ 和 $\Delta\rho$ 是密度和密度变化，g_0 为地面重力加速度，L 为特征尺寸，v 为运动黏性系数，U 为特征速度。

可以看出，在燃烧对象的特征尺寸增大、燃烧气体产物与气相反应物的密度差增大、气相产物的运动黏性系数变小，以及环境气流的特征速度变小的情况下，浮力的相对作用都将增强。另外，对于近极限火焰，燃烧化学反应的时间尺度变大，与热传导和辐射传热的时间在同一量级，此时，忽略重力效应的理论所做出的燃烧预测与地面实验结果之间就存在明显的误差，误差的大小和影响程度需要微重力燃烧实验加以确定。

举例来说，在湍流火焰模型的发展中，层流小火焰模型以层流火焰实验验证的理论作为基础，能以子模型的角色在复杂的湍流模型中描述火焰的拉伸及火焰速度；而在近极限及熄灭的条件下层流火焰实验对重力造成的自然对流相当敏感，因此完善普适条件的层流小火焰模型需要微重力实验的配合。

在喷雾燃烧模型方面，普遍的喷雾模型对于"雾化"的近似可以分解为液柱与气体的冲击、破碎，最后细化为拉格朗日网格单元中单液滴的挥发燃烧。如此的单液滴模型来自最早的液滴燃烧理论，一般又称为 D^2 定律，即挥发中的液滴直径 D^2 随时间递减的速率为燃烧速率常数 K。D^2 定律假设液滴模型为球状对称，一般的条件为 Rayleigh 数逼近于零，实现途径包括降低温度梯度、特征尺度（液滴直径）或重力水平。在实际的喷雾中，液滴尺度平均小于 100 μm，即使在正常重力情况下，Rayleigh 数也因为液滴极小而大幅度降低。然而，在验证 D^2 定律的实验过程中，观察粒径小于 100 μm 的液滴的燃烧相当困难，加上液滴火焰的特征温度梯度很大，非常需要通过微重力实验来实现低 Rayleigh 数，从而使观察液滴粒径大于 500 μm 且同时具有大温度梯度的单液滴燃烧成为可能。

基于微重力燃烧的研究成果，可为研发高效清洁燃烧设备、防治火灾和爆炸事故提供坚实的理论基础。值得一提的是，微重力燃烧实验具有探索燃烧极限及未知参数的特点。探索燃烧的极限条件一方面是为了认识燃烧理论的可应用范围，进而完善理论；另一方面是为了将燃烧理论拓展至航空和航天飞行器的极限操作条件，使燃烧基础科学、燃烧技术、应用技术相辅相成。微重力燃烧研究促使科学家提出新的实验条件并发现新的物理现象，进而反馈成为实际燃烧应用的科学依据。例如，在 ISS 实验中，在大液滴燃烧过程中发现了热火焰熄灭之后的低温冷火焰，直接促进了燃烧学科中低温冷火焰理论的发展，是改进现有内燃发动机设计和发展新一代均质压燃点火内燃发动机的重要基础，受到了高度重视，也引发了低温燃烧减少污染物排放的思考。微重力燃烧是各先进国家长期关注的基础研究方向，延伸出的理论知识已经发展成为重要的燃烧模型。

3. 空间材料科学

以往的材料科学研究与实践都是在地面重力环境下开展的，地面材料形成与制备过程明显受重力的影响，因此其研究过程和结果都被深深地打上了重力环境的烙印。空间材料科学是一门交叉性非常强的学科，是材料科学在空间领域的延伸与拓展，探寻更加本征的机理，如元素纯扩散过程的控制、相分离与聚集、界面反应、组分分凝、凝固组织演变与泡沫形成等；获得重要材料的精确性能参数，如高温熔体的热物性参数等。在微重力环境下，浮力对流、沉降、流体静压力等现象都基本消失，被重力掩盖的另外一些物理现象，如热毛细现象、润湿作用等，会凸显出来。因此，空间材料科学研究的科学意义在于：发现和揭示材料在地面环境下难以认知的新现象、过程和规律，获得重要的材料性能参数，丰富和发展材料科学基础理论，科学指导地面材料研究和应用，促进在凝聚态物理、材料科学、新材料研发等方面取得重大突破。

从应用角度来说，空间材料科学研究有助于探索控制材料生产的许多关键工艺过程，开发和制造空间应用的新材料及重要地面应用的新材料。太空中超高真空、高能粒子和紫外辐照、原子氧腐蚀和冷热交变作用等综合环境效应是地面实验室还无法模拟的。研究材料在这样复杂环境下的行为特性，开展各种新材料的实验和验证，将为研制出具有促进空间技术发展用途的新材料提供重要基础。

4. 空间基础物理

空间基础物理研究的目的是在更高精度上研究和检验物理基本规律，并发现新的物理现象（或"破缺"）及规律。在空间开展基础物理研究具有特殊的优势，可以利用空间微重力环境或超大尺度等地面无法实现的条件，创造出极高精度、极低温度或其他超常规实验条件来检验物理基本理论。

空间基础物理研究包含多方面的重大基础前沿研究课题。在量子科学方面，在空间大尺度或超大尺度下开展量子操控和传输等实验，将在更深的层次上研究量子物理的基础科学问题。相关的研究工作会给量子力学中的基础前沿问题（如量子纠缠、贝尔不等式、量子非定域性和量子隐形传态等）带来全新的认识，同时极大地拓宽了量子力学的研究领域。

在冷原子物理方面，在微重力环境下玻色－爱因斯坦凝聚体的冷原子数量更多、存在时间更长，量子气体温度将突破地面极限而更接近绝对零度，能够获得重要的突破性研究成果，如发现了临界点附近新物态和新奇量子的特性等；在微重力条件下冷原子钟的稳定度和准确度更高，具有重要的实际应用价值，并且可以用来检验物理学基本常数、相对论的基本假设和预言，以及寻找超越相对论新理论的实验证据。

检验相对论和超越相对论新理论的重大科学意义，不仅在于为相对论增添新的实验证据，更在于有望发现新的物理效应和寻找新型的相互作用力。基础物理新现象的发现将极大地提高人类对自然界物理本质的认识，推动新的物理理论，如引力规范场理论、超引力、大统一理论、后粒子标准模型，以及临界点附近的物质形态和量子理论的发展。其成果对于物理学乃至整个基础科学的发展都有着至关重要的意义。

在空间开展低温凝聚态物理研究，对深入理解凝聚态物理中的量子相变有重要意义。单元素量子材料体系的电子自旋排列方式简单，是进行微重力条件下低温量子相变的优选体系。微重力条件避免了重力下密度梯度引起的非匀质问题，如加压可诱发包括磁性向超导的量子相变，揭示和体现了宏观量子凝聚有关的量子序现象，开辟了研究奇异量子科学问题的新路径。

（二）战略价值

微重力流体物理研究对满足国家航天战略需求、产业升级等有重要价值。航天器推进剂管理、补加等是典型的微重力流体输运问题，低温贮箱及推力器热防护等都涉及热流体管理问题，航天员的生活、工作环境控制及空间长期驻留需要的废水、废气循环利用等也是微重力流体关注的多相流问题。航天器、大型空间科学和应用载荷、高热流密度空间部件（激光器、电源组件、微波功率器件等）的高效热管理需要发展新型流体热管理技术。微重力流体物理的研究成果将为满足上述需求发挥重要作用，同时在地面化工、能源、材料等支柱产业的生产加工过程中发展高效流体输运、热质管理等技术也有重要的指导意义和应用价值。

防火安全是载人航天飞行必须妥善解决的重要问题之一，它可能影响飞行任务的成败、威胁航天员的健康和生命安全。微重力环境及低重力环境使得航天器舱内火灾的发生、发展特性与地面火灾差别很大，研究其规律，并发展火灾预防、探测和扑灭的方法与技术，受到世界上各航天大国（地区）的高度重视。美国、俄罗斯、欧洲等的经验和教训表明，随着航天器的大型化、航天任务的复杂化和飞行时间的长期化，发生火灾的可能性显著上升。我国的载人航天事业正在快速发展，空间站结构更加复杂、在轨时间更长、任务更加多样化，航天器防火工作所面临的形势相当严峻，迫切需要进行相应的研究，为载人航天飞行提供安全保障，故航天器防火研究具有重大的理论和实际意义。

目前及可预见的未来相当长时期内，人类社会使用的能源仍然主要来自矿物燃料（石油、天然气和煤炭等）的燃烧。我国近年来总能源消耗中约90% 由燃料燃烧提供，约80% 的总发电量源自燃料燃烧。在为人类做出巨大贡献的同时，燃料燃烧也是造成全球环境污染、气候变化的重要原因。显然，通过高效和清洁燃烧减少污染物排放具有重大的经济效益和社会效益。微重力燃烧研究为认识燃烧的内在机理提供了新的途径，有望在若干重要的燃烧科学基础研究领域取得突破性进展，并指导燃烧设备的优化设计和燃烧过程的组织。各种燃烧设备包括内燃机、柴油机、燃气轮机、火箭发动机和锅炉等的一个重要发展方向是使用计算流体力学等手段开展精确设计，以期达到最高效率、最低排放和最高安全性能，而精确设计的重要基础就是对燃烧过程的深入认识。微重力燃烧实验可揭示一些特殊的燃烧现象，并获得更为准确的燃烧数据。微重力燃烧研究对节能减排，以及推动内燃机、燃气轮机、航空发动机、火箭发动机等战略性动力和推进产业的技术进步具有重要及深远的意义，是各先进国家极为重视的研究方向，且已获得了实际效益。微重力燃烧研究国际交流频繁，对我国燃烧科学的发展及人才的培养极具战略意义。

材料是国民经济的基石，材料科学的每一次进步都对国民经济、国家安全产生重大的推动作用，新材料是所有高技术和高端制造业的基础。利用空间环境的特殊性有望制备或合成出一些在地面上难以获得的特殊材料，开辟材料制备与合成的新途径、新思路，指导地面材料的生产与加工，提高现有材料的性能，更好地服务于国民经济、国家安全建设及科学技术研究。材料空间使役行为研究将丰富空间新材料的设计理论并促进材料工艺开发，满足未来空间技术发展的需要。材料高温熔体的热物理性质是材料设计、合成制备和加工成形中必不可少的基础数据。随着计算材料科学的发展，获取的材料基础数据尤为重要。微重力条件下可实现材料无容器悬浮状态并排除浮力对流和沉降影响，是获取高准确性材料热物性的最重要途径，鉴于材料组分差异及经济和战略价值，各种重要应用材料的热物性数据只有自主开展实验进行获取，这对我国材料科学的发展具有战略意义。

空间基础物理不仅对物理学基本问题研究具有重大战略价值，同时对高技术发展和满足国家重大战略需求具有巨大的推动作用。空间量子密钥分配涉及量子操控、量子态存储、原子或精密滤光技术、高精度指向控制技术等，对量子计算、空间应用技术有重要意义，特别是可直接用于建立空间广域保密链路，并与地面光纤量子干线连接形成天地一体化、全国覆盖的保密通信体系，大幅度提高信息传输的安全性、信息传输的通道容量和效率等，是信息技术发展的方向，具有重大的战略意义；包括冷原子微波钟在内的空间高精度时间频率系统将大幅度提高我国时间频率基准，在导航技术与系统、守时和授时及广泛的军民应用中发挥重大作用；引力物理研究和冷原子物理研究推动发展起来的极高精度加速度传感器、量子干涉仪和重力（梯度）传感器，对地球重力场测量、地球科学发展和未来深空探测等具有重要意义。空间基础物理研究可能引发诸多科学和技术领域的革命，对经济和社会的进步产生难以估量的影响。我国高度重视量子和冷原子钟等技术的发展，并将其列入国家中长期科学和技术发展规划，是实现我国科学技术跨越式发展的重要机遇。

第二节 微重力科学发展历史、现状和趋势

一、国际微重力科学发展状况

　　微重力科学是随着人类空间活动的兴起而发展起来的新兴学科。国际上对发展微重力研究十分重视，美国、欧洲、日本等国家（地区）都注入了大量资金和人力。许多国家都建立了专门的微重力科学研究机构，如德国不来梅大学应用空间技术和微重力中心（ZARM）、NASA 格伦（Glenn）研究中心（原刘易斯研究中心）及与凯斯西储大学（Case Western Reserve University）联合成立的国家微重力研究中心（微重力流体物理和燃烧研究）、意大利微重力先进研究与支持中心、比利时自由大学微重力研究中心（微重力流体物理），以及一批学校微重力研究团队等。中国科学院力学研究所微重力重点实验室是国内主要的微重力专门研究机构。国际上微重力科学研究的专门学术期刊是 *Microgravity Science and Technology*，从 2015 年开始，*Nature* 推出了微重力领域的开放性合作期刊 *npj Microgravity*。微重力科学受到世界各空间大国，以及巴西、印度等发展中国家的高度重视。

（一）微重力实验平台

　　微重力科学与技术研究通过理论分析、数字仿真和实验研究相结合而进行。微重力科学实验往往是发现新现象、验证新理论所不可或缺的关键环节。长时间微重力实验主要是在空间飞行器上进行，地面或亚轨道短时间微重力设施是重要的实验补充手段。空间微重力实验平台有（返回式）卫星、飞船、空间站等航天器；地面微重力实验设施有多种途径，包括落塔、落管、失重飞机、高空科学气球落舱、微重力探空火箭等。此外，在地面还常用密度匹配、小尺度相似、悬浮技术等（微）重力效应实验手段。

1. 空间飞行器

　　空间飞行器可以提供长时间的微重力环境。一般三轴稳定航天器平台的微重力水平约为 $10^{-3}g_0$，专用微重力卫星或通过安装隔振平台可使微重力水平达到 $10^{-6}g_0 \sim 10^{-5}g_0$，专用的无拖曳控制卫星微重力水平可优于 $10^{-8}g_0$。20 世纪 70 年代以来，利用（返回式）卫星、礼炮号空间站、天空实验室

（Skylab）、航天飞机、和平号空间站和 ISS 开展了大量微重力科学实验。目前，ISS 是微重力空间实验研究的主要平台，其上安放了多个微重力流体物理、微重力燃烧及空间材料实验柜。此外，俄罗斯有光子号（Foton）返回式微重力系列卫星，我国也利用返回式实验卫星开展了多次微重力空间实验。

2. 微重力探空火箭

火箭在空间关机后的抛物线轨道飞行可获得几分钟到十几分钟的微重力时间。一般微重力探空火箭的微重力水平可以控制到优于 $10^{-4} g_0$。ESA 专门的微重力系列探空火箭有 MAXUS（弹道高度为 700～720 km，有效载荷为 800 kg，微重力时间为 12～13 min）和 TEXUS（弹道高度为 250～300 km，有效载荷为 330～400 kg，微重力时间约为 6 min）。美国、英国、日本等国家都在积极通过探空火箭提供的微重力实验环境进行微重力实验研究。2000 年，我国也成功发射了国内第一枚固体微重力探空火箭 TY-3，将 50 kg 载荷运送到 220 km 高度，微重力时间约 5 min，微重力量级为 $10^{-4} g_0$。

3. 高空科学气球落舱

高空科学气球上升到一定高度后，将携带的舱体释放使其自由下落，可获得十几秒到几十秒的微重力时间。法国、日本开展过多次微重力高空科学气球落舱实验；意大利微重力高空科学气球落舱（GiZero）可以实现 20 s 内残余加速度小于 $10^{-12} g_0 / Hz^{1/2}$ 的高微重力水平；德国 MIKROBA 高空科学气球落舱系统装备了冷气推进系统以克服空气阻力。1998 年我国与德国合作进行了高空科学气球落舱微重力燃烧和细胞电融合等实验，中国提供高空科学气球和测控装置，德国提供微重力落舱 MIKROBA5 系统，落舱从 40 km 高度下落，其舱内微重力水平达到 $10^{-4} g_0$，持续时间达到 60 s，实验获得圆满成功。

4. 失重飞机

当飞机几乎完全关闭发动机沿抛物线自由飞行时，可产生 15～30 s 的微重力时间。微重力水平为 $10^{-3} g_0$～$10^{-2} g_0$，通常每次飞行做多次抛物线飞行。俄罗斯、美国、法国等都有用大型运输机改装成的失重飞机；加拿大、比利时、荷兰、日本都有用教练机等改装的失重飞机；我国曾有用国产 TF-5 喷气歼击教练机改装的失重飞机。

5. 落塔、落管

通常在设施的顶端将落舱系统释放后使其自由下落，并采取措施减少空气阻力，使落体的加速度接近地面重力加速度 g_0。一般落塔的微重力水平可以达到 $10^{-6}g_0 \sim 10^{-4}g_0$，微重力时间由自由落体的高度决定，通常是 $2 \sim 10\,\mathrm{s}$。还可利用上抛性落塔技术，以增加设施的微重力时间。

中国科学院力学研究所位于北京中关村的微重力百米落塔如图 7-1 所示，各种微重力实验设施的性能参数对比如表 7-1 所示。

图 7-1 中国科学院力学研究所位于北京中关村的微重力落塔

表 7-1 常用微重力实验平台性能参数

平台	落塔、落管	失重飞机高空科学气球落舱	微重力探空火箭	（微重力）实验卫星	空间站载人飞船
微重力水平	$10^{-5}g_0 \sim 10^{-3}g_0$	$10^{-3}g_0 \sim 10^{-2}g_0$	$<10^{-4}g_0$	$\leqslant 10^{-3}g_0$	$\leqslant 10^{-3}g_0$

续表

平台	落塔、落管	失重飞机高空科学气球落舱	微重力探空火箭	（微重力）实验卫星	空间站载人飞船
微重力时间	<10 s	<30 s	<13 min	通常为几天至几十天	数天、数年
单次实验成本	低	较低	较高	高	高
外界环境影响	轻微	严重	轻微	轻微	一般
实验可重复性	很好	一般	较难	一般	好
有人照料	无	可能	无	无	可能
人为干预	可行	可行	可行	可行	可行

从 20 世纪 60 年代开始，美国、日本、德国等空间技术大国相继建成了自己的落塔、落管，如 NASA 格伦研究中心落塔（井）、日本国立微重力中心落井、德国不来梅大学落塔等，我国也自 80 年代以来建立了多个落塔和落管系统。各地微重力落塔、落管主要参数如表 7-2 所示。

表 7-2　各地微重力落塔、落管主要参数

单位名称	落塔、落管标称高/深度（m）	有效工作时间（s）	微重力水平	备注
NASA 格伦研究中心	145	5.18	$10^{-5}g_0$	
NASA 格伦研究中心	24.1	2.2	$10^{-3}g_0$	
美国波特兰大学	31.1	2.13	$10^{-3}g_0$	
德国不来梅大学应用空间技术和微重力中心	146	4.74 9.2	$10^{-5}g_0$	自由下落上抛模式
西班牙航天技术研究所	22.8	2.16	$10^{-4}g_0$	
日本北海道落井	710	10	$10^{-5}g_0$	已关闭
日本土崎落井	100	4.5	$10^{-5}g_0$	已关闭
澳大利亚昆士兰技术大学	21	2.1	$10^{-3}g_0$	
中国科学院力学研究所	116	3.62	$10^{-5}g_0$	
中国科学院金属研究所	50	3.2	$10^{-6}g_0$	无容器
中国科学院工程热物理研究所	25	2.3	$10^{-3}g_0$	
中国航天科技集团第一研究院第 702 研究所	45	2.8		

值得一提的是，我国的落管系统在实验技术方面具有特色。例如，在微

重力材料实验方面，中国科学院金属研究所发展了半熔化材料实验方法，在落管仅有的几秒微重力时间内可实现材料的准定向凝固实验，满足单晶、共晶等各种类型材料的微重力实验需求。而传统的落管实验采用熔滴下落法，因提供的微重力时间较短，只有高熔点材料才能在短短的几秒下落过程中实现凝固，实验材料范围受到了很大的限制。因此，近年来我国仍在利用落管开展微重力材料科学研究，而国外基本上看不到相关报道了。

（二）微重力流体物理

早期微重力流体物理以空间流体管理和空间材料生长中的流体过程为基本研究对象，对简单体系的毛细现象、对流和扩散过程进行了大量研究。尤其是为流体表面（界面）驱动对流及其稳定性规律，表面毛细效应与浮力效应的耦合作用，以及晶体材料的空间生长和机理等研究，提供了大量基础知识，同时丰富了人类对单一机制作用下的流体界面现象的理解，如变化的重力水平不但影响流体"块"状（对流）流动，还将引起毛细波、重力波等流体界面效应（尽管是在很弱的重力水平下）。

随着如 ISS 等大型空间设施的建设，以及深空探测任务的持续开展，国际上开始对有流体技术工程应用背景的复杂流体界面现象的流体过程及重力影响（如热管、薄膜蒸发、两相流动与沸腾传热技术等）加强了研究。美国、欧洲、日本等国家（地区）已经将其列为微重力流体物理的前沿课题之一，并启动了如微加热器阵列沸腾实验、核态池沸腾实验、对流和界面质量交换实验、多尺度沸腾相关研究等国际空间实验研究计划。多相流和空间热管理、软物质与颗粒介质动力学研究等已成为微重力流体物理的新内容，这些研究将促进流体力学新体系（界面过程、相变过程、传热和传质过程）的建立，以及胶体科学等新学科的发展。

软物质作为国际上微重力流体物理和材料科学的重要方向一直受到广泛重视。该领域的微重力研究涵盖了软物质的很多体系，包括胶体、乳状液、凝胶、液晶、磁流变流体、泡沫和颗粒物质等。胶体是目前国际上微重力研究的主要方向之一。1998 年，在 ESA 的支持下各国利用探空火箭的微重力条件进行了胶体聚集速率的测量研究。1999～2002 年，日本研究人员利用失重飞机对微重力条件下胶体晶体的生长速率进行了研究。但由于胶体体系的相关过程较慢，国际上相关的微重力研究大部分还是基于 ISS 进行的。早期非常著名的实验结果之一是 1995 年在 ISS 的哥伦布实验舱，对硬球胶体粒子体系进行的实验，发现在地面上存放一年都不会结晶的体系，在微重力条件下两周之内就完全形成了晶体结构。之后的相关微重力研究在 ESA、NASA 等的长期支持下从未间断，2001 年开始的空间胶体物理实验项目，利用动态、静态光散射，Bragg 和小角散射，以及长时间成像等测试手段，研究了不同胶体悬浮液的相变、生长速率、结构形貌、力学性质，以及分维聚集体的结构和性质的相关细节。2012 年开始，二元胶体合金实验（BCAT）系列研究项目进行了流体、二元合金及界面结晶的临界点行为，相分离动力学，相分离与结晶的竞争，种子粒子的尺寸和浓度对晶体生长的影响，温度控制的融化和结晶，凝胶的老化和晚期塌陷，以及盘状粒子的三维结晶、生长和融化等大量的微重力实验研究。2012 年开始的先进胶体实验（ACE）系列研究项目，利用显微镜模块的共聚焦显微镜进行研究，开展了延长产品保存期限、胶体工程、自组装、非生物自复制、温度敏感聚合物、微凝胶的融化和结晶等方面的研究。2002 年开始的胶体乳液中顺磁性聚集体结构实验（InSPACE）系列研究项目，主要研究在直流电和脉冲磁场下磁流变液真实的三维平衡结构，特定磁场强度和脉冲频率下三维结构的抗弯失稳机制，非球形超顺磁粒子对聚集体结构的形成和动力学的影响，以及对磁流变液黏弹性的影响等。其中的很多项目都是支持年份很长的系列项目，如 BCAT 目前已经进行到 BCAT-6 的研究，ACE 系列已进行到 ACE-3 的研究，InSPACE 系列已进行到 InSPACE-3 的研究，等等。2013 年 NASA 将利用电场下胶体自组装制造纳米材料的 InSPACE 系列实验成果列为 ISS 十大科学成就之一。目前，胶体方面空间微重力研究的一些主要成果包括利用临界卡西米尔效应控制胶体的聚集过程，在地面条件下是反应限制的过程，而在微重力条件下是纯扩散过程；聚集体团簇的生长在地面条件下受重力引起的结构重组影响，而在微重力条件下热涨落最终抑制分形生长，基于此可得出形成凝胶的最低体积分数；空间微重力实验发现了硬球胶体粒子可以在熵驱动下形成晶体结构，对计算机模拟的预言进行了验证；没有重力的作用，在 ISS 中相分离过程比地面条件要多花 30 倍的时间；胶体聚合物体系的相分离，从早期的亚稳分解变为后期的界面张力驱动的熟化过程；硬球结晶中，微重力条件下晶粒生长的更快更大，晶粒间有明显的熟化现象，此外还有枝化生长，而重力会抑制晶粒间的熟化；在微重力条件下发现了"晶体凝胶"特殊结构，其形成是由于结晶过程抑制了气液相分离；等等。

除胶体之外，在聚合物、液晶、泡沫和颗粒物质等相关软物质领域也开展了大量的微重力研究。2007 年开始的剪切拉伸流变实验（SHERE）系列研究项目，目前已开展了 SHERE-II 的研究，针对聚合物流体，研究旋转引起的预剪切对其应力应变响应的影响，以及添加刚性惰性填料对相关性质的影响规律。2014 年开始的液晶薄膜分析观察实验（OASIS）则是针对液晶体系，研究自由悬浮的液晶薄膜的界面和流体动力学行为。2013 年开始的泡沫光学与力学（FOAM）和乳状液与泡沫的微粒稳定性（PASTA）项目，主要针对泡沫进行研究，利用微重力条件下不会引起湿泡沫排液的特点，对湿泡沫的特性开展研究，研究内容包括泡沫和乳状液的形成、稳定等问题，并期望帮助开发具有更好流变特性和稳定性的泡沫材料。2013 年开始的颗粒物质的压实与声音（COMOGRAN）项目针对颗粒物质体系，开展颗粒物质阻塞相变附近的随机堆积特性的定量化研究，研究发现，在不同尺寸的容器中放入不同数目的颗粒，在粒子数密度足够大的区域或容器中，可以观察到颗粒按照晶格紧密排列；对于只有两个颗粒的容器，则出现周期性的"超声压缩"，最终达到一个受迫的共振状态。长时间的实验统计结果表明，在不同的振动条件下，颗粒在两个维度上的速度概率分布函数均能很好地满足指数分布律。

国际上近年的微重力流体物理科学进展以 ISS 所取得的科研成果和后续研究项目的规划与逐步实施为突出代表，具体表现如下。

1）ISS 自 2011 年起进入全面使用阶段，为先进的微重力科学研究提供了新的机遇。这一阶段的研究更加关注基础与应用基础问题，以及现象背后的物理本质；针对不同时间和空间尺度下的不同过程，采用多重互补、有机结合的方法，以促进认识的深化和应用水平的提高，并加强了空间实验的国际合作。

2）ESA 在 ISS 哥伦布舱内的流体实验装置已经正式运作并开始了流体实验。由德国、法国等几个国家合作开展的地球层流体对流实验项目（Geoflow）在 2009 年进行了实验，该实验主要模拟地球大气层内的流体对流和全球对流模式及其稳定性，并于 2011 年进行了第二期实验研究。ESA 生命和物理科学计划（ELIPS）中主要的流体物理研究项目——相变界面对流与两相系统热质传输过程项目（CIMEX）于 2010 年在 ISS 上进行。ESA 还正在开发用于 ISS 两相传热系统研究公共平台的"具有诊断能力的热调节器"。同时，ESA 空间两相系统的先进国际联合工作组也在规划新的空间实验项目。中国科学院力学研究所受邀参加该国际合作项目，先后多次参加并承办了 ESA 发起的天地应用两相系统国际会议和工作组联席研讨会。

3）NASA 在 2010 年已将毛细管通道流动（CCF）实验装置安装在 ISS 上，并将在空间站科学手套箱中进行实验。该项目是 NASA 与 DLR 的合作计划，主要研究如何在空间利用毛细力约束和传输液体的流体管理技术，其研究结果有益于改进空间液体和推进剂管理的设计。NASA 于 2011 年开始在 ISS 上进行沸腾实验装置项目，其中包含微加热器阵列沸腾和核态池沸腾两个实验。

4）JAXA 在 2008～2010 年利用日本 JEM 舱的流体实验柜（RYUTAI Rack）完成了首批空间流体物理实验项目，成功进行了世界上最大的液桥（直径 60 mm，高 30 mm）热毛细对流实验研究，获得了很好的实验结果。JAXA 在第二阶段实验中，将两相流动系统实验作为微重力流体物理的研究项目，于 2017 年初运送至 ISS 并进行了全面的性能测试，于 2017 年底开展了沸腾两相流空间实验。

（三）微重力燃烧科学

国际上，微重力燃烧研究的主要力量为美国、日本、欧洲和俄罗斯，它们的研究各有特点。其中，美国的研究工作涉及的研究内容之广和取得的研究成果之丰富远超过其他任何国家。经过近半个世纪的发展，微重力燃烧基础研究已经涵盖了预混气体燃烧，气体扩散燃烧，液滴、颗粒和粉尘燃烧，燃料表面的火焰传播，多孔材料闷烧等燃烧学科的各个领域。研究加深了人们对燃烧基本规律的理解，发现了一些独特的现象，部分研究成果已经写入教材。在航天器火灾预防方面，有关国家建立了材料防火性能评价标准、选用规范和数据库，并制定了火灾安全设计规范。随着新材料的出现和燃烧与火灾科学的发展，特别是载人航天器上火灾事故的发生，要求不断对规范和数据库进行修订。在火灾探测方面，建立了航天器舱内着火征兆数据库、燃烧产物迁移模型，发展出多种可供选择的火灾探测器，部分已经投入使用。在火灾控制方面，研究了多种灭火措施的可行性，制定了火灾反应预案。

1973 年，NASA 刘易斯研究中心组织多国科学家对微重力条件下燃烧实验的科学问题和研究方向进行了深入讨论，并全面评估了研究工作的科学价值，对美国及国际上微重力燃烧研究的发展产生了重要影响。1974 年，美国第一次在天空实验室中开展了固体材料可燃性和灭火研究。在航天飞机时代，燃烧仍由基础科学问题和防火安全相关问题驱动，成为微重力科学中一个活跃的研究领域，空间实验研究的重点主要是火焰传播和熄灭、点燃和自燃过程、阴燃和液滴燃烧等，取得了显著的研究成果，其中包括精致的球形火焰实验。值得指出的是，20 世纪 80 年代中后期，地基微重力燃烧研究重新受到重视，实验设施得到发展，欧洲、日本、苏联的微重力燃烧研究也蓬勃发展起来，空间实验与地基研究相结合，推动研究成果急速增加。当前，除了落塔、失重飞机和探空火箭等设施，各主要国家将 ISS 作为开展微重力燃烧实验的重要基础设施，规划出了详细的发展蓝图，在航天器防火安全和燃烧科学基础问题两个方面计划开展大量的研究工作。下面将国际上微重力燃烧研究的发展历程、核心问题、重要科学发现及其作用等分为液体燃烧、气体燃烧和固体燃烧专题分别进行简要总结。

1. 液体燃烧

液体燃烧的研究起源很早，但直到 20 世纪 50 年代 Godsave 和 Spalding 提出深入分析喷雾燃烧的基本架构，才有了较系统的经典理论，即液滴燃烧理论。该理论建立在球状对称稳态火焰的基础上，以最简单的一步反应描述燃烧，假设传热和传质系数相等（Lewis 数为 1），不考虑碳烟形成及辐射和对流传热，基于这些假设得到了著名的 D^2 定律。此理论也适用于液滴的挥发燃烧。在该理论被提出之后，科学家开始设计液滴燃烧实验以验证理论。1953 年，Godsave 在液滴燃烧实验中发现火焰形状并非球状对称，引起了人们对重力影响的关注。1957 年，日本 Kumagai 研究团队首次发表了使用简易自由落体设施获得的微重力下悬挂液滴燃烧的实验结果，发现了空气阻力对落舱及微重力水平的影响，进而于 1958 年使用流线型的落舱得到了真正球形的液滴火焰，并于 1971 年排除了悬挂液滴的细丝对火焰的影响，实现了自由悬浮液滴的微重力燃烧。这些早期的微重力实验对于检验液滴燃烧理论发挥了不可替代的作用，也促使人们认真思考理论中各种假设的适用性。

在 ISS 上安排了较多的液滴燃烧实验，特别是多功能燃烧实验柜（CIR）中配备的多用户液滴燃烧装置（MDCA），为相关研究提供了较为完善的实验条件，已经完成了相当数量的实验工作。自 2011 年起，Nayangam 等发表了一系列 ISS 液滴燃烧实验的结果，观察到在"热焰"熄灭之后液滴周围的温度仍能维持液滴在低温下的燃烧反应，故称为"冷焰"。2013 年 NASA 将冷焰的发现列为 ISS 十大科学成就之一。另外，Farouk 等在火焰熄灭实验（FLEX）中观察到熄灭的液滴火焰能够因为加压再度引燃热焰，并通过数值模拟成功地解释了此现象。

2. 气体燃烧

气体燃烧研究不仅面向实际应用中湍流火焰的基本环节发展理论和模拟方法，还面向更为基础的层流火焰理论问题。实验研究的火焰由实验室规模的简单设备形成，且多数为稳态火焰，而燃烧器的种类与规格也在学界的共识下逐渐趋向一致，较为通用的气体火焰燃烧器包括预混及非预混的射流火焰、对冲火焰和定容弹等。随着燃烧反应动力学及多维数值模拟计算的发展，对火焰结构的观察已经从以往认知的火焰外观形状提升至用不同的光学手段探测火焰中重要组分浓度、温度及流速等的分布，以便检验燃烧模型的适用性，预测气体燃烧过程的理论模型已被广泛地应用到实际设备中，实验室气体火焰也因此成为光学测量领域的一个重要测试对象。

1981年起，NASA刘易斯研究中心选择射流火焰作为其中的一个项目，对空间实验的科学需求和概念设计进行了评估，并为此使用2.2 s落塔开展了简单的基础实验。1987～1992年，进一步使用5.18 s落塔和失重飞机较为深入地探讨了相关的科学问题。其总体目标在于观察微重力条件下稳态和瞬态层流射流火焰的引燃、滞留时间、碳烟生成、辐射传热、火焰冷却、熄灭条件等现象，以及加速度和重力场扰动（g-跳）的影响，进而改善层流射流火焰的理论模型。此时，NASA开展微重力火焰研究的主要动机是为控制空间火灾提供理论基础。

2005年，Aelburg等在哥伦比亚航天飞机（STS-83、STS-94、STS-107）和落塔上完成了微重力下层流射流火焰形貌及烟点的系列实验，研究验证了Spalding发展的关于火焰形状的理论。同一团队于2009年使用双色测温法得到了微重力火焰的碳烟温度。2016年后，ISS上的射流火焰实验陆续产出结果，实验可测量碳烟温度和碳烟体积分率等数据，Long和Smooke将实验结果与计算结果进行了比较。

3. 固体燃烧

固体燃烧是比液体燃烧更为复杂的现象，其火焰不但在气相上具有复杂的反应，火焰的热反馈也使固体内部具有一定的温度梯度，且固体在燃烧过程中形成多孔结构，氧气和其他气体可能通过扩散进入固体内部，使固体内的高温化学反应更为复杂。对片状固体材料燃烧的认识，在20世纪80年代之前已经有了较好的理论及实验支撑，特别是对那些从传热学的角度来说相对薄的材料，一部分问题的分析能够做到简化。微重力实验同样能够消除浮力对固体材料燃烧的影响，进一步简化燃烧模型，并将认识范围拓展到低速流动和静止条件下的情况。对于材料的燃烧极限来说，由于浮力流动消失，微重力下Damköhler数（停留时间与化学反应时间构成的无量纲数）可能变得很大，固体材料的可燃范围将拓宽。这一基本的科学考虑所提供的重要信息是，在正常重力下得到的材料燃烧极限将无法应用到航天器的防火规范中。因此，研究固体材料在微重力下的燃烧特性以掌握材料着火、火焰传播和熄灭规律对载人航天任务的影响十分必要，而找到航天器常用材料的燃烧极限更是相关研究中最重要的问题之一。

对热厚材料燃烧过程的实验研究需要较长的微重力时间，有关的实验工作数量较少，起步也相对较晚。1993～1997 年，美国在航天飞机中研究了不同压力、不同氧气浓度的静止环境中热厚材料表面的火焰传播。实验结果表明，在 50% 氧气 / 50% 氮气和 70% 氧气 / 30% 氮气的环境中，聚甲基丙烯酸甲酯（PMMA）材料可以产生持续数分钟但传播速度不断减小、最终熄灭的非稳态火焰。这可能是因为燃烧过程受扩散控制，而辐射热损失使得本来与氧气扩散长度相当的温度扩散长度变小，这两个尺度之间的不匹配随时间扩大，直到氧气扩散速度不能维持火焰的传播。1995～1998 年，美国和俄罗斯在和平号空间站上进行了非金属材料的燃烧实验，包括对 PMMA 板、聚甲醛树脂和高密度聚乙烯柱等热厚燃料的实验。研究发现，在 0～8.5 cm/s 的同向气流（氧气浓度为 23.6%～25.4%）中，每种材料的火焰传播都存在极限气流速度（0.3～0.5 cm/s）。2004 年，Olson 等利用探空火箭对 PMMA 表面的火焰传播进行了 6 min 左右的微重力实验，研究气流速度和氧气浓度对热厚材料表面逆风火焰传播的影响，实验环境氛围为 50% 氧气浓度和 70% 氧气浓度，通道内的压强保持在 1 个标准大气压。由于实验条件限制，对每种氧气浓度，实验仅得到了 1～2 个火焰传播速度数据。

通过理解空间环境中固体材料的可燃性，能够最大限度地保证航天器和地外栖息地的防火安全，太空消防安全继续受到美国、欧洲和日本等的高度重视，相关研究主要包括以材料可燃性为依据改进材料筛选方法；建立新的实验和理论方法，以便利用常重力条件下材料筛选测试的结果预测微重力条件下材料的防火性能；增强对月球和火星等低重力环境中燃烧过程的理解；从更基础的角度认识微重力条件下的热解和燃烧等过程；明确火灾探测的特征参数及其定量信息；了解低重力条件下灭火剂与火焰和固体表面之间的相互作用；发展详尽的固体燃料燃烧数值模型等。除了地面研究工作，安排的空间实验包括 ISS 美国舱段中的材料可燃性评估实验；欧洲舱段中的固体材料燃烧和火焰抑制实验；日本舱段中的材料着火和火焰传播实验；"天鹅座"飞船上的大尺寸材料样品火焰传播实验。围绕航天器防火问题，NASA、ESA 和 JAXA 对其空间和地面研究进行了系统规划，并以国际合作的方式开展联合研究。

（四）空间材料科学

1. 微重力材料科学

微重力环境中的材料研究首先要考虑的因素是重力引起的与流体流动相关的过程消失，或者被明显抑制。因此，初期的微重力材料科学实验主要针对与冶金过程相关的金属或复合材料的加工。随着研究的不断展开和空间实验机会的增加，微重力材料科学研究逐步涉及更多学科。研究内容从常规的凝固过程到无容器深过冷非平衡凝固过程；从常规的 Bridgman、浮区法生长单晶到脱壁（分离）法生长单晶；从重力场效应对材料形成过程的作用与影响到施加磁场、电场等外场来影响和干预过程；从用常规方法进行的材料制备到自蔓燃高温合成、电化学物理化学合成材料；从原子分子体系的材料形成过程到纳米材料、胶体体系的自组装及尘埃等离子体系聚集形成晶体的形成过程；从常规的扩散过程到黏度、表面张力、比热容等物理性质的研究。微重力材料科学涉及的交叉学科包括材料科学、凝聚态物理、力学、流体力学、冶金、工程热物理、声学、光学和电子学等。例如，用浮区法及脱壁生长法进行半导体晶体生长中的杂质分布与输运问题研究，离不开液桥和 Marangoni 对流的流体力学问题；胶体晶体的相变机制及相关的相分离等科学问题既是材料研究者感兴趣的，也是凝聚态物理、流体物理研究者感兴趣的。从实验技术上来说，用实时观察的方法研究透明溶液中的晶体生长要用到激光全息干涉成像；进行不透明材料凝固过程的监控和观察要用到超声、电阻和红外热成像等方法；材料实验与制备加工装置的设计制造与在空间的运行离不开力学、工程热物理等。因此，随着在空间站等长时间和高微重力空间飞行平台上开展的材料科学研究的机会越来越多、越来越深入及更多的规律被发现，微重力材料科学研究对材料科学的理论发展和完善，以及对地面和空间应用的影响日益增强和扩大。

2. 材料空间使役行为

材料空间使役行为研究主要从"预防"和"治疗"两个方面展开。"预防"是针对空间环境可能对直接使用的材料产生不利影响，研制或选择具有抗环境影响的材料类型。例如，对原子的氧防护方法，是在材料基体或表面引入与原子氧不反应或反应系数低的材料来提高其耐原子氧剥蚀的性能；对聚合物经过氟化处理，添加 Si 成分；对 Ag 这种材料则采用 Ag 基复合材料以提高其抗原子氧侵蚀的能力。由于空间环境综合作用下反应过程的复杂性，在作用机理尚未明确而靠"预防"还存在很大难度的情况下，则采取"治疗"的手段。例如，尽管原子氧的氧化能力很强，但大多数金属、几乎所有的金属氧化物、大多数有机硅化合物，以及少数有机化合物，在原子氧环境中是稳定或相对稳定的，可采用在基底材料上涂敷一层 Al_2O_3 或 SiO_2、聚硅氧烷等耐原子氧作用的涂层。另外，对于运动机构，摩擦副运动期间形成的磨屑颗粒或液体润滑剂管理也是典型的材料空间使役行为研究方向；当材料某一性能失效后可能会导致其他性能丧失或衰减的这种"短板效应"，同样是材料空间使役行为研究领域的关注热点。以润滑材料为例，必须充分考虑其工作环境条件，如月球探测往往采用数目众多的运动机构，大部分摩擦面直接暴露于月面环境，涉及极高真空（$\leq 10^{-9}Pa$）、大温差温度交变（$-180 \sim 150℃$）、太阳辐射等极端环境，因而防止真空冷焊和冻伤异常重要。月夜-月昼变化期间的大温差温度交变对摩擦副材料的热膨胀系数、润滑材料的稳定性等都提出了极高的要求。伴随材料科学研究的最新进展，材料空间使役行为研究作为 ISS 研究的重要组成部分，近年来国外各国均借助 ISS 持续开展相关研究工作，如 NASA 在 MISSE-8 中开展了离子液体材料性能表征研究，以及空间环境对碳纳米纤维影响效应研究。可见，材料空间使役行为研究将始终与空间材料科学同步发展。

3. 空间材料科学研究装置

自 ISS 开始建造以来，各国都在花大力气研制空间材料科学与应用研究实验装置，有通用装置，但更多的则是专用装置。目前，在各舱段安放可用于或进行过材料科学实验的较通用装置主要包括如下。

（1）微重力材料科学研究装置

微重力科学手套箱（MSG）：是带有多个通用功能（如摄像、实时观察、数据采集与遥操作）可由航天员操作进行多种实验的装置。微重力科学手套箱在 ISS 建造期间就开展了包括空间材料科学研究在内的许多实验，特别是航天员的参与和功能单元的重复使用提高了实验效率。

材料科学研究设备柜（MSRR-1）：这是一个功能强大的多用途材料科学实验室。在该实验室能实现多种类型材料（如金属、陶瓷、半导体晶体和玻璃等）的实验。MSRR-1 由 NASA 与 ESA 联合投资和构建，是一个高度自动化的装置。

临界液体与结晶研究装置（DECLIC）：是用于进行流体物理与材料科学

领域实验的多用途装置，共有4个适合于不同类型科学实验的单元，其中一个是用于熔体材料的生长界面前沿动力学与形态转变研究。

空间动态共振超声矩阵系统（SpaceDRUMS）：是先进的无容器材料加工炉，它利用声波使这些材料在悬浮状态下保持稳定，可在微重力环境下悬浮加工处理多种材料。

空间超高温合成材料装置（SHS或SVS）：是可以直接在月球或其他星球上探索开发新材料和进行空间修复（如焊接、连接、涂层和净成型生产）的实验装置，该装置的最高温度可达3000～3500 K，由ROSCOSMOS建造并临时安放在微重力科学手套箱中。

温度梯度加热炉柜（GHF或Kobairo）：是用于制备高质量晶体的电阻加热炉，其由一个真空室和三个可移动加热器组成，最大温度梯度可达150℃/cm，由JAXA建造，安置在日本的希望号实验舱中。

电磁悬浮装置（EML）：用于进行导电等材料的无容器熔化、凝固、过冷、熔体热物性（如表面张力、热容和热导、热膨胀等）等实验及测量，能提供气氛或真空的实验环境，由ESA和其成员DLR合作研发。

静电悬浮装置（ESL）：能进行更多种材料的无容器熔化、凝固、过冷、熔体热物性（如表面张力、热容和热导、热膨胀等）等实验及测量，提供气氛或真空的实验环境，由JAXA研发，并安装在日本的希望号实验舱中。

多区电真空炉（MEP-01）：该炉的最高加热温度可达1250℃，样品的移动速度在0.1～25 mm/h，带旋转磁场功能，由ROSCOSMOS研发，将在ISS上开展实验。

（2）材料空间使役行为研究装置

国际空间站材料实验台（MISSE）：是外部可交换的实验台，用于研究和评价光学、传感器、电子、通信装置、涂层和结构等材料受原子氧、超高真空、太阳辐照、微陨星尘、太阳光照和极端冷热交变的影响。至少已经有8个这样的实验台（MISSE-1～MISSE-8）安装在ISS的快速后勤舱外部。

NanoRacks外部载荷平台（NREP）：是美国一个名为NanoRacks的私营公司以商业方式运作部署在ISS上日本希望号太空舱外的，可进行外太空极端环境下观察和实（试）验的载荷平台，如可以进行先进电子器件和材料在外太空环境下的暴露实验研究。另外，运载实验样品的装置可以自动移动，不需要宇航员在舱外操作。只要付费就可使用该平台进行实（试）验，样品可以回收返回地面。

欧洲技术暴露实验装置（EuTEF）：该暴露装置用于空间地球科学、材料暴露与空间环境的研究，其提供电力、数据采集处理、热控和结构支撑。该装置由 ESA 成员国意大利研制并安装在哥伦布舱外。

ROSCOSMOS 在其星辰号服务舱外部安装了两个外部暴露平台，用于各种可更换的盒状材料样品的暴露实验。

（五）空间基础物理

1. 空间量子科学

在国际上大量地面研究和中国发射量子科学卫星的背景下，空间量子科学实验及应用近年来引发了国际广泛的重视。目前 ESA、日本等国家和机构都已经开始准备空间与地面量子科学实验。在欧洲多国科学家团队与 ESA 合作，已经提出以 ISS 为平台的空间量子通信和大尺度量子力学检验实验计划（QUEST 计划），其主要科学目标是实现星地双向量子纠缠分发，同时进行星地量子密钥分发实验。美国在"保持国家竞争力"计划中，将量子信息列为重点支持领域，并在空军演示了建立飞机与地面的量子链路的过程。日本提出了量子信息技术长期研究战略，并搭载发射了量子通信探测系统进行验证。新加坡进行了单光子探测器辐照实验，并进行了纠缠源高空科学气球飞行实验，并计划发射搭载纠缠光源的卫星载荷。

2. 空间冷原子物理与冷原子钟

将物质冷却到更低的温度一直是科学家的追求，人类从 1908 年左右开始将氮气液化，创造了将物体从室温 300 K 冷却到几开的新方法。而后，不断发明新方法将物体冷却，到 1995 年科学家已将物质冷却到纳开（nK, 10^{-9} K）量级，其成果分别授予了五次诺贝尔物理学奖（图 7-2）。由于地球引力的限制，冷却温度的极限一直没有被打破。空间超冷原子物理实验是在继 1997 年、2001 年、2005 年冷原子及精密光谱技术三次诺贝尔物理学奖成果的基础上又一次新的跨越式发展的机遇。基于空间站的微重力条件，可以将物质继续冷却至比地面冷却温度低三个数量级的皮开（pK, 10^{-12} K）量级。

超冷原子技术的发展，导致人类成功获得玻色－爱因斯坦凝聚体，而玻色－爱因斯坦凝聚体无论是在基础研究还是在应用研究中都有巨大的潜在价值，因此一些发达国家，如美国、德国、法国、意大利、日本等，都相继投入研究力量全面展开这一前沿领域的研究与探索。美国能源部有关到 2025 年的中长期七大规划目标之一是"探索能源、物质、时间与空间的

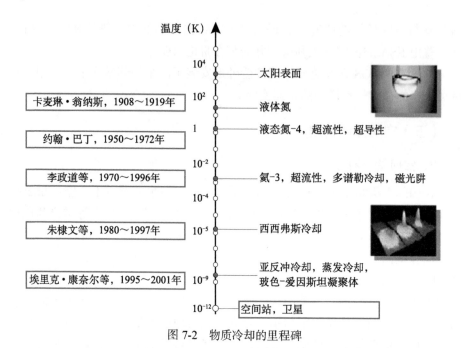

图 7-2　物质冷却的里程碑

相互作用"，在美国 2006 年财政 R&D 优先领域中的"物质科学优先发展领域"都将"量子冷凝聚物"列入其中，德国、法国、英国、意大利等发达国家也都将"量子冷凝聚物"作为优先资助的重要的基础研究方向，并且建立了强大的实验室和研究队伍。值得注意的是，美国一些国防研究机构如 ONR（海军研究部）、ARO（陆军研究部）已将与超冷原子物理相关的超灵敏探测技术列入其研究计划，并启动了一个被称为多学科大学创新研究计划（Multidisciplinary University Research Initiative）的庞大计划，目的是利用哈佛大学、斯坦福大学、麻省理工学院、耶鲁大学、科罗拉多州立大学、亚利桑那州立大学、莱斯大学、美国国家标准与技术研究院等十几所大学与研究机构在冷原子物理及原子光学研究领域工作的世界一流专家，共同探索新的途径来开发"超冷原子"在工业、国防及空间科学技术领域的可能应用。

　　NASA 支持空间基础物理研究已经有 20 多年的历史，最初研究项目集中在"低温与凝聚态物理"，近年来又增加了对"激光冷却与原子物理"、"相对论与引力物理"和"生物物理"的支持。激光冷却与囚禁原子实验要求尽可能长地俘获原子，但是在地面实验室，重力时常会破坏原子势阱，降低冷却效果；同时，机械振动也会加热原子团。因此，冷原子物理成为 NASA 支持的空间物理实验的一个领域。NASA 在支持空间物理实验的同时，也在广泛支持许多基于地面环境的研究项目，这是非常必要而有益的。第一，地面实验室进行的实验，有助于初步了解现象，摸清实验环节和难点，从而给出空间实验的内容。第二，只有从广泛的地面研究项目，才能筛选出那些真正值得去太空做的实验，而后者则是地面实验的自然延伸。第三，要在太空进行物理实验，必须首先在地面尽可能的进行，只有这样，才可以确定在空间实验室中，一个高度复杂的物理实验是否能成功完成。正是由于地面实验的重要性，在 NASA 资助的研究项目中，地面实验与空间实验项目的数目大约为 6∶1。

世界上第一个在微重力环境下的玻色–爱因斯坦凝聚体研究项目是欧洲的 QUANTUS（QUANTen Gase Unter Schwerelosigkeit）计划。QUANTUS 由德国的汉诺威大学、量子光学研究所和不来梅大学应用空间技术和微重力中心联合发起，由 DLR 资助，目标是在微重力环境下进行玻色–爱因斯坦凝聚体和简并混合气体的研究。2007 年 11 月，QUANTUS 装置第一次在不来梅落塔上实现了 ^{87}Rb 原子气体的玻色–爱因斯坦凝聚体。纯玻色–爱因斯坦凝聚体的原子数为 8000～10 000 个，玻色–爱因斯坦凝聚体的自由飞行时间约 1 s（对应于从垂直零速度自由落体 5 m）。QUANTUS 的进一步计划是分别进行玻色–爱因斯坦凝聚体演化到零磁子能级态上的绝热过程研究、序列射频耦合输出的玻色–爱因斯坦凝聚体干涉分析，以及芯片表面的玻色–爱因斯坦凝聚体量子反射研究等，2010 年完成了 QUANTUS Ⅰ 的 173 次实验，获得了 1～10 nK 的 Rb 原子气体，测量了它们的纵横比，结果发表在 Science 上。2013 年，又利用 1 nK 温度 Rb 玻色–爱因斯坦凝聚体成功地进行了干涉实验，结果发表在 Physical Review Letters（PRL）上。目前汉诺威小组在 Rasel 教授的领导下，正在进行 QUANTUS 二代装置 QUANTUS Ⅱ 的设计。

为了验证空间实验的激光系统及玻色–爱因斯坦凝聚系统，DLR 还组织了 FOCUS、LASUS 及 MAIUS 项目，其中 FOCUS 和 LASUS 是利用 TEXUS 火箭（VSB-30，可提供 6 min 的微重力实验环境）验证集成激光与光学系统的可靠性，MAIUS-1 计划主要验证 Rb 玻色–爱因斯坦凝聚系统的可靠性，MAIUS-2 主要验证 Rb、K 玻色–爱因斯坦凝聚系统的可靠性。

2017 年 1 月，由汉诺威大学负责的 Maius-1 利用 TEXUS 52 火箭发射成功，第一次实现了空间 Rb 玻色–爱因斯坦凝聚体实验，Rb/K 混合量子气体实验将用 TEXUS 53 火箭在未来几年进行。Maius-1 的成功发射显示了该技术在空间条件下的完美性。另外两个任务 Maius-2 和 Maius-3 计划于 2019 年或稍后发射。Maius-2 将进行超纯超冷 Rb 原子、K 原子首次在一个探空火箭发射实验。Maius-3 将进行不同原子种类玻色－爱因斯坦凝聚体的下降速度测量实验，通过测量比较检验等效原理，这是爱因斯坦广义相对论的核心。

法国主要利用失重飞机开展微重力条件下量子气体实验，ICE（失重飞机实验）项目为利用玻色－爱因斯坦凝聚体作为工作物质（物质波），形成干涉仪，进行等效原理的验证，它由法国波尔多大学光学研究所负责，目前已经在失重飞机上做过多次试验，取得了令人激动的结果。他们也获得了纳开量级的 Rb 原子玻色－爱因斯坦凝聚体，并进行了相关的科学实验，结果发表在 *Nature Communnications* 上。

欧洲各国空间科学实验主要通过 ESA 执行。在冷原子物理领域，2010 年前提出发展两台设备和一个平台：即空间原子钟组（ACES）和空间超精密冷原子干涉测量（HYPER），还有一个微重力玻色－爱因斯坦凝聚平台。目前，欧洲生命和物理科学研究计划中空间冷原子钟的两个最大项目是 ACES 计划与 STE-QUEST 计划。

美国在冷原子物理领域的主要研究计划是空间冷原子实验室（CAL）计划。2014 年 1 月，NASA 正式宣布计划于 2016 年初在现有的空间站上建立 CAL（图 7-3），其中的重要内容是建立空间超冷原子平台，主要由美国 JPL 与美国大学的实验室联合完成，已于 2018 年 5 月被送往 ISS，开始进行调试

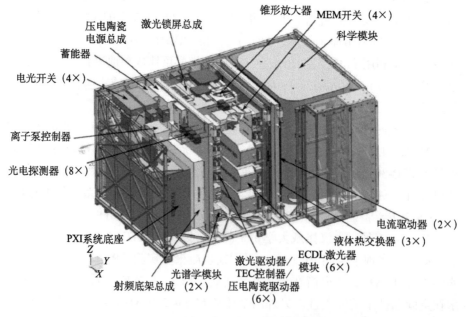

图 7-3　美国空间冷原子实验室（CAL）的物理核心部分

和运行。目标是实现 100 pK 温度超冷原子样品，利用空间站上微重力的条件获得比地面上低三个数量级的量子气体。该平台的主要研究内容包括建立原子芯片的实验装置，获得 ^{87}Rb 与 ^{40}K 的超冷原子，在玻色－爱因斯坦凝聚相变阶段获得 10 万个 Rb 原子，在费米简并气体阶段获得 1 万个 K 原子（能级 E＜0.1 EF），凝聚体寿命在 5 s 以上，光学势阱为 850 nm 波长，势阱深度达 10 个反冲能量。Feshbach 共振磁场可调至 225 Gs[①]，且具有射频选态的控制。

CAL 计划的科学目标是研究 ISS 微重力条件下的超冷量子气体特性，开展的研究内容主要为：研究 ^{87}Rb、^{40}K 和 ^{41}K 及它们的相互作用；研究量子气体的剩余动能低于 100 pK，自由膨胀时间大于 5 s 的特性；研究将 ^{87}Rb、^{40}K 或 ^{41}K 装载于光晶格中后，利用外磁场调节原子内态的组分，以及实现单组分的 Feshbach 共振。

（1）ACES 计划

欧洲正在进行的 ACES 计划包括两台高精度钟，一台是冷原子铯钟 PHARAO，另一台是主动氢钟 SHM，并配备了微波双向时间比对链路 MWL。在北美、欧洲、日本和澳大利亚建立了 6 个微波地面终端组成的时间比对网。空间冷原子铯钟的日频率稳定度优于 3×10^{-16}，准确度优于 10^{-16}，短稳可以直接与空间主动氢钟比对，长稳与地面时钟比对。空间主动氢钟频率稳定度优于 $2.1 \times 10^{-15}/1000\,\mathrm{s}$，优于 $1.5 \times 10^{-15}/10\,000\,\mathrm{s}$，中长稳与地面时钟比对，长稳与空间冷原子铯钟比对，开展原子钟不确定度的检验。ACES 在进行空间与地面原子钟间的时间频率传递与比对时选用微波双向链路。卫星双向时间传递是目前精度最高的远程时间传递方法。采用路径对消方法，能有效地降低信号传播过程中引入的误差，日平均比对精度约为 100 ps，两个站的时间信号同时与空间时间进行比对得到钟差，事后两站交换数据，将观测的钟差相减即可得到两站的钟差，时间比对精度为 1～2 ns。ACES 将开展高精度的广义和狭义相对论检验，期望把测量重力红移的精度提高 25 倍，把精细结构常数 α 随时间变化的测量精度提高 10 倍，把光速的相对不均匀性也提高 10 倍；同时，为全球提供较 GPS 精度高 100 倍的时间信号，并开展广泛应用。ACES 原计划于 2016 年发射，现至少推迟至 2019 年。

（2）STE-QUEST 计划

欧洲宇宙憧憬计划（Cosmic Vision 2015～2025）第三部分——基本物理定律的检验，启动了爱因斯坦等效原理/时间膨胀实验（STE-QUEST）预研，

①　1 Gs=10^{-4}T。

该项目由不确定度与准确度为 10^{-17} 量级的超冷原子微波钟，不确定度与准确度为 10^{-18} 量级的超冷原子光钟，以及基于玻色–爱因斯坦凝聚体的超高精度干涉仪组成。实验研究主要针对两种中性原子光钟（Sr 与 Yb）。经过预先研究研制出移动式小型光晶格锶原子原理样机。该计划的科学目标是在 $2×10^{-15}$ 量级检验物质波的等效原理；测量在地球、太阳、月球引力势作用下的时间膨胀效应，精度分别达 $2×10^{-7}$、$2×10^{-6}$、$4×10^{-4}$ 量级；应用目标是建立空间时间频率系统，向全球传递准确时间频率，实现时间频率的空地比对；建立超高精度地球引力势地图。项目经费达 4.7 亿欧元，预计 2022~2024 年发射。此外，为满足未来基础科学、地球探测及空间导航的需求，欧洲正在酝酿新的空间光钟计划，拟并进行四种冷原子 / 离子光钟（$^{88}Sr^+$、Sr、Hg、$^{27}Al^+$）的研发；该计划的时间跨度很大，至少持续到 2020 年。

（3）HYPER 计划

HYPER 是基于物质波的一种探测加速度的量子探测器。设计中的 HYPER 包括两种仪器，一种是 Mach-Zehnder 原子干涉仪，用于测量旋转和加速；一种是 Ramsey-Bordé 干涉仪，用于测量时间。HYPER 不仅可以用来检验广义相对论和量子电动力学（QED）给出的精细结构常数的量值，还能验证等效原理。

3. 空间相对论与引力物理实验

在国外，空间相对论与引力物理的重要进展主要是下面两项研究。

（1）Gravity Probe B（GP-B）

GP-B 项目由美国斯坦福大学科学家提出，NASA 于 1964 年资助。其科学目标是验证广义相对论的两个预言，即短程线效应和坐标系拖曳效应（图 7-4）。

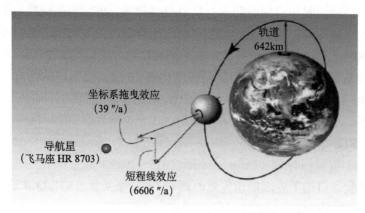

图 7-4　GP-B 检验广义相对论两个预言的示意图

GP-B 项目历经 31 年的研究和开发，10 年的飞行准备，于 2004 年 4 月 20 日成功发射。之后，经过一年半的在轨飞行调试及收录数据和五年的数据分析，GP-B 工作组撰写的实验结果论文于 2011 年 4 月投给美国的 *PRL*，并于 2011 年 5 月发表。在 NASA 总部召开的新闻发布会上发布了 GP-B 的实验结果：实验结果证明了广义相对论的两个预言；短程线效应的理论值是 -6606.1"/a，实验值是（-6601.8±18.3）"/a（相对误差为 0.28%）；坐标系拖曳效应的理论值是 -39.2"/a，实验值是（-37.2±7.2）"/a（相对误差为 19%）。在研制 GP-B 卫星的过程中开发了 13 种新技术（包括陀螺仪技术、低温技术、高精度恒星敏感与跟踪技术、微推进器和无拖曳控制技术等）。美国物理学家高度评价这项实验结果具有革命性意义，并被作为经典案例写进物理学教科书。

（2）MICROSCOPE 空间计划

法国空间研究中心于 1999 年提出微卫星无拖曳控制等效原理实验（MICROSCOPE），用于在空间检验弱等效原理（实验原理参见图 7-5，测量由不同材料做成的红色物体和绿色物体在地球引力场中的自由落体加速度是否相同）。预期检验精度为 10^{-15}，主要受温度效应、金丝阻尼、金丝寄生刚度和电容位移传感水平的限制，测量的信号频率在 10^{-3}Hz 附近。此计划被列为 ESA 与法国空间研究中心的合作计划。

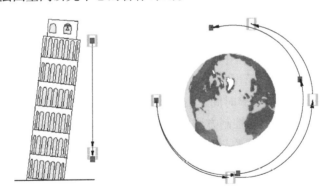

图 7-5　MICROSCOPE 的实验原理

法国空间研究中心负责设计卫星，从已有的 Myriade 卫星系列中选取并改进，卫星核心载荷 T-SAGE 由两个高精度的电容差分加速度计对（钛和铂铑合金制成的两个金属同心圆柱体）组成，它由 ONERA 负责设计。MICROSCOPE 的关键技术是差分静电控制加速度计和无拖曳控制。差分静电控制加速度计包括电容位移传感、静电力控制、电荷管理。电容位移传感技术用来测量检验质量的位移，静电力控制是指用静电力来控制检验质量。为了减少环境电磁场与带电检验质量之间相互作用的扰动力，实验中采取ONERA成熟的金丝放电来抑制检验质量上电荷的涨落（即进行电荷管理）。无拖曳控制通过调整推力器推力来补偿航天器空间飞行中受到的非保守力，使航天器跟随检验质量运动，从而保证航天器平台具有极高的微重力水平。该卫星已于2016年4月发射，2017年12月公布了初步数据处理结果，弱等效原理检验精度达到〔-1 ± 9(stat)±9(syst)〕$\times10^{-15}$[①]，积累更多数据有望进一步提高实验的检验精度。

4. 空间低温凝聚态物理

国外进行的微重力条件下低温凝聚态物理实验的主要介质是惰性气体，特别是氦（包括氦-4和氦-3）及其组合。这类气体在标准气压下的液化温度都很低，其中氦最低（4.2 K）且不会固化。研究氦除了氦本身的特殊性质（如超流）外，还因为氦常被用于空间探测器的制冷。

NASA支持了JPL和几所大学合作，进行了微重力条件下的低温凝聚态物理实验研究，20世纪90年代初起，先后研制了3个实验硬件并在航天飞机上进行实验，分别为超流氦性质的临界点实验（LPE）、约束态低温氦实验（CHeX）和动能态超流氦的微重力临界动力学实验（DYNAMX）。这几个实验硬件都带有保持低温的杜瓦和相应的测量、控制及数据传输等设备，质量都在几百千克量级，也曾计划在ISS进行实验。

低温凝聚态物理实验不仅要求微重力条件和低温条件，还要求很高的温度控制精度和压力测量精度，各种测量方法都不能干扰流体（不能带进较强的能流），且有较长的实验时间（百小时量级），因此需要发展相应物理量高分辨率的传感器和测量与控制方法。

经典物理学不能解释临界现象，也无法预测临界点附近的物质性质。美国肯尼斯·威尔逊（Kenneth G.Wilson）在量子理论的基础上发展了重整化群理论，提供了预测物质在其临界点附近物理性质的数学方法并得到了实验证实，获得了1982年的诺贝尔物理学奖；之后进行的微重力条件下临界现象的实验研究所获得的实验结果和地基结果相比较，有了明显改进。今后微重力条件下临界现象的实验研究，可以对重整化群理论的预测进行更严格的实验检验。

---

① 1倍标准偏差。

二、我国微重力科学发展情况

我国微重力科学从空间材料科学研究起步。1987年，在863计划的支持下，中国科学院半导体研究所林兰英院士利用我国返回式卫星进行搭载实验，获得了国际上第一根在空间微重力环境下从熔体生长出的高质量砷化镓单晶。1995年9月，在国防科学技术工业委员会正式批文后，在胡文瑞院士的带领下建立了国家微重力实验室（后纳入中国科学院重点实验室）和百米落塔，目前该落塔已成为中国最高、国际上正在运行的第三高度的落塔。

中国科学院微重力重点实验室是我国唯一的以微重力科学研究为主的实验室，其他微重力科学研究力量分布在中国科学院各相关研究所，以及各相关高校，更多的其他实验室及项目组以母学科为依托，开展微重力燃烧科学、空间材料科学及空间基础物理研究，在大量开展地基实验研究的基础上，积极利用空间实验机会开展空间微重力实验。

（一）我国已开展的空间微重力实验任务概述

1. 载人航天工程中的微重力科学实验

载人航天工程是我国开展空间微重力科学实验的主要途径之一，从神舟二号飞船起，几乎每次空间飞行都有微重力科学实验任务（表7-3）。近期对天宫一号、天宫二号空间实验室，以及天舟一号货运飞船也安排了微重力科学实验，涉及微重力流体物理、空间材料科学、微重力基础物理等领域，但尚未开展微重力燃烧实验。

表7-3 载人航天工程已开展的空间实验项目——微重力科学部分

序号	项目名称	承担单位	备注
1	Al-Mg$_2$Si 共晶合金的定向复合生长	中国科学院物理研究所	SZ-2
2	Pd$_{40}$Ni$_{10}$Cu$_{30}$P$_{20}$ 合金在微重力下的过冷固化实验	中国科学院物理研究所	SZ-2
3	GaAs 和 GaSb 单晶空间生长 - 空间生长 GaSb 晶体	中国科学院半导体研究所	SZ-2
4	Al-Al$_3$Ni 共晶合金、Al-Bi 偏晶合金和 Al-WC(Ni) 金属基复合材料的空间制备及 Al-Al$_3$Ni、Al-Mg$_2$Si 与氮化硼、氧化铝和石墨间的润湿性实验	中国科学院金属研究所	SZ-2
5	空间生长三元半导体红外光电晶体研究——HgCdTe(CaZnTe) 空间生长研究	中国科学院上海技术物理研究所	SZ-2

续表

序号	项目名称	承担单位	备注
6	微重力对 $Bi_{12}SiO_{20}$(BSO) 单晶生长与缺陷影响的研究	中国科学院上海硅酸盐研究所	SZ-2
7	空间晶体生长的实时观测	中国科学院上海硅酸盐研究所、中国科学院上海技术物理研究所	SZ-2
8	Al-Mg_2Si 定向共晶复合生长及新型 Nd 基亚稳材料制备	中国科学院物理研究所	SZ-3
9	PdNiCuP 合金的空间凝固	中国科学院物理研究所	SZ-3
10	Al-Al_3Ni 共晶合金和 Al-Bi 偏晶合金的定向凝固及 Al-Sn、Cu-Sn 与 Fe、Ni 间的润湿性实验	中国科学院金属研究所	SZ-3
11	GaAs 和 GaSb 半导体单晶空间生长 - 空间生长 GaMnSb 晶体	中国科学院半导体研究所	SZ-3
12	微重力对 $Bi_{12}SiO_{20}$ 单晶生长与缺陷影响的研究	中国科学院上海硅酸盐研究所	SZ-3
13	三元半导体掺锗碲锌镉的空间晶体生长	中国科学院上海技术物理研究所	SZ-3
14	大 Marangoni 数液滴迁移研究	中国科学院力学研究所	SZ-4
15	空间固体润滑材料暴露实验	中国科学院兰州化学物理研究所	SZ-7
16	复合胶体晶体生长	中国科学院物理研究所、中国科学院国家空间科学中心	TG-1
17	空间冷原子钟实验	中国科学院上海光学精密机械研究所	TG-2
18	空地量子密钥分配实验	中国科学技术大学、中国科学院上海技术物理研究所	TG-2
19	大 Prantl 数液桥热毛细对流研究	中国科学院力学研究所	TG-2
20	综合材料实验装置及 12 种材料生长实验	中国科学院上海硅酸盐研究所等	TG-2
21	液蒸发冷凝实验和关键技术验证	中国科学院力学研究所	HY-1
22	非牛顿引力实验检验的关键技术验证	华中科技大学	HY-1

2. 实践十号返回式卫星和其他返回式卫星实验

返回式卫星是我国空间微重力科学实验的另一重要途径，国内各单位已开展了多项搭载实验，其中有两次集中搭载实验。2005 年，中国科学院力学研究所负责组织了我国第22颗返回式卫星返回舱上的搭载任务，共有4项微重力科学实验，其中2项为流体科学、1项为材料科学、1项为生命科学；2006年中国科学院力学研究所负责组织了我国育种卫星（实践八号）留轨舱上的搭载任务，共有9项微重力科学实验，其中4项为流体科学、2项为燃烧科学、1项为基础物理技术、2项为生命科学。

实践十号是我国首颗专门研究微重力科学和生命科学的实验卫星，是中国科学院空间科学先导专项中首批确定的5颗科学卫星之一，实践十号包含19项科学实验载荷，涉及微重力流体物理、微重力燃烧、空间材料科学、空间辐射效应、重力生物效应、空间生物技术共六大学科，是单次开展科学实验项目最多的卫星，其中8项微重力流体物理及燃烧实验在留轨舱内进行，其余11项实验在回收舱进行。实践十号于2016年4月发射，回收舱在轨运行12天后返回地面，留轨舱继续在轨工作8天，空间实验取得了圆满成功。实践十号微重力科学项目如表7-4所示。

表7-4 实践十号空间实验项目——微重力科学部分

序号	研究方向	项目名称	承担单位
1	微重力流体物理	蒸发与流体界面效应空间实验研究	中国科学院力学研究所
2		颗粒物质运动行为-颗粒流体气液相分离空间实验研究	中国科学院物理研究所
3		微重力沸腾过程中的气泡热动力学特征研究	中国科学院力学研究所、西安交通大学
4		热毛细对流表面波空间实验研究	中国科学院力学研究所
5		胶体有序排列及新型材料研究	中国科学院力学研究所、中国科学院化学研究所
6		微重力条件下石油组分热扩散特性的研究和Soret系数的测量	ESA、中国科学院力学研究所
7	微重力燃烧	微重力环境电流过载下导线绝缘层着火烟的析出和烟气分布规律	中国科学院工程热物理研究所
8		微重力下煤粉燃烧及其污染物生成特性研究	清华大学、华中科技大学
9		典型非金属材料在微重力环境中的着火及燃烧特性研究	中国科学院力学研究所
10	空间材料科学	空间熔体材料科学实验	中国科学院半导体研究所等

3. 量子科学实验卫星（墨子号）

量子科学实验卫星（墨子号）于 2016 年 8 月成功发射，首次在星地千千米的距离上检验了量子纠缠的存在，并实现了地星千千米的量子隐形传态，是中国在物理学领域的一项重大成就。

（二）微重力流体物理

我国微重力流体物理研究从 20 世纪 90 年代初起步，到目前已开展了十余项空间微重力流体物理实验。1998 年在实践五号小卫星完成的两层流体实验，观察到了空间热毛细对流现象。1998 年利用俄罗斯和平号空间站提供的长时间微重力环境及空间站内旋转平台提供的模拟部分重力条件，开展了不同重力条件下的气液两相流型实验研究，揭示了微重力下气液两相流动中的相分布特征、流型转换条件及重力对气液两相流型的影响。同年，利用俄罗斯伊尔-76 失重飞机开展了方管气液两相流型与摩擦压降、透明材料相分离与 Marangoni 迁移、材料自蔓燃等实验。2002 年，在神舟四号飞船上开展了液滴热毛细迁移实验研究，揭示了大 Marangoni 数液滴热毛细迁移运动规律。2005 年，在我国第 22 颗返回式卫星上开展了气泡 Marangoni 迁移及其相互作用、丝状加热表面池沸腾传热等实验研究。2006 年，利用实践八号开展了 4 项微重力流体实验，包括首次空间微重力条件下颗粒物质在小幅度振动驱动下的运动行为研究，以及首个空间 Mach-Zehnder 干涉仪的应用，获得了杜仲蛋白质扩散系数的测量结果。2016～2017 年，在实践十号、天宫二号和天舟一号任务中开展了以下流体实验。

1）蒸发与流体界面效应空间实验（2016 年，实践十号）：研究蒸发相变界面的热质传输特性，揭示蒸发效应与表面张力驱动对流的相互作用机制，建立界面流体动力学与传热理论模型，发展流体复杂界面动力学与相变传理论。

2）颗粒流体气液相分离空间实验（2016 年，实践十号）：利用单舱、双舱振动观察结果，系统地研究颗粒物质团簇的形成条件、弛豫冷却过程，建立完善的理论模型，并建立可能的空间颗粒输运、存储新方法。

3）微重力沸腾过程中的气泡动力学特征研究（2016 年，实践十号）：通过沸腾中气泡生长过程的时间和空间尺度，认识生长气泡周围细观运动与加热器三维瞬态温度场的演化特征，揭示气泡热动力学与局部热量传输间的耦合作用及其对传热性能的影响机制，理解沸腾传热的内在机理。

4）热毛细对流表面波空间实验（2016 年，实践十号）：研究微重力环境中热毛细对流的表面波问题，重点分析体系失稳临界条件及随体积比的变化规律、多模式对流及转换形式，以及分叉特征、转捩途径。

5）胶体有序排列及新型材料研究（2016 年，实践十号）：首次原位观察到微重力条件下胶体粒子自组装动力学过程的实验结果，获得粒子排列过程，研究微重力条件下的自组装机制；并验证纯熵驱动的相变机制。

6）微重力条件下石油组分热扩散特性实验（2016 年，实践十号）：发展多组分与两组分热扩散过程联系的理论和物理模型；获得多种组分 Soret 系数的精确数据，可能帮助准确预测油田中石油组分分布和油气界面位置。

7）大 Prandtl 数液桥热毛细对流实验（2016 年至今，天宫二号）：研究液桥热毛细对流的液桥高径比 $Ar = L/D$（L 为液桥高，D 为液桥直径，Ar 为液桥高径比）对临界过程的影响，以及液桥的体积效应问题，利用遥科学实验技术，开展了 200 余次不同工况的实验，并研究了多次转捩等科学问题。

8）两相系统实验平台关键技术研究（2016 年，天舟一号）：开展了微重力条件下具有质量交换的流体界面动力学特征与相变传热规律研究，探索在轨运行的强化换热机制，开展了实验工质供给、气 / 液分离与热控等两相系统关键技术验证。

（三）微重力燃烧科学

我国微重力燃烧的研究起步于 20 世纪 90 年代。通过数值模拟、落塔实验开展了载人航天器火灾安全的研究，以及蜡烛火焰、固体表面火焰传播、粉尘燃烧、气体扩散火焰研究。

近年来，我国微重力燃烧研究已涵盖了气体预混火焰、扩散火焰、材料着火和火焰传播、湍流燃烧、粉尘燃烧、煤着火和燃烧特性等领域，积累了广泛的研究经验，取得了可观的科学结果，并在一些领域形成了自己的特色。例如，我国研究者建立了在微重力非常压条件下使用对冲火焰测定预混火焰熄灭极限的方法，在国际上首次完成了加压条件下甲烷 / 空气和合成气 / 空气的落塔微重力燃烧研究，成功地测量了不同压力下火焰的熄灭极限，验证了压力对燃料可燃极限的非单调变化的影响规律。我国在落塔和卫星上开展了煤燃烧本征特性的系列研究，通过落塔实验发现，相同粒径的煤粒在微重力下的着火温度比常重力下的低约 80 K，纠正了日本学者早先报道的微重力下着火温度较高的结论，并根据微重力实验结果发展了更为准确的着火预测模型；其后在实践十号实验中进一步获得了多种煤粒的完整燃烧数据，揭示了在高温条件下挥发分燃烧以射流燃烧为主的特有现象。以相关研究为基础，2010 年起有关单位开始着手制定我国航天器材料的可燃性评价和材料选用的首部国家标准，标准的两部分分别于 2012 年和 2014 年发布，为航天器的防火安全提供了初步基础。

我国已经完成的空间微重力燃烧实验数量有限，包括高空科学气球落舱预混火焰燃烧实验（1998 年），以及固体材料着火、火焰传播和烟气生成特性、多孔材料闷烧、煤燃烧过程等实验。实践八号上的多孔材料闷烧实验揭示了材料闷烧点燃和双向传播过程的主要特性，发现在高氧气浓度条件下闷烧可向有焰燃烧转变，这是国内外首次发现在微重力环境中闷烧可转变为有焰燃烧的特性；导线着火前期特性实验在国际上率先采用导线自身过载电流为点火源，模拟航天器舱内火灾发生的实际情形，获得的导线在着火前期的温度和辐射特征对航天器火灾监测具有实际意义。实践十号上的导线绝缘层着火实验重点针对烟的析出和烟气分布规律进行研究，可为研制航天器舱内着火监测和早期报警装置提供科学依据；非金属材料燃烧实验对典型热厚材料在微重力条件下的着火和燃烧特性进行研究，将认识环境流动、氧气浓度和材料形状等主要因素对火焰传播机理的影响规律，丰富和完善现有固体材料燃烧理论；煤燃烧实验首次获得了多种煤粒及煤粉颗粒群在微重力下的完整燃烧数据和图像，将有力地促进人们对煤燃烧基础过程的认识。另外，我国为这些空间燃烧实验研制的实验装置实现了多项先进功能，不仅保证了相关科学实验的顺利进行，也为后续研究计划的实施打下了重要基础。

（四）空间材料科学

我国空间材料科学研究始于 1986 年的 863 计划。1993～2000 年，863-2 航天领域的空间站专题组——空间科学和应用专题组一直将空间材料科学作为微重力科学的一个分领域制定了发展规划，并组织国内相关单位开展了高温材料实验装置、空间溶液晶体生长装置、建立落管模拟空间无容器与微重力环境、电磁悬浮模拟空间无容器环境等研制工作；开展了地面预先研究；安排利用我国返回式卫星进行了空间材料科学搭载实验，两次生长出优质的砷化镓单晶；制作了模拟开关集成电路和低噪声场效应晶体管，性能明显优于用地面制备的材料制作的相同器件和电路；1992 年载人航天工程启动后，载人航天工程空间应用系统（中国科学院空间科学与应用总体部）在 863 计划 205-1 专家组的工作基础上，组织实施了载人飞船阶段的空间材料科学实验。

这一阶段我国微重力材料科学研究所涉材料种类有二元、三元半导体光电子材料及功能晶体材料，如早期卫星搭载实验中成功生长出高质量的 GaAs 和 GaSb 单晶及 HgCdTe 晶体；有重要科学研究意义和应用价值的金属合金及非晶材料，如 Al-Al$_3$Ni 共晶合金、Al-Mg$_2$Si 共晶合金、Al-Bi 偏晶合金、Al-Li 合金及 Al-WC(Ni)、Al-Y$_2$O$_3$ 复合材料等；具有特殊用途和研究前景的新型单晶材料，如 Ce: Bi$_{12}$SiO$_{20}$ 和 α-LiIO$_3$ 晶体。通过开展上述微重力材料科学研究，推动了相关学科研究工作的发展。

2005 年以来主要空间材料科学实验如下。

1）熔体表面和液固界面特性表征观察实验（2005 年，返回式卫星）：在空间直接加热金属材料，记录金属材料的熔融、凝固过程，考察熔体在不同状态下的形貌及与固态材料基底表面的浸润情况，分析其表面特征。

2）中俄合作的晶体生长实验（2007 年，俄罗斯 Foton-M3）：中方开展了 GaMnSb 和 Bi$_2$Te$_3$ 单晶生长，对获得样品的分析表明，微重力条件明显抑制 GaMnSb 晶体生长过程中的条纹形成，而施加磁场可以明显改变熔体中的对流模式从而控制生长晶体过程中的条纹形成方式；空间生长的 Bi$_2$Te$_3$ 样品中各组元分凝不明显，且结晶性与组分均匀性明显优于地面样品，热电优值 ZT 均高于地面样品。

3）空间固体润滑材料暴露实验（2008 年，神舟七号）：开展了多种应用和研究中所用空间固体润滑材料的原子氧和紫外暴露损伤研究，揭示了空间环境尤其是原子氧对润滑材料的损伤规律，发现了高抗原子氧的材料和机理，促进了长寿命空间润滑材料的研究与发展。

4）复合胶体晶体生长实验（2011 年，天宫一号）：采用 Kossel 衍射方法开展了微重力与电场对复合胶体体系自组装结晶过程和胶体晶体相变的影响等方面的研究，发现微重力下晶体取向的稳定性及结构的稳定性明显高于地面。

5）空间熔体材料科学实验（2016 年，实践十号）：基于空间多功能炉开展了 8 个样品的在轨实验。空间 InAsSb 晶体实现了非接触生长可明显降低晶体缺陷密度；Bi$_2$Te$_3$ 基热电材料在空间实现了准扩散生长，晶体组分宏观均匀性得到改善；研究了 Marangoni 对流对 Sn 基合金溶质输运过程的影响，提出了微观物理模型；通过垂直梯度凝固法，在微重力条件下得到了高质量的 InGaSb 晶体，晶体组分沿轴向及径向分布均匀，组分波动小于 2%。

6）综合材料实验（2016 年，天宫二号）：实验材料包括 ZnTe 掺 Cu 太赫兹晶体、Au/SiO 介孔基纳米复合材料、AgCuGe 和 AgCuSb 多元复相合金、AlZnMgCu 单晶高温合金、红外焦平面基底 PZT 铁电薄膜材料、BiTeSb 热电半导体材料、SiC 增强 Zr 金属基复合材料、AlSnBi 多元偏晶合金等共 12 种，分两批由航天员更换并回收，实验圆满成功。初步分析表明，空间材料大多组分均匀，相关特性（光学、电学、热电等）更好，如空间自发形核结晶生长出厘米尺度高质量的 ZnTe:Cu 大晶体；制备出所掺稀土元素分凝较小、透明度较高的 CsI 晶体；制备出第二相弥散均匀分布的偏晶合金内生复合材料和合金成分分布更均匀的 AlZnCuMg 单晶合金；获得特定生长方向受到抑制的 PZT 铁电薄膜材料；发现了 SiCZr 复合材料空间实验样品中的富 Zr 元素界面浸润膜（前驱膜）等新现象。

近年正在蓬勃兴起与空间材料科学相关的空间增材制造（3D 打印）研究和应用，中国科学院空间应用工程与技术中心组建了相关团队，研制了空间微重力环境下的 3D 打印技术和设备，于 2016 年利用法国失重飞机成功进行了国内首次微重力环境增材制造验证试验，获得了微重力与打印参数的优化关系。2017 年中国科学院批准成立太空智能制造技术重点实验室；中国科学院金属研究所与北京航空制造工程研究所、华中科技大学联合开展用于在轨增材制造的金属与复合材料技术研究。

近 30 年的空间微重力材料科学实验，使我国的空间实验硬件研制能力得到显著的发展和提升。地面研究条件得到改善，除中国科学院力学研究所的百米落塔及 53 m 真空落管、中国科学院金属研究所的 50 m 落管外，西安和上海等地也建有落管装置，中国科学院国家空间科学中心、中国科学院上海硅酸盐研究所和西北工业大学建立了静电悬浮等无容器实验装置，中国科学院微重力实验室和中国科学院大学建立了磁场晶体生长和凝固炉等。

我国从事空间材料科学研究和装置研制的队伍包括中国科学院上海硅酸盐研究所、中国科学院金属研究所、中国科学院半导体研究所、中国科学院上海技术物理研究所、中国科学院过程工程研究所、中国科学院物理研究所、中国科学院力学研究所和中国科学院兰州化学物理研究所，西北工业大学、西安交通大学、华中科技大学、合肥工业大学和中国科学院大学，以及中国航天科技集团兰州空间技术物理研究所、中国科学院空间应用工程与技术中心、中国科学院国家空间科学中心等单位。我国还建起了一批院部级材料科学研究重点实验室。

（五）空间基础物理

1. 空间量子科学与应用研究

我国空间量子通信研究一直走在国际前列，在自由空间量子通信领域已经形成了较强的理论和实验技术储备，获得了一批具有重要国际影响力的研究成果和自主技术。

（1）地面实验研究

2005 年通过 13 km 自由空间量子纠缠和密钥分发，在国际上率先证明纠缠光子在穿透等效大气厚度的地面大气后，纠缠仍然能够保持，证明了星地量子通信的可行性；2010 年实现了 16 km 的自由空间量子隐形传态；2012 年首次实现了基于四光子纠缠的百千米量级的自由空间量子隐形传态、双向纠缠分发和贝尔不等式检验，为基于卫星的广域量子通信和大尺度量子力学基础原理检验的实现奠定了坚实的基础。

（2）量子科学实验卫星（墨子号）

由中国科学院空间科学先导专项支持，自主研制的国际首颗用于空间尺度量子通信科学实验的卫星——量子科学实验卫星（墨子号）于 2016 年 6 月成功发射。量子科学实验卫星配置了两套 ATP（捕获、跟踪、瞄准）系统，建造了青海德令哈、河北兴隆、新疆乌鲁木齐、云南丽江四个量子地面站（含望远镜），可在卫星运行中同时建立两路精密跟踪指向的双向光量子天地链路，进行纠缠态量子分发，实验获得圆满成功，如图 7-6 所示。

图 7-6 墨子号与阿里量子隐形传态实验平台建立天地链路

在应用领域，首次在国际上实现了星地纠缠态量子密钥分发，并进一步通过卫星中转实现了两个地面站之间的量子保密通信，为我国未来覆盖全球的天地一体化广域量子保密通信网络奠定了基础。在基础科学领域，墨子号首次在星地千千米的距离上检验了量子纠缠的存在，并实现了地星千千米的量子隐形传态，建成了世界上首个空间尺度量子力学基本问题的检验系统，成为中国在物理学领域的一项重大贡献，在 *Nature* 上发表了三篇文章。墨子号目前继续在轨运行，将在空间尺度的量子物理学和空间量子精密测量等方向开展更深入的研究。

该项目科学团队来自中国科学技术大学，科学载荷由中国科学院上海技术物理研究所和中国科学技术大学研制，卫星由中国科学院微小卫星创新研究院研制。

（3）天宫二号量子密钥分发实验

2005 年，载人航天工程空间应用系统规划安排了空地量子密钥和激光通信实验，作为空间实验室的基础物理研究和应用项目。天宫二号量子密钥分发采用了光量子偏振态调制的诱骗态（decoy）方法，在研制中突破了量子密钥生成、分配、提取、高精度 ATP、天地动态双向高精度跟瞄、光信道保持等关键技术。2016 年该项目晚于墨子号一个月随天宫二号升空，实验获得圆满成功，不同大气状态下光量子密钥原始成码率为 126～1500 bit/s，原始误码率为 1.97%～3.24%，跟瞄精度为 1.13 mrad，远优于指标要求，为空间量子科学研究和空地量子通信技术做出了贡献。

2. 冷原子物理和冷原子钟研究

（1）地面研究基础

我国冷原子物理研究有着较长的历史，1979 年中国科学院上海光学精密机械研究所在王育竹院士的领导下建立了我国第一个冷原子研究组，开展了钠原子束的横向冷却实验，成为在国际上几个前期突破多普勒冷却极限的研究小组。1993 年北京大学在王义道教授的领导下，建立了我国第二个激光冷却实验小组，于 1996 年实现了铯磁光阱，1997 年实现了铯光学黏团。1996 年上海光学精密机械研究所也实现了钠原子磁光阱。1998 年中国科学院武汉物理与数学研究所实现了 Rb 原子磁光阱，这一时期是我国冷原子物理的初创期。2000 年以后，我国对科技的投入大大加强，冷原子研究得到了蓬勃的发展。2003 年中国科学院上海光学精密机械研究所在国内率先实现了 Rb 原子的玻色－爱因斯坦凝聚体，北京大学在 2004 年实现了 Rb 原子的玻色－爱因斯坦凝聚体，2005 年将凝聚体耦合输出分别实现了可控的脉冲和连续的原子激光，2006 年利用可控 Majorana 跃迁实现了多组分旋子玻色－爱因斯坦凝聚体，在国际刊物上发表了我国第一篇玻色－爱因斯坦凝聚体论文，2008年利用双频激光实现了玻色－爱因斯坦凝聚体超辐射的前向与后向的可控量子散射，2009年实现了一维光晶格从超流态到压缩态的转变。中国科学院武汉物理与数学研究所在2006年实现了Rb原子的玻色－爱因斯坦凝聚体，于2008年实现了一维光晶格从超流态到压缩态的转变。山西大学在2007年成功实现了K原子的费米子气体简并。2010年，中国科学院物理研究所、中国科学技术大学也成功实现了玻色－爱因斯坦凝聚体。2010年后，我国已有7个研究小组实现了玻色－爱因斯坦凝聚体，约25个冷原子物理研究小组实现了磁光阱。近年来，我国的超冷原子物理实验有着长足的进步，取得了显著成果。北京大学与中国科学技术大学合作的玻色气体的二维自旋轨道耦合实验、中国科学技术大学的玻色－费米双超流实验并观察到涡旋晶格、清华大学的量子相变附近的确定性纠缠实验、山西大学的费米气体二维自旋轨道耦合实验等。此外，一批实验室在冷原子物理的实验方面也取得了很好的成果，如精密光谱科学与技术国家重点实验室（华东师范大学）、浙江大学、华中科技大学、中国科学院国家授时中心、中国计量科学研究院、南京大学等。在理论方面，国内的清华大学、中国科学院物理研究所等单位取得了一大批可喜的理论成果。

我国空间站部署了超冷原子实验柜和冷原子物理研究，参加空间冷原子物理等研究的单位有近十家，包括北京大学、中国科学院上海光学精密机械研究所、中国科学院武汉物理与数学研究所、中国科学院物理研究所、中国科学技术大学、华东师范大学、山西大学等单位。我国科学家提出了具有特色空间基础物理实验的研究项目，即利用空间微重力环境条件，超越地面的限制，获得温度比地面低三个数量级（达到皮开量级）及测量时间比地面长三个数量级的超冷简并量子气体，建立具有超低温、大尺度、长观察时间、适合精密测量的玻色（Rb原子）与费米（K原子）简并工作物质的开放实验系统——超冷原子物理实验平台，开展系列前沿科学实验。例如，量子磁性和无序效应、新奇量子物态与量子相变、量子拓扑计算、超冷分子与超冷量子化学研究、混合量子气体少体物理、声波黑洞模拟等。

利用空间站的微重力条件，获得超低温的量子气体开展量子模拟为主题的科学实验是我国超冷原子物理平台的特色。量子模拟是用纯净且易于操控的量子系统来模拟机理尚不清楚、技术上难以操控但具有重要研究价值的复杂量子体系或理论模型，进而精确研究其物理性质的实验方法。这类体系或模型大量存在于凝聚态物理、高能物理和天体物理等物理学的多个分支。对它们的研究是当前物理学的核心难题之一，且通常超越经典计算机的模拟能力。通过量子模拟研究这些复杂而重要的物理系统，将推进人类对于客观物质世界的理解，完善对量子物态的认知，为新型量子材料的设计提供依据。将超冷温度（皮开量级）的原子装入光晶格进行量子模拟实验，会突破地面的限制，从而取得新的突破。因此，在该平台上开展量子模拟为主题的一系列前沿物理问题（如量子相变、量子磁性、量子拓扑等）的研究，为基本物理定律提供更高精度的检验，发现新的物质形态，认识新的物理规律；在一系列前沿研究方向上取得最新研究成果，并有望超越地面的限制而获得重大的基础科学突破，有望解决物理学当今存在但未能解决的世界难题，极大地推动基础物理研究的发展。

（2）天宫二号空间冷原子钟实验

2008 年中国科学院上海光学精密机械研究所开始研制空间激光冷却原子钟地面原理样机——Rb 原子喷泉钟，选择 Rb 原子是考虑其比铯原子具有更多优越性，如超低温下有更小的碰撞频移、选态原子数损失较少、准确度和稳定度更高等。该钟成为天宫二号冷原子钟实验的直接基础。中国计量科学研究院之后也成功研制了冷原子喷泉钟。天宫二号空间实验室的空间冷原子钟实验是国际上首次在空间开展实验的冷原子钟。研制过程中突破了激光自动找频和稳频、超高真空保持、集成化磁光阱激光冷却、超低噪声空间微波频率综合、集成激光光学系统、环形微波腔、地磁场主动补偿等关键技

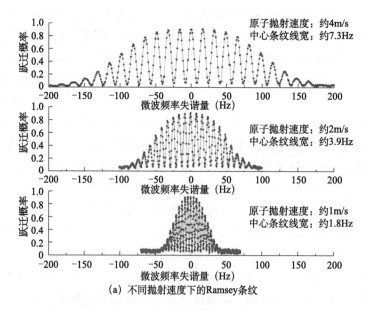

（a）不同抛射速度下的Ramsey条纹

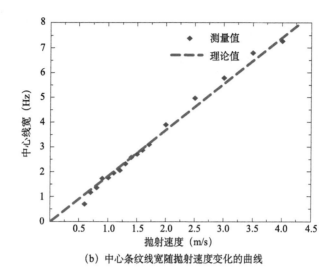

（b）中心条纹线宽随抛射速度变化的曲线

图 7-7 空间冷原子钟在轨测试结果

术，2016 年 9 月进入太空后在轨运行状况良好，性能稳定，取得了以下主要成果。

1）冷原子温度约 3.3μK，微重力条件下激光冷却效率比地面高 3 倍左右。

2）获得了微重力条件下 Ramsey 条纹中心线宽随抛射速度的变化规律，如图 7-7 所示，实测系统信噪比平均为 370 左右，最高为 440，根据在轨数据推算冷原子钟日稳定度为 7.2×10^{-16}，处于国际领先水平，具有里程碑的意义。

3）开展了冷原子钟多参数物理机制研究，深化了原子冷却、操控、与微波相互作用和运行规律的认识。为后续空间高精度时间频率系统、冷原子物理研究和扩展应用（冷原子干涉仪 / 陀螺仪等）提供了基础和经验。

相关文章在 *Nature Communications* 上发表。该项目的成功，为空间超高精度时间频率基准的重大需求奠定了技术基础，也为未来空间基础物理研究开辟了新的方向。

我国空间站上的超高精度时间频率系统已经启动了包括光钟在内的研制任务。

3. 引力物理和相对论检验

（1）微米尺度的牛顿引力检验实验

华中科技大学在地面实验室进行了系统的实验研究，并致力于微重力条件下检验物体之间在微米尺度的引力是否满足牛顿引力平方反比定律。在

2017 年 4 月发射的天舟一号飞船上，开展了测量微弱力核心技术的实验。采用皮米（pm, 10^{-12} m）级电容传感的静电悬浮加速度计进行了在轨检验。实验中静电悬浮加速度计六自由度闭环控制功能符合预期，加速度计噪声水平测量结果说明其灵敏度达 10^{-9}（m/s^2）/Hz$^{1/2}$ 量级，达到了国际先进水平。这种高精度加速度计在引力物理研究、重力测量和导航方面具有广泛的应用。

（2）新型等效原理检验

中国科学院理论物理研究所、华中科技大学及中国科学院物理研究所合作进行过地面机械陀螺自由落体实验，结果表明在 10^{-7} 精度没有观测到新型等效原理的破坏；更高精度的检验需要在空间站和/或科学卫星上进行，已经规划为空间站基础物理预选项目，国家自然科学基金委员会项目资助了清华大学主持（中国科学院理论物理研究所参与）的关键技术地面预研究项目。

在冷原子干涉仪检验弱等效原理方面，中国科学院武汉物理与数学研究所与中国科学院理论物理研究所合作（973 计划的子课题）进行了冷原子干涉仪实验，结果表明两种不同的原子在 10^{-8} 精度上具有相同的自由落体加速度。为了更高精度的检验，建议在空间站和科学卫星上进行这类实验。在磁型引力效应的空间实验方面，中国科学院数学与系统科学研究院提出了卫星实验方案建议。中国科学院空间科学先导专项支持了上述三方面的概念研究项目。

三、微重力科学发展态势分析

目前，国际上进行微重力科学研究的主要国家均为 ISS 参与国，将 ISS 作为开展微重力科学实验的主要设施，在未来的 5～10 年，空间站依然将是微重力科学实验研究的主要平台。国外还在探空火箭、失重飞机、落塔等设施上，对空间项目进行预研、评估和筛选，并开展了广泛的国际合作。

从微重力科学研究趋势看，微重力流体、燃烧和空间材料研究在重视机理研究的同时，更加重视应用需求。微重力流体方面的软物质研究、两相系统研究开展了越来越多的实验；空间冷原子钟和冷原子物理等基础物理前沿及应用研究受到高度重视。最近几年，美国的 CAL 计划、空间高精度原子钟（PARCE）计划及欧洲的 ACES 计划都在加紧实施，ESA 和 DLR 联合资助的 SOC 计划已在 ISS 上运行，法国空间研究中心和 ESA 联合发射的 MicroSCOPE 卫星正在空间运行，计划在 10^{-15} 精度上检验等效原理。一些新兴技术，如空间 3D 打印与流体、材料制备和精密成型结合，已经在空间站上开展了实验研究，微重力科学研究正在不断发展中。

我国载人航天及载人空间站工程的进展，是我国微重力科学发展的重要机遇，也开拓了国际合作的新渠道。中欧在 ISS 和中国空间站开展的物理和生命科学联合项目（第一批）已经完成了评审，其他国家（包括发展中国家）也将参与到中国空间站的空间科学实验。

第三节　发展方向与发展战略

一、发展目标和关键科学问题

（一）发展目标

我国微重力科学到 2035 年的总体发展目标是总体上进入国际先进水平，在基础物理重点方向、微重力流体燃烧和空间材料科学的新兴重点及优势方向实现科学突破，或达到国际领先水平。同时，积极推进相关知识、技术研究成果的转移转化，为我国高技术发展、产业升级和环境、资源等经济社会发展中所面临的问题做出显著贡献。具体目标如下。

1）在空间基础物理方面，保持空间量子科学领先地位，实现对超大尺度量子力学检验的实验；更深入地研究量子物理理论，发展量子信息学，建立空地一体化的量子信息通信系统；建立先进的空间冷原子物理实验平台，争取在冷原子物理研究中有重大突破；建立近地空间和地月空间超高精度时间频率系统，提高检验基本物理理论精度；在相对论和引力物理领域做出有特色的研究成果。

2）在微重力流体和燃烧科学方面，建立具有国际先进水平的实验平台，实现微重力流体动力学和微重力燃烧规律研究的创新性发展，在新的流体体系如软物质、分散体系、多相流动与相变传热、低重力流体过程、气体/液体/固体燃料微重力燃烧等有重要应用价值的基础研究中取得系统性成果；对航天器流体管理、热管理和防火技术、深空探测（如月球、火星低重力环境下）流体管理等问题，进行空间工程流体与管理技术的探索研究及应用，深入理解高性能空天动力燃烧过程的关键科技问题，为载人航天和空间探索活动提供防火安全保障；为节能减排、地面防火灭火、高技术和传统产业发展取得一批具有重要应用价值的成果。

3）在空间材料科学方面，建立国际先进的多种类实验平台，在晶体生长与合金凝固中界面稳定性与形态转变、合金体系深过冷非平衡相变、颗粒物质聚集与相变等重要机理研究中取得重要突破；在合金熔体热物理性质测量研究中取得重要进展；发展出合成和制备材料的新物理化学方法；开发出一批新材料，验证各类空间应用材料的空间使役性能；实现多种材料的空间增材制造和应用，并发展月球和行星资源提取、利用和再制造技术，对支撑我国材料科研和产业发展做出显著贡献。

（二）关键科学问题

微重力科学领域广泛，各自有较强的独立性，也涉及部分交叉科学问题。微重力科学各学科要解决的关键科学问题如下。

1. 微重力流体物理

1）流体界面动力学及条件耦合机制；
2）接触角、接触线及与材料表面物性、结构的关联性；
3）流动不稳定性及诱导机理；
4）转捩途径、混沌动力学；
5）有蒸发、冷凝相变耦合的传热机制；
6）不同重力水平中的多相流型及相分布规律；
7）不同形态多相流传热、传质规律；
8）胶体晶体自组织及相转变机理；
9）微重力环境中颗粒流体气/液相分离行为；
10）分散体系聚集行为。

2. 微重力燃烧科学

1）近可燃极限液体燃料和固体材料燃烧规律；
2）扩散火焰碳烟机理；
3）湍流燃烧；
4）固体燃料燃烧和气化过程的相关机理；
5）燃烧反应动力学和燃烧模型中的本征参数；
6）航天器火灾预防、探测和灭火的基础问题。

3. 空间材料科学

（1）微重力材料科学
1）化合物单晶生长与凝固过程中的扩散生长、组分分凝及化学配比控制；

　　2）晶体生长方向、生长速度与生长界面形状及界面稳定性；

　　3）非接触（脱壁）法晶体生长中的对流形态与生长界面的稳定性；

　　4）晶体生长或凝固过程中的杂质、气泡等缺陷的包裹与逸出；

　　5）外场作用下晶体生长或凝固过程中的液相输运过程与界面形态；

　　6）生长界面失稳与生长形态演化热力学和动力学；

　　7）过冷熔体中的相选择机制与过冷熔体结构弛豫的关联，热力学与动力学效应与机理；

　　8）复合胶体晶体中超点阵结构形成与选择性占位；

　　9）相分离体系中分离相的 Marangoni 运动、界面能对液滴的长大和聚集作用；

　　10）燃烧合成材料中的亚稳组织结构形成机理与缺陷控制；

　　11）微重力下熔融矿物体系中反应产物的聚集与分离；

　　12）熔体中组元扩散方式及扩散系数的准确测量；

　　13）空间增材制造技术中的科学问题，包括适合空间增材制造的材料选择、操纵方式与可操纵性及熔合（或烧结）过程控制；金属合金类熔体热力学与动力学及其在同质/异质固体表面的行为；传热和散热控制与微观组织的均匀性和缺陷的形成及控制。

　　（2）材料空间使役行为

　　1）材料在空间环境中的结构及性能演变机理；

　　2）材料在使役中的老化与脆性防止机制；

　　3）材料在空间环境中的适应性与自修复性能与满足空间环境应用的多功能材料设计。

　　4. 空间基础物理

　　1）贝尔不等式破缺（人自由意志参与下），光秒量级尺度的量子力学非定域性检验；基于量子存储的空间量子隐形传态和空间量子中继科学问题。

　　2）量子气体在纳开（nK）后和皮开（pK）量级温度下的新奇量子特性和新物理态，包括量子磁性系统从无序到有序的转变过程，超冷分子的形成过程和冷原子的相互作用，二维量子简并气体系统的量子磁性和量子相变等。

　　3）更高精度验证广义相对论的等效原理、引力红移问题，通过寻找非牛顿引力而发现新的相互作用力。

4）不依赖于温度的量子相变的临界特性问题，包括在压力调控下研究氧/氢体系的低温量子相变，高压、低温和微重力下金属氢的研制和特性的研究。

二、发展战略和部署建议

（一）总体发展思路

1. 加强地面研究和理论模型、数值模拟与实验的结合

必须加强地面预研，实现研究思路创新和研究水平的提升。充分的地面实验对于深化科学问题的认识、准确理解过程或参数的影响、优化空间实验流程和参数有重要作用，需要在地面进行重复实验，注重实验能力的提升与定量化研究，确保获取可靠的实验结果。为此应当针对具体科学问题，多渠道和跨领域广泛征集研究方案，筛选后开展预研，获得结果后进行评估，最终确定空间实验项目。空间实验后的地面比对实验和特殊验证性实验也十分重要，是确认空间实验结果、理解或揭示相关机理的关键环节。

采用理论模型、数值模拟与实验相结合的研究方法。实验是验证和发展科学理论的有效途径，实验现象是发现和了解规律的基础，但实验本身仅是研究中的一个环节。计算机模拟可以从原子或分子运动、形态演化的热力学与动力学等深层次帮助揭示其物理过程的机理，预示可能的新物理现象，以及对实验结果的再分析和模型的再完善，该步骤在研究中具有重要地位。为此需要发展数值模拟技术，建立开放的数值模拟平台和微重力科学数据库；共享空间实验结果和数据，充分利用已有数据进行更为广泛和深入的研究。

为加强地面研究，需要在已有基础上建设一批地面（实验室）研究平台，如地面电磁悬浮、静电或声悬浮等装置以模拟微重力条件下无容器悬浮实验；落管可以研究深过冷和微重力效应。特殊设计的地面燃烧平台、冷原子平台、流体实验平台可以在一定程度上模拟微重力环境，完成全流程实验。

2. 加强地基（亚轨道）微重力设施建设和利用

充分利用微重力落塔、失重飞机和微重力探空火箭等地面微重力模拟设施是开展微重力科学研究的重要手段，也是开展空间任务之前的验证实验的重要途径。德国利用不来梅落塔首次实现了微重力下的玻色－爱因斯坦凝聚体实验（实现冷原子温度 350 pK），国外著名航空发动机公司用落塔开展了

上百次液滴燃烧实验以提高发动机效率；国外大部分空间微重力实验都进行过飞机抛物线飞行失重试验，包括空间 3D 打印技术试验，充分说明了这些设施的重要性和必要性。

我国要充分利用好现有微重力落塔，并建议根据需要建设微重力持续时间为 10～30 s 的新一代微重力和低重力（月球重力、火星重力）实验设施，并极大地拓展了其微重力水平范围；可通过国际合作开展失重飞机的飞行试验，中国科学院空间应用工程与技术中心建立了失重飞机中心，与法国空间研究中心下属 NoveSpace 公司签订了正式合作协定，可充分利用这一渠道开展实验；建议发展我国的微重力火箭，开展较长时间的微重力科学实验。

3. 充分利用空间站和返回式科学卫星等空间实验机会

我国空间站的运行期预计为 2022～2032 年，并有扩展计划，每年都有神舟飞船和货运飞船往返空间站，为长期开展微重力科学实验提供了难得的机遇。返回式卫星和其他空间实验机会也将被充分利用。

（1）发展先进空间实验技术和实验平台

我国微重力科学研究亟待高水平实验技术和实验装置的支持，以提高实验精度和定量化水平。例如，需要实现皮开量级的量子气体极低温度，稳定度达 10^{-18} 量级的空间时间频率，极低微振动的舱内准无拖曳悬浮等，并发展无拖曳高微重力平台；需要研制数字全息干涉、粒子图像测速、流变、高速 CCD、X 射线成像、红外热像等先进实时诊断设备；需要研发精准测温控温、静电悬浮和精确定位、激光加热、热物性测量等先进技术。我国空间站规划的大部分科学实验柜都面向微重力科学实验研究，实验柜的设计尽可能满足相关实验需求，并采用多种先进实验和诊断方法，高效支持专业领域的系列研究（表 7-5）。目前，表 7-5 所列的研究大多进入工程研制阶段。

表 7-5　载人空间站工程已安排的空间科学实验柜——微重力科学部分

研究方向	科学实验柜名称	主要功能及技术指标	科学实验系统承担单位
微重力流体科学	流体物理实验柜	开展多种类型的流体动力学和软物质科学实验，可扩展到各类透明体系的交叉研究；具有数字全息干涉、静/动态光散射、显微、流变测量功能；最大可更换实验单元为 320 mm×200 mm×220 mm	中国科学院力学研究所
	两相系统实验柜	开展两相系统相变传热实验、沸腾换热实验等；支持气/液供给、温度/密度场、界面形貌、流动形态和参数测量功能	中国科学院力学研究所、中山大学等

续表

研究方向	科学实验柜名称	主要功能及技术指标	科学实验系统承担单位
微重力燃烧科学	燃烧科学实验柜	可开展气体、液体和固体燃料的多种类型燃烧实验；可测量火焰结构、温度、光谱特性、流场速度、中间产物及生成物组分、颗粒粒度及浓度等实验参数；燃烧室尺寸为$\phi400\ mm\times690\ mm$	中国科学院工程热物理研究所、清华大学
空间材料科学	高温材料科学实验柜	可开展金属合金、半导体、纳米和介孔、无机多功能材料的溶体生长和凝固科学实验；可建立梯度/等温/区熔多温场条件、旋转磁场；具有在线电导、热导和塞贝克系数等物性检测、部分X射线成像和光学诊断功能	中国科学院上海硅酸盐研究所、中国科学院国家空间科学中心、中国科学院金属研究所、中国航天科技集团第五研究院第510研究所
	无容器材料实验柜	采用静电悬浮技术实现无容器材料研究；温度可达3000℃，适用样品尺寸为$\phi2\sim5\ mm$；具有黏度、密度、比热、表面张力、辐射系数等热物性测量功能	中国科学院上海硅酸盐研究所、北京国科环宇空间技术有限公司等
空间基础物理	超冷原子物理实验柜	建立100 pK量级大尺度、长时间玻色与费米量子简并气体实验条件，开展量子磁性、物态、费米与玻色气体混合、异核极化分子、声波黑洞、量子拓扑等科学研究	中国科学院上海光学精密机械研究所、北京大学
	高精度时间频率实验柜	利用主动氢钟、冷原子铷微波钟、冷原子锶光钟建立稳定度和不确定度为10^{-18}量级的空间时间频率运行和天地微波/激光双向时间频率传递系统。开展物理常数精密测量、引力红移测量相对论验证、高精度时间频率信号应用	中国科学院国家授时中心、中国科学院上海光学精密机械研究所等
共用实验柜	科学手套箱与低温柜	供航天员对实验进行操作；有精密机械手，具有箱内实验环境（光照、湿度、温度、气体）和消毒能力。具有-80℃、-20℃、4℃低温样品存储能力	中国科学院沈阳自动化研究所
	变重力科学实验柜	重力模拟范围为$0.01\ g_0\sim2\ g_0$，双转子直径为900 mm，对转；动平衡在线主动调节；无线传能供电和无线信息传输	中国科学院空间应用工程与技术中心
	高微重力科学实验柜	柜内和舱内双层悬浮和微推进控制，尽量满足特殊科学实验对高微重力水平的要求，支持等效原理空间实验检验（陀螺加速度计、冷原子干涉仪）；引力物理实验等；准无拖曳技术和舱内机器人技术	中国科学院空间应用工程与技术中心
	在线维修装调操作柜	支持有效载荷模块准备、组装、测试、故障诊断和维修，可用于3D打印、焊接等实验	中国科学院空间应用工程与技术中心

（2）做好顶层规划，形成科学研究计划

制定我国微重力科学研究的顶层规划，包括地基、天基实验，以及地面设施及平台建设。面向国民经济、航天工程重大需求和微重力科学前沿，详细论证微重力科学可能实现的创新突破，滚动遴选具有科学意义和应用价值的优秀项目，开展预先研究和地基实验，理清需要重点解决的关键科学和技术问题，制定重点研究计划，开展系列实验研究，以争取重大突破。

（二）优先发展方向和部署建议

1. 微重力流体物理

（1）微重力流体基本问题研究

微重力流体基本问题包括微重力流体对流及传热和传质过程，界面浸润现象／临界问题及稳定性，热毛细对流诱导的转捩过程，振荡机理及混沌问题，液滴热毛细迁移及相互作用规律，低温液体的流动特征，空间（低温）流体管理及输运。

（2）蒸发、冷凝与两相流体研究

蒸发、冷凝与两相流体问题包括微重力气／液两相流动与传热过程，两相流动的流型、沸腾与冷凝传热机制，混合与分离等规律性认识和应用技术。

（3）软物质科学研究

软物质成为微重力科学越来越重要的研究对象，包括胶体体系的聚集行为，胶体相变（胶体晶体、液晶、玻璃态等）、自组装规律与流变性质；电、磁流体特征，颗粒物质动力学，乳状液系统分层与稳定性，泡沫稳定性和流变特性，光子晶体材料制备，石油开采和生物流体的相关软物质问题等。

2. 微重力燃烧科学

（1）载人航天器防火安全问题

在火灾预防方面：航天器所使用材料在微重力、低重力条件下特定环境中的防火特性，材料选用和使用规范；微重力条件下的材料热解和燃烧过程，材料的着火、燃烧及火灾演变规律。

在火灾探测方面：微重力条件下热解、燃烧产物和烟雾颗粒尺寸特征，燃烧产物的输运过程和探测器的响应过程；探测器信号对火灾的识别等。

在火灾抑制方面：微重力条件下灭火剂、火焰和固体表面相互作用过程及机理；不同类型燃烧的灭火剂及其有效性；灭火剂、火灾抑制措施对航天员、航天器的影响及应对措施；航天器使用材料的筛选与火灾抑制措施的匹配。

（2）多组分液滴液雾燃烧的机理和理论

多组分燃料的选择性挥发及其对扩散火焰引燃过程、稳态火焰结构和火焰熄灭的影响，多组分液滴燃烧过程的基本数据，相变、火焰结构、传热传质、燃烧产物生成等环节和机理，多组分液滴燃烧模型。

（3）湍流扩散火焰的结构特性、稳定机理及污染物生成过程

重力条件对湍流扩散燃烧过程（燃料/空气混合、火焰结构、火焰稳定、火焰熄灭、燃烧气固产物生成）的影响，低 Reynolds 数湍流扩散火焰的结构特性，推举火焰的形成过程及其稳定机理，湍流扩散火焰中碳烟的生成特性，湍流燃烧理论和模型。

（4）煤冷焰燃烧的基础研究

煤冷焰燃烧现象的形成机理和形成条件，煤的低温燃烧/氧化反应动力学，煤冷焰燃烧与污染物的关系，煤冷焰燃烧过程的燃烧模型，冷焰燃烧在优化热解途径提高煤化工技术方面的应用研究。

3. 空间材料科学

（1）微重力材料科学

1）晶体生长（凝固）界面稳定性与缺陷的控制：重点研究化合物单晶生长和合金凝固中扩散生长、组分分凝与化学配比控制；非接触法（脱壁）晶体生长中的对流控制与生长界面的稳定性；晶体生长或凝固过程中的杂质、气泡等缺陷的包裹与逸出；外场作用方式对晶体生长或凝固过程中的液相输运过程与界面形态稳定性及演化的影响；生长界面失稳与生长形态演化的热力学和动力学条件。

2）过冷、形核与晶体生长过程：重点研究不同过冷度熔体的相选择机制与过冷熔体结构弛豫的关联性；对流对过冷度的影响机制；不同玻璃形成能力熔体的过冷能力及其热力学与动力学效应机理。

3）相分离与聚集行为：重点研究复合胶体晶体中超点阵结构形成与选择性占位；相分离体中分离相的 Marangoni 运动、界面能对液滴的长大和聚集作用。

4）材料制备过程的新方法：重点研究燃烧合成材料中的微观组织结构形成机理与燃烧波前沿扩展动力学关联；微重力条件下熔融体系中反映生长气体聚集与分离的物理与化学过程。

5）高温熔体物理性质测量与研究：重点研究稳定态与过冷态熔体比热容，黏度与（表）界面张力随温度变化的规律，多组分体系熔体中组元扩散方式及机理。

6）在空间环境中稀土金属及合金的热力学及动力学原理，气体和杂质的扩散、溶解、逃逸机理，稀土合金改善性能与组织的机制；金属熔体与气相中氢、氧、氮在空间的热力学原理。

7）微纳米复合及低维材料合成：重点研究形状与复合方式、位置控制，以及缺陷与均匀性控制。

（2）材料空间使役行为研究

1）材料在空间环境中的结构及性能演变机理：重点研究高能粒子辐照、原子氧剥蚀、高低温交变等环境下材料长期时效的性能、组织结构演变和使役性能变化；密封树脂、绝缘泡沫材料脆性的形成与控制机制；聚合物、热控、润滑、光电材料等的物理、化学、光谱、表面响应特性；固体或液体润滑与材料的摩擦磨损行为；不同金属材料及焊接接头、融合线及热影响区在低温、辐照下的韧性－脆性转变与辐照损伤行为、显微组织演变机制。

2）材料在空间环境中的适应性：重点研究具有自适应和自修复性能的材料（如自修复润滑、涂层材料）及其组成、结构与抗原子氧及自修复能力的关系；抗原子氧剥蚀机理、自修复机理。

3）满足空间环境应用的材料设计：重点研究具有本征的辐照损伤自修复特性和抗辐照能力的新型金属及 C/C① 等复合材料自修复能力的设计；具有自修复能力的微米/亚微米级的高分子/有机硅聚合物、抗氧化剂等固液复合微胶囊材料的设计。

4）新型能源及高密度信息材料空间应用研究：重点研究空间环境中微纳结构，如高效蓄热材料、单分子磁体、光电转换材料、微电子材料等的可控构筑方法和太空环境下的相变过程及结构特征；在微重力场条件下，单分子磁体和铁磁性前驱体进行自组装过程中，磁性分子在晶体生长时的机理及控制方法；三结太阳能电池在空间环境综合作用下的增透膜界面结构和性能演变规律。

（3）空间制造与地外资源利用科学与技术

1）高温增材制造技术成型过程与组织结构控制：重点研究材料类型、操

---

① C/C复合材料指以碳纤维或其织物为增强相，以化学气相渗透的热解炭或液相浸渍－炭化的树脂炭、沥青炭为基体组成的一种纯炭多相结构。

纵方式与可操纵性及熔合（或烧结）过程控制；金属与合金熔体、高分子及其复合材料的热力学与动力学行为，以及其在同质和异质固体表面的行为、传热与散热控制；组部件中宏观与微观缺陷的形成与控制，无痕界面构筑成型及显微组织均匀性控制。

2）地外资源利用研究：重点研究非地面环境下不同元素分离与收集的物理化学方法及过程控制，高附加值副产品的收集与存储；地外资源利用与原位制造部件的物质组成、结构和性能表征方法。

4. 空间基础物理

（1）空间量子科学与应用研究

基于高轨或地月轨道卫星研究超大尺度量子力学的非定域性；纠缠光子分发和量子隐形传态实验，实现高轨到地面的量子密钥分发。

在载人空间站上，建设综合性空间量子调控和光传输实验设施，实现星间量子密钥分发实验；发展波分复用诱骗态量子光源，实现基于频率转换的低噪声光量子探测器，开展全天时空地量子密钥分发；发展多节点量子密钥分发组网技术，开展空间站与多个地面站和其他空间飞行器之间的量子密钥组网试验和示范应用。

（2）冷原子物理和基于冷原子的空间时间频率系统

皮开（pK）量级温度的超冷原子气体实验平台；超低温量子气体（包括玻色与费米气体）微重力下的量子统计、量子新物态与量子相变；超低温量子气体的长程相互作用；玻色 – 爱因斯坦凝聚体复杂动力学；超低温量子气体量子涡旋、超流与超导等奇异量子特性；超灵敏原子干涉与陀螺的实验；基于冷原子体系长寿命和高读出效率的空间量子存储，在此基础上的空间冷原子物质波干涉技术、空间量子干涉仪和空间量子陀螺仪技术；新型小型化空间冷原子光钟和冷原子微波钟，高精度空间时间频率系统（10^{-18} 量级），空地时间频率传输链路，精细结构常数变化的精密测量；相对论引力红移和时间变慢效应的高精度实验检验；基于原子层次的基本物理定律的检验（如洛伦兹不变性检验等）。

（3）空间相对论、引力物理及应用技术

不同材料的宏观物体其自由落体在高于 10^{-13} 的精度上是否破坏等效原理？不同原子的自由落体在高于 10^{-8} 的精度上是否破坏等效原理？不同转动速度的宏观物体其自由落体在高于 10^{-7} 的精度上是否破坏等效原理？微米尺度的牛顿平方反比定律是否成立？在 1% 的精度上验证广义相对论预言的磁

性引力效应；在 10^{-5} 和更高精度上检验广义相对论预言的引力红移；查找精细结构常数随时空变化的证据，检验强等效原理等。

开展这些科学研究首先需要进行的关键技术研究有卫星无拖曳控制技术；高精度惯性传感器技术及静电荷控制技术；星间激光干涉测量技术；等等。

参 考 文 献

厚美瑛. 2008. 空间环境颗粒物质运动行为的研究. 物理，37(10): 729-732.

胡文瑞，徐硕昌. 1999. 微重力流体力学. 北京：科学出版社.

彭承志，潘建伟. 2016. 量子科学实验卫星——"墨子号". 中国科学院院刊，31(9): 1097-1103.

张夏. 2004. 微重力燃烧研究进展. 力学进展，34(4): 507-528.

赵建福. 1999. 微重力条件下气 / 液两相流流型的研究进展. 力学进展，29(3): 369-382.

Bailey A E, Poon W C, Christianson R J, et al. 2007. Spinodal decomposition in a model colloid-polymer mixture in microgravity. Physical Review Letters, 99(20): 205701.

Delil A A M. 1992. Gravity dependent condensation pressure drop and heat transfer in ammonia two-phase heat transport systems. Nasa Sti/recon Technical Report N: 94.

Delil A A M. 1999. On Thermal-gravitational modelling, scaling and flow pattern mapping issues of two-phase heat transport systems. American Institute of Physics, 458(1): 761-771.

ESA User Guide to Low Gravity Platforms. http://www.esa.int/Our_Activities/Human_Spaceflight/Research/European_user_guide_to_low_gravity_platforms [2018-06-01].

Faghri A, Chow L C. 1991. Annular condensation heat transfer in a microgravity environment. Int. Comm. Heat Mass Transfer, 18: 715-729.

Fujita O. 2015. Solid combustion research in microgravity as a basis of fire safety in space. Proceedings of the Combustion Institute, 35: 2487-2502.

Gabriel K S. 2007. Microgravity Two-phase Flow and Heat Transfer. El Scgundo: Springer.

Hewitt G F. 1996. Multiphase flow: The gravity of the situation. Cleveland, Ohio: 3rd Microgravity Fluid Physics Conf.

Hu W R, Long M, Kang Q, et al. 2009. Space experimental studies of microgravity fluid science in China. Chinese Science Bulletin, 54(22): 4035-4048.

Hu W R, Zhao J F, Long M, et al. 2014. Space program SJ-10 of microgravity research. Microgravity Science and Technology, 26: 159-169.

Huang L H, Meng Z M, Wang P J, et al. 2016. Experimental realization of a two-dimonsional synthetic spin-orbit coupling in ultracold Fermi gases. Nature Phys., 12: 540-544.

Ishikawa M, Morimoto H, Okubo T, et al. 2002. Growth of colloidal crystals under microgravity. International Journal of Modern Physics B, 16(01-02): 338-345.

Liu L, Lü D S, Chen W B, et al. 2018. In-orbit operation of an atomic clock based on laser-cooled ^{87}Rb atoms.Nature Communications, 9: 2760.

Luo X Y, Zou Y Q, Wu L N, et al. 2017. Deterministic entanglement generation from driving through quantum phase transitions. Science, 355: 620-623.

Marco P D. 2003. Review of reduced gravity boiling heat transfer: European research. J. Jpn. Soc. Microgravity Appl., 20(4): 252-263.

Nebuloni S. 2010. Numerical modeling of annular laminar film condensation in circular and non-circular micro-channels under normal and micro-gravity. Ph. D. thesis, Ecol Polytechnique Federale de Lausanne.

Ohta H. 2003. Microgravity heat transfer in flow boiling. Adv. Heat Transfer, 37: 1-76.

Ross H D. 2001. Microgravity Combustion: Fire in Free Fall. San Diego: Academic Press.

Thome J R. 2008. Engineering Data Book III, Chap. 8: Condensation inside tubes. Wolverine Tube Inc.

Touboul P, Métris G, Rodrigues M, et al. 2017. Microscope mission: First results of a space test of the equivalence principle. Physical Review Letters, 119(23): 231101.

Veen S J, Antoniuk O, Weber B, et al. 2012. Colloidal aggregation in microgravity by critical Casimir forces. Physical Review Letters, 109(24): 248302.

Wu Z, Zhang L, Sun W, et al. 2016. Realization of two-dimensional spin-orbit coupling for Bose-Einstein condensates. Science, 354(6308): 83-88.

Yao X C, Chen H Z, Wu Y P, et al. 2016. Observation of Coupled Vortex Lattices in a Mass-Imbalance Bose and Fermi Superflind Mixture. Phys. Rev. Lett.,117: 145301.

Zhao J F, Li Z D, Li H X, et al. 2010. Thermocapillary migration of deformable bubbles at moderate to large marangoni number in microgravity. Microgravity Science & Technology, 22(3): 295-303.

Zhao J F. 2010. Two-phase flow and pool boiling heat transfer in microgravity. International Journal of Multiphase Flow, 36(2): 135-143.

Zhao J F, Lin H, Xie J C, et al. 2002. Pressure drop of bubbly two-phase flow in a square channel at reduced gravity. Advances in Space Research, 29(4): 681-686.

Zhu J, Li M, Rogers R, et al. 1997. Crystallization of hard-sphere colloids in microgravity. Nature, 387(6636): 883-885.

第八章
学科发展的政策建议

第一节 政策和体制机制建议

一、振兴我国空间科学的政策建议

（一）确立空间科学在国家科技发展中的战略地位

1. 将空间科学作为建设科技强国布局的重点领域

（1）空间科学作为科技强国战略布局重点的意义

我国建设科技强国必须有雄厚的基础研究实力，需要大力加强基础研究，瞄准世界科技前沿，主动在可能产生革命性突破的重点方向和前沿领域进行布局。空间科学集中研究太阳系乃至宇宙的起源演化、物质结构及其运动规律、生命起源、人类生存环境等重大基础科学问题，是面向当代科学基本理论的基石，在科学领域中具有本质性的意义，是当代基础研究中最活跃的、充满新发现机遇的前沿领域，孕育着先导性、前瞻性和原创性的基础科学重大突破，并可能催生新一轮的科学革命。在实现中华民族伟大复兴的进程中，我国必须抓住机遇，在新的科学革命中做出重要贡献。因此，空间科学适于作为我国科技发展和基础研究突破的重点领域，并将对提高我国基础研究的整体水平起到促进和引领作用。

（2）空间科学是建设航天强国的战略必争领域

建设航天强国是我国国家战略的重要组成部分。分析国际空间强国、大国及其空间研究机构的部署，空间科学毫无疑问是其空间活动的重点，是科技发达国家基础研究的重点，对这些国家航天科技的高水平发展起到重要作用，是大国的战略必争领域。我国加强空间科学的发展，将优化我国航天科技的布局，进一步激发创新活力，促进我国航天科技协调、健康、高水平的发展，对建设成为世界航天强国具有不可替代的作用。

空间科学还将为科技创新发展提供源源不断的动力，催生多种尖端技术，带动高技术多个领域的创新发展；空间科学的成果转化对促进新兴产业的发展具有重要作用。

我国具备在空间科学领域实现突破的基本条件和历史机遇，应当将空间科学作为建设科技强国布局的重点领域。

2. 明确我国空间科学发展的总体目标

我国应将大力发展空间科学作为航天领域和基础科学发展的主要突破口之一，将振兴空间科学作为建设科技强国的重点方向，制定我国空间科学发展的宏伟目标。

建议我国空间科学的发展目标是：到 2035 年左右，我国空间科学整体跨上新台阶，进入世界先进行列，在若干重点领域取得具有重大影响的科学发现和突出成就，成为国际上有重要影响的空间科学大国；到 21 世纪中叶（即 2050 年前后），我国空间科学的主要领域达到国际先进，部分领先或处于引领地位，成为空间科学强国之一。

我国空间科学的崛起，将改变国际空间科学力量的版图，为我国科学、技术、文明的发展做出历史性的贡献，为人类科学事业做出中华民族独特的贡献。

（二）制定国家空间科学发展规划和实施计划

1. 做好国家空间科学发展战略规划

空间科学规划是国家科技发展和空间科技战略（政策）的重要组成部分。战略规划对于体现国家意志、阐明政策措施和科学导向，是十分重要的。目前的中国科学院和部门的空间战略规划不能代替国家规划。要组织国内科技界及科技战略、政策研究力量和智库，面向国际科学前沿和国家战略需求，制定我国空间科学发展战略和空间科学中长期发展规划，规划应包括空间科学政策、总体目标、发展方向、重点领域、遴选机制、国际合作、数据政策等内容，并予以公布，用以指导和统筹协调空间科学的发展。国家空间科学规划是我国空间科学长期稳定发展，实现长远目标的重要保证。

2. 制定空间科学中长期发展规划和实施计划

在空间科学中长期发展规划的基础上，应制定具体的空间科学实施计划。实施计划要通过制定和发布指南，公开征集项目建议，通过科学合理的项目遴选机制和公开、公平、公正、透明的项目评选程序，自下而上、上下结合确定候选项目，通过培育、预研、确认等过程，最终敲定进入工程研制的空间科学项目。空间科学实施计划应遵循规律，形成持续稳定、及时滚动的发展模式，保证规划和计划的先进性和创新性。为了实现2035年和2050年的宏伟目标，我国空间科学规划需要动员科技界各方面力量深入开展研究，提出带有根本性的科学问题和突破性的任务建议，制定科学前瞻的研究规划和任务计划。面向空间科学强国目标，任务计划既要包括近期的创新性项目，也要包括需要十五年、二十年甚至更长研究和研发周期，以及具有突出国际竞争力和重大影响的大型旗舰级科学项目并尽早准备，扎实攻关，长期研制；还要包括为未来项目打基础的具有突破性创新性的新概念项目，大力加强科学和技术储备。

规划制定和计划实施要建立科学的决策程序，重视咨询和评议，NASA、ESA长期坚持在空间科学规划的决策和实施过程中实行广泛的同行评议及第三方评议，NRC、欧洲科学基金会（European Science Foundation, ESF）的决策咨询建议对美国与欧洲的战略制定和计划决策实施影响深远，在空间科学各领域集聚了强大的高水平智力资源，效果显著，意义重大，值得借鉴。

二、完善我国发展空间科学的体制机制

（一）建立统一的国家级空间科学管理机构

建议设立直属国务院的国家空间科学管理机构（包含在民用航天管理机构内并作为其主要职责之一），代表国家全面规划和管理空间科学及民用航天，加强空间科学的规划和发展部署，实行科学目标导向的任务管理机制。

国际上，美国、俄罗斯、欧洲、法国、德国、日本、加拿大等均于20世纪60～80年代建立了代表政府的航天局（目前设立航天局的国家约有50个），主要从事空间科学活动的统一管理。这些机构对制定国家空间发展政策、统筹空间科学任务实施、统一调配资源、加强导向、提高决策效率、提升研究效益等发挥了重要或决定性作用，本身也成为国际著名的空间机

构，推动了人类的空间探索和空间科学的巨大进步。

我国航天活动整体规模已经大大超过 ESA，以及法国、德国、日本、加拿大等单独国家，但迄今还未形成合理的国家空间科技领导体制。空间科技方面政出多门、投入分散、规划缺失。为了我国空间事业和空间科学的长远发展，在国家层面成立独立的包括空间科学的民用航天国家级管理机构势在必行，应尽快谋划。完善国家空间管理体制和机制是发展的必然要求。国家管理机构应全面领导和管理我国空间科学及民用航天，设置专门的空间科学预算，负责政策、规划、立项、经费安排和任务管理等全面工作，制定公平公正的立项规则；国家管理机构应重视调集空间科学方面的管理专家，并建立必要的科学委员会和具有权威性的空间科学专家咨询队伍。

（二）保证国家对空间科学的稳定投入

为空间科学单列经费预算计划，建立必要、合理和稳定的经费预算体系，是我国空间科学长期可持续发展的关键。将空间科学作为在我国空间（航天）科技领域发展的重点，在我国空间领域增加对空间科学的投入并保持必要增长，长期稳定地支持空间科学的发展。尽快改变我国空间领域长期以来空间科学投入偏少，空间科学、空间技术和空间应用比例严重失衡的状况，使我国空间活动的组成结构更趋科学合理，以支撑航天事业整体的长期可持续发展。近期在整个航天科技领域中，空间科学投入比例应达到10%，科学卫星的数量宜占我国卫星发射总数的10%左右，这个比例应逐步增加到15%或更高。

目前，空间科学任务的经费安排不够合理，空间科学大项目只有技术研发经费和工程经费，缺少事先和过程中的科学研究经费，对科学产出、获取科学成果的关注不够，数据分析处理、相关理论研究的经费不能落实，无法保证重大科学产出和成果的转移转化；研究经费中的人员经费太少，无法保持研究队伍的长期稳定和发展。

因此，建议在已经确定的科学卫星、载人航天和月球探测等重大科技专项中，空间科学投入的比例应达到15%。在国家航天预算中应规定空间科学研究预算的大致比例，空间科学项目经费中应包含相当比例的科学研究经费和研究人员的人力成本，以保持和吸引高水平的科学研究队伍。这是国家重视和推动空间科学发展政策的体现，是在未来20～30年抓住战略机遇期，实现我国空间科学整体跨上新台阶，重要领域进入世界前沿，乃至建成空间科学强国战略目标的需要。

（三）加强空间科学核心研究机构和实验室建设

1. 组建空间科学国家实验室

发挥中国科学院的骨干作用，并调动高校、企业、集团等各方力量参与我国空间科学事业。中国科学院事实上已成为我国空间科学研究最集中的国家科技团队，鉴于我国科技体制的现实状况，为避免重复建设，可参考 NASA 下属专门从事空间科学研究机构的做法（NASA 下设哥达德太空飞行中心、约翰逊空间中心、艾姆斯研究中心、马歇尔太空飞行中心、兰利研究中心、喷气推进实验室等），在中国科学院建立几个空间研究中心并加强学科实验室建设，在此基础上建立空间科学国家实验室，配备稳定的支持经费。空间科学国家实验室和下设研究中心、实验室可由国家空间管理机构与中国科学院双重领导，作为我国空间科学研究、科学载荷研发、研究设施支撑、任务管理和数据接收处理服务的核心支柱，规定其为全国共同利用，开放共享性质，实现与高校和其他科研机构合作联合，并采用理事会、委员会制度加以保证。

2. 进行优势资源整合

调动高校和其他科技单元的积极性，发动全国有关方面的力量积极参与空间科学活动。

可以采用两种方式汇集和整合国内空间科学的优势力量。一是在国家空间科学实验室框架下整合有关优势团队，使其成为国家实验室的分支机构或外围机构；二是通过领域研究合作和项目带动不同部门研究单元实现优势资源的整合，促进研究力量的强强联合，利用重大项目分担任务，更好地发挥各方面力量的优势。

第二节 发展路线、途径和保障措施建议

一、空间科学发展路线图建议

近 20 年来我国航天科技领域快速发展，为空间科学的布局和未来发展提供了有利条件。中国科学院空间科学先导专项（A 类）从"十二五"延续到"十三五"，已经发射了四颗科学卫星并取得了重大成果，确定了"十三五"

的五项科学卫星任务（含国际合作），并安排了一批预先研究和背景型号项目。我国载人空间站研制已全面开展，空间站的有效载荷量大，具备天地往返运输、全球测控通信、航天员参与、实验设备更换升级等突出优势，将在2023年前后建成，开展空间科学各领域的系统性研究，其科学活动将持续10年以上，成为综合性的国家级太空实验室。我国即将实施探月Ⅲ期工程，开展着陆返回和月背着陆探测，采集并返回月球样品，并将实施探月后续工程；正在论证载人登月工程和月球基地，将持续进行月球的无人和载人探索。我国已制定深空探测计划，将在未来10~20年开展火星探测、小行星探测和木星及其卫星的探测。总体来看，我国空间科学任务将通过科学卫星、深空探测计划、载人航天及后续载人空间探索计划开展。

根据上述情况，结合空间科学各领域的发展目标、关键科学问题和部署建议，并展望未来发展，制定了到2050年的我国空间科学任务发展路线图建议（图8-1和图8-2）。其中，图8-1和图8-2中的红框表示可能作为大型"旗舰"级的任务。

空间任务周期长，特别是大型"旗舰"级项目因其创新性和技术复杂性，往往需要十几年甚至二十年的时间，从现在起到2035年还有不到20年，到2050年也只有30年左右的时间，时不我待，需要抓紧论证和部署。

二、发展途径和保障条件

（一）提高我国空间科学活动强度和水平

我国长期空间科学活动强度低，空间探测和实验机会少，严重制约了空间科学的发展。目前，我国正处于空间科学活跃发展的新阶段，需要提高我国空间科学活动强度和水平，保证必要规模，在较高起点上实现创新和研究水平的提升，实现重点跨越，并重视成果的转化和应用。

1. 发展我国科学卫星系列，提升科学卫星水平

科学卫星是根据科学目标和科学任务需求而研制，用于完成特定科学探测和实验使命的专用卫星，针对性强，效益显著。建立我国科学卫星系列并给予长期稳定的支持，是发展我国空间科学最重要的途径和急迫需要解决的问题。

根据我国实际情况，我国科学卫星系列具体规划如下：①太阳和空间物理卫星系列；②天文卫星系列；③月球和深空探测系列；④空间地球科学系列；⑤综合科学卫星系列。空间地球科学研究主要结合我国数量众多的各类遥感业

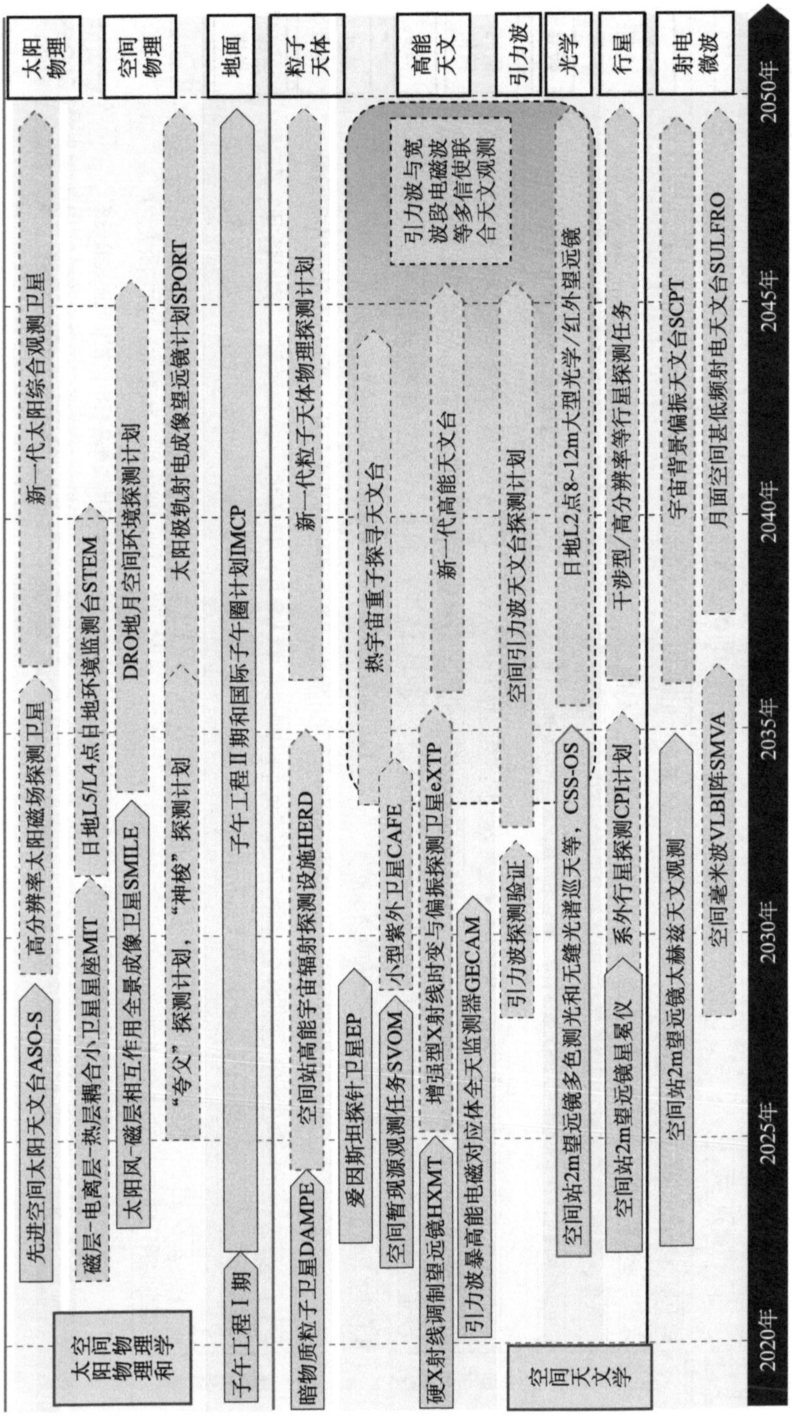

图 8-1　太阳物理和空间物理学、空间天文学探测任务发展路线图建议

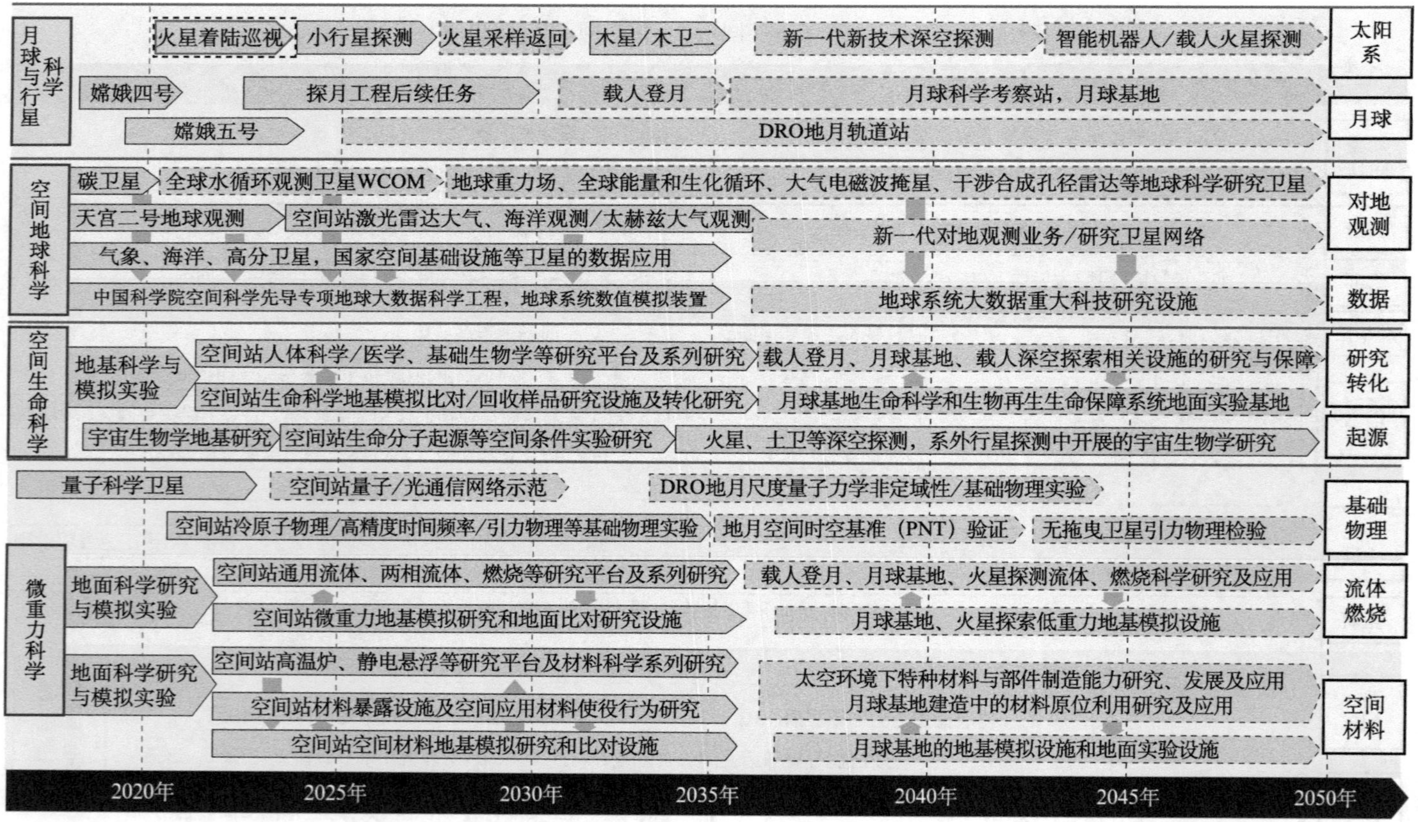

图 8-2 月球与行星科学、空间地球科学、空间生命科学与微重力科学任务发展路线图建议

务卫星（气象、海洋、资源、环境、测绘等系列）开展，必要的专用卫星也应作为独立的科学卫星系列。另外，卫星系列可视发展情况进行调整补充。

2020～2035年，规划平均每年发射两颗科学卫星（含深空探测器），后期条件成熟可以适当增加，即2020～2035年的15年中专门用于科学卫星的数量应在30颗以上，估计约占同期我国卫星发射总数量的10%，与国际上其他空间活动频繁的国家相比，仍属较低水平。在30颗卫星中，应包括5个以上具有里程碑意义的大型科学卫星项目，其余为中小型科学卫星项目。

科学卫星项目的立项需要在战略研究和发展规划的基础上，通过公开征集项目建议、预先研究和评审程序，自下而上和上下结合确定。每一个科学卫星研究项目都需要长期的科学研究积累，科学载荷及关键技术需要先期攻关和研发，大型空间探测载荷的研制周期长达10～15年，特别需要全面部署，长期规划，及早确定。

2. 加大国家重大航天专项中的空间科学任务比重

（1）发挥空间站工程的重要作用

空间站是开展航天医学、空间生命科学和生物技术、微重力流体和燃烧、空间材料科学、微重力基础物理研究的理想实验室，也可开展适于在空间站上开展的空间环境监测、空间天文学、空间地球科学等重点项目，涵盖了空间科学的大部分领域，是发展我国空间科学的历史性机遇。

已经为空间站的科学实验研制了一批重要的科学实验平台，包括开展生命科学研究的人体系统研究实验柜、医学样本分析实验柜、生命生态实验柜、生物技术实验柜、科学手套箱与低温存储柜（多用途），开展微重力科学研究的流体物理实验柜、两相流实验柜、燃烧科学实验柜、高温材料实验柜、无容器加工实验柜、超冷原子物理实验柜、高精度空间时间频率系统、高微重力科学实验柜（多用途）、变重力实验柜（多用途）等。空间站还规划了重要的研究设施，包括以高精度光学巡天为主要任务的空间站多功能光学巡天（CSS-OS）可望取得重大科研成果，是正在预研的高能宇宙辐射和暗物质研究设施（HERD），以及规划中的量子调控与光传输研究设施等，具备开展前沿空间科学研究的基本条件。

需要加强在空间站上实施多领域空间科学项目的部署，加大空间站工程中空间科学的比例和科学研究经费的投入，培育、遴选数以百计的科学实验项目，开展大规模的天体物理、物理和生命科学研究，并随空间站运行不断滚动优选创新项目，空间站的科学项目和硬件设施需要并应当在今后十几年内不断升级，利用好空间站是促进我国空间科学跨越式发展的重要途径。

（2）加强探月工程、深空探测中的科学任务规划

我国月球与行星科学研究将主要依托探月工程和即将开展的深空探测工程，要充分利用探月工程取得的月球遥感探测数据、原位和巡视探测数据及月壤样品，开展数据处理、分析和应用研究，建立对月球起源与演化的系统性认知，形成重大科学成果。

在我国的深空探测任务中，需要进一步加强科学规划，应当显著提高用于空间科学研究的经费比重，开展对相应天体的前瞻性研究，凝练科学目标，研制高性能的科学载荷，瞄准深空探测的科学前沿，取得重要科学发现，实现工程技术和科学发现两个突破。正在规划的空间服务与维护重大专项也需要统筹技术突破和空间科学，争取在空间科学前沿研究中取得重大成果。

3. 开拓灵活低成本空间科学探测的新途径

随着微电子、功能材料和微纳技术的巨大进步，卫星技术门槛已经降低，进入空间成本也将下降。要鼓励和资助（或部分资助）科研院所、高校、高新企业和民营企业发展低成本高性能的科学载荷与科学卫星技术，包括小型和微纳型科学探测卫星、具有新创意的科学研究课题、新颖灵巧的科学载荷技术、货架产品空间应用技术（COTS）、智能管理技术，以及微纳卫星编队飞行技术、灵活廉价的小卫星地面管理系统等，这是繁荣发展空间科学的重要途径。这些任务由科学家自行管理，集聚和利用社会资源，对活跃科学思想，提高学生和研究人员的训练水平，造就和扩大空间科学研究队伍都有重要作用。入选2014年全球十大科学突破之一的立方星就是一项重大创新，已有400多颗立方星进入太空。我国有高技术企业在推进立方星的科学利用。立方星研制周期短，所需资金少，适合培养学生。在深空探测领域，国外也有低成本探测并获得成功的先例，值得积极探索。

（二）地面（亚轨道）研究设施和台站建设

充分的地面研究是取得高水平空间研究成果的基础，我国需要加强地面（亚轨道）研究设施及台站建设和利用，扩展空间研究规模，开展先期验证，培养具有实践经验的高水平人才，为推出优秀的空间科学项目奠定坚实的基础。

1. 高空科学气球

高空科学气球的飞行高度处于30～45 km（此高度的大气为地面的百分

之一到万分之五），进入了太空边缘，载重为数百千克到几吨，飞行时间为几小时至数天，广泛用于空间天文各波段观测，以及特定的大气物理、空间物理、地球科学及遥感、微重力科学、生命科学和空间载荷试验等。各大国的空间机构都拥有高空科学气球系统，且发挥了重要作用，其成本较低，可开展大量观测实验，对扩大研究规模、实践并提升科学思想、发展实验技术和空间仪器、培养实验和研究队伍发挥了重要作用，同时获得了许多有价值的科学成果。我国技术上已经具备条件，需完善内蒙古高空科学气球基地并恢复高空科学气球飞行，每年进行 5 次以上的大中型高空科学气球飞行；条件成熟时建立南极高空科学气球站，利用南极夏季不落日条件开展 10～30 天长时间高空科学气球飞行。

2. 探空火箭

探空火箭飞行高度处于 60～800 km，载重为数十千克到上百千克，可短时间进入外层空间，是开展空间天文、空间环境探测的常用工具。美国、欧洲、日本的空间研究机构都拥有探空火箭，同时大力开展空间探测和重要的空间技术试验，探空火箭也可应用于微重力科学实验，在火箭关机后的自由飞行和回落时可达到较高微重力水平，持续时间长达数分钟到数十分钟。我国需建成探空火箭系列，加强海南儋州火箭发射场实践，平均每年开展 2 发以上的探空火箭实验。

3. 自由落体设施（落塔和落管）

自由落体设施是短时间微重力实验的重要手段。实验设备从高塔落下（或落入深井）产生短时间微重力环境，实验系统质量为几百千克到上吨，微重力时间为几秒钟到十几秒钟。落塔使用方便，实验周期短，可重复性强，是开展地面短时间微重力实验的有效手段。我国现有的中关村百米落塔设施已开展了数百次实验，但微重力时间较短（3.6 s），急需建设新的更长持续时间及不同微重力水平的大型自由落体设施。此外，发展新型的低重力（月球重力、火星重力）设施也是未来（载人）深空探测的战略需求。

地面台站系统在空间物理研究和空间天气预报中具有不可替代的作用。运用无线电、地磁、光学等探测手段，连续监测太阳、磁层、电离层、中高层大气和地球附近行星际空间的各种参数，与天基系统配合，能够形成天地一体化的空间环境监测体系。我国通过子午工程 I 期已经构建了一个北起漠河、南至海南并延伸到南极中山站，沿 120°E 子午线，以及东起上海、西至拉萨的沿 30°N 附近共 15 个地面台站系统。需要在此基础上扩大范围和增强能力，重视必要的配合空间任务在轨飞行的地面台站建设。

（三）部署并先期开展科学载荷技术攻关

空间科学的发展历史表明，科学探测和实验技术具有十分重要的作用。由于新技术的发明或方法创新，开拓新的观测窗口或探测波段，或大幅度提高探测性能而获得新发现的例子层出不穷。我国空间科学实验和探测技术水平总体上落后于国际水平，制约了科学研究的突破。

在新形势下需要特别重视并大力加强先进空间科学仪器和科学载荷技术的发展，提高性能指标，彰显国际竞争力，并确保其进入空间后的可用性和可靠性，这将是我国实现空间科学突破的重大任务。

根据当前任务和今后发展需求，初步提出需要先期部署的空间科学相关重点有效载荷技术，还包括部分相关空间技术（表 8-1）。需要在国家规划中，结合空间任务规划和发展趋势，尽早部署空间科学相关重点关键技术，为今后发展奠定坚实的基础。

表 8-1　需要先期部署的空间科学相关重点技术

领域	空间科学探测与实验载荷相关技术	相关空间技术
太阳物理和空间物理学	• 新一代高性能电场、磁场、等离子体/辐射传感器 • 空间物理场大尺度结构先进成像探测技术（极紫外、中性原子、微波等） • 太阳矢量磁场望远镜技术（磁象仪技术） • 新型太阳紫外、X 射线和伽马射线、日冕、白光等空间探测仪器技术	• 日地 L1 点、300 万 km 日地秤动点、太阳极区卫星进入和位置保持技术 • 卫星组网编队技术 • 高精度/高稳定太阳指向技术
空间天文学	• 空间大口径光学、拼接镜、主动光学技术；高稳定光机结构技术；杂光抑制技术；微振动抑制技术；空间光谱成像技术；空间光学干涉成像观测技术；单光子弱光锁相测量技术；稳像技术 • 红外冷光学技术，极低噪声红外天文探测器、亚毫米波接收和光谱/光度测量技术 • 新一代 X 射线探测技术：X 射线聚焦成像、位置灵敏焦平面、大面积轻量化软 X 射线探测器、单光子弱光锁相测量技术、X 射线量能器（具有空间分辨能力和几电子伏能量分辨率） • 硬 X 射线和伽马射线探测：偏振探测、新型硅和锗阵列半导体/闪烁晶体/气体探测器、ASIC 读出等技术 • 高 Z 闪烁晶体位置灵敏量能器、粒子谱仪技术 • 极低噪声高灵敏科学级红外、可见、紫外焦平面器件 • 长基线高精度激光干涉测量技术（引力波天文） • 高效机械制冷、超流氦制冷技术（红外/引力波天文）	• 超静超稳卫星系统性技术，亚角秒级高精度姿态稳定/凝视指向技术 • 快速姿态调整技术 • 日地 L2 点卫星进入和位置保持技术 • 空间 VLBI 阵列技术 • 无拖曳卫星技术（引力波天文） • 高效长寿命热防护技术

续表

领域	空间科学探测与实验载荷相关技术	相关空间技术
月球与行星科学	• 新型光学成像／光谱／光谱成像／激光高度和成像等遥感探测技术 • 微波成像和深度剖面探测技术（合成孔径、调制成像、穿透成像等） • 新型高灵敏／高分辨率原位物质分析（伽马射线激发谱仪、X射线谱仪、色／质联用谱仪）、痕量物质原位测量技术 • 微低重力下附着、钻探、取样、样品保存技术 • 防止地球生物污染外星球技术	• 新型推进技术（电推进、太阳帆、核推进） • 复杂地形移动巡视 • 机器人智能探索 • 极端环境热管理 • 深空测控与高带宽通信（激光、微波）
空间地球科学	• 重力卫星系统及相关技术 • 新机理新体制遥感探测技术 • 高性能一体化组网监测系统技术 • 空间辐射测量基准与传递定标技术	• 地球系统科学与区域遥感应用技术
空间生命科学	• 空间生物实验技术:光温调控与气液供应、细胞／组织培养、植物和小型动物实验环境保障、生物安全检测 • 先进显微、光谱、荧光、激光等生物观测表征 • 生物微芯片技术（微流控、微流道分离、生物诊断等） • 空间小型基因组自动测序和其他组学分析设备 • 低温生物样品存储、化学物理固定技术 • 微低重力下生物再生生命保障系统技术	• 生物样品入轨及返回条件保障和防护技术 • 空间站生物样品快速返回地球着陆回收技术
微重力科学	• 高精度微重力测量技术、微振动主动抑制技术 • 先进流场、密度／浓度／温度场动态诊断技术 • X射线透射成像诊断技术 • 高温长寿命炉体、无容器悬浮加工和激光加热 • 冷原子操控技术（激光冷却／移动、磁光阱等） • 极高精度位移／位形测量技术、原子干涉仪技术	• 飞行器平台微振动控制管理技术 • 无拖曳卫星技术

（四）加强空间科学数据（样品）分析及理论研究

1. 构建空间科学及相关数据（样品）开放共享机制

空间科学是以观测和实验为基础的综合交叉科学，如果没有各种数据分析（包括科学实验回收样品分析研究）的支持，势必成为无源之水，不可能持续发展。国际上空间科学通行的数据政策以相当开放的方式实现了数据共享，有力地促进了科学研究的活跃和高水平成果的产出，月球样品、生命和材料等实验样品的研究分析也有定向开放的先例。我国需要通过政策和立法破除影响数据共享的各种障碍和壁垒，构建我国包括天基和地基（地面天文台、观测台站）等获取的空间科学各领域及相关数据平台（含地球科学）和数据库，制定数据标准，最大限度地实现数据共享，发展专业分析软件，开展大数据挖掘、智能处理分析和学科交叉研究，提高空间科学各领域的科学产出。科学实验样品和分析数据，也需要在保证首席科学家研究需要的基础上建立必要的开放共享机制。

2. 加强空间科学相关的知识体系构建

鉴于空间科学的研究性质，必须重视空间科学相关领域的理论研究，吸引理论研究队伍关注空间科学实测（实验）研究的最新结果，在如宇宙形成演化、后粒子标准模型、引力规范场理论、大统一理论、生命起源及演化、太阳系形成及演化和量子理论等方面发展新的学说或理论架构；完善太阳活动规律和空间天气、空间生命科学，以及微重力流体、燃烧、材料、临界点附近物质形态等的理论模型及知识体系，促进科学基础理论研究的进步；组织一批重点方向理论课题，促使理论研究队伍与空间科学实测研究密切配合，发展新的知识体系构建，推动重大基础理论突破。

（五）开展高层次国际合作与交流

国际合作已经成为各国空间政策的重要组成部分。鉴于我国空间科学的现有水平和希望实现的目标，应将空间科学合作提高到推动我国空间科学发展和迅速提升我国空间科学水平的战略层面，同时坚持自主发展为主的方针。

1. 实施积极的开放政策

重视并积极参加重要国际空间科学计划和双边及多边具体合作项目，支持我国科学家搭载国外科学卫星计划，在国际合作中发挥自身特长，不做重复性的工作而做有优势有特色的工作，以形成互补。

积极鼓励以我国为主的国际合作。开放我国重大专项（空间站、探月工程）的空间科学计划和科学卫星计划，征集国外科学家的项目建议，鼓励国外科学家提供科学仪器，参加我国计划，开展部分国内项目的国际评审。

开展高层次的国际合作，优先支持我国发起并领导、多国参加并有实质性贡献的"旗舰"级大型空间科学项目，积极参加国际重要空间科学计划。

举办和参加各种科学讨论及工作会议；加强我国在空间研究委员会、国际宇航联合会、国际宇航科学院等国际组织中的活动和作用；积极参与联合国和平利用外层空间委员会的活动；鼓励支持我国空间科学家积极参加国际会议和国际组织的活动并任职，显著提升我国空间科学的国际影响力。

2. 畅通各层次国际合作渠道

充分重视和发挥科学家在开展学术交流及形成具体国际合作项目中的作用；建立和加强我国空间科学各领域与国外专业对口机构（研究中心、研究所、大学等）之间的密切交流，支持建立国际联合实验室等合作机构，逐步形成长期稳定的合作关系；加强国家航天机构间的合作。在已有基础上加强与 ESA、ROSCOSMOS、DLR、CNES、CSA 等的合作；开拓与 NASA 和 JAXA 等在空间科学方面合作交流的有效机制。

适当放宽科学技术国际合作交流（特别是具体合作项目）的出国访问、接待来访、物资通关、设施和基地开放等政策限制，简化管理办法。

（六）加强学科和人才队伍建设

1. 加强相关学科建设

空间科学不是一级学科，空间科学各领域的学科建设分散在各母学科，总体上看有利于空间科学各领域扎根母学科，不断从母学科发展中汲取营养并反哺母学科。但由于空间科学自身的特点，需要设置或加强一批二级学科和交叉性学科，培养和增设相关国家重点学科，以利于推进空间科学学科建设和人才培养。

在学科建设中要重视学科交叉，解决综合型人才，包括科学与工程复合型人才培养不足的问题。空间科学研究既要重视基础理论研究，又要重视实验方法、科学仪器创新和空间科学载荷研制。因此，需要培养空间科学各领域的科学家，科学探测及实验技术专家，以及具备综合能力，能够组织领导空间科学任务的总体专家和管理专家。这些需求在学科规划建设中需要加以部署。

2. 加强空间科学教育和人才培养

培养人才是当务之急。我国已经批准实施的空间科学任务急需人才；随着空间科学的进一步发展，亟须培养新锐力量，扩大研究队伍。一般中型或大型空间科学任务从进入实施阶段（科学研究、载荷研制试验）到数据分析需要经历 5~10 年高强度的工作，需要有几十人甚至上百人的科学家和技术团队的支撑（不包括空间飞行器等空间技术方面的人员），参与 ISS 的大规模综合性空间研究的人数多达数千人。有些大型卫星数据的处理、分析和研究就需要数百人持续工作若干年，我国空间站多功能光学设施巡天数据（估计每天数据量为 2 TB）的处理分析和研究预计也需要百人规模的科学团队。现有研究队伍承担这些任务已感捉襟见肘，面对空间站、月球探测和科学卫星下一步的发展，加上空间科学基础研究不断深化、持续发展的需要，现有队伍规模需采取有效措施大量增加。

需要加强重点高校空间科学相关专业的建设，调整与优化课程体系和培养方案，增设空间科学类二级硕士和博士学位授予点，加大硕士研究生和博士研究生的培养力度，增加相关研究所培养空间科学相关研究生的数量。

需要提高空间科学队伍水平和综合能力，只有发展原创的研究方向、方法和技术，才可能做出国际领先的成果，同时必须加强我国空间科学队伍的整体水平。

要培养选拔出一批学术功底深厚的科学领军人才，一批既懂理论又主要专攻探测技术和方法的专家，一大批载荷工程研制（各专业）、数据分析和科学研究的专门人才，以及各类复合型、综合型人才，使其成为科学任务的首席科学家、工程技术总设计师、主任设计师及各级骨干。要改变我国空间科学研究中理论研究和实验技术相对分离的状况，加强理论研究与实验研究的结合，以及科学与工程的结合，以显著提升创新科学思想和工程实施能力的整体水平。

除内部培养外，要发挥人才专项计划的作用。在各类人才计划中重点支持一批空间科学的科技骨干、青年尖子人才和领军人才，不断提高我国空间科技人才队伍的规模和质量。

3. 采取措施稳定扩大空间科学队伍

需要采取有效措施适应空间科学工作长期稳定的特点，长期支持并稳定一批高水平的空间科学研究队伍，以改变由于当前普遍存在的任务导向、经费导向使队伍波动或流失等不利情况。加强对现有重点实验室和承担空间科学任务重点单位的支持力度，使核心骨干队伍稳定并发展壮大，构建人才队伍发展的良好环境，使投身于空间科学研究的科技领军人才和骨干队伍潜心研究，无后顾之忧。

（七）加强空间科学普及和教育活动

空间科学具有探索、发现、创新的显著特点，是传播科学思想、科学精神和科学文化的重要载体;空间科学集知识性、趣味性和前沿性为一体,为广大公众特别是青少年所关注。为加强青少年对科学和工程的兴趣,提高公众的科学素养和对空间科学的理解与支持,需要大力加强空间科学普及和教育,具体建议如下。

1. 规定空间科学任务的科学教育责任和义务

建立政策法规,规定大型空间科学项目(包括科学卫星)必须拨出一定比例(如0.5%)的经费用于科学普及和科学教育。通过展览、视频、动画、各种新媒体和其他形式,大力开展科学教育和普及活动(NASA在2015财年的教育经费占预算的0.89%)。空间站等国家重大空间专项要开展广泛的青少年参与的空间科学实验活动,征集和资助青少年项目,并作为整体安排的必要组成部分。

2. 增加教材中空间科学相关内容

由于空间科学发展迅速、知识更新速度加快,当前中学自然科学类教材和大学本科相关基础课教材相关内容已经跟不上科技的发展,内容偏少且陈旧,需要组织编写新的教材或补充修订有关内容,开设相关课程,加强最新科学知识的教授和传播,并激发青少年的兴趣。

3. 鼓励多种形式的空间科技知识普及

国家通过政策、税收、荣誉等杠杆鼓励企业、事业单位和社会资源开展面向不同受众的空间科技知识普及活动;发展多种形式的空间科学知识普及载体,如空间博物馆、展厅、主题公园、科普图书、音像作品、教具、游戏等,激励科普工作者对知识传播做出贡献。

三、对空间科学资助的建议

(一)统筹国家各部门投入机制

高水平的空间科学项目需要经历一个研究过程,形成完整的研究链条,一般需要初选项目,精心培育,长期积累,开展地面实验和理论研究,提升科学思想,发展科学仪器,需要利用各种研究设施(地面台站、高空科学气球、探空火箭、落塔等)开展研究,在初步研究的基础上精选上天项目。空间任务实施后,除繁重的上天设备研制、试验、调试、定标等工作外,一旦设备进入太空，还有在轨测试、探测或实验进程调控等工作支撑空间任务的运行，以及开展大规模的数据（样品）分析研究的复杂工作，才能最终获得科学结果，而数据处理准备和软件开发往往需要投入大量的人力和物力并做数年的准备。

当前的情况是一般在项目进入工程研制阶段后才能获得经费拨款，经费主要用于研制上天设备，而前期和后期阶段的经费没有来源或不配套，这种情况已经在载人航天和探月工程中长期存在，在我国已经开展的科学卫星工程中地面科学数据系统和研究经费也不包括在工程经费内，这些都是阻碍我国科学研究水平整体提高的体制障碍。

国家各部门应在空间科学的规划下统筹分工，保证空间科学项目全过程投入，包括支持空间科学任务的前期预研、探测技术、科学数据分析、成果产出和研制保障条件。鼓励多渠道、多部门筹资共同支持，吸引社会各界和国际机构资助，多方面培育和支持空间科学项目，以形成完整和有机的经费（项目）支持体系。

（二）对国家各部门资助的建议

1. 针对国家重大空间科学任务的研究资助

载人航天、探月工程、深空探测等国家重大专项是国家标志性工程，其中的空间科学任务具有十分重要的科学意义。由于工程规模大，涉及的空间科学领域宽，工程本身难以支撑空间科学项目中的基础研究性工作，主要涉及科学项目的前期研究（包括地面实验）和空间科学项目的数据分析、样品研究等与科学成果产出相关的后期工作。我国载人空间站工程已经实施，将于 2022 年投入使用，并将长期运行，将实施数百项科学实验，需要开展大量研究工作，涉及基础物理、天文、生命、材料、流体、燃烧等领域，还需要开展项目培育、遴选、数据和样品分析研究等大量工作；我国月球和深空探测将开展大规模科学探测和返回样品的分析研究；我国当前和未来的科学卫星计划需要开展大量配套研究，这些都亟须解决配套资助问题。因此，提出以下几点建议。

1）建议科学技术部在国家重大基础研究与发展计划中，开辟空间科学领域或专项，针对国家重大航天专项中的重要空间科学前沿方向和项目（如多色测光和无缝光谱巡天、宇宙线和暗物质探测、超冷原子实验、高精度时间频率系统及基础物理研究），以及重点科学卫星项目或卫星系列的科学领域（空间物理和太阳物理、空间天文、月球和行星探测、空间地球科学等），设立重点研发计划，对相关科学前沿研究、科学数据分析进行资助，促进成果产出。

2）建议国家发改委继续支持重点空间科学项目的地面科学应用系统、数据系统建设，并加大力度保障系统建设和人力投入。

3）建议工业和信息化部进一步布局，加强对空间科学重点任务载荷研制及测试、试验、定标等条件保障项目的建设力度，为空间科学长远发展打下条件保障基础。

4）建议国家自然科学基金委员会对这些领域的前期后续基础科学研究通过重点基金、重大基金（面向这些任务的重点空间研究计划），以及建立与任务主管部门的联合基金予以资助；对于专项中的重大基础科学前沿方向，建议通过设立定向的重点和重大基金项目予以长期资助。

2. 针对空间科学基础性、前瞻性和创新性研究项目的资助建议

（1）空间科学地面基础性研究设施和项目

高空科学气球、探空火箭、自由落体设施是广泛用于空间科学各领域的重要研究设施，对发展空间科学、扩大研究基础、提高科学水平、验证空间项目具有不可替代的作用。我国尚未建立支持这些研究设施长期稳定发挥作用的机制。建议工业和信息化部支持这些设施的建设和技术发展；建议国家发改委支持这些设施的运行（犹如国家重大科技基础设施一样，无论这些设施是否列入重大科技基础设施名录）；建议国家自然科学基金委员会在相关学部开辟渠道，资助利用高空科学气球、探空火箭和自由落体设施的基础性、前沿性科学实验（探测项目），包括科学研究和载荷研制。一般这类项目的研究费用为空间项目的 1/100 ~ 1/10，投入产出比相当可观。如果成立统一的、具有独立预算的国家级民用航天和空间科学管理机构，高空科学气球、探空火箭和自由落体设施的建设与运行可以由该机构规划和统一安排，由空间科学国家实验室或相关研究机构管理，类似于 NASA、CNES 和 JAXA 的管理方式，可以更好地与国家空间规划相衔接。

（2）空间科学前瞻性和创新性项目

空间科学领域的研究者将不断提出创新的科学思想和空间探测或实验的新概念新方法，也会涌现新的领域和热点，需要有一定的对应渠道给予资助。建议国家自然科学基金委员会重视具有新创意的空间科学概念和技术，可以通过面上基金或重点基金予以资助。

关键词索引